AF243669

CLASSES DE SECONDE ET DE PREMIÈRE

———

CHIMIE

ENSEIGNEMENT SECONDAIRE

COURS D'ÉTUDES DE SCIENCES PHYSIQUES

D'APRÈS LES PROGRAMMES DE 1902

CHIMIE

A L'USAGE

es Élèves des Classes de Seconde et de Première

(SECTIONS C ET D) ET DES CANDIDATS AU BACCALAURÉAT

PAR

C. HARAUCOURT

AGRÉGÉ DE L'UNIVERSITÉ

PROFESSEUR AU LYCÉE ET A L'ÉCOLE DES SCIENCES DE ROUEN

PARIS

RAIRIE CLASSIQUE DE F.-E. ANDRÉ-GUÉDON

E. ANDRÉ FILS, SUCCESSEUR

6, rue Casimir-Delavigne (près l'Odéon)

1902

CHIMIE

Programmes

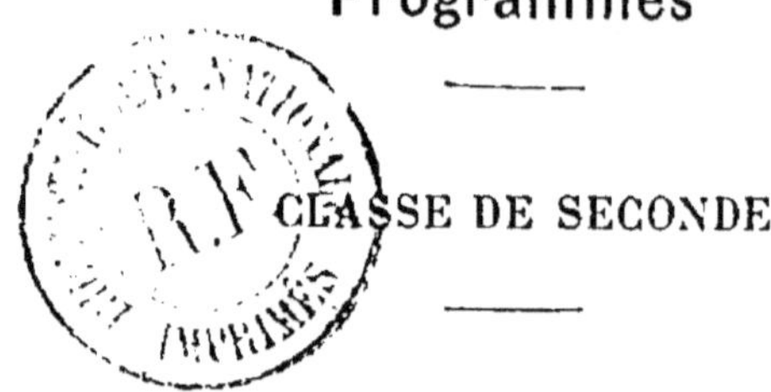

CLASSE DE SECONDE

Air. — Composition. — Azote.
Oxygène. — Combustion.
Eau : composition. Eaux potables.
Hydrogène.
Chlore. — Acide hypochloreux. — Chlorures décolorants.
Acide chlorhydrique.
Electrolyse du chlorure de sodium. — Sodium. — Soude.
Analyse, synthèse. — Mélange. — Combinaison.
Corps simples, métalloïdes et métaux. — Corps composés.
Conservation de la matière. — Loi des proportions définies.
Symboles. — Notation atomique. — Formules.
Nomenclature : acides, bases, sels.
Soufre. — Corps amorphes et cristallins. Polymorphisme.
Anhydride et acide sulfureux.
Anhydride et acide sulfurique.
Hydrogène sulfuré.
Acide azotique. — Oxydes de l'azote. — Loi des proportions
multiples.
Ammoniaque. — Chlorure d'ammonium. — Sulfate d'ammo-
nium.
Loi des volumes gazeux.
Anhydride phosphorique. — Acide phosphorique. — Phosphore.
— Carbone et charbons.
Anhydride carbonique et oxyde de carbone.
Sulfure de carbone. — Cyanogène.
Silice, silicates. — Verres.
Acide borique et borax.
Chlorure de sodium. — Soude. — Carbonate et sulfate de so-
dium.
Calcaires. — Chaux. — Ciments. — Plâtre.

PREMIÈRE.

Fer, fontes, aciers.
Aluminium — Alumine. — Aluns. — Isomorphisme. — Argiles, kaolin. — Porcelaine.
Cuivre et ses alliages.

Chimie organique. — Substances organiques et organisées.
Analyse qualitative des éléments.
Carbures d'hydrogène. — Séries homologues.
Produits de substitution et d'addition halogénés : chloroforme ; iodoforme ; chlorure d'éthyle.
Fonction alcool.
Fonction acide.
Phénol. — Acide picrique.
Aniline.
Notions très sommaires sur les principes azotés extraits des végétaux (quinine, morphine, amygdaline).

CHIMIE

CHAPITRE I

LES ÉTATS DE LA MATIÈRE. — LES PROPRIÉTÉS DES CORPS

1. Corps simples. — On appelle **corps simples** les corps dont on ne peut tirer autre chose que leur propre substance, qui ne changent pas de nature, si on ne leur ajoute rien, à quelque opération qu'on les soumette. Tout le monde connaît l'or et l'argent, le fer et le cuivre rouge, le soufre et le mercure ; qu'on chauffe ces corps, ils pourront fondre ou se volatiliser ; mais, si on ne leur ajoute rien, on n'en pourra tirer rien autre chose qu'eux-mêmes : voilà des corps simples.

2. Corps composés. — Les **corps composés** sont ceux qui peuvent être séparés, scindés en deux ou plusieurs substances dont l'ensemble pèse autant que la matière primitive. La pierre à plâtre en est un exemple : chauffée, elle donne de l'eau et du plâtre dont la somme des poids refait exactement le poids de la pierre. En voici un autre exemple entre mille : Nous prenons une poudre rouge que nous appellerons, pour l'instant, de la *rouille de mercure*, parce qu'elle se forme sur le mercure chauffé comme la crasse de plomb sur le plomb fondu et comme la rouille ordinaire sur le fer humide ; nous la plaçons au fond d'un tube de verre et nous la chauffons (*fig.* 1).

Nous voyons se former peu à peu sur le tube, au-dessus de la partie chauffée, un anneau miroitant. Si alors nous présentons à l'entrée du tube une allumette qui n'a plus qu'un point rouge, elle se rallumera et brûlera vivement. L'examen de l'anneau nous fera reconnaître qu'il est formé de fines gouttelettes de mercure. Il y avait donc deux corps dans la poudre rouge : le mercure qui s'est déposé sur le tube et le gaz qui a rallumé l'allumette et que nous

Fig. 1. — La rouille de mercure chauffée se décompose en mercure et en gaz oxygène.

reconnaissons pour de l'oxygène par cette propriété ; la poudre rouge est donc un corps composé.

3. Noms des corps simples. — Les anciens admettaient quatre corps simples qu'ils appelaient les *quatre éléments* et qu'ils supposaient capables de former tous les corps connus ; c'étaient l'**eau**, l'**air**, la **terre** et le **feu**. Aucun de ces quatre corps ne mérite l'épithète de simple : l'eau et l'air sont composés ; la terre et le feu le sont aussi.

On connaît aujourd'hui 70 corps simples, dont un grand nombre n'ont que peu ou point d'emplois, mais dont quelques-uns sont très utiles.

Il n'y a pas eu une règle unique suivie pour donner des noms aux corps simples. Certains d'entre eux, qui sont connus depuis l'antiquité la plus reculée, ont eu leurs noms formés en même temps que la langue dans laquelle on les a nommés. D'autres tirent leur nom de leur couleur : tels sont le **chlore**, dont le nom veut dire *jaune verdâtre*, et l'**iode**, ainsi appelé à cause de la *couleur violette* que possède sa vapeur quand on le chauffe. Certains autres corps ont été désignés par un mot qui rappelle leur propriété essentielle : l'**azote**, parce qu'il prive de la vie ; l'**hydrogène**, parce qu'il engendre l'eau ; le **phosphore** (*porte-lumière*) ; l'**oxygène** (*qui engendre les acides*). Enfin les plus récemment connus ont, à la suite du nom du corps ordinaire où ils existent, une terminaison en **ium** : ainsi l'*alumine*, principe des terres grasses, la *magnésie* et la *potasse* sont connues depuis longtemps ; les corps simples qu'on y a découverts dans notre siècle ont été appelés **aluminium, magnésium, potassium.**

4. Métaux et métalloïdes. — A première vue, on peut faire deux groupes dans les corps simples. Dans l'un on place les corps, comme l'or, l'argent, le cuivre, le fer, etc., qui ont un éclat spécial, une surface très brillante lorsqu'ils viennent d'être coupés, limés ou coulés ; ce sont les **métaux.** Dans l'autre rentrent les corps sans éclat, comme le soufre, le charbon, le phosphore et les gaz oxygène, azote, chlore ; ce sont les corps non métalliques, que l'on désigne habituellement sous le nom de **métalloïdes.**

Les métaux ont donc, comme caractère apparent, l'éclat spécial appelé **éclat métallique**, qu'on peut toujours leur donner par le frottement et qu'ils conservent plus ou moins longtemps sans se ternir. Ils sont, de plus, *bons conducteurs de la chaleur et de l'électricité.* L'expérience de la transmission de l'électricité par les fils métalliques est faite sur une vaste échelle dans les fils télégraphiques, dont la plupart bordent nos lignes de chemins de fer. Quant à la preuve que les métaux conduisent bien la chaleur, on la vérifie en plongeant dans un foyer l'un des bouts d'une tige de fer ou de cuivre dont on tient l'autre à la main ; on ne tarde pas à sentir que la tige s'est échauffée, car on ne peut bientôt plus la tenir.

Les métalloïdes n'ont aucun de ces trois caractères : ils sont sans éclat ; ils ne conduisent ni l'électricité, ni la chaleur ; tout le monde sait bien que l'on peut tenir, sans craindre de se brûler, un morceau de charbon assez près du point où il est allumé.

Mais il n'y a pas une ligne de démarcation bien nette entre les métalloïdes et les métaux ; certains corps peuvent être placés indifféremment dans l'un ou dans l'autre groupe.

A ces différences, qui ne portent que sur les caractères physiques, on en joint une plus importante, et l'on fait consister le caractère principal des métaux dans ce fait que, *par leur union avec l'oxygène, ils donnent naissance au moins à un composé basique* capable de s'unir aux acides, tandis que *les métalloïdes, par leur union avec l'oxygène, donnent des composés acides.*

5. Le même corps peut prendre les trois états. — L'exemple le plus commun est celui de l'eau.

L'eau n'est pas toujours le liquide mobile et coulant que nous sommes habitués à voir.

L'hiver, quand il fait bien froid, l'eau des vases de nos appartements, l'eau stagnante des mares, l'eau courante des rivières se prend en une seule masse encore transparente, mais dure, capable de supporter des corps lourds sans se rompre et de résister à un choc ; c'est l'*eau solide*, c'est la *glace*.

En toute saison, dans nos laboratoires, nous pouvons transformer l'eau en glace, la congeler, comme on dit ordinairement. Versons un peu d'eau dans un tube en verre mince fermé par un bout et plaçons ce tube dans un verre où nous venons de faire un mélange réfrigérant (*fig.* 2)(¹). Au bout de quelques minutes, si nous

(¹) Une partie d'azotate d'ammoniaque agitée avec une partie d'eau.

retirons le tube, nous y voyons à la place de l'eau un cylindre de glace. Il est facile de retirer cette glace du tube ; on tient celui-ci quelque temps dans la main ; la couche extérieure de la glace fond et le cylindre d'eau so- lide glisse librement hors du tube.

Cette expérience présente encore un autre intérêt ; si on l'observe de plus près, on voit la surface extérieure du verre se couvrir d'abord d'une buée, et celle-ci se convertir en une sorte de neige blanche semblable à celle dont se tapissent les carreaux de nos fe- nêtres pendant les grands froids de l'hiver.

Fig. 2. — Congé- lation de l'eau dans un tube à essai.

L'eau en vapeur. — Au lieu de refroidir l'eau, chauffons-la dans un ballon muni d'un tube, comme l'indique la figure 3 ; nous voyons le tube se couvrir à l'intérieur d'une buée qui ne tarde pas à se changer en gouttelettes liquides, et il sort par l'extrémité du tube un brouillard très apparent, mais qui devient invisible en se ré- pandant dans l'air. L'eau est alors une vapeur ou un gaz comme l'air.

Débouchons le ballon et con- tinuons de le chauffer, nous pourrons, en un temps assez court, faire passer toute l'eau à l'état de vapeur invisible.

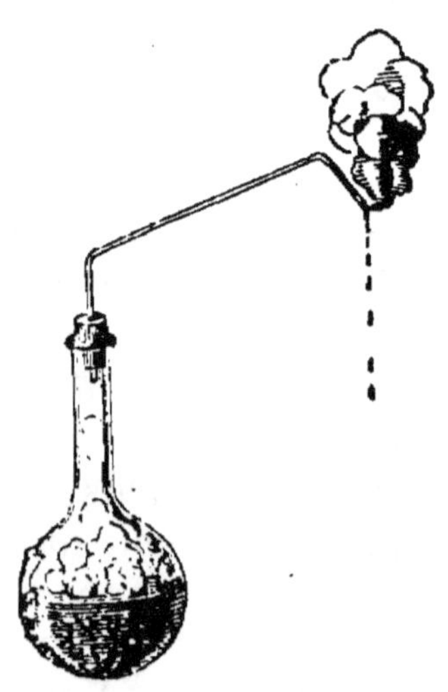

Fig. 3. — On fait apparaître l'eau sous forme de brouillard à l'extrémité du tube.

Est-il toujours nécessaire de chauffer l'eau pour la faire passer à l'état de vapeur invisible ? Nous pouvons le savoir en laissant dans une cour couverte une mince couche d'eau dans le fond d'un vase à large surface, comme une soucoupe ou une assiette; au bout de quelques jours, l'eau a disparu; elle est dans l'air et, comme lui, un gaz invisible.

Puisque l'eau abandonnée dans un vase ouvert s'évapore, c'est-à-dire se transforme en vapeur, toutes les eaux de la surface de la terre, les eaux courantes et les eaux de la mer doivent faire de même; nous comprenons alors sans peine comment l'atmosphère contient toujours de grandes quantités de vapeur d'eau, visibles parfois sous forme de brouillard, mais le plus souvent invisibles.

2e EXEMPLE. — Le *soufre* peut prendre facilement aussi les trois états : On l'a d'ordinaire solide sous la forme de canons ou en une poussière fine appelée *fleur de soufre*. On le chauffe dans un petit ballon; il y prend la forme d'un liquide jaune et, si on continue de chauffer, on voit le liquide bouillir; le ballon est alors plein d'une vapeur rouge. Et cette vapeur, en se refroidissant sur le col du ballon, y dépose du soufre en poussière; c'est le soufre *sublimé* qui a passé par un refroidissement brusque de l'état de vapeur à l'état solide.

3e EXEMPLE. — L'*iode* est un solide en paillettes de couleur gris fer. On en chauffe quelques parcelles dans un ballon; en observant bien, on voit un état liquide qui ne dure pas; le corps se change en une belle vapeur violette.

Et, quand cette vapeur se refroidit, elle semble disparaître. Le ballon n'a plus la couleur violette, mais il est couvert d'une poussière très fine d'iode en poussière ou d'iode sublimé.

6. Association des corps simples. — Les corps simples peuvent s'unir à deux ou à plusieurs pour donner les corps composés. Il y a deux modes de réunion : le **mélange**, où l'on peut toujours séparer l'un de l'autre les corps qui y sont entrés, et la **combinaison**, qui est une association intime produisant un nouveau corps dont les propriétés diffèrent de celles des corps qui l'ont formé.

7. Mélange. — Prenons de la limaille de fer et du soufre en fleur ou en poudre très fine ; l'un des corps est jaune, l'autre est gris. Mêlons-les aussi intimement que possible, la poudre résultant de ce mélange n'est plus ni jaune ni grise ; on n'y distingue plus à première vue ni le fer ni le soufre. Mais chacun des deux corps y est avec ses propriétés particulières : si l'on aide l'œil d'une forte loupe, on y reconnaît les parcelles de fer. Les deux poudres peuvent d'ailleurs être séparées par un moyen convenable. Si l'on en étale une portion sur une feuille de papier ou sur une soucoupe et que l'on promène au-dessus l'extrémité d'un aimant (*fig.* 4), les petites parcelles de fer viennent se fixer à l'aimant, tandis que le soufre reste sur la feuille. On peut donc retirer du mélange chacun des deux corps avec les propriétés et l'aspect qu'il avait avant.

Fig. 4. — La limaille de fer mélangée à la fleur de soufre peut en être séparée par un aimant.

Voici un second exemple : On triture de la limaille de cuivre rouge avec de la fleur de soufre ; chacun des deux corps paraît avoir perdu sa couleur. Nous ne pouvons plus ici retirer le cuivre par l'aimant, car il n'est pas attirable comme le fer. Mais nous pouvons dissoudre le soufre dans un liquide, où il disparaît comme le sucre dans l'eau. Jetons, en effet, un peu du mélange dans une fiole contenant du sulfure de carbone, qui est le dissolvant du soufre ; celui-ci devient liquide, laissant le cuivre se rassembler au fond de la fiole. Le liquide versé sur une soucoupe laisse le soufre en dépôt. Cuivre et soufre n'étaient que mêlés : nous les retrouvons avec leurs propriétés.

Le mélange, si bien fait qu'il puisse être, ne donne

donc pas un corps *homogène* dont toutes les parties soient les mêmes ; on peut toujours séparer l'un de l'autre les corps avec lesquels il a été constitué.

8. Combinaison. — La combinaison est une union intime qui donne naissance à un nouveau corps, très différent dans ses propriétés de ceux qui l'ont formé et où ceux-ci ne peuvent plus être retrouvés avec l'aspect qu'ils avaient avant leur union. Les deux exemples précédents vont nous servir d'abord.

Humectons d'eau un peu chaude le mélange de soufre et de fer, pour le convertir en pâte, et introduisons-le dans un petit ballon. Bientôt des vapeurs s'en dégagent, la masse se boursoufle ; sa coloration verte se change en un noir foncé. Où est le soufre, où est le fer dans cette poudre noire ainsi formée ? L'œil armé d'une loupe ne peut plus les distinguer ; l'aimant n'attire plus rien. C'est désormais une matière toute différente de ses composants, qui n'est ni métallique, comme le fer, ni combustible, comme le soufre ; c'est un corps nouveau formé par l'union intime des deux premiers.

Mettons le mélange de cuivre et de soufre dans un ballon et chauffons (*fig.* 5). Le soufre fond et brûle ; chaque parcelle de cuivre devient incandescente, et à la place des deux corps est une poudre noire très friable où aucun moyen simple ne peut retrouver ni le soufre ni le cuivre. Le corps formé est homogène, ses plus minces parcelles ont toutes le même aspect, et ses propriétés sont toutes différentes de celles qui appartiennent au soufre et au cuivre. Cette poudre noire est un corps composé formé par la combinaison du métalloïde avec le métal.

A ce corps nouveau, il faut donner un nom qui rappelle autant que possible son mode de formation ou sa composition : on l'appelle *sulfure de cuivre*.

Il en est de même pour tous les composés résultant de la combinaison d'un métalloïde avec un métal ; pour les nommer, on termine en **ure** le nom du métalloïde (parfois un peu modifié par euphonie) et on le fait suivre du nom du mét[1] : les combinaisons du carbone métalloïde avec l'hydrogène métal s'appellent carbures d'hydrogène.

On suit aussi la même règle pour donner des noms à

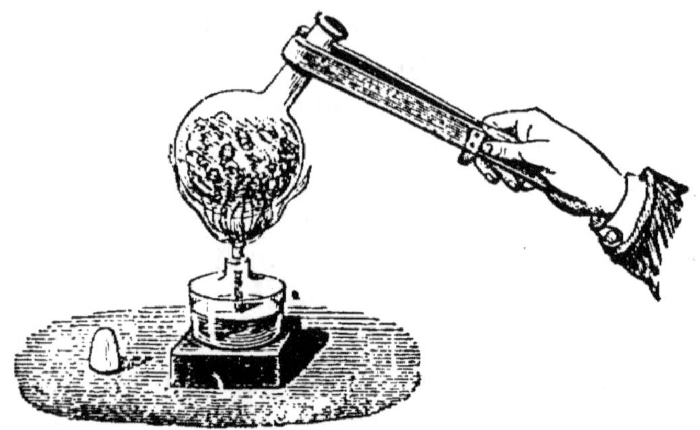

Fig. 5. — Le soufre et le cuivre chauffés se combinent avec incandescence et produisent le sulfure de cuivre noir.

beaucoup des composés de deux métalloïdes ; on termine en *ure* celui qui se porterait au pôle positif si l'on décomposait par un courant électrique le corps formé : c'est ainsi que l'on a les *chlorures* de soufre et de phosphore (chlore, et soufre ou phosphore), le sulfure de carbone (soufre et carbone).

9. Caractères de la combinaison. — La combinaison diffère donc du mélange en ce qu'elle donne lieu à la formation d'un nouveau corps homogène, ayant des propriétés différentes de celles des corps simples qui ont servi à le faire. Elle a, en outre, deux autres caractères essentiels : 1° elle dégage le plus souvent de la chaleur, bien que parfois cependant elle en emprunte ; 2° tandis que les proportions des constituants peuvent être quelconques dans le mélange, ces proportions sont toujours exactement *définies* dans la combinaison.

Dans l'exemple précédent, où le soufre et le cuivre se sont combinés, dès que la combinaison a commencé, la masse s'est échauffée au point de devenir incandescente. Il en est presque toujours de même, et si parfois la température des corps réagissants s'abaisse, le plus habituellement elle s'élève, et le dégagement de chaleur peut être assez énergique pour les porter au rouge et les rendre lumineux. En second lieu, quel que soit le poids de l'un des corps qui se trouve en présence d'un poids donné de l'autre, la combinaison emprunte toujours 32 grammes de soufre pour 64 grammes de cuivre ou pour 56 grammes de fer.

Quand la combinaison dégage de la chaleur, elle est dite *exothermique* ou *directe;* elle peut avoir lieu sitôt que l'on met les éléments en présence, ou, si elle a besoin d'être provoquée pour commencer, elle peut continuer d'elle-même. Si, au contraire, la combinaison a lieu avec absorption de chaleur, elle est dite *endothermique* ou *indirecte*, et elle ne peut commencer ni continuer que si on lui fournit la chaleur dont elle a besoin.

10. La dissolution peut être une combinaison.

— La dissolution ordinaire, comme celle du sucre, du sel de cuisine ou du salpêtre dans l'eau, n'est qu'un mélange où le solide a été réduit en particules si fines qu'elles sont invisibles dans le liquide. En effet, si on évapore l'eau sucrée ou la dissolution de salpêtre, quand l'eau a disparu en vapeur, le sucre d'une part, le salpêtre de l'autre se retrouvent en croûte ou en cristaux au fond du vase (*fig.* 6) avec les propriétés qu'ils avaient avant la dissolution.

Fig. 6. — La dissolution de salpêtre évaporée laisse des cristaux de salpêtre au fond du cristallisatoir.

Il n'en est plus de même lorsqu'on dissout du zinc dans de l'eau acidulée par de l'acide sulfurique ; le métal disparaît, et il se produit un gaz qui se dégage du liquide. Mais si, après la dissolution du métal, on évapore le liquide pour chasser l'eau (*fig.* 7), ce n'est pas du zinc que l'on obtient, c'est un nouveau corps en cristaux blancs, comme le sel de cuisine, d'une saveur très amère, et n'ayant absolument rien de l'aspect métallique du zinc ni de l'apparence liquide de l'acide. Ce corps est le produit d'une combinaison qui a été tumultueuse

Fig. 7. — La dissolution de zinc dans l'eau acidulée, filtrée, puis évaporée, laisse déposer des cristaux blancs.

par le dégagement du gaz hydrogène et qui a engendré assez de chaleur pour échauffer le verre jusqu'à le rendre brûlant.

La dissolution du zinc dans l'eau acidulée a donc bien les deux caractères principaux de cette association intime que nous appelons combinaison : elle forme un corps nouveau tout différent de ses composants, et c'est un acte énergique accompagné de chaleur.

11. Les propriétés des corps. — Les différentes manières d'être de chaque corps peuvent être rassemblées en deux groupes : les unes sont des changements d'état qui n'altèrent pas la matière du corps : elles sont appelées **propriétés physiques.** Les autres constituent un changement notable dans la nature du corps ; elles entraînent la formation de corps nouveaux ; elles règlent les combinaisons et les décompositions : ce sont les **propriétés chimiques.**

Dans le premier groupe rentrent l'état du corps (solide, liquide ou gaz), sa couleur, son odeur, sa densité ; s'il est solide comme les métaux, le soufre, etc., sa densité et sa ténacité, son point de fusion et la manière dont il se dépose d'une dissolution ; s'il est liquide comme le mercure, son point de vaporisation ; s'il est gazeux comme l'hydrogène, les conditions de sa liquéfaction et de sa solubilité ; tout cela figure sous le nom de propriétés physiques.

Dans le second groupe rentrent, sous le nom de propriétés chimiques, toutes les combinaisons dont le corps est capable, soit avec les corps simples ou éléments, soit avec des corps déjà composés.

Ce sont ces dernières propriétés qui forment surtout le domaine de la chimie ; mais on y étudie aussi les premières ; et la **chimie** peut être définie la science qui étudie les corps simples, les divers composés qu'ils peuvent donner en se combinant entre eux et les lois générales suivant lesquelles s'effectuent les combinaisons.

Résumé. — **Les corps simples** ne renferment qu'une substance ; on n'en peut rien tirer qu'eux-mêmes, si on ne leur ajoute pas un autre corps.

Les corps composés renferment deux ou plusieurs substances dont l'ensemble a le même poids que la matière primitive.

On montre qu'un corps composé renferme plusieurs corps simples en provoquant leur séparation : la rouille de mercure chauffée dépose des gouttelettes brillantes de mercure, et elle dégage du gaz oxygène.

Les anciens admettaient quatre éléments : l'eau, l'air, la **terre** et le **feu** : ces quatre corps sont des corps composés.

On connaît aujourd'hui environ 70 corps simples, dont un grand nombre sont sans emploi. On n'a pas suivi une règle unique pour leur donner des noms ; pour quelques-uns cependant, le nom rappelle une propriété.

Les corps simples sont classés en deux groupes : les **métaux**, qui conduisent bien la chaleur et l'électricité, et qui peuvent avoir un vif éclat, une surface brillante quand ils ont été coupés ou limés ; les **métalloïdes**, qui sont sans éclat et qui ne conduisent ni la chaleur ni l'électricité. Ces derniers donnent, par leur union avec l'oxygène, des acides, tandis que les premiers donnent des oxydes ou bases.

L'association des corps simples peut se faire de deux manières : par mélange et par combinaison.

Le **mélange** est une réunion où les corps gardent leurs propriétés et peuvent être facilement séparés les uns des autres.

La **combinaison** est une réunion intime qui donne naissance à un nouveau corps homogène, différent, par ses propriétés, de ceux qui l'ont formé et où ceux-ci ne peuvent plus facilement être retrouvés avec l'aspect qu'ils avaient d'abord. De plus, la combinaison est accompagnée habituellement d'un dégagement de chaleur.

Le corps composé formé de deux corps simples (métalloïde et métal) a reçu un nom qui rappelle sa composition ; le nom du métalloïde est terminé en *ure* et suivi du nom du métal. Dans le cas de deux métalloïdes, on suit une règle analogue.

La plupart des combinaisons dégagent de la chaleur : elles sont dites exothermiques ou directes ; celles qui, au contraire, en absorbent pour s'effectuer, sont dites endothermiques ou indirectes.

Les différentes manières d'être d'un corps peuvent être rassemblées en deux groupes : les *propriétés physiques*, qui ne sont que des changements d'état, comme la forme, la couleur, la densité, la ténacité, le point de fusion ou de vaporisation ; les *propriétés chimiques*, qui changent la nature des corps et qui règlent les combinaisons et les décompositions.

On étudie en chimie les unes et les autres, surtout les dernières, et la **chimie** comprend l'étude des corps simples, des corps composés qu'ils peuvent donner et les lois générales des combinaisons.

CHAPITRE II

L'AIR ATMOSPHÉRIQUE

12. Moyen de constater la présence de l'air. — Nous ne voyons pas l'air ; mais bien des phénomènes dont nous sommes tous les jours témoins nous révèlent sa présence : c'est lui qui fait avancer le petit bateau à voiles que nous posons sur l'eau d'un bassin, comme c'est lui qui pousse les navires sur les flots de la mer. Entre nos yeux et les objets qui nous entourent, il est invisible ; mais, au lointain, il se colore, le jour, d'une belle nuance d'azur, et, le soir et le matin, au lever ou au coucher du soleil, il prend des teintes diverses très variées et fort jolies.

Il remplit tous les vases que nous considérons comme vides, parce qu'il n'y a dedans ni corps solide ni corps liquide apparent : nous pouvons facilement nous en convaincre en posant sur une bouteille un entonnoir dont le col joint bien avec le col de la bouteille, et en remplissant d'eau l'entonnoir : l'eau tombe d'abord dans la bouteille, mais elle s'arrête tout à coup, empêchée dans sa chute par l'air invisible qui remplit le vase et qui ne peut s'échapper. Plongeons verticalement dans l'eau une cloche que nous tenons par le bouton (*fig.* 8) : le liquide ne pénètre pas dans la cloche ; et c'est si bien l'air qui s'y oppose que, si nous inclinons peu à peu la cloche, nous voyons le gaz faire bouillonner le liquide et s'échapper en bulles très apparentes. Pour rendre ces bulles encore plus visibles, nous apportons au-dessus d'elles un long vase renversé et plein d'eau : les bulles d'air montent

Fig. 8. — L'eau ne monte pas dans une cloche pleine d'air.

Fig. 9. — L'air se dégage de la cloche inclinée et l'eau prend sa place.

aussi haut qu'elles peuvent aller, c'est-à-dire qu'elles se rassemblent dans le haut du vase qui leur est offert.

Si alors nous relevons la cloche, que nous avons inclinée, l'eau en occupe une partie, elle y est venue remplacer l'air disparu.

Ainsi, toutes les fois qu'on remplit d'eau un flacon,
l'air qu'il contenait s'en va. Inversement, si on vide un
flacon d'abord plein d'eau, le flacon se remplit d'air. On peut donc
avoir à volonté de l'air d'un endroit quelconque, puisqu'il suffit
d'y vider un vase plein d'eau
(*fig.* 10) et de le bien boucher
quand il est vide.

13. L'air et les corps qui brûlent.

— Une bougie allumée
brûle complètement dans une
chambre où on la laisse. Un petit
morceau de phosphore que l'on

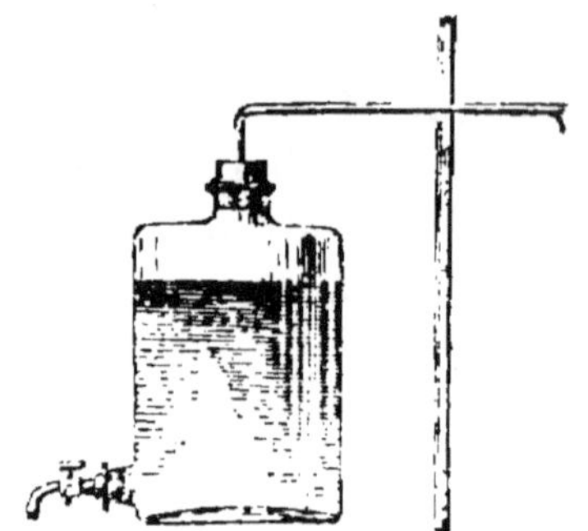

Fig. 10. — Flacon à tubulure inférieure disposé pour tirer de l'air d'un espace donné.

enflamme brûle également sans laisser de résidu, en
produisant d'abondantes vapeurs blanches qui se répandent dans l'air. En est-il de même dans un flacon
ou une cloche quand le volume d'air est limité ? C'est
ce que l'expérience va nous apprendre.

Sur une assiette un peu profonde, versons une couche
d'eau de quelques centimètres d'épaisseur ; plaçons sur
l'eau un large bouchon portant une bougie allumée et
couvrons la bougie d'une cloche ou d'un bocal dont les
bords plongent dans l'eau de l'assiette. Nous mettons
ainsi la bougie dans un volume d'air limité, sans communication avec le dehors. Elle brûle d'abord comme à
l'air libre ; mais sa flamme pâlit bientôt et ne tarde guère
à s'éteindre. En même temps, si on observe bien, on
voit que l'eau a monté un peu dans le bocal. Et cependant rien ne semble changé à l'intérieur du vase, le gaz
y est resté aussi transparent ; il y en a seulement un peu
moins, puisque l'eau occupe une partie du volume primitif, et la bougie ne peut brûler dans ce qui reste.

Répétons cette expérience avec le phosphore. Plaçons un morceau de ce corps dans une petite coupelle de terre posée sur un gros bouchon qui flotte sur la cuve à eau ; enflammons-le et couvrons le tout d'une cloche (*fig.* 11). Le phosphore brûle vivement en produisant une lueur très vive, et la cloche s'emplit d'épaisses fumées blanches. Peu à peu les lueurs s'affaiblissent et s'éteignent. Les fumées mettent quelque temps à diminuer et à disparaître. Quand le contenu de la cloche s'est éclairci, l'eau est montée d'environ un cinquième, et il reste du phosphore dans la coupelle. Ce n'est donc pas le corps à brûler qui a fait défaut ; c'est l'air qui n'a plus été apte, à un moment donné, à faire brûler le combustible.

Fig. 11. — Combustion du phosphore dans un espace d'air limité et préparation de l'azote.

On conclut de ces deux expériences que le renouvellement de l'air est nécessaire pour entretenir le feu, et que les corps en brûlant enlèvent à l'air une partie de sa substance, la seule qui ait le pouvoir de les faire brûler. Si, en effet, on transvase la portion de l'air qui reste dans la cloche et qu'on y plonge une bougie allumée, celle-ci s'éteint aussitôt ; on pouvait le prévoir, d'ailleurs, puisque le phosphore a refusé d'y brûler.

14. L'air renferme deux gaz différents. — La combustion du phosphore sous une cloche montre que l'air est formé de deux gaz, l'un qui fait brûler les corps et l'autre qui les éteint. Le premier est le gaz **oxygène**, le second est le gaz **azote**. L'air apparaît donc comme formé du gaz oxygène, éminemment propre à entretenir la combustion, et du gaz azote, qui affaiblit l'action de l'oxygène. L'azote y entre pour environ quatre cinquièmes et l'oxygène pour un cinquième seulement.

Séparer l'un de l'autre les deux gaz qui forment l'air pour les mesurer, c'est faire **l'analyse** de l'air.

L'air atmosphérique pèse par litre 1ᵍʳ,293 à la température 0°.

15. Proportions exactes d'oxygène et d'azote dans l'air.

— Lorsqu'on veut connaître avec exactitude la proportion des deux gaz dont l'air est formé, on prend un volume mesuré d'air, on en absorbe l'oxygène avec une substance solide ou liquide et on mesure le gaz restant ; on obtient ainsi le volume de l'azote ; en le retranchant du volume primitif, on a celui de l'oxygène.

Pour cela, on emploie le phosphore, qui absorbe l'oxygène de l'air à la température ordinaire, et qui doit à cette propriété de paraître lumineux dans l'obscurité. On introduit dans un large tube gradué, renversé sur l'eau, un volume d'air connu, soit 100 centimètres cubes. On y fait passer un long morceau de phosphore que l'on y maintient (*fig.* 12) ; celui-ci s'entoure de vapeurs blanches, parce qu'il prend l'oxygène : il a tout pris lorsqu'il ne paraît plus lumineux dans l'obscurité. On retire alors le bâton de

Fig. 12. — Le phosphore absorbe lentement l'oxygène de l'air.

phosphore et on lit le volume du gaz restant : on trouve 79 centimètres cubes. On peut donc affirmer que 100 litres d'air contiennent 79 litres d'azote et 21 litres d'oxygène.

16. Analyse de l'air par le phosphore à chaud.

— Lorsqu'on veut faire une analyse d'air en quelques

minutes, on mesure l'air dans un tube gradué et on transvase le gaz dans une petite cloche courbe ; on y envoie un morceau de phosphore que l'on fait enflammer en chauffant le tube. L'oxygène est alors absorbé très rapidement et l'eau remonte dans la cloche. On laisse refroidir le gaz et on le transvase à nouveau dans le tube gradué, pour en lire le volume.

17. Analyse par l'acide pyrogallique et la potasse. — On prépare une solution de potasse et une solution d'acide pyrogallique. On choisit une éprouvette graduée à gaz que l'on puisse facilement boucher avec le doigt. On

Fig. 13. — Analyse de l'air par le phosphore à chaud. A, flamme d'une lampe à alcool chauffant le phosphore.

verse dans l'éprouvette, de manière à la remplir au tiers ou à la moitié, parties égales des deux solutions. On la bouche, on la retourne ; on lit le volume occupé par l'air. On agite le liquide dans l'éprouvette, sans l'ouvrir, et, après une agitation de quelques minutes, on plonge l'éprouvette dans un grand verre d'eau. Le liquide a bruni ; il a absorbé l'oxygène ; il tombe dans le verre et il est remplacé par de l'eau. On lit le volume du gaz restant en enfonçant l'éprouvette pour que ce gaz soit à la pression atmosphérique : c'est la proportion d'azote que contenait le volume d'air sur lequel on a opéré. Soit 150 centimètres cubes ce volume d'air primitif ; après l'absorption, on ne trouve plus que $118^{cc},5$ d'azote ; l'oxygène disparu est représenté par $31^{cc},5$. Ce sont encore les mêmes proportions que ci-dessus.

Les méthodes qui précèdent ont l'avantage d'être

faciles, mais elles ont l'inconvénient d'être peu exactes

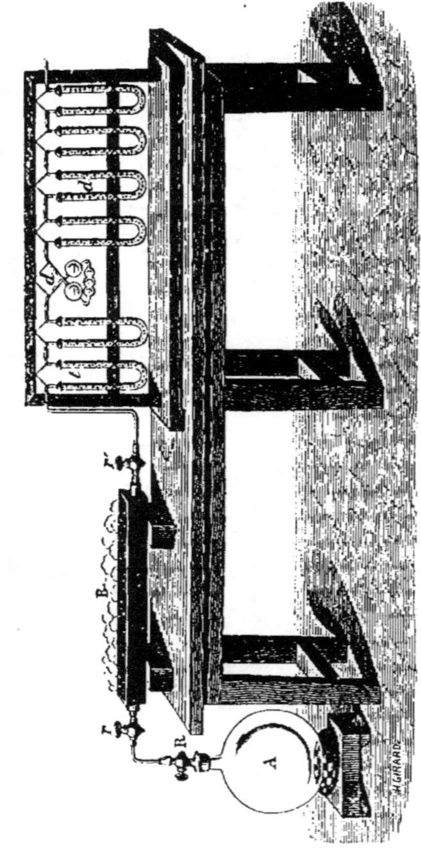

FIG. 14. — Appareil de Boussingault pour l'analyse de l'air en poids. — A. Ballon à robinet ; — B. Tube à cuivre chauffé sur une grille ; — t. Tube à ponce arrêtant la vapeur d'eau ; — d. Tubes à potasse retenant l'anhydride carbonique.

on opère, en effet, sur de petits volumes d'air qu'il st difficile de mesurer très exactement. Aussi les

chimistes ont-ils eu recours, pour fixer exactement
la composition de l'air, aux méthodes d'analyse en poids.

18. Méthode d'analyse par les poids. — Le principe de la méthode d'analyse de l'air en poids est
de faire passer l'air, après l'avoir dépouillé des gaz
autres que l'oxygène et l'azote, sur un corps solide qui
retient l'oxygène et dont l'augmentation de poids donne
le poids du gaz ; on pèse ensuite l'azote recueilli seul.
MM. Dumas et Boussingault ont opéré non plus sur
quelques centimètres cubes d'air, mais sur une centaine
de litres, et ils ont pesé les gaz. L'air, dépouillé des
corps autres que l'azote et l'oxygène, est appelé dans
un grand ballon de 10 à 15 litres où l'on a fait le vide,
et, pour y arriver, il traverse un tube contenant du
cuivre chauffé où il abandonne son oxygène, de sorte
qu'il n'arrive dans le ballon que l'azote.

L'augmentation de poids du ballon donne le poids
de l'azote ; celle du tube contenant le cuivre, le poids
de l'oxygène. Les expériences faites par cette méthode
exacte ont donné les nombres :

Azote	76 grammes 7 ;
Oxygène	23 grammes 3 ;
Air	100 grammes.

19. Air dissous dans l'eau. — Il est facile de
montrer que l'eau ordinaire contient de l'air qu'elle a
dissous. Remplissons complètement d'eau un ballon
d'un litre ; fermons-le avec un bouchon muni d'un tube
recourbé : le tube se remplit de l'eau déplacée par le
bouchon ; engageons l'extrémité libre du tube sous une
éprouvette pleine d'eau et chauffons le ballon (*fig.* 15) ;
au bout de quelque temps, nous verrons 25 à 30 centimètres cubes de gaz occuper le haut de l'éprouvette. Avant l'expérience, ce gaz était invisible dans
l'eau.

Si on fait l'analyse de l'air que les eaux naturelles retiennent en dissolution, on trouve que cet air renferme 32 litres d'oxygène sur 100 litres : c'est plus que l'air ordinaire. Et cette présence de l'air dans l'eau est un fait d'une grande importance, car c'est aux dépens de ce gaz que respirent les poissons et les animaux aquatiques. C'est en chauffant l'eau que nous

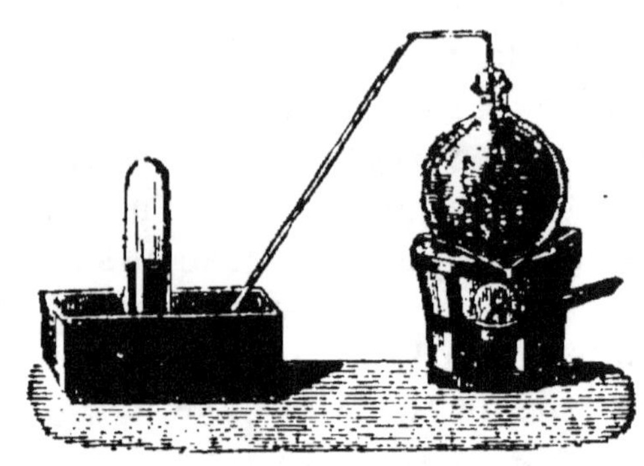

Fig. 15. — Moyen de recueillir l'air dissous dans l'eau.

avons fait dégager l'air qu'elle retenait ; mais ce gaz s'en échappe encore quand l'eau se congèle ; et les petites bulles dont se trouvent criblés les blocs de glace n'ont pas d'autre origine.

20. Autres corps contenus dans l'air. -- L'azote et l'oxygène sont les principes fondamentaux de l'air ; mais il y existe d'autres substances que l'on trouve dans tous les lieux, bien qu'elles soient souvent en très petite quantité.

C'est d'abord la *vapeur d'eau*, variable avec le degré d'humidité. On la met en évidence en la forçant à se déposer en buée ou en gouttelettes sur les corps froids : telle est la rosée qui se forme sur la paroi extérieure d'une carafe, dont le liquide est plus froid que l'air de la chambre où l'on apporte le vase ; telle est aussi la buée des carreaux de nos appartements et la rosée que l'on trouve souvent, le matin, sur les plantes.

C'est, en second lieu, le produit gazeux que donne le charbon en brûlant et que nous étudierons dans une des leçons suivantes, sous le nom de gaz carbonique.

Ce sont enfin ces milliers de corps si petits qu'ils

échappent d'habitude à la vue et qui ne deviennent visibles que lorsqu'ils sont rassemblés sous forme de poussière, ou bien très vivement éclairés par un rayon de soleil pénétrant dans une chambre obscure.

Ces mille petits riens contiennent des débris d'une infinité de corps. Ils contiennent aussi des germes organisés qui sont les agents des transformations que l'air fait subir aux substances végétales ou animales : c'est parmi eux qu'existent les germes de la putréfaction, du changement du vin en vinaigre, et, dans certains lieux, les agents des fièvres paludéennes et de certaines maladies contagieuses.

On peut se proposer de trouver le poids de la vapeur d'eau et du gaz carbonique contenus dans un volume donné d'air. On se sert alors de l'appareil représenté par la figure 16. C'est un aspirateur plein d'eau, d'une contenance de 50 litres environ, et dont la partie supérieure est en communication avec l'air, mais par l'entremise de deux séries de tubes dont les uns contiennent de la ponce sulfurique qui retiendra la vapeur d'eau et les autres de la potasse qui absorbera le gaz

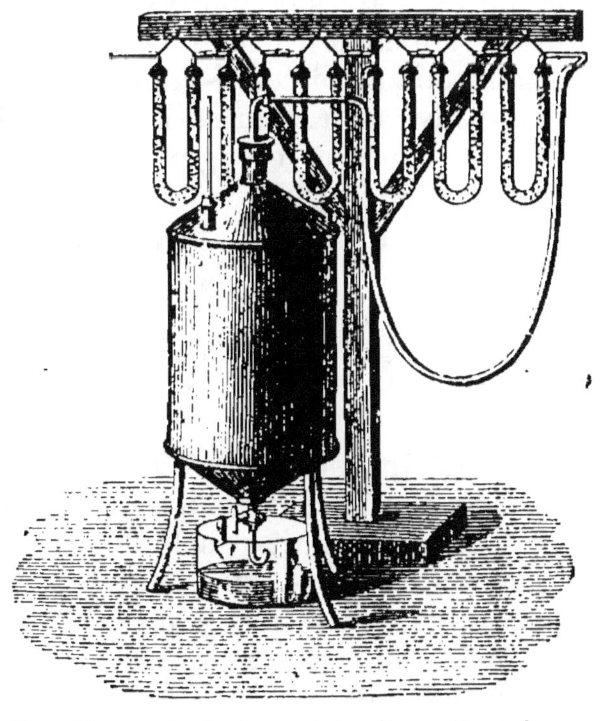

Fig. 16. — Aspirateur plein d'eau disposé pour faire passer dans les tubes à ponce et à potasse de l'air qui y laisse sa vapeur d'eau et son gaz carbonique.

carbonique. L'augmentation de poids de chacune de ces séries de tubes donne le poids des deux corps que l'on cherche.

La vapeur d'eau y est variable avec le degré d'humidité et avec la température : en hiver, l'air humide ne contient guère plus de 10 grammes de vapeur d'eau par mètre cube, tandis qu'en été ce poids peut aller jusqu'à 30 grammes.

Le poids du gaz carbonique n'est d'ordinaire que d'environ 1 gramme par mètre cube d'air.

M. Pasteur a donné un moyen simple de recueillir les germes organisés qui sont dans les poussières de l'air; il les a obtenus en faisant filtrer une grande quantité d'air sur une bourre de coton-poudre. En dissolvant ensuite cette bourre dans un mélange d'éther et d'alcool, où le coton-poudre est entièrement soluble, il a trouvé un résidu où l'examen microscopique lui a fait reconnaître les agents des fermentations et des putréfactions.

L'air contient, en outre, environ 1 0/0 d'un gaz nouveau confondu avec l'azote et découvert par lord Rayleigh et Ramsay, qui l'ont appelé *argon*. On y suppose aussi l'existence de traces d'autres gaz, comme l'*hélium* que l'on a découvert par l'étude des spectres.

21. L'air est un mélange. — On reproduit l'air en mélangeant 21 litres d'oxygène avec 79 litres d'azote, et il ne se produit pas le dégagement de chaleur qui accompagne d'ordinaire toute combinaison.

De plus, les volumes des deux gaz qui forment l'air ne sont pas, comme ceux des gaz combinés, dans des rapports simples.

Enfin, si l'on dissout l'air dans l'eau, chacun des deux gaz se dissout dans le liquide comme s'il était libre; et, quand on fait l'analyse de l'air extrait de l'eau, on trouve 32 0/0 d'oxygène, ce qui indique bien que ce n'est pas l'air qui s'est dissous, puisqu'il n'a pas conservé sa nature, mais chacun des deux gaz qui le forment par leur mélange.

22. Expérience de Lavoisier.

— On savait, avant Lavoisier, que les métaux calcinés engendrent des substances nouvelles que l'on appelait des *terres* ou des *chaux métalliques*, tandis que nous les appelons *oxydes*. On savait, comme aujourd'hui, produire par l'action de la chaleur les chaux, c'est-à-dire les oxydes d'étain, de plomb ou de mercure. Mais on n'avait pas assez bien remarqué que, dans cette calcination, le métal augmente de poids ; on n'avait pas songé à le peser avant et après l'expérience. La première découverte de Lavoisier consiste à avoir prouvé que le métal chauffé augmente de poids, qu'il prend quelque chose à l'air, qu'il lui prend la portion que nous nommons

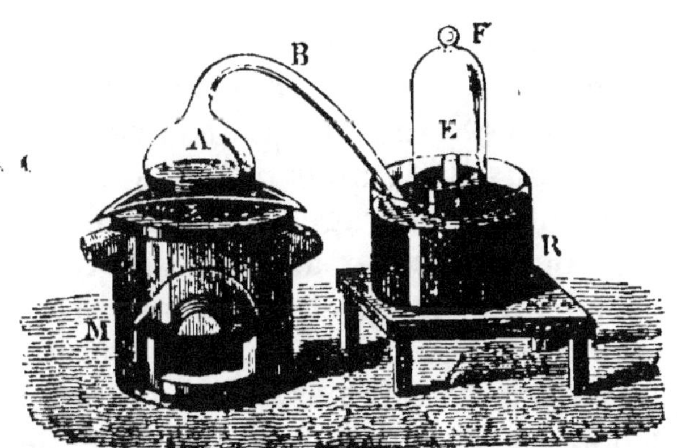

Fig. 17. — Appareil de Lavoisier pour l'analyse de l'air. A, ballon ; B, col contourné et relevé en E ; F, cloche ; R, cuve à mercure ; M, fourneau.

l'oxygène et qu'il laisse l'azote. Pour cela, Lavoisier chauffa du mercure dans un ballon à long col recourbé, comme l'indique la figure 17. L'extrémité du tube était couverte d'une cloche qui limitait l'air en contact avec le mercure du ballon.

Après plusieurs jours de chauffe, le mercure du ballon se couvrit de pellicules rouges, chaux de mercure ou oxyde, comme nous disons aujourd'hui. Et l'air avait diminué d'un cinquième, comme l'attestait le mercure de la cuve monté dans la cloche. Le mercure chauffé prenait donc à l'air un cinquième de son volume, et le gaz restant n'était plus capable d'entretenir la combustion. Lavoisier avait ainsi fait l'analyse de l'air.

Il poussa plus loin cette expérience, l'une des plus remarquables qui aient été faites. Il recueillit l'oxyde de mercure, le chauffa dans un tube, s'assura qu'il en sortait de l'oxygène, et, en envoyant ce gaz se mêler à l'azote de la cloche, il reconstitua l'air qui remplissait l'appareil avant l'expérience. Il avait donc fait successivement l'analyse et la synthèse de l'air. Il avait surtout montré d'une façon péremptoire que l'air cède son oxygène aux métaux que l'on chauffe à son contact.

23. L'air active le feu. — Que faisons-nous pour faire brûler plus vivement le charbon ou le bois dans nos foyers ? Nous dirigeons avec un soufflet de l'air sur le combustible ; nous ouvrons le cendrier de nos poêles ou bien nous dégageons la grille sur laquelle repose le coke ou la houille ; alors, à l'arrivée de l'air, la flamme prend plus de développement. Fermons-nous, au contraire, les ouvertures, ou bien couvrons-nous de cendres les charbons allumés, la combustion cesse de se propager. Il lui faut de l'air pour qu'elle puisse s'effectuer, ainsi que nous le démontre avec évidence l'expérience de chaque jour.

24. L'air et les êtres vivants. — L'air est indispensable à tous les êtres vivants, qui meurent lorsqu'ils en sont privés. Ceux même qui vivent dans l'eau ne font pas exception à la règle ; ils ne peuvent vivre sans l'eau aérée ; ils périraient dans l'eau récemment bouillie ou privée d'air. Enfermés dans un espace limité, ils pourraient continuer quelque temps à vivre, mais ils ne tarderaient pas à s'affaiblir et à périr, comme la bougie allumée placée sous une cloche s'affaiblit et s'éteint. Il faut de l'air à l'animal pour vivre, comme il faut de l'air à la bougie pour brûler.

Résumé. — L'air atmosphérique, qui est invisible, remplit tous les vases que nous croyons vides. Pour mettre sa présence en évidence, on lui fait remplir une cloche ou un vase auparavant rempli d'eau.

Les corps combustibles brûlent quelque temps dans un air confiné, puis ils s'éteignent, et l'air a quelque peu diminué de volume.

L'air atmosphérique est incolore sous une faible épaisseur et bleu en grandes masses. Il pèse par litre 1^{gr},293 à la pression ordinaire et à la température 0°.

On montre facilement que l'air est formé de deux gaz principaux, l'oxygène et l'azote : l'expérience du phosphore brûlant dans un espace d'air limité le prouve. L'air n'est donc pas un élément, comme le croyaient les anciens. Outre les deux gaz précédents, l'air renferme encore de la vapeur d'eau, de l'acide carbonique et des poussières minérales et organiques, dont une partie peut contenir des microbes, organismes microscopiques qui sont les agents des putréfactions et qui sont pernicieux pour la santé de l'homme.

Montrer l'existence de tous ces corps, c'est faire l'analyse qualitative de l'air; chercher leurs proportions, c'est faire l'analyse quantitative.

Dans cette dernière, on recherche d'abord la quantité d'azote et d'oxygène contenue dans un volume déterminé d'air, on absorbe l'oxygène et on mesure l'azote restant.

On peut employer le phosphore ; introduit dans un volume donné d'air, il absorbe lentement l'oxygène, et, quand tout ce dernier gaz est disparu, et que le phosphore est retiré, on mesure le volume restant, qui est de l'azote.

On trouve :

$$\text{pour 100 litres} \left\{ \begin{array}{l} \text{21 litres d'oxygène} \\ \text{79 litres d'azote.} \end{array} \right.$$

On peut aussi employer une dissolution de potasse et une d'acide pyrogallique ; leur mélange absorbe l'oxygène et laisse l'azote.

La méthode par les pesées est plus exacte et plus complète. On fait passer de l'air d'abord dans des tubes à potasse où reste le gaz carbonique, dans des tubes à ponce où s'arrête la vapeur d'eau, sur du cuivre chauffé qui retient l'oxygène : on ne recueille enfin que l'azote.

La composition de l'air atmosphérique est constante, n'importe où l'on en prenne ; on y trouve toujours, sur 100 litres, 79 litres d'azote et 21 d'oxygène, de quatre à six dix-millièmes de gaz carbonique et de vapeur d'eau.

L'air est un mélange : on le forme en mélant 4 volumes d'azote à 1 volume d'oxygène, et il n'y a aucun dégagement de chaleur, comme il arriverait s'il y avait combinaison ; en second lieu, les proportions des deux gaz ne sont pas dans un rapport simple ; enfin, quand l'air se dissout, c'est chacun de ces deux gaz avec son propre pouvoir de solubilité qui se dissout dans l'eau ; et l'air dissous n'a plus la même constitution que l'air ordinaire ; il renferme, en effet, 32 0/0 d'oxygène.

L'air, au point de vue chimique, a les propriétés de l'oxygène tempérées par la présence de l'azote ; il sert à la respiration des animaux et des plantes ; il produit l'oxydation des métaux.

C'est Lavoisier qui a montré le premier, en 1774, et la composition de l'air et son rôle véritable dans la combustion, dans l'oxydation des métaux et dans la respiration. Dans sa célèbre expérience où il chauffait du mercure dans un espace d'air limité, il a fait voir que l'air perd un cinquième de son volume pour former la chaux de mercure ou ce qu'on appelle aujourd'hui l'oxyde de mercure, que le reste de l'air n'entretient ni la combustion ni la vie ; que l'oxyde de mercure chauffé rend l'oxygène pris à l'air pour sa formation. Il a conclu que l'oxygène occupe le cinquième de l'air et en est la partie active dans les oxydations ou les combustions.

CHAPITRE III

L'OXYGÈNE

25. Propriétés physiques. — L'oxygène est un gaz incolore, sans odeur et sans saveur.

Il est un peu plus lourd que l'air : le litre pèse 1^{gr},43. Quand on compare son poids à celui de l'air, on dit que sa densité est 1,1056, celle de l'air étant 1.

On compare plus souvent son poids à celui du gaz hydrogène, le plus léger de tous les corps ; on trouve alors qu'un litre d'oxygène pèse 16 fois plus qu'un litre d'hydrogène.

Le gaz oxygène peut se conserver longtemps dans les flacons, si on les laisse renversés sur la cuve à eau ou sur des soucoupes contenant une petite couche d'eau

qui en ferme l'ouverture, comme l'indique la figure 18.
L'eau ne dissout pas le gaz.

On a pu amener le gaz oxygène
à l'état liquide par l'action simul-
tanée d'un grand refroidissement et
d'une forte pression.

26. Propriété chimique carac-
téristique de l'oxygène. — La
propriété la plus saillante de l'oxygène, c'est de *rallumer les corps
qui ne brûlent presque plus et de
faire brûler avec un vif éclat
ceux qui brûlent déjà* ; c'est, en un
mot, de se combiner vivement avec les autres corps.

Pour vérifier cette propriété, on prend une éprouvette pleine d'oxygène, on la retourne (*fig.* 19) et on y

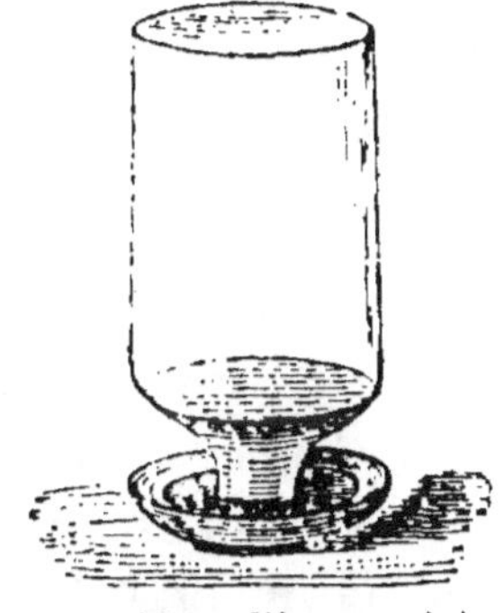

Fig. 18. — Flacon plein
de gaz oxygène ren-
versé sur un vase
d'eau.

plonge une
bougie que
l'on vient d'é-
teindre et
dont la mèche
conserve en-
core un point
incandescent.
La bougie se
rallume ins-
tantanément
avec une très
légère explo-
sion, et elle
brûle avec un
vif éclat. On la
retire ; on l'é-
teint en con-

Fig. 19. — Une bougie presque éteinte plongée
dans l'oxygène se rallume et brûle avec éclat.

servant toujours un point incandescent, et on l'introduit
de nouveau dans l'éprouvette ; elle se rallume encore.

Cette expérience, qu'on peut répéter plusieurs fois de
suite, est très saisissante ; elle suffirait à elle seule à
prouver la propriété caractéristique de l'oxygène ; mais
d'habitude on fait brûler dans ce gaz successivement
plusieurs corps.

27. Corps brûlés dans l'oxygène. — *Première
expérience.* — Le premier corps que nous allons faire
brûler dans l'oxygène, c'est le char-
bon. Nous en attachons un morceau
à un fil de fer planté dans un large
bouchon, et nous l'allumons. Il
brûle, mais sans éclat. Nous ren-
versons un flacon d'oxygène en
laissant au fond un peu d'eau et
nous y plongeons le charbon allumé
(*fig.* 20) ; celui-ci brûle alors avec
une vive clarté en projetant des étincelles étoilées très brillantes. Il re-
vient peu à peu à son premier éclat
et il s'éteint. Nous pouvons remarquer que le charbon a diminué
de volume ; une partie a disparu.

Fig. 20. — Combustion
du charbon dans
l'oxygène.

L'oxygène a disparu aussi. Mais, comme *rien ne se perd
dans la nature*, nous devons pouvoir retrouver les deux
corps sous une autre forme. Nous les retrouvons en effet
dans le gaz qui remplit le flacon dont l'eau du fond
va dissoudre une portion. L'oxygène a formé avec le
charbon un nouveau corps tout différent des deux qui
l'ont produit.

Deuxième expérience. — Plaçons sur un fil de fer terminé en anneau un petit godet de terre, dans le godet un
petit morceau de phosphore ; allumons celui-ci et plongeons le tout dans un flacon plein d'oxygène, le phosphore brûle avec un si vif éclat que le regard peut à
peine le supporter (*fig.* 21). Le phosphore disparaît et
l'oxygène aussi. Mais on voit d'épaisses fumées blanches

remplir le flacon et dont une partie se dépose en poudre fine sur les parois, tandis que l'autre se dissout dans l'eau qui couvre le fond : c'est le nouveau corps que l'oxygène et le phosphore ont formé en s'unissant intimement.

On ferait une expérience ana-logue, mais non moins brillante, en plongeant dans l'oxygène du soufre allumé au lieu de phosphore.

Troisième expérience. — On allume un bout de ruban de magné-sium tenu à un fil de fer : le métal brûle déjà avec beaucoup d'éclat ; mais, si on le plonge dans l'oxygène, sa lumière blanche devient tout à fait éblouissante. Le ruban éteint, il reste à sa place une matière blanche qui se dissout à peine dans l'eau.

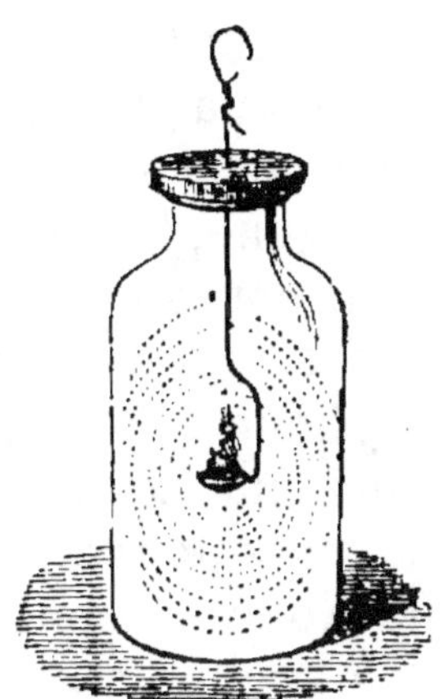

Fig. 21. — Combus-tion du soufre ou du phosphore dans l'oxygène.

Quatrième expérience. — Le fer lui-même va brûler dans l'oxygène aussi facile-ment que le charbon, et il suf-fira d'un morceau d'amadou enflammé pour y mettre le feu. Pour réaliser cette expé-rience, prenons un ressort de montre, chauffons-le au rouge pour lui enlever son élasticité et roulons-le en spi-rale autour d'une baguette de verre. Plantons une de ses ex-trémités dans un bouchon et, à l'autre, attachons un mor-ceau d'amadou ; allumons l'amadou et descendons la spi-rale de fer dans un flacon d'oxygène dont le fond est couvert de quelques centi-

Fig. 22. — Combustion du fer dans l'oxygène. A, extrémité du fil de fer portant un mor-ceau d'amadou.

mètres d'eau (*fig.* 22). L'amadou met le feu au fer, et du fer enflammé jaillissent des milliers d'étincelles en même temps qu'il tombe dans l'eau des globules fondus qui bruissent au contact du liquide froid et s'incrustent parfois dans le verre. C'est une des plus belles expériences que l'on puisse faire. Lorsqu'il n'y a plus d'oxygène, le fer s'éteint, et le flacon est parfois tapissé d'une poussière de rouille.

Ainsi nous avons démontré surabondamment que l'oxygène fait brûler les corps avec un vif éclat, non seulement ceux, comme le charbon et le phosphore, que nous pouvons voir brûler dans l'air, mais même le fer. Nous en concluons que, si nous pouvions insuffler de l'oxygène au lieu d'air dans nos foyers, le charbon y brûlerait avec une bien plus grande vivacité et, dans le même temps, produirait bien plus de chaleur. Mais il faudrait pour cela savoir produire l'oxygène à très bon marché.

28. Étude des produits formés. — Les combustions précédentes ont donné lieu à des corps nouveaux très différents de ceux qui les ont formés. Comment distinguer les uns des autres et reconnaître ces composés ? C'est en leur donnant des noms qui rappellent la manière dont ils sont formés et qui fassent penser de suite aux corps entrant dans leur composition.

C'est ce qu'ont fait les chimistes depuis un demi-siècle, et, quand ils désignent un corps composé, son nom seul indique déjà de quoi il est formé. Tous les produits des combinaisons ont ainsi reçu des noms caractéristiques.

On a brûlé dans l'oxygène des métalloïdes comme le charbon et le phosphore ou le soufre, et des métaux comme le magnésium et le fer. C'est donc deux séries distinctes de combinaisons :

1° Des métalloïdes avec l'oxygène ;

2° L'oxygène avec des métaux.

Dans le premier cas, où des métalloïdes sont combinés à l'oxygène, les corps formés sont des **anhydrides** s'ils restent secs et des **acides** quand ils sont humides, qu'ils ont pris de l'eau et qu'ils peuvent échanger de l'hydrogène contre un métal.

Les composés formés de l'oxygène et des métaux sont appelés **oxydes** ou **bases**.

C'est la différence la plus caractéristique entre les métalloïdes et les métaux.

29. Anhydrides et acides. — Ainsi, quand on fait brûler dans l'oxygène sec du phosphore, du charbon, du soufre, on forme les **anhydrides** *phosphorique, carbonique, sulfureux*, le premier en poudre blanche très avide d'eau, le second en gaz incolore et inodore, le dernier en gaz incolore à odeur suffocante.

Les anhydrides possèdent la propriété de se combiner à l'eau et de donner des **acides** qui rougissent la teinture de tournesol; l'anhydride phosphorique jeté dans l'eau s'y dissout avec bruissement et avec un dégagement de chaleur qui est l'indice d'une combinaison, et la solution a le caractère des acides.

Quand on brûle le phosphore, le soufre et le charbon dans du gaz oxygène en présence d'eau, les anhydrides formés se dissolvent dans l'eau, et du tournesol versé' dans cette eau y révèle l'*acide phosphorique* et l'*acide sulfureux* en rouge vif, l'*acide carbonique* en rouge vineux.

On généralise ces résultats, et l'on dit : les *métalloïdes, en se combinant avec l'oxygène sec, donnent des* **anhydrides;** *avec de l'oxygène humide ou en présence de l'eau, ils donnent des* **acides.**

Et les anhydrides, comme les acides, ont un nom formé du nom du métalloïde avec la terminaison *ique,* si le composé est unique ou s'il est le plus oxygéné, et la terminaison *eux* pour le composé moins oxygéné.

Dorénavant, le nom d'*anhydride phosphorique* nous

indiquera la poudre blanche que le phosphore donne en brûlant, c'est-à-dire en se combinant à l'oxygène ; et le nom d'*acide phosphorique* nous désignera ce même corps ayant déjà fait combinaison avec l'eau. Le nom d'*anhydride carbonique* nous rappellera le gaz invisible que produit le charbon ou carbone en brûlant, autrement dit en se combinant à l'oxygène sec. Le nom d'*acide carbonique* sera réservé à ce même anhydride humide ou dissous, c'est-à-dire ayant pris avec l'eau la propriété essentielle des acides de pouvoir former des sels en échangeant son hydrogène contre des métaux.

Et nous ne dirons plus que le corps qui brûle disparaît, se détruit, s'anéantit ; nous saurons qu'il a formé avec l'un des éléments de l'air un nouveau corps, visible ou invisible, mais dont il nous est possible de constater la présence et les propriétés.

30. Oxydes ou bases. — Leurs noms. — Les corps formés par la combinaison des métaux avec l'oxygène ne sont pas aigres comme les acides, et ils ne rougissent pas la teinture de tournesol. Ceux d'entre eux qui sont solubles dans l'eau, comme la poudre blanche produite par la combustion du magnésium, ont une saveur caustique : versés dans le tournesol d'abord rougi par un acide, ils *ramènent cette teinture au bleu*. On les appelle **oxydes** ou **bases**, et on donne par analogie le même nom aux corps insolubles qui ont une formation analogue, comme la poudre blanche provenant de la combustion du zinc ou de celle du magnésium, ou comme la poudre de rouille et les globules qui résultent de la combustion du fer.

Les noms particuliers des oxydes sont faciles à retenir : pour désigner chacun d'eux, on fait suivre le mot *oxyde* du nom du métal combiné à l'oxygène. Ainsi :

le fer
et l'oxygène { produisent l'oxyde de fer,

le zinc et l'oxygène	produisent l'oxyde de zinc,
le magnésium et l'oxygène	— l'oxyde de magnésium,
le sodium et l'oxygène	— l'oxyde de sodium.

On désigne souvent ces deux derniers par les noms de **magnésie** (oxyde de magnésium) et de **soude** (oxyde de sodium), parce que les oxydes étaient connus. des chimistes longtemps avant les métaux qu'ils contiennent.

31. Action de l'oxygène dans la respiration. — L'oxygène est absolument nécessaire à l'entretien de la vie des êtres vivants ; les animaux meurent très promptement quand ils en sont privés. L'air est introduit dans le corps par l'acte de la respiration, et l'oxygène qu'il contient pénètre dans les globules sanguins pour être ensuite porté par eux dans tous les organes ; il est la source de la chaleur du corps qu'il produit en se combinant avec l'hydrogène et le carbone des aliments.

Quand les globules sanguins sont imprégnés d'oxygène, le sang a une belle couleur rouge rose ; quand, au contraire, ils contiennent du gaz carbonique, le sang est noirâtre. On peut montrer facilement cette action de l'oxygène sur le sang ; on verse du sang noir dans une éprouvette pleine de gaz oxygène et on le voit reprendre sa couleur rouge.

32. Préparation de l'oxygène. — Il semble au premier abord que l'on devrait tirer l'oxygène de l'air atmosphérique ; mais l'opération n'est ni assez simple ni assez facile dans un laboratoire. Il faut donc prendre le gaz oxygène aux composés qui peuvent le donner : on peut le prendre aux oxydes, même à quelques acides ; mais c'est ordinairement par la décomposition d'un sel qu'on le produit.

Parmi les oxydes qui peuvent le donner facilement, on peut employer **l'oxyde de mercure**, le chauffer dans un petit matras muni d'un tube et recueillir le gaz sur la cuve à eau. Mais cet oxyde est trop cher pour donner à bon marché beaucoup d'oxygène.

On emploie le **bioxyde de manganèse**, produit naturel d'un prix assez faible, que l'on chauffe fortement dans une cornue en terre placée dans un fourneau à réverbère pour lui faire dégager le gaz.

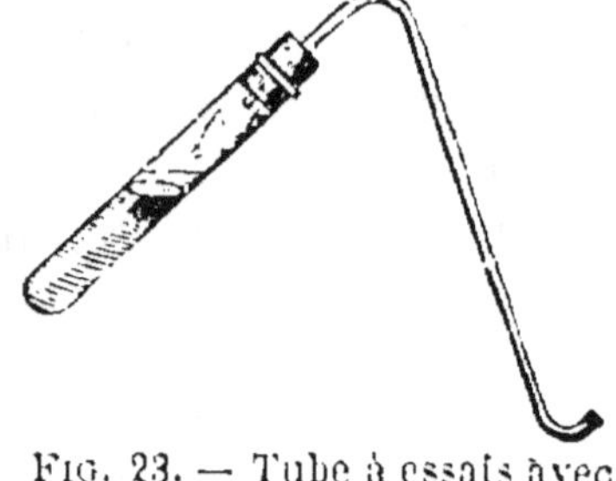

FIG. 23. — Tube à essais avec tube abducteur pour montrer que l'oxyde de mercure chauffé dégage de l'oxygène.

Dans les laboratoires, on décompose par la chaleur le *chlorate de potassium*. On met ce sel dans une cornue (*fig.* 24) ou même dans un ballon. Pour rendre sa décomposition plus régulière,

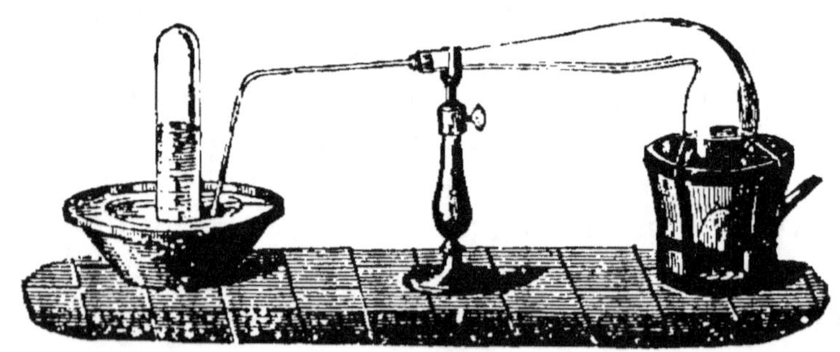

FIG. 24. — Production de l'oxygène par la décomposition du chlorate de potasse.

on lui ajoute un peu de bioxyde de manganèse. On munit la cornue ou le ballon d'un tube abducteur et l'on chauffe modérément. On recueille le gaz dans des éprouvettes ou des flacons, sur une terrine ou mieux sur la cuve à eau (*fig.* 25).

Lorsqu'on veut produire de grandes quantités d'oxygène, on emploie une cornue ou une marmite de fer dont on lute le couvercle avec du plâtre après qu'on l'a remplie d'un mélange de chlorate de potassium et de sable.

La réaction s'écrit :

$$ClO^3K = KCl + O^3.$$
Chlorate   *Chlorure*

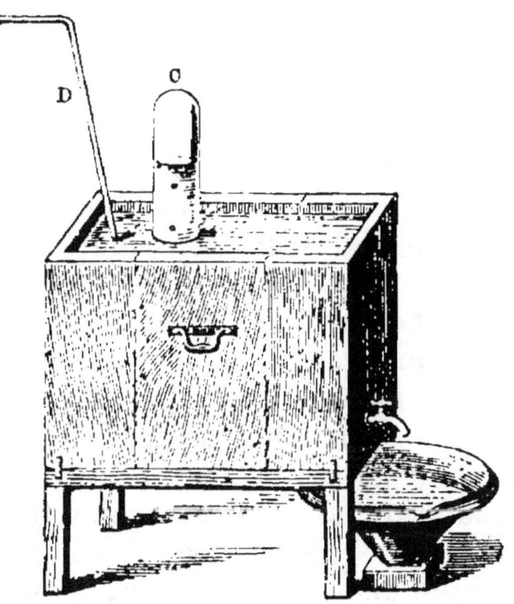

Fig. 25. — Cuve à eau pour recueillir les gaz.

33. Historique.
— On attribue la découverte de l'oxygène à **Priestley**, savant chimiste anglais, qui vivait à la fin du siècle dernier. C'est le 1er août 1774 que ce savant obtint le gaz qui rallume les corps presque éteints, en concentrant la lumière solaire, avec une lentille de verre, sur la poudre rouge dont se couvre le mercure quand on le chauffe fortement et longtemps. A la même époque, un grand chimiste suédois, **Scheele,** obtenait aussi le gaz oxygène par un autre moyen, en chauffant le bioxyde de manganèse avec l'acide sulfurique. Mais c'est **Lavoisier** qui a le premier bien mis en relief les propriétés de ce gaz en montrant nettement son rôle dans l'oxydation des métaux, dans la combustion de tous les corps qui brûlent et dans la respiration.

34. Combustions vives.
— On appelle *combustion vive* d'un corps la combinaison de ce corps avec l'oxygène quand elle est accompagnée d'un dégagement de chaleur et d'une production de lumière. Exemples : la combustion du charbon, du soufre et du

phosphore à l'air ou dans l'oxygène, celle du fer dans l'oxygène.

Le corps qui brûle reçoit d'ordinaire le nom de *combustible* et l'oxygène est le corps *comburant*. Mais, en réalité, il y a eu combinaison entre les deux corps.

On peut même étendre le mot de combustion à toute combinaison qui produit beaucoup de chaleur : ainsi, quand le cuivre chauffé avec le soufre devient tout à fait incandescent, on peut dire qu'il brûle dans le soufre fondu, puisqu'il s'y combine avec un fort dégagement de chaleur. Dans ce dernier exemple, le soufre est comburant, tandis qu'il est combustible vis-à-vis de l'oxygène.

Ce ne sont pas seulement les corps simples qui peuvent ainsi brûler ; beaucoup de corps composés produisent aussi des combustions dans l'air ou dans l'oxygène ; ainsi le bois, l'huile, l'alcool, le gaz, la bougie une fois allumés dans l'air y brûlent aux dépens de l'oxygène en produisant de la chaleur et de la lumière.

35. Combustions lentes. — Les combinaisons des corps, tout en dégageant toujours de la chaleur, peuvent bien n'en pas produire assez dans un court espace de temps pour porter le corps à l'incandescence, et cependant le résultat final est le même. On dit qu'il y a *combustion lente*. On peut citer, comme exemple, la combustion lente du bois dans la terre humide pour l'opposer à la combustion vive de nos foyers, et aussi la rouille des métaux, notamment du fer.

Quand on abandonne longtemps du bois à l'air humide, il se détruit à la longue, se consume, noircit et finit par n'être plus qu'une masse brunâtre. Cette décomposition lente, cette sorte de pourriture est rigoureusement une combustion, qui ne diffère de celle de nos foyers que par sa lenteur. Il y a de la chaleur dégagée, et, si elle n'est pas du tout apparente, c'est parce qu'elle se produit très lentement et en quantité très minime à la fois : elle est répartie sur plusieurs années, au lieu de se produire en une heure ou deux dans nos foyers. Le bois qui se pourrit en terre se combine à l'oxygène peu à peu : il est en combustion lente.

36. La rouille du fer. — Tout le monde sait que le fer, très brillant quand il sort des mains de l'ouvrier qui vient de le polir, se recouvre peu à peu à l'air, surtout à l'air humide, de taches rougeâtres, qui l'envahissent assez rapidement, forment à sa surface une couche pulvérulente et finissent par le ronger entièrement. Ce phénomène est si commun que chacun de nous a pu l'observer mille fois : c'est là une combinaison chimique, c'est l'union du fer avec l'oxygène de l'air ; *la rouille est un* **oxyde de fer.**

Nos observations journalières peuvent nous convaincre que l'air est nécessaire à la formation de la rouille du fer et des autres métaux. Un morceau de fer poli, conservé dans un air très sec, y garde très longtemps son brillant ; porté dans un endroit où l'air est un peu humide, il se rouille promptement.

Que faire alors pour empêcher la production de la rouille? Il faut soustraire la surface du fer au contact de l'air. On y parvient en y déposant une mince couche d'un corps gras qui ne masque pas sensiblement le brillant de l'objet, mais qui ne laisse pas venir jusqu'au métal l'humidité dont l'air est imprégné. C'est le procédé que l'on suit pour conserver le brillant des armes d'acier ou de fer et de bien d'autres objets formés de ce métal.

Pourquoi recouvre-t-on de peinture les fers sans cesse exposés à l'air, comme les grandes pièces des constructions, colonnes, grilles, etc.? C'est pour les garantir de la rouille, autrement dit de l'oxydation. La première couche répandue sur le métal avec beaucoup de soin et d'une façon très homogène a pour but de servir d'enduit préservateur de l'action de l'air; et, si l'on veut un décor, on le pose sur cette première couche essentiellement préservatrice. Les fers se conservent ainsi très longtemps à l'air humide, tandis qu'ils seraient rapidement rongés si on les laissait nus.

La production de la rouille est un phénomène chimique analogue à la combustion vive du fer dans l'oxygène; le produit formé est le même. Dans les deux cas, il y a un dégagement de chaleur; mais, dans la combustion lente, la chaleur, faible à chaque instant, s'est dissipée à mesure qu'elle s'est produite.

L'oxydation des métaux est donc une combustion qui peut être *vive* ou rapide, mais qui peut être *lente* et qui produit dans les deux cas le même composé.

Résumé. — L'oxygène est un gaz incolore, très peu soluble dans l'eau, difficile à liquéfier, dont le poids est de 1^{gr},43 par litre. Sa densité par rapport à l'air est 1,1056 et par rapport à l'hydrogène 16, c'est-à-dire qu'à volume égal il pèse 16 fois plus que l'hydrogène.

Sa propriété chimique caractéristique, c'est de *rallumer les corps qui ne brûlent presque plus et de faire brûler très vivement ceux qui brûlent déjà.*

On fait brûler dans l'oxygène du charbon, du soufre ou du phosphore, puis du magnésium et du fer. Dans chacun de ces cas, il y a dégagement de chaleur et de lumière et formation de corps nouveaux différents de ceux qui les ont produits.

On brûle dans l'oxygène des métalloïdes; les produits formés sont des *anhydrides* quand ils sont secs, et, quand ils sont humides, des *acides* qui rougissent la teinture de tournesol, comme le fait le vinaigre.

Les combinaisons des métaux avec l'oxygène portent le nom d'*oxydes* ou de bases, elles ramènent au bleu le tournesol rougi par un acide.

Pour donner à ces composés des noms qui rappellent leur composition, on applique les deux règles suivantes :

Pour les *anhydrides* et les *acides*, le nom est formé du nom du métalloïde terminé en *ique*, ou parfois en *eux*; le carbone et le phosphore donnent, avec l'oxygène, les *anhydrides* et les *acides* carbonique et phosphorique; le soufre donne l'*anhydride* et l'*acide* sulfureux.

Pour les bases, on fait suivre le mot oxyde du nom du métal : ainsi le fer donne l'oxyde de fer.

L'oxygène est l'élément essentiel de la respiration ; c'est lui qui rend le sang rouge et qui provoque la combustion respiratoire dont la chaleur animale est la conséquence.

Pour préparer l'oxygène, on peut décomposer un oxyde par la chaleur, comme l'oxyde de mercure ou le bioxyde de manganèse. Habituellement on décompose le chlorate de potassium, et on recueille le gaz sur la cuve à eau.

Dans l'industrie, on a essayé d'enlever l'oxygène à l'air par différents procédés pour obtenir le gaz à bon marché et l'employer à produire des flammes très chaudes et à activer les foyers plus qu'on ne peut le faire avec l'air.

La *combustion* est la combinaison d'un corps avec l'oxygène, ou plus généralement encore la combinaison de deux corps.

Elle est *vive* quand elle est accompagnée d'un fort dégagement de chaleur et d'une production de lumière, comme la combustion du charbon, du soufre, du phosphore, du fer dans l'oxygène ou celle de la bougie, du bois, du gaz dans l'air.

Le corps qui brûle porte le nom de *combustible* et l'oxygène est le *comburant*.

La combustion est *lente* quand elle se fait sans production de lumière et sans dégagement apparent de chaleur. Telle est la combustion du bois dans la terre humide, telle est la rouille du fer.

La rouille du fer, qui se produit lentement à l'air humide, transforme peu à peu le fer en oxyde. On n'y constate pas de chaleur, parce que celle-ci, dégagée en petite quantité et peu à peu, se dissipe à mesure.

On préserve le fer de l'oxydation en le recouvrant soit d'un autre métal que l'air n'oxyde pas, soit d'une couche d'un corps gras ou d'une peinture qui empêchent l'air d'attaquer la surface.

L'oxydation des métaux, lente à l'air ordinaire, rapide dans l'air chaud, plus rapide encore dans l'oxygène, est donc une combustion.

CHAPITRE IV

AZOTE

37. Préparation. — C'est de l'air qu'on retire ordinairement l'azote, en absorbant l'oxygène. On met quelques grammes de phosphore dans un petit godet en terre supporté par un flotteur de liège qui nage sur la cuve à eau. On enflamme le phosphore et on le recouvre avec une grande cloche; le phosphore continue à brûler aux dépens de l'oxygène de l'air emprisonné; la cloche se remplit de vapeurs blanches d'acide phosphorique. Au bout de peu de temps, le phosphore s'éteint; l'eau monte dans la cloche; les vapeurs blanches disparaissent; le gaz restant dans la cloche est de l'azote; il occupe environ les 4 cinquièmes du volume; l'eau est montée de 1 cinquième.

Fig. 26. — Préparation de l'azote par le phosphore.

Si l'on veut de l'azote plus pur, on fait passer sur du cuivre chauffé, contenu dans un tube, de l'air provenant d'un flacon à deux tubulures que l'on fait remplir peu à peu d'eau.

L'air sortant du flacon traverse un tube contenant de la potasse pour s'y dépouiller de l'acide carbonique qu'il contient. Dans cette opération, on utilise la facilité avec laquelle le cuivre chauffé se combine avec l'oxygène.

L'azote sous forme de gaz n'a pas d'usage important.

Il a été découvert en 1772 par Rutherford.

38. Propriétés de l'azote. — L'azote est un gaz incolore, inodore, insipide, très peu soluble dans l'eau.

Il n'est pas combustible; il n'entretient ni la combustion, ni la respiration.

On a pu cependant le combiner directement à l'oxygène, quoique très difficilement, par l'action continue d'une série d'étincelles électriques. Mais, à la tempéra-

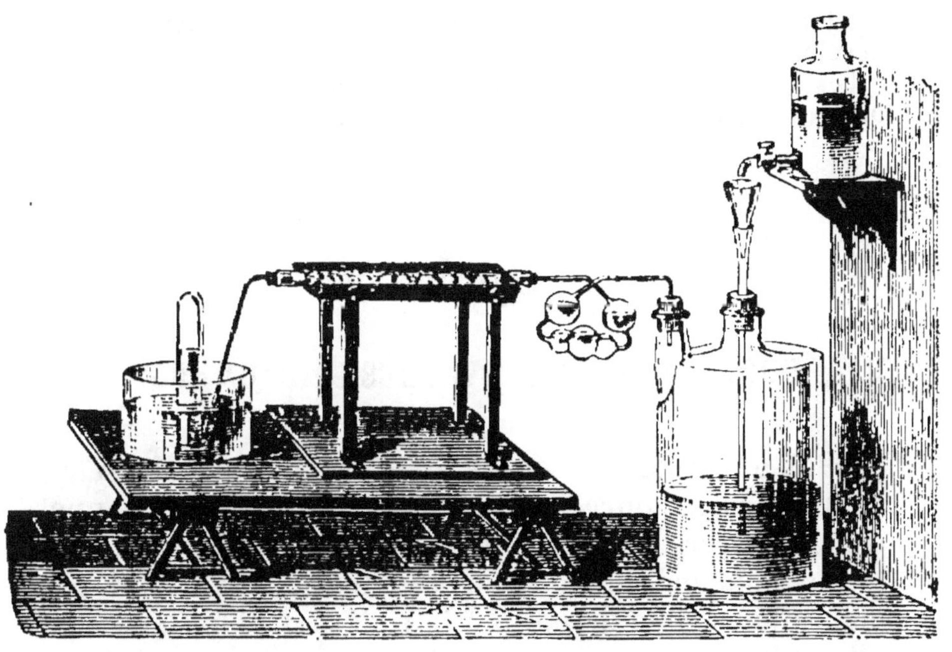

Fig. 27. — Préparation de l'azote par l'air passant sur du cuivre chauffé qui retient l'oxygène. Un tube à boules contenant de la potasse retient le gaz carbonique.

ture ordinaire et sans influence étrangère, l'azote ne se combine directement avec aucun corps.

L'azote gazeux forme les quatre cinquièmes de l'air. Les plantes l'absorbent dans l'atmosphère et elles le prennent aussi aux engrais qui le contiennent à l'état de composés.

Ces composés azotés font partie des tissus animaux; ils doivent entrer pour une part dans l'alimentation; ils y entrent en effet sous le nom d'*aliments plastiques* ou reconstituants.

Résumé. — On retire ordinairement l'azote de l'air en absorbant l'oxygène soit par un morceau de phosphore allumé et brûlant dans un air confiné, soit par le cuivre chauffé sur lequel on fait passer un courant d'air.

Le gaz azote est incolore, sans odeur ni saveur. Il n'entretient pas la combustion ; il ne peut pas servir à la respiration.

L'azote de l'air sert aux plantes, et, sous la forme de composés existant dans le fumier et les engrais, il est nécessaire à leur développement.

Les composés azotés sont indispensables aux animaux et doivent entrer en notable partie dans l'alimentation.

CHAPITRE V

EAU PURE. ANALYSE. SYNTHÈSE. EAUX POTABLES

39. Les eaux courantes. — **L'eau pure.** — Les eaux courantes des sources, ruisseaux et rivières, les nappes d'eau souterraines que l'on trouve au fond des puits ont toutes pour origine les pluies tombées sur le sol. L'eau de la pluie coule de suite à la rivière ou bien elle s'infiltre plus ou moins profondément dans le sol, suivant la nature plus ou moins poreuse de celui-ci. Dans ce contact souvent prolongé avec les terres ou les roches, les eaux dissolvent des matières minérales solubles, tout en conservant leur limpidité, et elles varient de composition suivant les localités. Ainsi certaines sources doivent aux matières qu'elles ont dissoutes des propriétés spéciales qui les rendent précieuses pour le soulagement de certaines maladies.

Si limpide que soit une eau naturelle, elle n'est pas pure, puisqu'elle tient des matières solides en dissolution.

L'eau jouit aussi de la propriété de dissoudre les gaz : une bouteille d'eau gazeuse bien bouchée apparaît bien limpide, et rien ne peut y faire supposer la présence d'un gaz ; fait-on sauter le bouchon, le gaz bouillonne vivement pour sortir, et il accuse ainsi très nettement sa présence.

L'eau de pluie ne contient pas de matériaux solides quand on la recueille, au moment où elle tombe, sur des surfaces propres, en pleine campagne. Mais elle n'est pas non plus absolument pure, car elle a pu entraîner dans son trajet les poussières organiques en suspension dans l'atmosphère et dissoudre les gaz de l'air.

Comment préparerons-nous donc de l'eau **pure**, puisque la nature ne nous en offre pas ? Nous réduirons de l'eau ordinaire en vapeur en la chauffant. Puis nous refroidirons cette vapeur et elle reprendra l'état liquide. Cette opération s'appelle **distillation** et l'eau ainsi obtenue **eau distillée.**

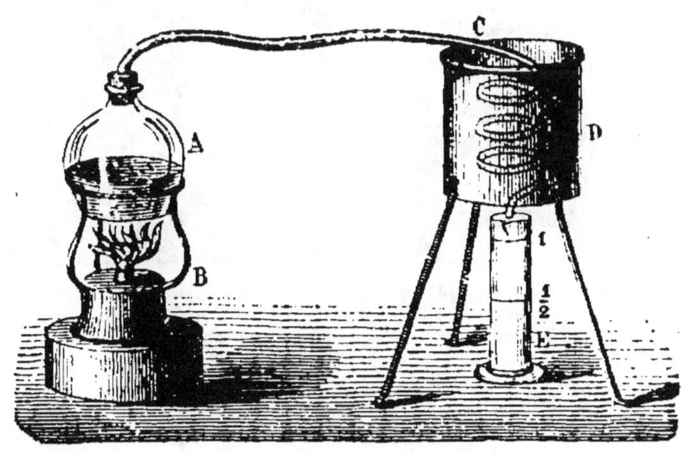

FIG. 28.
A, chaudière ; — C, serpentin ; — E, vase à recueillir l'eau distillée ; D, réfrigérant.

La figure 28 représente en miniature le modèle des appareils employés pour cet objet.

L'eau est chauffée dans une petite chaudière ; la vapeur produite s'échappe par un tube replié et contourné en serpentin et qui passe dans un vase plein d'eau ; la vapeur est refroidie par son contact avec le serpentin entouré d'eau souvent renouvelée, et elle coule liquide dans un vase posé au-dessous du tube pour la recueillir. Les corps solides dissous dans l'eau chauffée restent dans la chaudière, comme ils restent en dépôt quand l'eau s'évapore sur une assiette.

La figure 29 représente l'alambic ordinaire. La ré-

Fig. 29. — Alambic pour la distillation de l'eau.
a, chaudière ; — b, chapiteau ; — cd, tube allant au serpentin d ; — g, vase à recueillir l'eau distillée ; — K, robinet ; — h, entonnoir ; — i, tuyau d'écoulement de l'eau ayant servi à la réfrigération.

frigération du serpentin est assurée par un écoulement continu : l'eau d'un robinet K tombant dans un entonnoir h arrive au fond du réfrigérant pendant que l'eau échauffée s'écoule par le tube i.

40. L'eau est un corps composé. — Analyse de l'eau par le courant électrique. — L'eau a été considérée, jusqu'à la fin du siècle dernier, comme un corps

simple ne renfermant qu'une seule substance, et comme
un élément entrant dans la constitution de la nature
entière. On la trouve, en effet, dans la plupart des
corps. Si l'on chauffe fortement une terre ou une pierre,
il en sort presque toujours de la vapeur d'eau, et, quand
on calcine du bois, de la laine, du sucre ou de la viande,
une portion quelconque d'une plante ou d'un animal,
la fumée qui se dégage renferme encore de la vapeur
d'eau.

Mais l'eau n'est pas un corps simple; elle est formée
de deux gaz que l'on peut séparer par l'analyse.

Pour réussir cette séparation des deux gaz qui

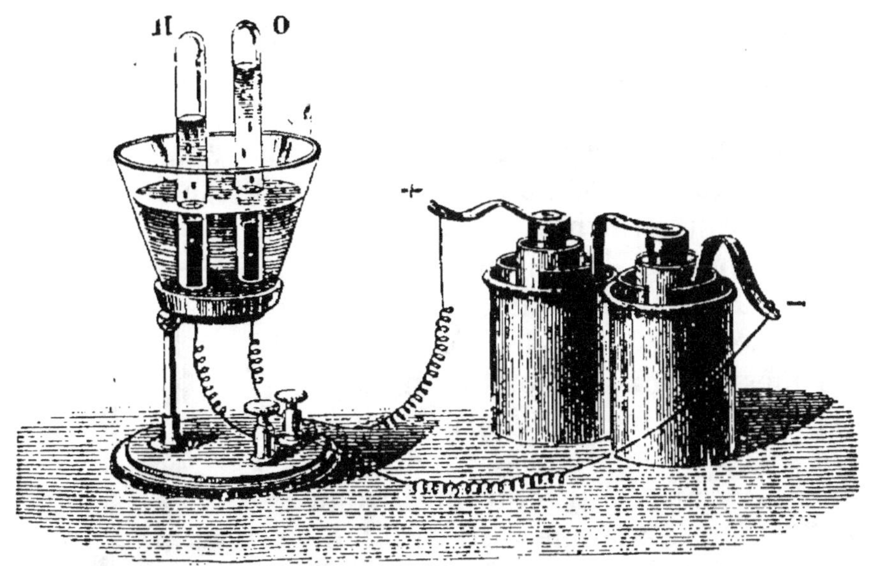

Fig. 30. — Décomposition de l'eau par le courant électrique.
L'hydrogène se rend dans l'une des éprouvettes et l'oxygène dans l'autre.

forment l'eau, on se sert d'un vase dont le fond est
traversé par deux fils de platine isolés l'un de l'autre.
On remplit le vase d'eau légèrement acidulée, et on
renverse au-dessus de chacun des fils une petite éprouvette pleine d'eau (*fig.* 30). On attache aux deux fils
de platine les deux fils d'une pile électrique; aussitôt
on voit des bulles de gaz monter dans chacune des

éprouvettes. Tout le temps que dure l'expérience, on remarque que l'éprouvette qui communique au zinc de la pile contient plus de gaz que l'éprouvette qui est en rapport avec le charbon. Celle-ci met le double de temps à s'emplir que la première. Lorsqu'elles sont pleines, on les enlève l'une après l'autre en les bouchant avec le pouce. On présente une allumette allumée à l'éprouvette H, le gaz s'allume avec un petit bruit : c'est l'**hydrogène**. On enfonce dans l'éprouvette O une allumette qui n'a plus qu'un point rouge, le gaz la rallume et la fait brûler vivement : c'est l'**oxygène**.

On démontre ainsi que l'eau est formée de gaz hydrogène et de gaz oxygène et que *deux volumes d'hydrogène* sont unis à *un volume d'oxygène*.

41. Synthèse de l'eau par l'eudiomètre. — Pour vérifier cette composition, on fait la synthèse de l'eau, c'est-à-dire qu'on forme l'eau au moyen de ses éléments. Il faut mesurer les volumes des gaz qui entrent en combinaison. Pour effectuer facilement cette mesure, on emploie un tube de verre à parois fortes disposé de manière à ce que l'on puisse produire à l'intérieur une étincelle électrique (*fig.* 31). On le nomme **eudiomètre**. On le remplit de mercure. On y fait passer deux mesures de gaz hydrogène et une mesure de gaz oxygène; on le ferme. On produit près du bou-

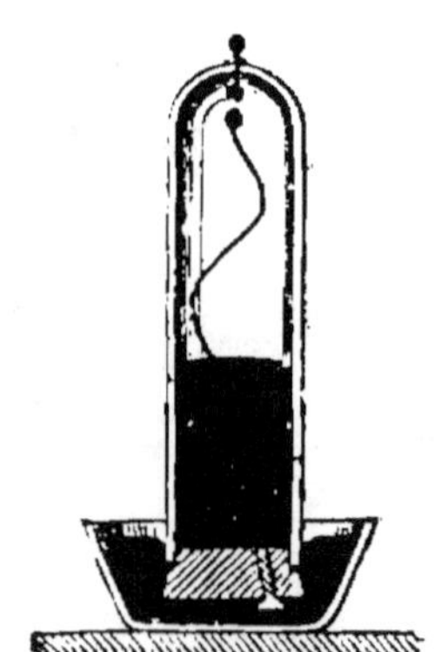

Fig. 31. — Eudiomètre ordinaire.

ton métallique de l'extérieur une étincelle électrique qui se reproduit immédiatement dans l'intérieur du tube, au sein du mélange gazeux. Si alors on débouche l'extrémité inférieure du tube sans le sortir de la cuve, le mercure remplit *complètement* l'espace que les gaz occupaient.

42. Volume de l'eau formée. — Supposons que nous ayons pu opérer sur 3 litres de gaz (on opère sur 1/4 de litre au plus, à cause de la force de la détonation et pour éviter une explosion) : ils ont totalement disparu pour donner de l'eau. Il est évident que le poids de l'eau est la somme des poids des gaz employés.

$$
\begin{aligned}
\text{Or :} \quad 2 \text{ litres H pèsent } 2 \times 0{,}0895 &= 0^{gr}{,}179 \\
1 \text{ litre O pèse } 1 \times 1{,}437 &= 1\ {,}437 \\
\hline
\text{Poids de l'eau formée} &= 1^{gr}{,}616
\end{aligned}
$$

Si cette eau passe à l'état liquide, elle n'occupe pas même 2 centimètres cubes ; on comprend pourquoi on n'en aperçoit pas dans l'eudiomètre quand on opère sur un quart de litre de gaz, puisqu'il ne se forme qu'environ un dixième de centimètre cube d'eau liquide.

Si elle restait à l'état de vapeur d'eau, le litre de vapeur pesant $0^{gr}{,}808$, elle occuperait :

$$
\frac{1{,}616}{0{,}808} = 2 \text{ litres.}
$$

Ainsi le calcul démontre que :
Deux litres d'hydrogène et 1 litre d'oxygène donnent 2 litres de vapeur d'eau en se combinant.

Gay-Lussac a voulu vérifier expérimentalement ce fait important. Il a répété l'expérience de l'eudiomètre, mais en entourant celui-ci

Fig. 32. — Eudiomètre à mercure entouré d'un manchon contenant de l'eau bouillante pour montrer le volume de la vapeur d'eau formé par la combinaison de 2 volumes d'hydrogène avec 1 d'oxygène.

d'un manchon où il faisait passer une vapeur capable de chauffer les gaz au-dessus de 100° et de maintenir à l'état de gaz la vapeur d'eau formée. Quand la combinaison fut opérée par l'étincelle électrique, le mercure ne monta que de 1/3 dans le tube. La vapeur d'eau formée occupait les 2/3 du volume total des gaz qui luiavaient donné naissance.

Ainsi, *2 volumes d'hydrogène se combinent avec 1 volume d'oxygène pour former 2 volumes de vapeur d'eau.*

Nous verrons plus loin (chap. x) la loi que Gay-Lussac a formulée sur les combinaisons des gaz en partant de l'exemple précédent et d'autres analogues.

43. Synthèse de l'eau par l'oxyde de cuivre. — En connaissant la composition de l'eau en volumes, on pouvait par le calcul déterminer la composition de l'eau en poids. L'expérience précédente apprend en effet que $1^{gr},616$ d'eau contient $1^{gr},437$ d'oxygène et $0^{gr},179$ d'hydrogène. Mais les chimistes ont préféré avoir recours à une expérience directe et à la pesée des corps pour

Fig. 33. — Appareil de Dumas pour la synthèse de l'eau.
1° Appareil à préparer, à purifier et à dessécher l'hydrogène ; 2° ballon à oxyde de cuivre ; 3° ballon et tubes à recueillir la vapeur d'eau formée.

fixer la composition de l'eau. C'est l'expérience de **Dumas** avec l'oxyde de cuivre qui a été montée pour cet objet ; elle l'a été avec tant de soins qu'elle est restée comme un modèle des déterminations chimiques.

M. Dumas a fait passer de l'hydrogène pur et sec sur un poids connu d'oxyde de cuivre, et il a soigneusement recueilli et pesé l'eau formée. En pesant l'oxyde de cuivre après l'expérience, il a eu le poids d'oxygène enlevé par l'hydrogène. En retranchant ce poids d'oxygène du poids de l'eau formée, il a connu le poids de l'hydrogène entré dans la combinaison.

L'appareil dont il s'est servi, représenté par la figure 33, est très complexe : la première partie est destinée à produire, à purifier et à dessécher l'hydrogène ; la deuxième comprend le ballon à oxyde de cuivre et les tubes destinés à retenir toute l'eau formée.

Voici un exemple des nombres que peut fournir cette expérience.

Poids de l'oxyde de cuivre :

Avant l'expérience .... 159 grammes.
Après — .... 127 —
Poids de l'oxygène............ 32 grammes.

Poids de l'eau recueillie : 36 grammes.

Poids de l'hydrogène........... 4 grammes.

Ainsi, 36 grammes d'eau ont été obtenus par la combinaison de

32 grammes d'oxygène
avec 4 — d'hydrogène.

La composition centésimale de l'eau est donc la suivante :

Hydrogène................ 11,11
Oxygène 88,88
Eau....... .... 100 »

Si, au lieu de rapporter les poids des deux gaz à 100 grammes du produit qu'ils engendrent, on les compare l'un à l'autre, on trouve que 1 gramme d'hydrogène s'unit à 8 grammes d'oxygène pour donner 9 grammes d'eau.

Que l'on produise l'eau par n'importe quelle réaction, c'est toujours dans ces mêmes proportions que se trouveront combinés les deux corps qui la forment.

On tire de cet exemple, comme d'ailleurs de tous ceux qui suivront, l'importante loi suivante :

Les corps se combinent en proportions définies. — Pour le même poids de l'un, il y a toujours un même poids de l'autre. Ainsi, pour le cas de l'eau, que l'on prenne 1 gramme, 2 grammes, 5 grammes d'hydrogène, il faudra prendre 1 fois, 2 fois, 5 fois 8 grammes d'oxygène.

44. Symboles chimiques. — Pour la commodité de l'écriture, on représente les corps simples par des *symboles*, formés presque toujours de la première lettre du nom, quelquefois des deux premières quand il faut éviter des confusions possibles. Ainsi :

l'hydrogène est représenté par	—	H
l'oxygène	—	O
le carbone	—	C
l'azote	—	Az
le chlore	—	Cl
le cuivre	—	Cu, etc.

Mais, pour que ces symboles puissent servir à figurer les corps composés et révéler en même temps la composition des corps qu'ils représentent, il faut leur donner à chacun une valeur de convention, il faut leur faire exprimer des *nombres proportionnels*, leur faire indiquer les poids relatifs suivant lesquels ont lieu les différentes combinaisons.

On a choisi l'hydrogène, le plus léger de tous les corps, comme terme de comparaison.

La composition de l'eau révèle que 8 grammes d'oxygène se combinent avec 1 gramme d'hydrogène. Ces 8 grammes d'oxygène détruisent l'activité particulière que possède 1 gramme d'hydrogène, et ils perdent en même temps leur activité propre. Ils caractérisent l'oxygène au point de vue de la combinaison, comme 1 gramme caractérise l'hydrogène ; c'est ce que l'on exprime en disant qu'au point de vue chimique ce sont des *poids équivalents*. 1 et 8 sont donc des *poids proportionnels*, comme le seraient les poids 2 et 16, 3 et 24, 12,5 et 100 (1).

Tout en conservant la notion primordiale des poids proportionnels, qui fait la base de l'ancienne notation, il peut être intéressant de faire exprimer aux symboles les volumes gazeux des corps qu'ils représentent.

Or, pour l'eau, la synthèse eudiométrique révèle :

Un volume d'oxygène et 2 volumes d'hydrogène, donnant 2 volumes de vapeur d'eau.

Si l'on admet de représenter les corps composés sous 2 volumes, si l'on veut que le symbole de l'eau figure ce corps 'sous 2 volumes de vapeur, il faut prendre :

pour 1 volume d'oxygène   O
pour 2 volumes d'hydrogène H^2

Mais, comme le rapport des poids doit être de 1 à 8,

si le symbole   H représente   1 gr. et 1 volume
le symbole H^2 représentera   2 gr. et 2 volumes,
le symbole   O représentera   16 gr. et 1 volume.

---

(1) Si donc on s'appuie sur cette notion des poids équivalents, dont la composition pondérale de l'eau nous offre le premier exemple, on peut écrire que

H représentera 1 gr. d'hydrogène,
O   —   8 gr. d'oxygène ;

l'eau sera alors figurée par HO, et cette formule représentera 9 grammes d'eau.

Le symbole de chaque corps simple indiquera donc le poids de ce corps qui peut se combiner soit avec 1 gramme d'hydrogène, soit avec 8 grammes d'oxygène, ou bien se substituer à l'un ou à l'autre de ces deux derniers poids.

Telle était la notation dite en *équivalents*, dont on s'est longtemps servi dans l'enseignement de la chimie.

L'eau sera représentée par H^2O :

H^2	2 grammes	2 volumes
O	16 grammes	1 volume
H^2O	18 grammes	2 volumes

et ce symbole de l'eau rappellera à la fois la composition en volumes et la composition en poids.

Il résulte de cette notation un moyen très simple de trouver les densités ou les poids des corps gazeux simples ou composés en les rapportant à la densité ou au poids de l'hydrogène.

L'hydrogène H *sous un volume* est représenté par 1 gramme ;

L'oxygène O *sous un volume* est représenté par 16 grammes ;

L'eau (H^2O sous 2 volumes) est représentée par 18 grammes, et, *sous un volume*, par 9 grammes.

On en conclut que l'oxygène pèse 16 fois plus que l'hydrogène et la vapeur d'eau 9 fois plus que l'hydrogène.

Si l'on sait que 1 litre d'hydrogène pèse $0^{gr},0895$
le poids de 1 litre d'oxygène sera $\quad 0 \quad ,0895 \times 16$
— 1 litre de vapeur d'eau $0 \quad ,0895 \times 9$

45. Propriétés chimiques de l'eau. — L'eau peut être décomposée par des corps simples, comme le charbon et le fer ; elle peut s'unir directement à des corps simples ou composés et constituer ce que l'on appelle des *hydrates*, comme la chaux éteinte.

Si l'on fait passer un courant de vapeur d'eau sur du charbon chauffé au rouge dans un tube de porcelaine, l'eau est décomposée, son oxygène se combine au charbon et l'hydrogène se dégage avec le gaz carbonique. On fait très simplement l'expérience en faisant passer des charbons incandescents sous une cloche remplie d'eau ; on voit un gaz se rassembler au haut de la cloche.

Le fer décompose l'eau au rouge : si l'on fait passer un courant de vapeur d'eau sur un faisceau de fils de fer chauffés dans un tube de porcelaine vernissé, il se dégage de l'hydrogène que l'on peut recueillir ; l'oxygène de l'eau s'est fixé sur le fer pour donner un oxyde appelé *oxyde magnétique*.

Cette expérience fut faite en 1783 par **Lavoisier** et **Meusnier,** qui, en mesurant l'hydrogène recueilli, en pesant l'eau décomposée et l'oxygène fixé sur le fer, purent indiquer dès cette époque la composition de l'eau.

46. État naturel de l'eau. — Outre l'eau de mer qui couvre les trois quarts de la surface du globe, souvent à une grande profondeur, on trouve l'*eau de pluie*, qui ne contient que les éléments gazeux de l'atmosphère ; les *eaux courantes*, dont la composition diffère suivant la nature des terrains qu'elles ont traversés ou des couches où elles ont séjourné ; les *eaux minérales* froides ou chaudes, que la médecine fait servir à la guérison de certaines affections.

Dans les *eaux courantes*, les unes sont chargées de matières minérales, surtout de matières calcaires, et sont dites *crues* ou *dures ;* les autres sont propres aux usages domestiques et à l'alimentation ; on les appelle *eaux douces* ou *eaux potables*.

47. Eaux potables. — Pour qu'une eau soit potable, il faut qu'elle remplisse les conditions suivantes :

Être fraîche, aérée, limpide, sans odeur, d'une saveur agréable, qui ne soit ni fade, ni salée, ni douceâtre ; ne contenir que de 1 à 3 décigrammes de matières minérales en dissolution et que très peu ou point de matières organiques.

La plupart des eaux de sources, de puits et même

de rivières au commencement de leur parcours, remplissent ces conditions ; elles dissolvent bien le savon et cuisent bien les légumes. Si le savon y forme des grumeaux abondants au lieu de s'y dissoudre, c'est qu'il y a trop de sels calcaires, et l'eau est impropre aux usages domestiques. Si, conservée quelque temps dans des vases de verre ou de terre, elle y acquiert une mauvaise odeur d'œufs pourris, elle est de mauvaise qualité : elle contient trop de matières organiques. Quand, au contraire, elle se conserve bien sans odeur, qu'elle dissout bien le savon sans grumeaux et qu'elle cuit bien les légumes, elle est bonne à boire.

Pour essayer si une eau est trop chargée de sels calcaires, on prépare une dissolution de savon dans l'alcool : cette dissolution limpide, versée dans l'eau à essayer, n'y doit pas donner de précipité, mais seulement un louche d'un blanc bleuâtre.

Ce sont les matières organiques qu'il faut rechercher avec le plus de soin dans les eaux qui doivent servir à l'alimentation ; ces matières, en se putréfiant, développent une odeur désagréable et permettent le développement de nombreux germes organisés qui peuvent être très

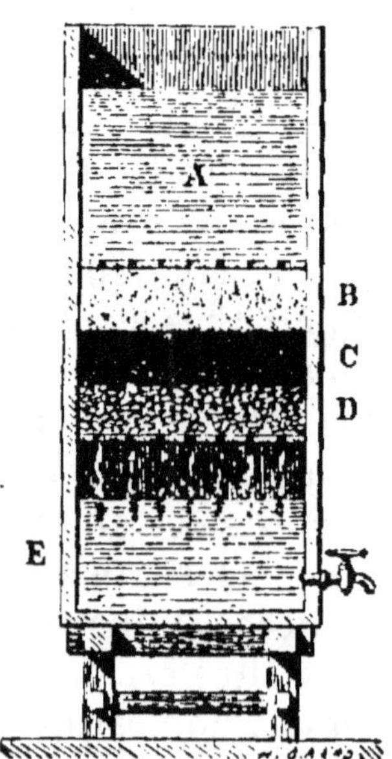

Fig. 34. — Filtre à couches de sable et de charbon. C, charbon ; B et D, couches de sable ; A, eau à filtrer ; E, eau filtrée.

nuisibles. Pour essayer une eau sous ce rapport, on la fait bouillir avec quelques gouttes d'une solution de chlorure d'or ; la belle couleur jaune de ce produit ne doit pas changer ; si elle vire au brun, c'est l'indice d'une réduction produite par les matières organiques ; dans ce cas, l'eau doit être rejetée.

L'eau distillée est très fade et ne peut pas servir de boisson.

L'eau de pluie conservée dans des citernes a besoin d'être filtrée, puis ensuite aérée, pour remplacer la bonne eau de source, quand celle-ci fait défaut.

Lorsque les eaux ne sont pas limpides, qu'elles contiennent des matières en suspension, il faut les filtrer, soit au travers de couches alternatives de sable et de charbon (*fig.* 34), soit dans un filtre Chamberland (*fig.* 35),[1] où, en passant au travers de porcelaine dégourdie, elle se débarrasse de tous les germes organisés qu'elle pouvait contenir.

Résumé. — L'eau se présente dans la nature sous les trois états, solide, liquide et gaz.

L'eau liquide est incolore sous une faible épaisseur ; elle occupe son plus petit volume à 4° centigrades. Refroidie à 0°, elle se prend en glace, dont le volume est plus grand que le sien. L'eau congelée en neige ou en glace présente de très beaux cristaux.

L'eau émet de la vapeur à toute température, mais de plus en plus à mesure qu'elle est plus chaude. Chauffée à 100° sous la pression ordinaire, elle bout. Si alors on fait passer la vapeur

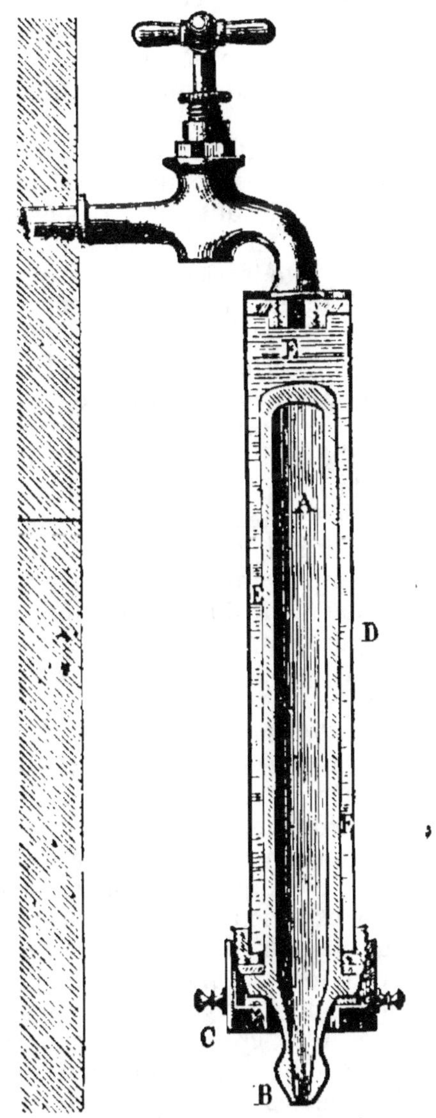

Fig. 35. — Filtre Chamberland. — A, bougie creuse en porcelaine dégourdie ; D, cylindre enveloppant la bougie-filtre ; E, eau à filtrer ; B, canal par où s'écoule l'eau qui a filtré de l'extérieur vers l'intérieur du filtre.

d'eau ainsi produite dans un récipient refroidi, elle se condense à l'état liquide et constitue l'eau distillée ou l'eau pure.

L'eau dissout beaucoup de corps solides, les uns, comme le sucre ou le salpêtre, en notables quantités, les autres, comme le sel et la craie, en moindre proportion. Les eaux courantes qui ont traversé différentes couches du sol contiennent en dissolution des matières minérales qui ne troublent pas leur limpidité, mais qu'elles abandonnent en dépôt quand on les fait évaporer.

L'eau dissout aussi des gaz, et toutes les eaux naturelles contiennent en dissolution les gaz de l'atmosphère. C'est environ 25 centimètres cubes d'air que l'on peut trouver dans 1 litre d'eau.

L'eau est un *corps composé;* elle est formée de deux gaz, l'oxygène et l'hydrogène, que l'on sépare à l'aide d'un courant électrique. Cette analyse révèle qu'il y a **deux volumes d'hydrogène** unis à **un volume d'oxygène.**

Cette composition est aussi vérifiée par la synthèse. On fait la synthèse de l'eau, comme Cavendish la faisait au XVIIIe siècle, en brûlant à l'air un jet d'hydrogène et en condensant la vapeur d'eau formée; mais on ne mesure pas ainsi les deux gaz qui se combinent. On peut, au contraire, mesurer les volumes gazeux en employant l'eudiomètre, comme l'a fait Gay-Lussac au commencement du XIXe siècle. On met dans l'appareil deux mesures d'hydrogène et deux mesures d'oxygène; on fait passer l'étincelle électrique; il ne reste plus après qu'une mesure d'oxygène; l'eau formée l'a donc bien été par *deux volumes d'hydrogène* unis à *un volume d'oxygène.*

Gay-Lussac a montré, par une expérience directe, que, si l'eau formée reste à l'état de vapeur, elle occupe le volume qu'occupait l'hydrogène.

Dumas a fait la synthèse de l'eau par l'oxyde de cuivre pour fixer la composition de l'eau en pesant les éléments qui y entrent. Son expérience consiste à faire passer de l'hydrogène pur et sec sur de l'oxyde de cuivre pesé et chauffé et à recueillir toute l'eau formée. La perte de poids de l'oxyde de cuivre donne le poids de l'oxygène. Des nombres trouvés par Dumas, il résulte que 100 grammes d'eau renferment 11,11 d'hydrogène et 88,88 d'oxygène, ou bien que **1 gramme d'hydrogène s'unit à 8 grammes d'oxygène pour donner 9 grammes d'eau.** Et il en est toujours ainsi.

Cet exemple met bien en évidence la première loi des combinaisons : c'est que les **corps se combinent toujours en proportions définies.**

Il peut servir à faire comprendre le principe des symboles chimiques. On représente chaque corps simple par une lettre, la première de son nom ou les deux premières s'il faut éviter une confusion. C'est ainsi que l'hydrogène, l'oxygène, le carbone, l'azote, le chlore, le cuivre, se figurent par les symboles H, O, C, Az, Cl, Cu. Mais, pour que ces symboles puissent être associés pour représenter les corps composés, il faut leur faire exprimer des *nombres proportionnels*, c'est-à-dire les poids relatifs suivant lesquels ont lieu les combinaisons.

Si l'on ne se préoccupe que des rapports de poids, en partant de la composition de l'eau, H représentera 1 gramme, O représentera 8 grammes, et les autres symboles le poids du corps qui peut remplacer 1 gramme d'hydrogène ou 8 grammes d'oxygène, ou s'y combiner. L'eau est alors représentée par la somme des poids de ses éléments, par $HO = 9$ grammes; et il en est ainsi des autres corps.

Si l'on veut tenir compte du volume gazeux des composés formés par rapport aux volumes gazeux des composants, et ne pas négliger, pour cela, les rapports des poids, on est conduit à prendre pour la plus petite quantité d'oxygène celle qui entre dans 2 volumes d'eau, et, pour la plus petite quantité d'hydrogène pouvant entrer en combinaison, la moitié de celle qui entre dans l'eau. L'unité est donc 1 gramme d'hydrogène, sous un volume, représenté par H, et la formule de l'eau devient H^2O (18 grammes). Ce mode de notation rend plus facile le calcul des densités des corps gazeux simples ou composés.

L'eau peut être décomposée par le charbon au rouge, par le fer chauffé et, en général, par les métaux qui, en formant leur oxyde, dégagent plus de chaleur que l'hydrogène en formant le sien.

Les **eaux naturelles** peuvent se grouper sous quatre chefs principaux : *l'eau de mer*, qui, en s'évaporant, forme la vapeur d'eau des nuages et la pluie ; les *eaux pluviales;* les *eaux courantes*, dont la composition diffère avec la nature des terrains qu'elles traversent et des produits qu'elles dissolvent ; les *eaux minérales* ou médicinales, froides ou chaudes.

Les **eaux potables** sont celles qui peuvent servir à l'alimentation. Il les faut *limpides, aérées, contenant peu de sels dissous, exemptes de matières organiques.*

On reconnaît qu'elles ne contiennent pas trop de sels calcaires si elles cuisent bien les légumes et si elles ne donnent pas de grumeaux avec le savon ou de précipité avec la dissolution de savon dans l'alcool.

On s'assure qu'elles ne contiennent pas de matières organiques par l'ébullition avec le chlorure d'or, qu'elles ne doivent pas décolorer.

L'eau de pluie conservée, et beaucoup d'eaux courantes, ont besoin d'être filtrées; en tous cas, il faut rejeter comme nuisible toute eau contenant des matières organiques, ou au moins l'avoir fait bouillir avant de s'en servir pour l'alimentation.

CHAPITRE VI

L'HYDROGÈNE

48. Propriétés caractéristiques. — L'hydrogène est un gaz incolore et inodore, le plus léger de tous les corps.

Tandis que la densité de l'air est 1, et le poids du litre $1^{gr},293$, la densité de l'hydrogène est 0,0692, et le poids du litre

$$1,293 \times 0,0692 = 0^{gr},0895,$$

approximativement 9 centigrammes.

L'hydrogène est bon conducteur de la chaleur et de l'électricité, comme les métaux; aussi le considère-t-on comme une sorte de métal gazeux. Sa *grande légèreté* d'une part, et, d'autre part, *sa propriété de brûler en s'allumant avec une petite détonation* quand on approche une allumette enflammée de l'orifice du vase qui le renferme, voilà ses deux caractères les plus saillants. Il en a encore d'autres, comme de passer facilement au travers des membranes où on l'enferme, comme de donner une flamme peu brillante, mais très chaude. Nous allons les vérifier tous par l'expérience.

49. L'hydrogène est très léger. — S'il est vrai que le gaz hydrogène est très léger, il doit toujours tendre à monter. Si donc on prend une éprouvette pleine de ce gaz et qu'on la tienne quelque temps l'ouverture en haut, l'hydrogène pourra s'en aller facilement. Si, au contraire, on tient l'éprouvette l'ouverture en bas, comme l'indique la figure 36, le gaz ne s'en échappera pas. En effet, en approchant d'une flamme cette dernière éprouvette après l'avoir tenue ainsi quelques minutes, on voit le gaz prendre feu en même temps qu'on l'entend détoner, tandis que rien ne brûle ni ne détone quand on présente la première éprouvette à la flamme.

Cette première expérience permet de comprendre la suivante, où l'on transvase le gaz hydrogène dans une éprouvette vide, c'est-à-dire ne contenant que de l'air. On tient verticalement, l'ouverture en bas, une éprouvette que l'on vient de prendre sur la table. On apporte au-dessous d'elle une éprouvette d'hydrogène (*fig.* 37); au bout de quelques minutes, on approche

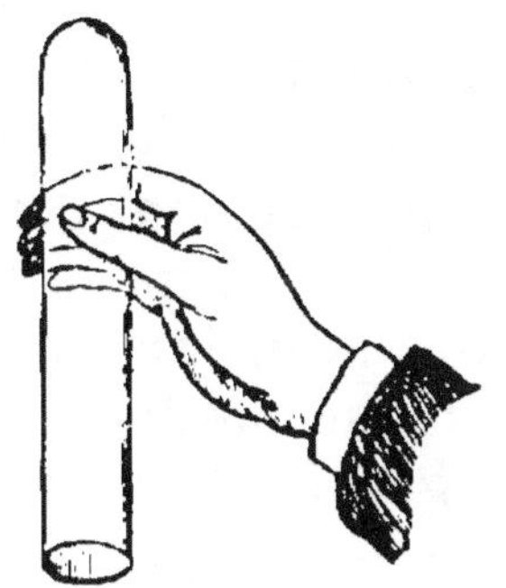

Fig. 36. — Une éprouvette renversée reste pleine d'hydrogène.

d'une bougie allumée l'éprouvette supérieure; il y a une détonation et le gaz brûle; l'éprouvette inférieure approchée de la bougie ne produit rien, ni détonation ni inflammation du gaz. C'est évidemment que l'hydrogène a passé promptement de l'une dans l'autre.

Enfin, une preuve plus saisissante encore consiste à gonfler d'hydrogène des bulles de savon : on les voit s'élever comme de petits ballons, et l'on peut les enflammer pendant leur ascension. Pour produire ces bulles, on peut remplir d'hy-

Fig. 37. — Le gaz hydrogène peut être transvasé d'une éprouvette dans une autre.

drogène une vessie à robinet, la munir d'un tube, plonger le tube dans l'eau de savon et presser sur la vessie (*fig.* 38). Mais il est plus simple de remplacer le tube qui laisse sortir le gaz dans l'appareil producteur par un tube de caoutchouc que l'on termine d'un petit bout de tube en verre ;

c'est ce dernier que l'on plonge dans l'eau de savon et que l'on retire pour laisser la bulle se former par le gaz qui sort du tube.

Fig. 38. — Bulles de savon gonflées avec de l'hydrogène et s'élevant comme de petits ballons.

L'hydrogène ne pèse que 90 grammes environ par mètre cube, quand l'air en pèse 1.293 ; il est donc 14 fois plus léger que l'air. C'est la raison qui l'a fait employer au gonflement des aérostats.

50. Solubilité et liquéfaction. — L'hydrogène est très peu soluble dans l'eau ; 1 litre de ce liquide ne dissout que 19 centimètres cubes du gaz à la température ordinaire.

Le gaz hydrogène a longtemps passé pour un gaz permanent ; il est difficile à liquéfier ; il a été obtenu sous forme de brouillard par M. Cailletet en comprimant le gaz à 500 atmosphères et en le laissant se détendre subitement. Il a été obtenu liquide par M. Pictet en comprimant le gaz à 650 atmosphères dans un tube refroidi à 220° au-dessous de zéro ; en ouvrant le robinet qui fermait le tube, l'hydrogène s'en échappa sous forme d'un jet bleu d'acier ; une partie, solidifiée par le refroidissement provoqué par la très brusque détente du gaz, produisit en tombant sur le sol un crépitement analogue à celui de la chute d'une vapeur métallique.

51. L'hydrogène se diffuse facilement. — L'hydrogène traverse assez rapidement certains corps que

nous regardons comme peu poreux : tel est le plâtre solide, ou la terre de pipe, ou la porcelaine dite dégourdie
qui n'a subi qu'une cuisson. On le prouve en remplissant d'hydrogène un large tube de verre dont on a
fermé l'extrémité supérieure avec un tampon de graphite ou de plâtre et que l'on
tient sur une cuve à mercure.
On voit ce dernier liquide monter dans le tube à mesure que
le gaz sort par le tampon.

On peut faire encore une expérience analogue avec un vase
poreux de pile que l'on a fermé
d'un bouchon muni de deux
tubes, comme l'indique la
figure 39. On plonge le tube A
dans un liquide coloré et on met
le tube B en communication avec
un appareil produisant de l'hydrogène. Le gaz remplit le vase,
en chasse l'air et se dégage par
l'extrémité inférieure du tube A.
Quand tout l'appareil est plein
d'hydrogène, on pince le tube
de caoutchouc placé en B ou
bien l'on ferme le robinet qui
peut y être placé. Et l'on voit
bientôt le liquide coloré monter
dans le tube A. C'est que l'hydrogène est sorti du vase poreux
bien plus vite que l'air n'y est
rentré.

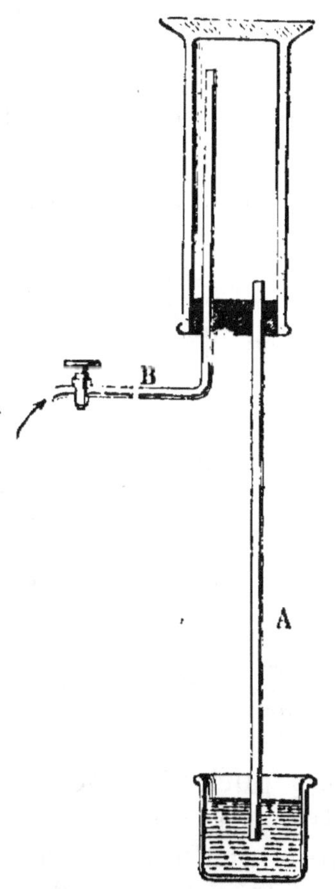

Fig. 39. — Endosmose de
l'hydrogène. Le gaz sort
du vase poreux, et le li-
quide monte dans le
tube A.

Le gaz hydrogène peut aussi
traverser des parois métalliques, comme un tube de fer
suffisamment chauffé.

Les petits ballons rouges ou blancs qui sont vendus
comme jouets d'enfants ou donnés dans les grands

magasins sont parfois gonflés à l'hydrogène. Ils se dégonflent alors assez promptement, parce que l'hydrogène passe au travers de la membrane de caoutchouc ; l'air y rentre, mais moins vite que l'hydrogène n'en sort ; aussi, quand ces ballons sont à demi gonflés, si on les approche d'une flamme, il y a détonation.

52. Conductibilité. — L'hydrogène est bon conducteur de la chaleur et de l'électricité. On s'en assure par l'expérience suivante. On monte un large tube de verre comme l'indique la figure 40, avec deux bou-

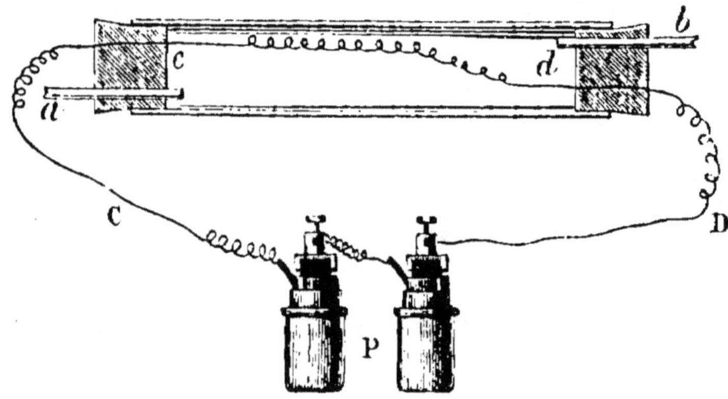

FIG. 40. — Conductibilité de l'hydrogène. Le fil de platine contenu dans le tube, et qui rougit dans l'air, ne rougit pas quand le tube est plein d'hydrogène.

chons portant chacun un tube (*a* et *b*) et un fil de platine. Si l'on met les deux fils de cuivre C et D en communication avec une forte pile électrique, le tube étant plein d'air, le fil de platine rougit. On interrompt la communication avec la pile et on met le tube *a* en communication avec un appareil producteur d'hydrogène.

Lorsque le tube est plein d'hydrogène, on fait passer à nouveau le courant électrique dans le fil, et celui-ci ne rougit plus ; le gaz hydrogène, bon conducteur de la chaleur, refroidit assez le fil pour qu'il ne puisse pas atteindre la température du rouge.

53. Propriétés chimiques. — L'hydrogène est *combustible;* il brûle en se combinant à l'oxygène; on le démontre en allumant une éprouvette de ce gaz ou un jet qui sort de l'appareil producteur par un tube effilé; la flamme est petite et peu éclairante.

L'hydrogène *se combine à l'oxygène pour engendrer l'eau,* voilà sa principale propriété chimique. C'est la seule que nous étudierons dans ce chapitre; les actions qu'il exerce sur les autres corps seront étudiées avec ces corps.

54. Combinaison de l'hydrogène avec l'oxygène libre. — On remplit une éprouvette, partie d'hydrogène, partie d'oxygène; à la température ordinaire, les deux gaz en contact l'un avec l'autre ne réagissent pas; mais, si on met le feu au mélange, il s'enflamme avec détonation.

Cette détonation devient très forte quand le mélange contient 2 volumes d'hydrogène et 1 volume d'oxygène. On la provoque parfois en présentant ensemble à une flamme les ouvertures de deux éprouvettes, l'une d'hydrogène, l'autre, moitié de la première, remplie d'oxygène (*fig.* 41).

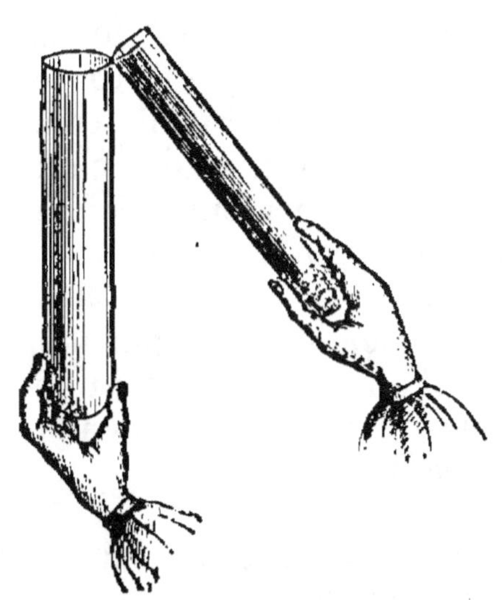

Fig. 41. — On présente à une flamme, ensemble, les ouvertures de deux éprouvettes, l'une d'hydrogène, l'autre d'oxygène; il y a détonation.

Si on allumait un demi-litre de ce mélange, l'explosion serait si forte que le vase serait pulvérisé. Quand on l'opère dans une éprouvette à gaz, pour se mettre à l'abri du danger on entoure le vase d'un linge mouillé.

On montre la puissance d'explosion du mélange d'hydrogène et d'oxygène, sans s'exposer à aucun danger, en remplissant des deux gaz une cloche tubulée ou une vessie munie d'un tube de caoutchouc. On produit des bulles avec le mélange gazeux dans de l'eau de savon contenue au fond d'un mortier de fonte. On enflamme les bulles et il se produit une détonation très forte.

On peut mettre le feu au mélange des deux gaz, dans un vase fermé, en se servant de l'étincelle électrique. On remplit du mélange une petite bouteille de fer-blanc appelée **pistolet de Volta** (*fig.* 42) ; on la ferme avec un bouchon de liège ; puis, la tenant à la main, on y fait produire une étincelle électrique ; le bouchon est alors violemment projeté.

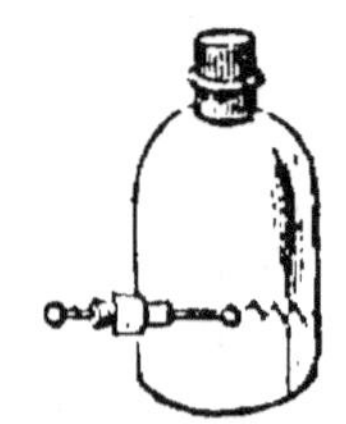

Fig. 42. — Pistolet de Volta.

La haute température de l'étincelle électrique a déterminé la combinaison ; et la grande quantité de chaleur produite a donné à la vapeur d'eau formée une très grande force de projection qui a chassé le bouchon de la fiole.

Un mélange de 1 partie d'hydrogène avec 2 1/2 parties d'air produit aussi une vive explosion ; il faut s'en souvenir et ne jamais enflammer un tel mélange sans précautions.

55. Combinaison de l'hydrogène avec l'oxygène de l'air.

— L'oxygène existe dans l'air, où il est mélangé à l'azote. Si on allume dans l'air un jet d'hydrogène bien sec, le gaz brûle et se combine avec l'oxygène de l'air ; le produit de la combinaison est de l'eau que l'on met en évidence en plaçant au-dessus du jet d'hydrogène une cloche bien sèche. Les parois de la cloche se couvrent de buée ; des gouttelettes d'eau se rassemblent, on les recueille dans un vase. Il faut attendre, pour enflammer le jet de gaz, que l'appareil soit rempli d'hydrogène, que l'air ait été expulsé ; sans cette précaution, on s'exposerait à enflammer un mélange d'air et d'hydrogène qui produirait une explosion capable de briser le vase et d'en projeter les morceaux.

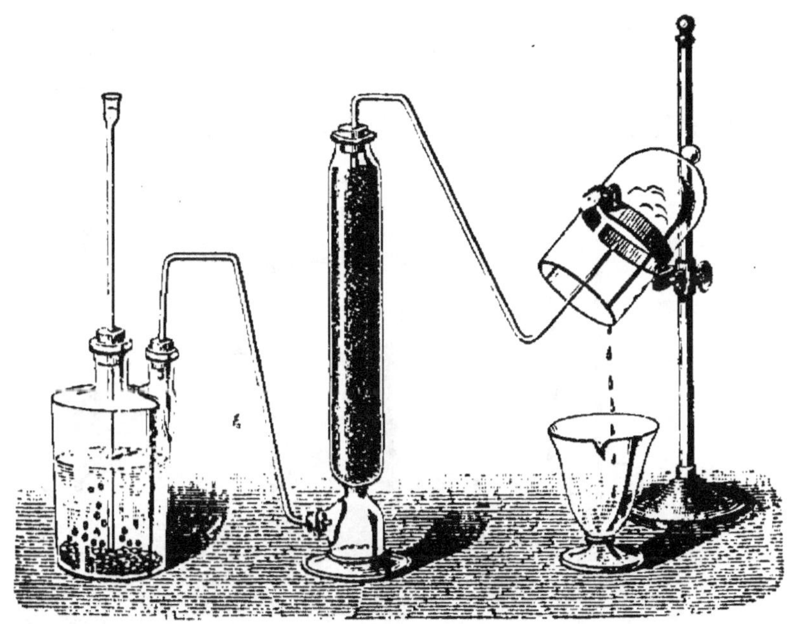

Fig. 43. — Combustion de l'hydrogène dans l'air. L'hydrogène produit dans le flacon à 2 tubulures se dessèche dans une éprouvette et brûle au bout d'un tube sous une cloche.

L'hydrogène a donc bien engendré de l'eau, et il mérite le nom qui lui a été donné et qui signifie *générateur* de l'eau.

La quantité d'eau formée dans cette expérience, même si on la prolonge quelque temps, est assez faible. Nous apprendrons plus loin qu'il faudrait brûler plus de 1.200 litres de gaz hydrogène et ne rien perdre de la vapeur d'eau formée pour obtenir seulement 1 litre d'eau liquide.

56. Combinaison de l'hydrogène avec l'oxygène déjà combiné. — L'oxygène existe à l'état de combinaison dans les oxydes, et certains de ces corps peuvent céder assez facilement le gaz oxygène qu'ils contiennent ; tel est l'**oxyde de cuivre,** poudre noire que l'on peut obtenir en chauffant à l'air du cuivre divisé.

L'hydrogène lui enlève l'oxygène pour former de l'eau. Pour réaliser l'expérience, on fait passer un courant de gaz hydrogène dans un tube contenant de l'oxyde de cuivre ; on chauffe légèrement le tube (quand

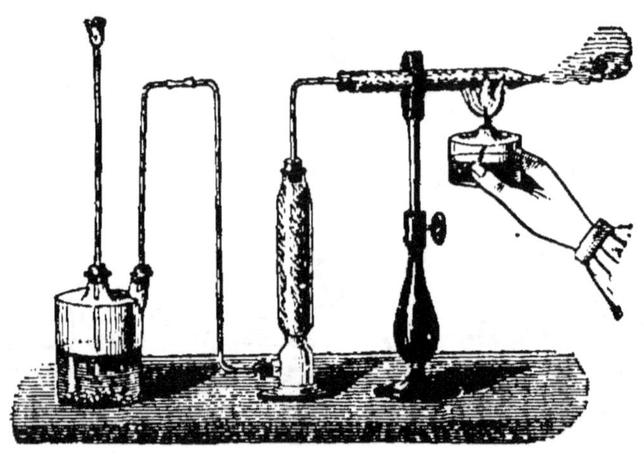

Fig. 44. — Action de l'hydrogène sur l'oxyde de cuivre. L'hydrogène enlève l'oxygène à l'oxyde de cuivre et fait de la vapeur d'eau qui sort par le tube.

l'appareil est plein d'hydrogène) ; on voit sortir du tube un nuage de vapeurs qui se condensent en gouttelettes d'eau, et il reste dans le tube une poudre de cuivre divisé.

Dans cette réaction, l'hydrogène a désorganisé un oxyde fait et mis le métal en liberté. A ne considérer que l'oxyde, on dit qu'il a été *réduit* et que l'hydrogène est un *réducteur*. Mais, en réalité, si l'oxyde de cuivre a été défait un autre oxyde, celui d'hydrogène, c'est-à-dire l'eau, a été formé. La réaction se figure :

$$CuO + H^2 = H^2O + Cu.$$

Comment expliquer cette double action ? Par la quantité de chaleur qui peut se dégager quand l'hydrogène passe sur l'oxyde. La chaleur communiquée au tube à oxyde a fait commencer l'action de l'hydrogène sur l'oxyde, et cette action a continué parce que l'hydrogène, en se combinant avec l'oxygène, dégage plus de chaleur que le cuivre n'en peut dégager quand il se combine à l'oxygène pour former l'oxyde.

57. La flamme de l'hydrogène peut chanter. — Au-dessus du jet d'hydrogène enflammé, descendons lentement, en guise de cheminée, un large tube ouvert (*fig.* 45). A un moment donné, un son musical se produit, plus aigu ou plus grave, selon qu'on enfonce le tube plus ou moins. Un autre tube plus mince ou plus gros, plus long ou plus court, produit un autre son, et l'on voit la flamme s'effiler, trembloter et quelquefois s'éteindre; en même temps le tube se couvre à l'intérieur de gouttelettes d'eau, ce

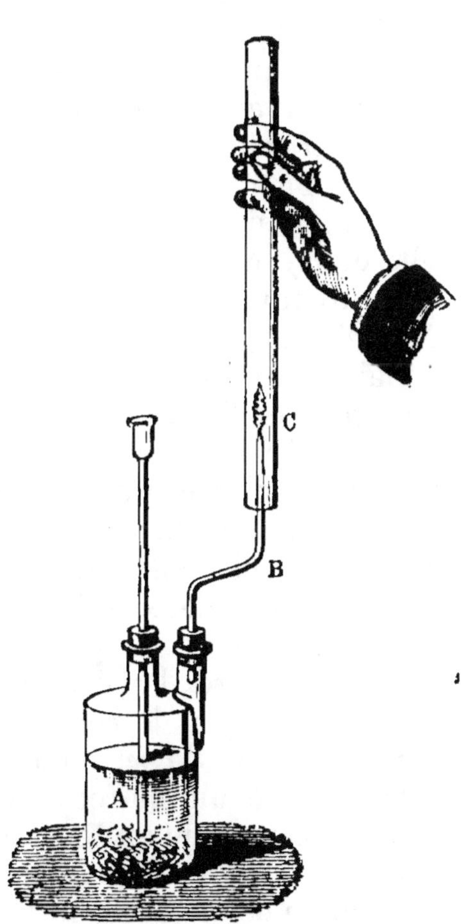

Fig. 45. — La flamme de l'hydrogène peut chanter. A, flacon producteur d'hydrogène; B, tube effilé où brûle le gaz hydrogène; C, grand tube ouvert qui fait chanter la flamme.

qui vérifie encore l'une des expériences précédentes. On a donné à cet appareil le nom d'**harmonica chimique.**

On peut, en effet, produire plusieurs sons avec des tubes de longueurs et de diamètres différents ; mais il faut convenir qu'il ne serait pas bien commode de s'en servir pour jouer un air de musique.

58. La flamme de l'hydrogène est très chaude. — On peut s'en convaincre facilement en y plaçant un fil de fer qui y rougit très promptement et qui peut même y fondre s'il est très fin. Cette flamme devient encore bien plus chaude quand on y insuffle du gaz oxygène : alors elle donne une des plus hautes températures que nous sachions produire. Mais il faut prendre la précaution de ne laisser mélanger les deux gaz que très près de l'endroit où ils brûlent, pour éviter les explosions. On emploie un chalumeau dont la figure 46 donne le détail. On voit que les deux gaz, venant chacun de leur réservoir, arrivent par deux tubes distincts jusqu'au bout de l'appareil. On enflamme d'abord l'hydrogène et on ouvre peu à peu le robinet du tube à oxygène.

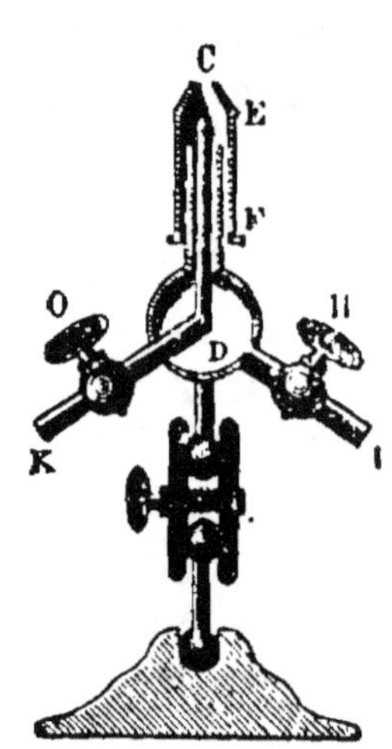

Fig. 46. — Chalumeau. K, tube à oxygène ; IDC, tube à hydrogène.

Si on envoie le jet enflammé qui sort de ce chalumeau contre un morceau de chaux, celui-ci devient incandescent au point touché, et il projette une lumière éblouissante. On l'appelle la **lumière de Drummond**, du nom de celui qui l'a le premier produite, ou encore **lumière oxhydrique**, pour rappeler les gaz qui la forment. Elle est employée dans les cours pour les projections, quand le soleil fait défaut.

59. Usages de l'hydrogène. — L'hydrogène est employé à gonfler les ballons quand on veut leur donner une grande force ascensionnelle, soit qu'il s'agisse de s'élever très haut, soit que l'on veuille avoir la possibilité de charger l'aérostat de corps lourds. Comme le gaz traverse facilement les enveloppes, même quand elles sont recouvertes d'un vernis, on lui substitue, pour les ascensions aérostatiques ordinaires, le gaz d'éclairage, un peu plus lourd, mais encore notamment plus léger que l'air.

L'hydrogène est employé dans le chalumeau oxhydrique pour opérer la fusion du platine dans un creuset de chaux (*fig.* 47). Sa flamme, alimentée par de l'air, sert pour souder les métaux directement et sans emploi d'alliages, notamment les feuilles de plomb

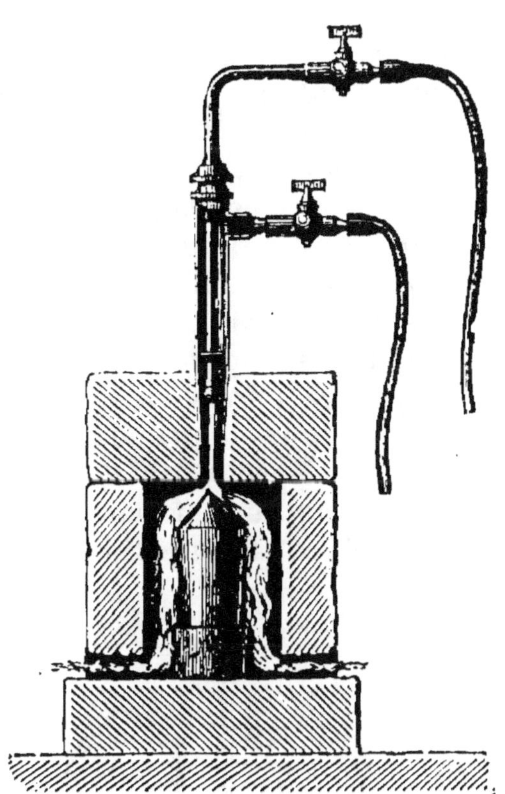

Fig. 47. — Fusion du platine par la flamme du chalumeau dans un creuset de chaux.

des chambres où l'on fabrique l'acide sulfurique.

60. Préparation. — L'hydrogène n'existe pas dans la nature en quantité un peu notable à l'état de gaz libre. Il faut donc le prendre à ses combinaisons.

L'eau est la plus répandue ; c'est donc à l'eau qu'on demande l'hydrogène. Il faut, pour cela, enlever l'oxygène, ce que l'on fait facilement avec un métal qui, en se combinant avec l'oxygène, dégage plus de chaleur que l'hydrogène ; on peut employer le sodium, le zinc et un acide étendu ou le fer chauffé.

1° *Avec le sodium.* — Dans une éprouvette pleine de mercure, on envoie un peu d'eau qui va occuper le haut de l'éprouvette. On présente, à l'entrée de l'éprouvette, un petit morceau de sodium bien propre enveloppé dans un papier buvard : il monte en haut de l'éprouvette, parce qu'il est plus léger que le mercure. L'eau imbibe le papier, le sodium s'empare de l'oxygène, et l'hydrogène, mis en liberté sous son état de gaz, déprime le mercure et remplit l'éprouvette (*fig.* 48). Mais ce moyen ne permet pas d'obtenir beaucoup de gaz.

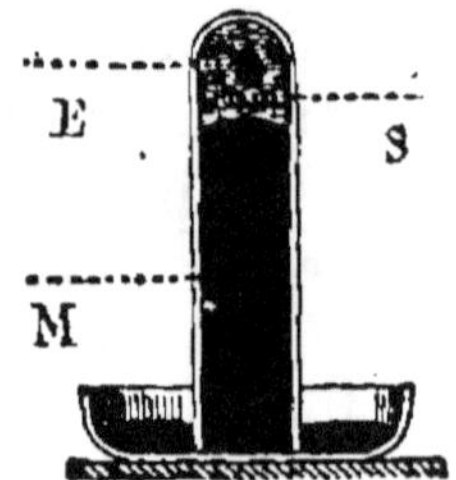

Fig. 48. — Préparation de l'hydrogène par le sodium. E, eau ; M, mercure ; S, sodium.

2° *Avec le zinc et un acide fort.* — On met du zinc

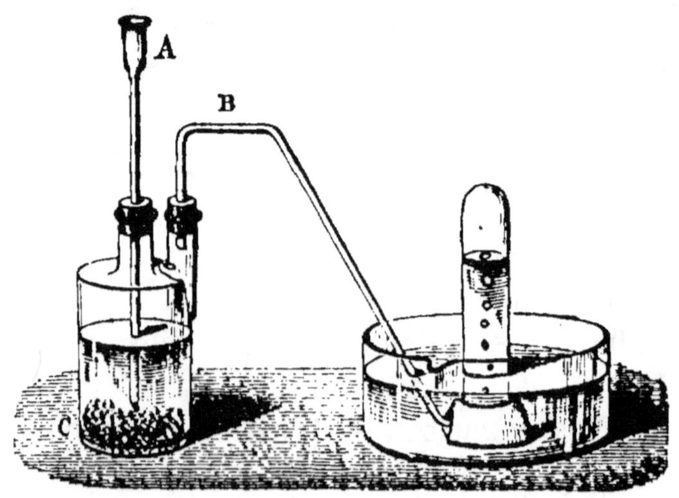

Fig. 49. — Préparation de l'hydrogène par le zinc et l'acide sulfurique. A, tube de sûreté à entonnoir ; B, tube à dégagement.

en grenaille et de l'eau dans un flacon à deux tubulures (*fig.* 49), puis on ajoute de l'acide sulfurique par un tube à entonnoir ; l'hydrogène se produit très rapidement et en grande quantité. On le recueille sur l'eau. Nous indiquerons plus loin la théorie de cette préparation.

3° *Appareil continu de Deville.* — Lorsqu'on veut monter un appareil continu pour la production de l'hydrogène, on prend deux flacons à tubulure inférieure et on les réunit par un gros tube de caoutchouc fortement ficelé à chacun d'eux.

Dans l'un, B, on met une couche de 5 ou 6 centimètres de verre concassé et, par dessus, du zinc en lames ou du zinc grenaillé; on bouche le flacon d'un bouchon solidement retenu portant un robinet.

Dans l'autre, A, on met de l'acide chlorhydrique étendu de son volume d'eau.

Lorsque le robinet C est ouvert, que le flacon A est un peu relevé (*fig.* 50), l'acide vient baigner le zinc;

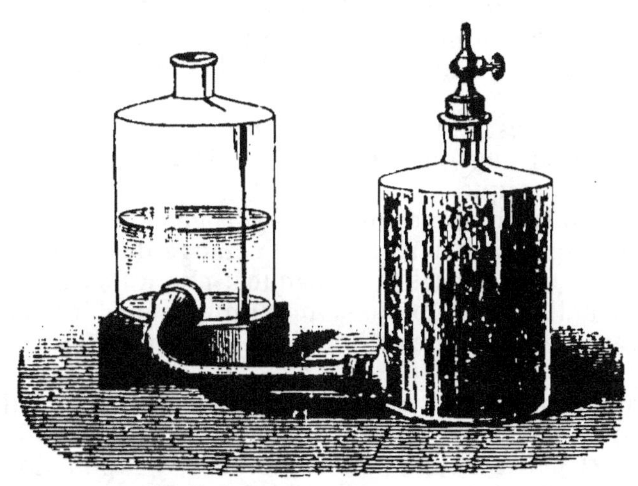

Fig. 50. — Appareil continu pour la préparation de l'hydrogène.

l'hydrogène se produit et se dégage. Si l'on ferme le robinet, le gaz qui continue à se dégager presse sur le liquide et le fait refluer en A.

Le vase B reste plein de gaz hydrogène et peut en donner aussitôt qu'on ouvrira à nouveau le robinet.

61. Historique. — L'hydrogène était connu des alchimistes, qui le produisaient en attaquant de la limaille de fer par l'huile de vitriol (acide sulfurique). Mais ses propriétés ont été signalées, en 1766, par Cavendish, qui appela d'abord l'hydrogène air inflammable, à cause de sa propriété de brûler à l'air.

Résumé. — L'hydrogène est un gaz incolore et inodore. Il est très léger et pèse 14 fois moins que l'air; le poids du litre n'est que de 89 milligrammes. On prouve facilement cette grande légèreté, notamment en gonflant d'hydrogène des bulles de savon qui s'élèvent comme de petits ballons.

L'hydrogène est très peu soluble dans l'eau. On n'a pu le liquéfier que par l'action combinée d'un froid de 220° au-dessous de zéro et d'une pression de plus de 500 atmosphères.

Il passe facilement au travers des corps poreux, même des métaux chauffés et des enveloppes organiques vernies dans lesquelles on le contient.

C'est le seul gaz qui soit bon conducteur de la chaleur et de l'électricité; cette propriété le fait ranger parmi les métaux malgré son état de gaz; il leur ressemble d'ailleurs par presque tous ses caractères.

L'hydrogène est combustible et brûle à l'air. Il se combine à l'oxygène pour engendrer de l'eau, voilà l'une de ses principales propriétés chimiques.

On réalise la combinaison de l'hydrogène avec l'oxygène libre en la provoquant en un point du mélange des deux gaz par une flamme, ou une étincelle électrique : elle a lieu alors avec une forte détonation qui atteint son maximum quand les deux gaz sont mélangés dans la proportion de 2 volumes d'hydrogène pour 1 d'oxygène.

On fait combiner l'hydrogène avec l'oxygène de l'air en allumant un jet d'hydrogène qui sort dans l'air par un tube effilé. Sa flamme est petite et peu éclairante. Il y a production d'eau en vapeur, que l'on peut recueillir en la condensant sur les parois froides d'un grand verre ou d'une cloche.

La chaleur dégagée est considérable : 1 gramme d'hydrogène, en brûlant, produit 34 calories Kg-degré.

L'hydrogène peut enlever l'oxygène à certains oxydes, et laisser le métal en produisant de l'eau. On fait l'expérience sur l'oxyde de cuivre. On dit que l'hydrogène est un réducteur, qu'il réduit l'oxyde; il serait plus exact de dire qu'il s'est formé de l'oxyde d'hydrogène ou eau aux dépens de l'oxyde métallique sur lequel on a opéré.

La flamme de l'hydrogène peut chanter quand on la surmonte d'un tube ouvert.

Cette flamme est très chaude. Elle le devient plus encore quand on y insuffle de l'air ou de l'oxygène. Dans ce dernier cas, on emploie le chalumeau à deux tubes concentriques où les deux gaz ne se mélangent qu'à l'extrémité; et on dispose avec cet appareil d'une très haute température.

Quand on envoie le jet enflammé du chalumeau contre un morceau de chaux, celui-ci devient incandescent et produit la lumière Drummond, dite encore lumière oxhydrique.

On prépare l'hydrogène en attaquant du zinc par l'eau acidulée d'acide sulfurique, ou par de l'acide chlorhydrique. On emploie d'ordinaire un flacon à deux tubulures avec un tube à entonnoir, ou encore un appareil continu formé de deux flacons réunis par la base, l'un contenant le zinc et l'autre l'acide.

On se sert de l'hydrogène pour gonfler les ballons, pour alimenter le chalumeau oxhydrique et produire de la lumière Drummond ou une flamme très chaude pour la fusion de certains métaux ou pour la soudure des lames de plomb sans intermédiaire.

CHAPITRE VII

CHLORE ET CHLORURES DÉCOLORANTS

Chlore, symbole : Cl. — Poids atomique : 35,5

62. Propriétés physiques. — Le chlore est un gaz jaune verdâtre, doué d'une odeur forte et irritante; respiré en petite quantité, il produit une vive impression, une toux violente et même le crachement de sang. Il est très lourd ; il pèse 35,5 fois plus que l'hydrogène (sa densité rapportée à l'air est 2,44). Le poids du litre est :

$$35,5 \times 0,0895 = 3^{gr},17.$$

On profite de cette propriété pour le recueillir par déplacement de l'air d'un flacon bien sec. On fait plonger jusqu'au fond du flacon le tube par lequel le gaz se dégage de l'appareil qui le produit (*fig*. 51). Le chlore qui arrive reste d'abord dans le fond du flacon, comme on le constate par la coloration verte qui appa-

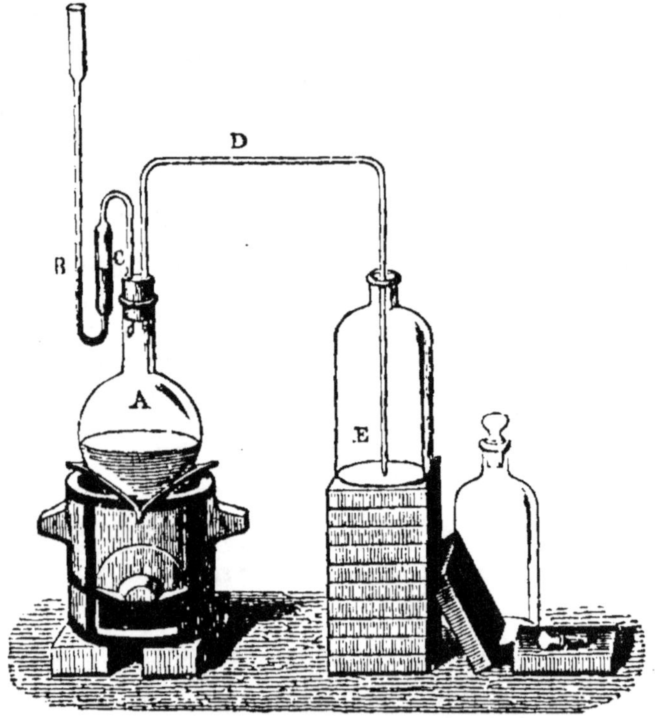

Fig. 51. — Appareil à produire le chlore et à le recueillir par déplacement d'air. — A, ballon chauffé; — BC, tube de sûreté; — DE, tube abducteur plongeant jusqu'au fond du flacon.

raît, puis le gaz, continuant d'arriver, monte peu à peu en chassant l'air; le flacon est bientôt plein; on le bouche et on le remplace par un autre. En peu de temps, on en remplit ainsi quatre ou cinq pour les expériences.

On peut aussi le recueillir sur l'eau comme les autres gaz que nous avons étudiés précédemment; mais l'eau retient une partie du gaz, se colore en jaune et dégage l'odeur irritante du chlore. Le gaz est en effet soluble dans l'eau, qui en dissout trois fois son volume. Si on

refroidit à 0° cette solution, elle dépose des cristaux qui sont une combinaison de chlore
et d'eau.

On peut obtenir
le chlore liquide
à l'aide de ces cris-
taux. On les met
dans un tube en
verre fort et coudé,
puis on ferme ce
tube. Si alors on
chauffe l'extrémité
qui contient les
cristaux et qu'on
refroidisse l'autre,
le chlore qui se dé-
gage de la pre-

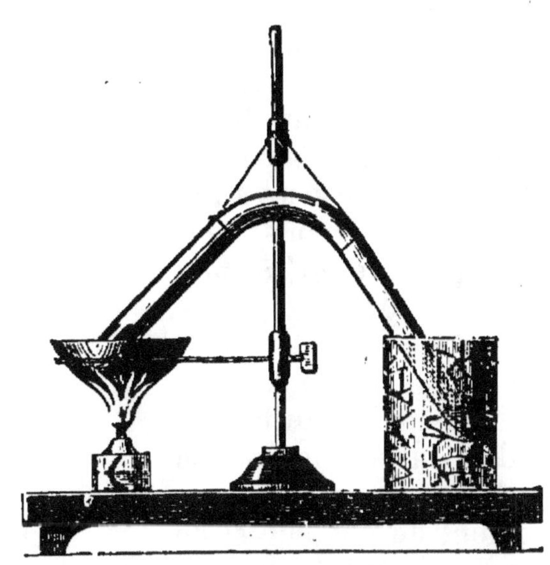

Fig. 52. — Tube coudé pour liquéfier le chlore.

mière branche fait pression et se rassemble en liquide
dans l'autre branche (*fig.* 52).

63. Propriétés chimiques du chlore. — Le
chlore se combine vivement avec beaucoup de corps
simples en dégageant de la chaleur, parfois de la
lumière. On peut dire qu'il brûle les même corps que
l'oxygène, à l'exception du charbon, sur lequel il n'a
aucune action. Parmi les corps combustibles, le phosphore n'a pas besoin d'être allumé pour s'unir vivement au chlore. Si on descend dans un flacon de chlore
un petit godet de terre portant un morceau de phosphore, celui-ci s'enflamme et dégage des vapeurs qui
résultent de sa combinaison avec le chlore et qu'on
appelle le *chlorure de phosphore*.

Le chlore dégage beaucoup de chaleur en se combinant avec un grand nombre de corps simples. *Sa propriété saillante, c'est de se combiner vivement avec les
métaux et avec l'hydrogène.*

64. Le chlore et les métaux. — La plupart des métaux s'unissent au chlore ; quelques-uns y peuvent brûler. Voici quelques exemples parmi les plus frappants.

Jetons dans un flacon de gaz chlore de la poudre d'antimoine : nous la voyons tomber sous forme d'une pluie de feu (*fig.* 53) ; le métal brûle dans le gaz en produisant d'abondantes vapeurs blanches. La combinaison du chlore et de l'antimoine a donc eu lieu avec un vif dégagement de chaleur et de lumière, et les vapeurs blanches sont la forme nouvelle sous laquelle les deux corps sont unis ; ce nouveau corps est le **chlorure d'antimoine.**

Fio. 53. — Combustion de l'antimoine en poudre dans le gaz chlore.

Chauffons jusqu'à la rougir une spirale de fil de fer ou de cuivre A et plongeons-la dans un flacon de gaz chlore B (*fig.* 54) ; la spirale, qui a cessé un court instant d'être incandescente, le redevient vivement au contact du gaz ; elle s'enveloppe de vapeurs qui déposent une poudre fine sur les parois du flacon ; elle se ronge en partie. Ici encore il y a eu combinaison vive du gaz avec le métal ; et le produit formé est le **chlorure de fer** ou le **chlorure de cuivre,** suivant le métal employé.

Fio. 54. — Combinaison du cuivre et du chlore.

Nous connaissons le mercure ou vif-argent ; nous savons comme il coule sur le verre sans s'y attacher. Versons-en quelques gouttes dans un flacon de chlore et promenons-les sur les parois : voilà ce métal qui se colle au verre et qui y reste bien fixé sous forme d'un enduit miroitant ; c'est que le mercure s'est combiné au chlore, et, au lieu du métal si mobile, il n'y a plus dans le flacon que du **chlorure de mercure** qui adhère au verre. Cette expérience fait comprendre suffisamment pourquoi on ne peut recueillir le gaz chlore sur la cuve à mercure.

Ainsi donc, nous nous souviendrons que le chlore s'unit aux métaux et engendre avec eux des *chlorures*. Le plus répandu de ces chlorures est le **sel marin** ou **chlorure de sodium,** qui sert journellement dans l'alimentation et qui existe en dissolution dans l'eau de mer.

65. Le chlore et l'hydrogène. — Le chlore se combine avec l'hydrogène aussi bien qu'avec les métaux.

Pour réaliser cette combinaison, nous remplissons à moitié de chlore gazeux une large éprouvette renversée sur l'eau ; nous achevons de la remplir avec du gaz hydrogène, puis nous approchons son ouverture d'une flamme ; le mélange des deux gaz détone assez fortement et l'éprouvette se remplit de vapeurs blanches. Y verse-t-on de la teinture de tournesol, elle rougit. Ces vapeurs blanches, formées de la combinaison du chlore et de l'hydrogène, sont donc un corps acide. Le produit formé est acide. On devrait logiquement l'appeler **chlorure d'hydrogène ;** on lui donne habituellement le nom d'acide **chlorhydrique,** qui rappelle sa composition.

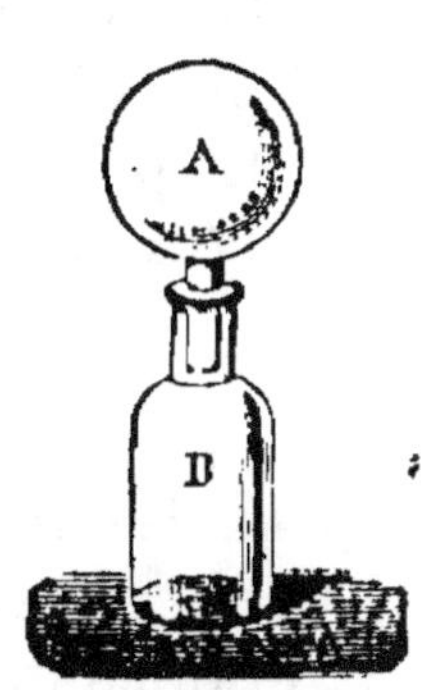

Fig. 55. — Combinaison lente du chlore et de l'hydrogène. — A, chlore ; — B, hydrogène.

A la lumière solaire, la combinaison du chlore et de l'hydrogène est si vive que le flacon vole en éclats. Quand on veut faire l'expérience sans danger, on bouche le flacon où l'on a fait le mélange et on le porte à l'ombre ; puis, à distance, on y projette les rayons solaires à l'aide d'un miroir : la combinaison est instantanée.

A la lumière diffuse, la combinaison des deux gaz est lente ; la couleur du chlore disparaît peu à peu ; mais l'acide chlorhydrique se forme complètement. Et, si on transporte sur le mercure l'éprouvette où il s'est formé, on reconnaît qu'il occupe *tout* le volume qu'occupaient les deux gaz. On peut donc écrire :

$$\begin{array}{lll} 1 \text{ volume d'hydrogène ou} & H, \\ \text{et } 1 \quad - \quad \text{de chlore} \quad \text{ou} & Cl \\ \hline \end{array}$$

forment 2 volumes d'acide chlorhydrique ou HCl.

On tire facilement de là, par un calcul, le poids atomique du chlore.

Un litre de Cl qui pèse $3^{gr},17$ se combine avec 1 litre H pesant $0^{gr},0895$.

Le poids du chlore qui se combine avec 1 gramme d'hydrogène est :

$$\frac{3,17}{0,0895} = 35,5.$$

Cette formation de l'acide chlorhydrique par synthèse est un exemple d'une des lois de Gay-Lussac ; les volumes qui se combinent étant égaux, il n'y a pas de condensation ; le volume du composé est la somme des volumes des composants qui l'ont formé.

66. Combinaison du chlore avec l'hydrogène combiné. — Le chlore prend l'hydrogène même aux corps composés qui renferment ce gaz.

Ainsi le chlore prend l'hydrogène à l'eau. On peut, en effet, décomposer l'eau par un courant de chlore en la faisant passer avec ce gaz dans un tube chauffé ; on recueille de l'oxygène et de l'acide chlorhydrique.

L'action du chlore sur l'eau a lieu même à la température ordinaire : il suffit d'exposer à la lumière une solution de chlore dans l'eau pour qu'elle se décolore au bout de peu de temps et qu'elle ne contienne bientôt plus que de l'acide chlorhydrique. Cette réaction peut dégager de la chaleur :

$$H^2O + 2Cl = 2ClH + O.$$

Eau de chlore. — On ne peut conserver l'eau de chlore que dans des flacons en verre noir; sous l'influence de la lumière, le chlore prend à l'eau son hydrogène, dégage de l'oxygène, et il ne reste bientôt plus qu'une dissolution étendue d'acide chlorhydrique.

Le chlore agit vivement sur l'essence de térébenthine. Un papier imbibé de cette essence et plongé dans un flacon de chlore y prend feu, brûle avec une flamme rougeâtre et beaucoup de fumée. L'essence est composée de carbone et d'hydrogène; le chlore se combine à l'hydrogène, et cette combinaison dégage assez de chaleur pour mettre le feu au papier.

67. Le chlore est décolorant. — Le chlore est décolorant, probablement parce qu'il enlève l'hydrogène aux matières colorées, ou qu'il provoque leur oxydation et qu'il les détruit ainsi. On prouve cette propriété en versant de l'eau de chlore fraîche dans une solution d'indigo qui perd sa belle coloration bleue, ou en trempant dans l'eau de chlore un papier écrit dont l'écriture disparaît de suite, ou encore en plongeant dans un flacon de chlore gazeux un papier écrit et mouillé que l'on retire blanc.

68. Usages du chlore. — Le chlore libre n'est guère employé; on n'emploie pas beaucoup non plus l'eau de chlore à cause de sa facile décomposition; mais le chlore, sous forme de composé solide, capable de dégager facilement le gaz, est très employé comme désinfectant et comme décolorant.

On s'en sert pour combattre les émanations putrides, pour assainir les habitations en temps d'épidémie ; on pense que le chlore attaque les microbes de l'air et qu'il les rend inoffensifs.

C'est avec le chlore qu'on réalise aujourd'hui le blanchiment de toutes les matières végétales, toiles et pâte à papier. On ne peut pas l'employer pour les matières animales, la laine et la soie ; il les détruirait.

69. Préparation. — Le chlore n'existe nulle part à l'état libre ; il faut donc le prendre à un de ses composés, à un chlorure ou à l'acide chlorhydrique. C'est généralement celui-ci que l'on emploie ou bien ses générateurs, l'acide sulfurique et le sel marin.

On met dans un ballon du bioxyde de manganèse en menus morceaux ; on y ajoute de l'acide chlorhydrique et on chauffe légèrement ; le gaz commence déjà à se dégager à froid. Si on le recueille

Fig. 56. — Terrine et éprouvette sur têt à gaz pour recueillir le chlore sur l'eau.

sur l'eau d'une terrine, on prend de l'eau salée qui dissout moins de chlore que l'eau ordinaire.

La réaction est très facile à comprendre. On emploie 4 molécules d'acide chlorhydrique dont l'hydrogène prendra l'oxygène du bioxyde. Le manganèse se combine au chlore, et il se dégage la moitié du chlore de l'acide employé :

$$Mn_O^O + \frac{2HCl}{2HCl} = \frac{H^2O}{H^2O} + MnCl^2 + Cl^2.$$

En posant les poids atomiques au-dessous de l'égalité,

$$MnO^2 + (HCl) = 2H^2O + MnCl^2 + Cl^2,$$
$$55 + 32 \quad 4 \times 36,5$$
$$87 \qquad 146 \qquad\qquad 71$$

on remarque que 87 grammes de MnO² et 146 grammes d'acide HCl dégagent 71 grammes de chlore ; on peut alors résoudre tous les problèmes de cette fabrication.

Dans les laboratoires, on monte un appareil où l'on produit l'eau de chlore, la dissolution de chlore dans la potasse et le chlorure de chaux en même temps qu'on prépare le chlore gazeux. La figure 57 représente le dispositif. Le premier ballon, que l'on chauffe légèrement, contient

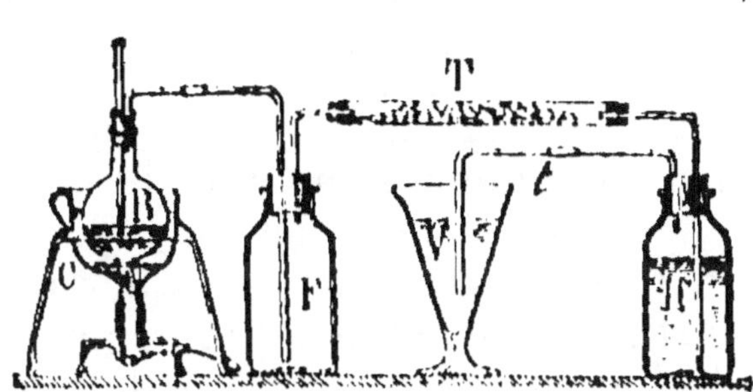

Fig. 57. — Appareil à produire le chlore, le chlorure de chaux, l'eau de Javel et l'eau de chlore. — C, bain-marie ; — B, ballon à chlore ; — F, flacon vide ; — T, tube contenant de la chaux éteinte ; — H, solution de potasse ; — V, eau.

le bioxyde de manganèse et l'acide chlorhydrique. Le chlore gazeux qui s'en dégage vient d'abord remplir un flacon vide, puis il passe dans un tube contenant de la chaux éteinte, puis dans un flacon contenant une solution de potasse, et enfin dans un verre d'eau. On a ainsi en peu de temps toutes les formes sous lesquelles le chlore est habituellement employé.

Dans l'industrie, les appareils producteurs de chlore sont nombreux, et leurs formes variées ; ils sont le plus souvent en grès, volumineux, destinés à être chauffés à feu nu ou par un courant de vapeur. On a longtemps employé de grandes bonbonnes, comme celle de la figure 58, où le bioxyde de manganèse était

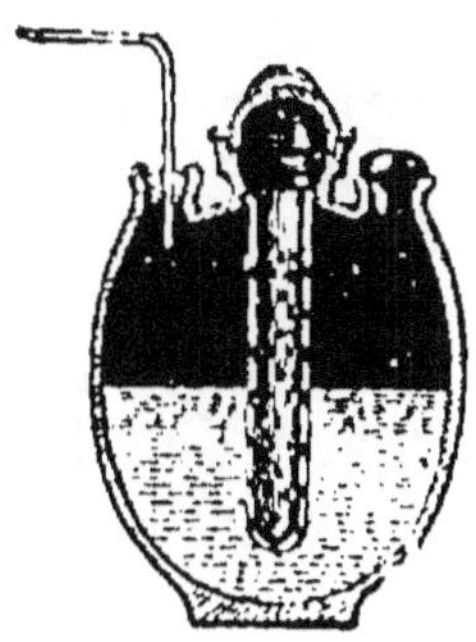

Fig. 58. — Bonbonne à produire le chlore.

placé en morceaux dans un tube percillé plongeant à moitié dans l'acide. On chauffait ces bonbonnes au bain de sable, mais il fallait renouveler le bioxyde de manganèse à chaque opération.

Aujourd'hui, dans le procédé Weldon, le même bioxyde de manganèse sert indéfiniment ; le chlorure formé dans la première opération est, par l'action de la chaux et de l'air, retransformé en oxyde capable de donner à nouveau du chlore avec une nouvelle quantité d'acide chlorhydrique.

70. Historique. — Le chlore a été découvert en 1774 par **Scheele**, en essayant de dissoudre le bioxyde de manganèse dans l'acide chlorhydrique. Il n'a pas été d'abord considéré comme un corps simple, et **Berthollet**, en étudiant et en appliquant ses propriétés décolorantes, l'appelait acide muriatique oxygéné. C'est Gay-Lussac et Davy qui ont démontré que le chlore est un corps simple et lui ont donné le nom qu'il porte, à cause de sa couleur.

71. Composés du chlore et de l'oxygène. — Le chlore ne se combine pas directement avec l'oxygène ; on lui connaît cependant plusieurs composés oxygénés dont voici les noms et les symboles :

Anhydride hypochloreux	Cl^2O ;		*Acide hypochloreux*	$ClOH$;
— *chloreux*	Cl^2O^3 ;		— *chloreux*	ClO^3H ;
Peroxyde de chlore	ClO^2 ;			
			— *chlorique*	ClO^3H ;
			— *perchlorique*	ClO^4H.

Le chlore se combine atome par atome avec l'hydrogène. 1 de Cl se combine à 1 d'hydrogène ; mais, pour 1 d'oxygène, il faut 2 d'hydrogène. Il est vraisemblable de supposer que, pour 1 d'oxygène, il faut aussi 2 de chlore, et que le plus simple des composés sera Cl^2O ; c'est l'**anhydride hypochloreux**, qui donne l'acide du même nom en prenant de l'eau :

$$Cl^2O \ + \ H^2O \ = \ 2\,(ClOH).$$

Anhydride   *Eau*   *Acide hypochloreux*

Tous les acides qui contiennent 1 atome d'hydrogène peuvent l'échanger contre un métal : l'acide hypochloreux donnera les **hypochlorites** et l'acide chlorique donnera les **chlorates**.

Le point de départ de l'obtention de tous ces dérivés est l'action du chlore sur les oxydes. Si l'on fait passer un courant lent de chlore dans une solution étendue de potasse, il y a formation d'un chlorure et d'un hypochlorite :

$$\begin{matrix} Cl \\ Cl \end{matrix} + \begin{matrix} KOH \\ KOH \end{matrix} = KCl + ClOK + H^2O.$$

Potasse   Chlorure   Hypochlorite
de potassium

L'hypochlorite à son tour, chauffé en solution bouillante, peut se transformer en chlorate :

$$3\,(ClOK) = ClO^3K + 2KCl.$$

Chlorate

72. Hypochlorites et chlorures décolorants. — Les **hypochlorites** ne sont pas préparés pour eux-mêmes ; on ne les a pas isolés à l'état de pureté, sauf celui de chaux ; ils sont contenus dans les produits industriels désignés sous le nom de **chlorures décolorants** et qu'on prépare par l'action du chlore sur les oxydes hydratés des métaux alcalins et alcalino-terreux. On prépare trois chlorures pour le blanchiment en faisant agir le chlore sur une solution de potasse, une solution de soude, ou sur la chaux éteinte :

L'eau de Javel,	$ClOK,KCl,$
La liqueur de Labarraque,	$ClONa,NaCl,$
Le chlorure de chaux,	$(ClO)^2Ca,CaCl^2.$

Leur propriété commune est de dégager du chlore plus ou moins rapidement par l'action d'un acide, et d'être par suite de puissants agents de décoloration. On s'en assure facilement en versant de l'eau de Javel dans une solution bleue d'indigo : la solution est décolorée.

C'est le **chlorure de chaux** qui est le plus employé ; on le prépare en grand dans l'industrie en faisant passer un courant de chlore sur de la chaux éteinte pulvérisée exposée sur des cloisons dans une chambre où le gaz chlore séjourne quelque temps (*fig.* 59). Le

Fig. 59. — Appareil à préparer le chlorure de chaux. — A, bonbonne à chlore ; — B, bain de sable chauffé ; — C, premier laveur ; — D, second laveur témoin ; — E, tube conduisant le gaz ; — F, compartiments chargés de chaux en poudre.

chlorure de chaux est une poudre blanche que l'on ne peut garder que dans un lieu sec ; l'air et l'humidité lui font perdre peu à peu son chlore.

73. Blanchiment. — Le blanchiment par le chlore a été établi par Berthollet et substitué au blanchiment *sur le pré*; on l'opère aujourd'hui par l'eau de Javel pour les tissus légers et par la solution du chlorure de chaux pour toutes les matières végétales. Dans le premier cas, on trempe le tissu dans l'eau de Javel, on l'expose quelques minutes à l'air et on le lave. Dans le second cas, surtout pour les matières difficiles à décolorer, on imprègne les substances ou les tissus de chlorure de chaux en les faisant passer dans une solution de ce produit. Puis, quand cette imbibition est suffisante, on passe la substance dans un bain d'acide faible; alors le chlore se dégage, attaque la matière colorante. Un lavage à grande eau achève le blanchiment.

74. Acide chlorique et chlorates. — L'acide chlorique est très instable et se décompose facilement en dégageant de l'oxygène. Les chlorates partagent cette propriété.

Le plus important est le **chlorate de potassium.**

C'est un sel blanc cristallisé, soluble dans l'eau; il fuse sur des charbons ardents et produit une flamme d'un rouge violacé; c'est qu'il se décompose et dégage son oxygène, qui active puissamment la combustion.

Fig. 60. — Décomposition du chlorate de potassium par la chaleur.

On montre la décomposition du chlorate en chauffant quelques grammes de ce sel dans un tube à essais; le sel fond et bouillonne; il s'échappe de l'oxygène, comme on le constate en présentant à l'entrée du tube une allumette qui n'a plus qu'un point rouge et qui se rallume aussitôt.

Le sel peut perdre tout l'oxygène qu'il contient; il laisse comme résidu du chlorure de potassium. On utilise cette réaction dans les cours pour avoir l'oxygène :

$$ClO^3K = KCl + O^3.$$
$$35,5 + 48 + 39$$
$$122,5 \qquad 48$$

C'est un oxydant énergique. Si on le mélange, en poudre fine, avec du soufre en fleur, qu'on fasse de petits paquets de ce mélange, on les fait détoner en les frappant avec un marteau sur une enclume de fer. Si on mélange du chlorate de potassium avec du benjoin en poudre et qu'on verse de l'acide sulfurique goutte à goutte, le mélange prend feu.

Quand on pulvérise du chlorate de potasse bien sec dans un mortier bien sec, il faut que ce dernier soit bien propre et ne contienne aucune trace de corps combustible comme le

FIG. 61. — Mortier et pilon.

soufre. Pour montrer l'action des combustibles, on met *quelques grains* de poussière de soufre et de chlorate dans le mortier et on manœuvre avec le pilon; on produit ainsi une succession de détonations.

Le chlorate de potassium sert à faire les capsules fulminantes.

75. Préparation. — On peut l'obtenir en faisant dégager un rapide courant de chlore dans une solution concentrée d'oxyde de potassium (potasse) ; il se dépose dans la liqueur des cristaux de chlorure de potassium ; quand ce dépôt est abondant, on arrête l'opération ; on décante le liquide dans un verre et on y fait repasser du chlore. Il faut, pour cette opération, terminer par un tube large le tube qui amène le gaz. Les cristaux de chlorate sont recueillis pour être ensuite égouttés et desséchés.

C'est un exemple frappant de la production d'un sel cristallisé par la réaction d'un gaz sur un liquide.

Fig. 62. — Tube abducteur large amenant le gaz chlore dans une solution de potasse.

Résumé. — Le chlore est un gaz jaune verdâtre, d'une odeur suffocante. Il pèse 2,5 fois plus que l'air et 35,5 fois plus que l'hydrogène. Le poids du litre est de 3ᵍʳ,17.

On profite de cette circonstance pour le recueillir par déplacement d'air en faisant venir jusqu'au fond du flacon que l'on veut remplir le tube qui amène le gaz.

Il est soluble dans l'eau, mais seulement dans la proportion de 10 grammes de gaz environ par litre d'eau ; aussi peut-on le recueillir sur l'eau d'une terrine, comme les autres gaz.

Le chlore se combine vivement avec la plupart des corps simples, des métalloïdes comme le phosphore et l'arsenic, et des métaux comme l'antimoine, le cuivre, le fer, le mercure et l'hydrogène ; il brûle les mêmes corps que l'oxygène, à l'exception du charbon, et il dégage beaucoup de chaleur dans ses combinaisons.

On combine au chlore le phosphore qui y prend feu, l'arsenic en poudre qui s'y enflamme, l'antimoine qu'on y projette en poudre, le cuivre chauffé qui y devient incandescent en s'y combinant.

Les produits formés, que l'on nomme **chlorures**, prennent naissance avec dégagement de chaleur, parfois même avec production de lumière.

Le chlore se combine à l'hydrogène instantanément et avec détonation à la lumière solaire ou à l'approche d'une flamme, lentement à la lumière diffuse. Le **chlorure d'hydrogène** formé prend le nom d'**acide chlorhydrique**.

Cette combinaison est un frappant exemple des **lois de Gay-Lussac** sur les composés gazeux.

Un volume de chlore et 1 volume d'hydrogène donnent 2 volumes d'acide chlorhydrique.

Le chlore peut prendre l'hydrogène aux corps composés : ainsi il prend l'hydrogène à l'eau ; c'est pourquoi l'eau de chlore ne se conserve que dans des flacons en verre noir ; à la lumière, elle se transforme en une dissolution d'acide chlorhydrique.

Le chlore est considéré comme un oxydant en présence de l'eau, parce qu'en prenant à celle-ci l'hydrogène il rend libre l'oxygène.

Le chlore est décolorant et désinfectant, probablement parce qu'il détruit les matières organiques en leur enlevant l'hydrogène ou en provoquant leur oxydation.

On produit le chlore en attaquant l'acide chlorhydrique par le bioxyde de manganèse ; c'est la réaction des laboratoires : c'est aussi celle de l'industrie. Quand on produit le gaz chlore en grand pour le faire entrer dans des composés liquides ou solides qui en rendent le maniement plus facile, comme le chlorure de chaux, on applique le *procédé Weldon*, où la même quantité de bioxyde de manganèse peut être indéfiniment régénérée, et où la dépense ne consiste que dans l'acide chlorhydrique et dans la chaux qui sert à la régénération de l'oxyde.

Le chlore ne se combine pas directement avec l'oxygène ; mais on lui connaît plusieurs composés oxygénés, des acides, qui ont, outre le chlore et l'oxygène, de l'hydrogène à échanger contre les métaux pour donner des sels : ce sont les acides **chloreux** ClO^2H et **hypochloreux** $ClOH$, et les acides **chlorique** ClO^3H et **perchlorique** ClO^4H. Le deuxième et le troisième sont les plus importants.

L'acide hypochloreux peut être obtenu dans l'action du chlore sur la bouillie d'oxyde de mercure avec l'eau. En dissolution, il est facilement décomposable. C'est un puissant décolorant ; son pouvoir de décoloration est double de celui du chlore qu'il renferme.

Les hypochlorites que cet acide donne avec les métaux ne sont pas isolés ; on les laisse mélangés avec des chlorures qui se sont formés avec eux dans les produits industriels appelés **chlorures décolorants**.

Les chlorures décolorants sont obtenus par l'action du chlore sur les oxydes alcalins hydratés ; on en prépare trois que l'on considère comme des mélanges de chlorures et d'hypochlorites : celui de potasse, appelé eau de Javel, celui de soude, dont le nom est liqueur de Labarraque, et celui de chaux, appelé improprement chlorure de chaux.

Leur propriété commune, c'est de dégager du chlore, lentement à l'air, rapidement par l'action d'un acide ; c'est ce qui les fait employer au blanchiment.

L'acide chlorique est très instable ; les **chlorates** se forment par l'action de la chaleur sur les hypochlorites, ou encore par l'action d'un courant rapide de chlore dans une solution concentrée d'un oxyde.

Le chlorate de potassium est le seul intéressant. Il se décompose par la chaleur et dégage de l'oxygène ; c'est la raison qui le fait employer pour préparer ce gaz. Il donne des composés détonants avec les combustibles, comme le soufre. Il entre dans la constitution des corps qui fusent quand on les allume.

CHAPITRE VIII

ACIDE CHLORHYDRIQUE

Symbole : HCl. — Poids moléculaire : 36,5

76. Propriétés physiques. — L'acide chlorhydrique, que l'on appelait autrefois **esprit-de-sel, acide muriatique,** existe à l'état de gaz au moment de sa production ; dans les laboratoires, c'est un liquide formé par la dissolution du gaz dans l'eau.

Le gaz chlorhydrique est incolore quand il est sec, d'une odeur et d'une saveur forte et piquante. Il pèse un peu plus que l'air ; sa densité rapportée à l'air est 1,27.

L'expérience montre qu'il est formé de volumes égaux de chlore et d'hydrogène.

$$1 \text{ litre H pèse} \quad 1 \times 0,0895 ;$$
$$1 \text{ litre Cl pèse } 35,5 \times 0,0895 ;$$
$$\overline{2 \text{ litres HCl pèsent } (35,5 + 1)0,0895 ;}$$

1 litre HCl pèse :

$$\frac{35,5 + 1}{2} \times 0,0895.$$

Il pèse donc 18,25 fois plus que l'hydrogène. Le poids du litre est :

$$18,25 \times 0,0895 = 1^{gr},63.$$

Il est extrêmement soluble dans l'eau, qui, à 0°, peut en prendre 480 fois son volume. On montre cette grande solubilité en apportant dans une terrine d'eau, sur une soucoupe contenant du mercure, une éprouvette remplie de gaz chlorhy-drique. Sitôt qu'on met le gaz en contact avec l'eau en soulevant l'éprou-vette, l'eau se précipite avec violence dans l'éprouvette quand le gaz est pur; le choc est moins fort quand le gaz est mêlé d'un peu d'air.

Fig. 63. — Éprou-vette pleine d'aci-de chlorhydrique pour montrer la solubilité du gaz dans l'eau.

Le gaz acide chlorhydrique, en se dissolvant dans l'eau, dégage une notable quantité de chaleur; il y a dans ce cas non seulement dissolution, mais aussi com-binaison.

Le gaz absorbe la vapeur d'eau de l'air, forme avec elle des hydrates qui se condensent en fumées blanches.

C'est sous sa forme de solution aqueuse que l'acide chlorhydrique sert dans les laboratoires; elle est forte-ment acide, et incolore quand elle est pure.

77. Propriétés chimiques. — Le gaz ne brûle pas; il éteint les corps en combustion.

Le liquide, c'est-à-dire la dissolution du gaz dans l'eau, attaque les métaux, donne des **chlorures** et dégage de l'hydrogène.

Quand on prend de l'acide chlorhy-drique dissous, la décomposition par un métal a lieu toutes les fois que le chlorure métallique dissous produit plus de chaleur par sa formation et sa dissolution que n'en a produit l'acide chlorhydrique.

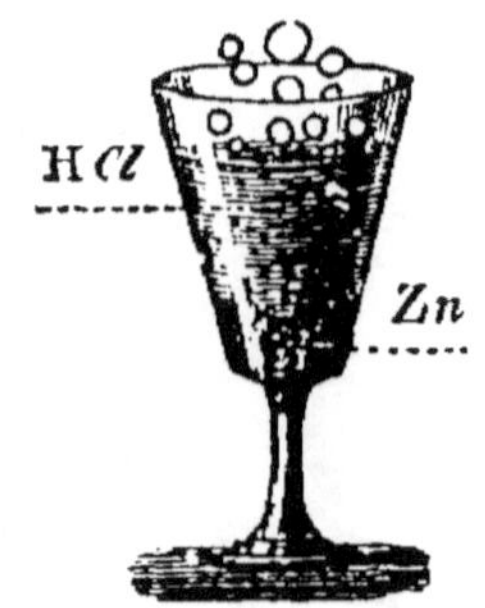

Fig. 64. — Attaque du zinc par l'acide chlorhydrique.

On fait l'expérience avec le zinc en mettant quelques fragments de zinc dans un verre avec de l'acide chlor-hydrique, on voit immédiatement l'attaque commencer; l'hydrogène se dégage en bulles gazeuses qui viennent

6

crever à la surface du liquide et qui produisent de légères détonations quand on les enflamme.

Le métal se dissout, mais c'est une dissolution **chimique**; l'évaporation du liquide donne le **chlorure de zinc** et non le métal disparu.

C'est cette réaction que l'on utilise pour la préparation de l'hydrogène dans l'appareil continu de Deville :

$$Zn + \begin{matrix} HCl \\ HCl \end{matrix} = Zn \begin{matrix} Cl \\ Cl \end{matrix} + H^2 \;;$$

66 grammes   2 grammes

78. Action sur les oxydes. — Beaucoup d'oxydes métalliques décomposent l'acide chlorhydrique en produisant un chlorure et de l'eau. Là encore l'hydrogène change de place avec un métal.

$$MO + 2HCl = MCl^2 + H^2O.$$
Oxyde   *Chlorure*

I. On peut montrer facilement que l'acide chlorhydrique attaque l'oxyde noir de cuivre; on obtient en effet un liquide vert qui est le chlorure de cuivre dissous.

II. Si on fait l'expérience avec l'alcali, qui fonctionne comme oxyde et qui est volatil comme l'acide chlorhydrique, les deux corps en vapeurs se rencontreront avant que les liquides ne soient mélangés ; leur combinaison s'accusera par un *nuage blanc*.

De là un moyen de reconnaître l'acide chlorhydrique ; on y trempe une baguette de verre que l'on présente au-dessus d'un verre contenant de l'alcali (ammoniaque) ; la baguette s'entoure d'un nuage blanc.

Fig. 65. — Combinaison des vapeurs d'acide chlorhydrique avec les vapeurs d'ammoniaque.

III. On fait agir l'acide chlorhydrique sur l'oxyde d'argent :

$$Ag^2O + 2HCl = 2AgCl + H^2O,$$

ou mieux encore sur un sel soluble d'argent. Le chlorure formé est insoluble; il se dépose sous forme d'un précipité blanc caillebotté.

79. Essai des chlorures. — On a dans cette réaction le moyen de reconnaître l'acide chlorhydrique et les chlorures dissous.

Le sel de cuisine est un chlorure (**chlorure de sodium,** — autrefois de **natrium,** — NaCl).

Si on jette une goutte de la solution de ce sel dans le sel soluble d'argent, le précipité blanc caractéristique apparaît :

$$NaCl + AzO^3Ag = AzO^3Na + AgCl.$$

La même réaction se produira avec le chlorure de zinc formé précédemment.

Essai d'une eau. — Si dans une eau on jette quelques gouttes du sel soluble d'argent, et qu'il se produise un précipité, c'est que l'eau contient des chlorures dissous; s'il n'y a qu'un louche bleuâtre, c'est que l'eau n'en contient que des traces; l'eau distillée ne subit aucun changement.

80. Usages. — L'acide chlorhydrique sert surtout à préparer le chlore et quelques autres acides, aussi l'hydrogène. — Il sert aux soudeurs à faire le chlorure de zinc qu'ils emploient. Avec lui, on peut décaper les métaux comme le zinc et le fer. On l'utilise pour extraire la gélatine des os.

Il n'est pas employé à l'état de gaz.

81. État naturel. — L'acide chlorhydrique fait partie des substances rejetées dans les éruptions volcaniques; on le trouve en solution dans l'eau de certaines fissures, sur les flancs des cratères et dans quelques rivières d'Amérique qui prennent leur source dans les montagnes volcaniques.

82. Préparation. — Dans les laboratoires, pour l'obtenir, on met dans un ballon du sel marin fondu (le

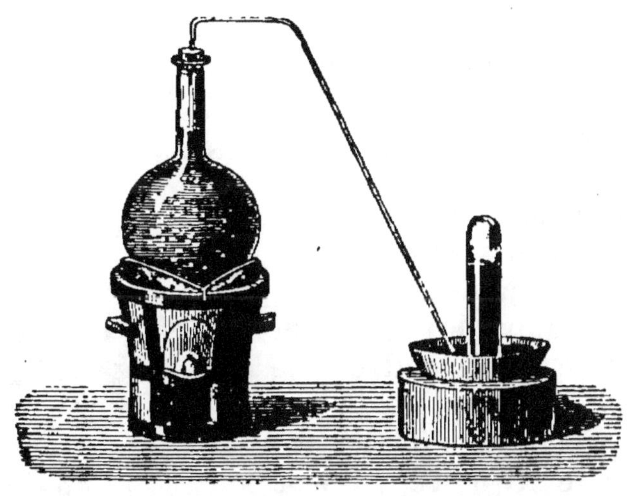

Fig. 66. — Préparation de l'acide chlorhydrique gazeux recueilli sur la cuve à mercure.

sel ordinaire se boursoufle trop) et de l'acide sulfurique; on chauffe légèrement et on recueille le gaz sur le mercure.

La réaction est facile à comprendre; l'acide sulfurique échange une partie de son hydrogène contre le sodium pour donner du *bisulfate* de sodium qui reste dans le ballon :

$$\text{NaCl} \quad + \quad \text{SO}^\text{I}\begin{smallmatrix}\text{II}\\\text{II}\end{smallmatrix} \quad = \quad \text{HCl} \quad + \quad \text{SO}^\text{I}\begin{smallmatrix}\text{II}\\\text{Na}^\text{I}\end{smallmatrix}$$

Chlorure de sodium	*Acide sulfurique*	*Acide chlorhydrique*	*Bisulfate de sodium*

Pour l'obtenir en dissolution, on fait réagir les mêmes produits : on munit le ballon d'un tube de sûreté, on le

fait suivre d'un flacon laveur contenant peu d'eau et de
deux ou trois flacons de Woolf à trois tubulures remplis à moitié ou aux deux tiers d'eau. Les tubes abduc-
teurs doivent plonger très peu dans l'eau, car la dissolution d'acide est plus lourde que l'eau et tombe au fond
du vase à mesure qu'elle se forme ; de cette manière, le
gaz rencontre toujours l'eau la moins saturée.

Dans l'industrie, on fait réagir le sel marin et l'acide
sulfurique en vue d'obtenir le
sulfate de sodium, et on recueille l'acide chlorhydrique
dans de grandes bonbonnes en
grès où il se dissout dans l'eau.
Les bonbonnes sont disposées
les unes à la suite des autres,
comme l'indique la figure 68,
de manière à permettre une
condensation complète du gaz
et une grande facilité de recueillir le liquide saturé
d'acide.

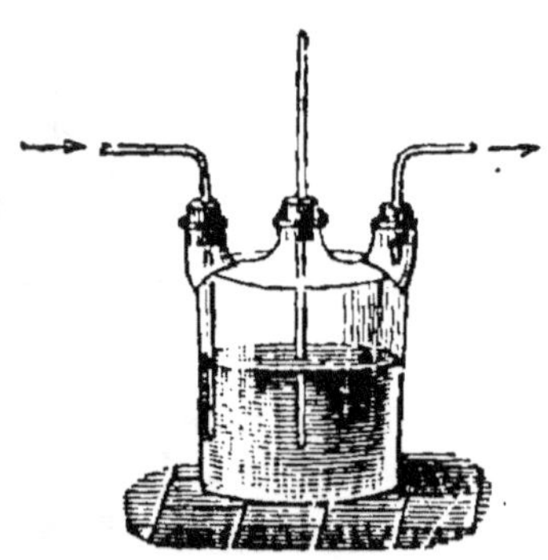

Fig. 67. — Flacon à trois tubulures pour la dissolution
d'un gaz dans l'eau.

La réaction est complète ; mais elle a lieu en deux
phases successives dans les deux compartiments du
four. Le bisulfate formé dans le premier compartiment
se transforme en sulfate dans le second, et la réaction
totale peut se figurer ainsi :

$$(NaCl)^2 + SO^4H^2 = SO^4Na^2 + 2\,(HCl).$$

L'acide du commerce est coloré en jaune par un peu
de chlorure de fer formé dans le four en fonte et qui
s'est dissous dans l'eau avec le gaz.

83. Historique.

83. Historique. — L'acide chlorhydrique était
connu des anciens alchimistes, qui l'appelaient **esprit-
de-sel ;** plus tard, on l'appela acide **muriatique** (on
lui donne encore parfois ces deux noms). Berthollet,
qui découvrit les propriétés du chlore, croyait que ce

gaz était de l'acide muriatique oxygéné. C'est **Davy**
qui a établi que le chlore est un corps simple et l'acide
chlorhydrique son composé hydrogéné.

Résumé. — L'acide chlorhydrique, appelé encore *esprit-de-sel*
ou acide muriatique, se présente en gaz ou en liquide formé par
la dissolution du gaz dans l'eau. Le gaz est plus lourd que l'air ;
il pèse 18,25 fois plus que l'hydrogène. Il est très soluble dans
l'eau, qui en prend près de 500 fois son volume ; cette dissolu-

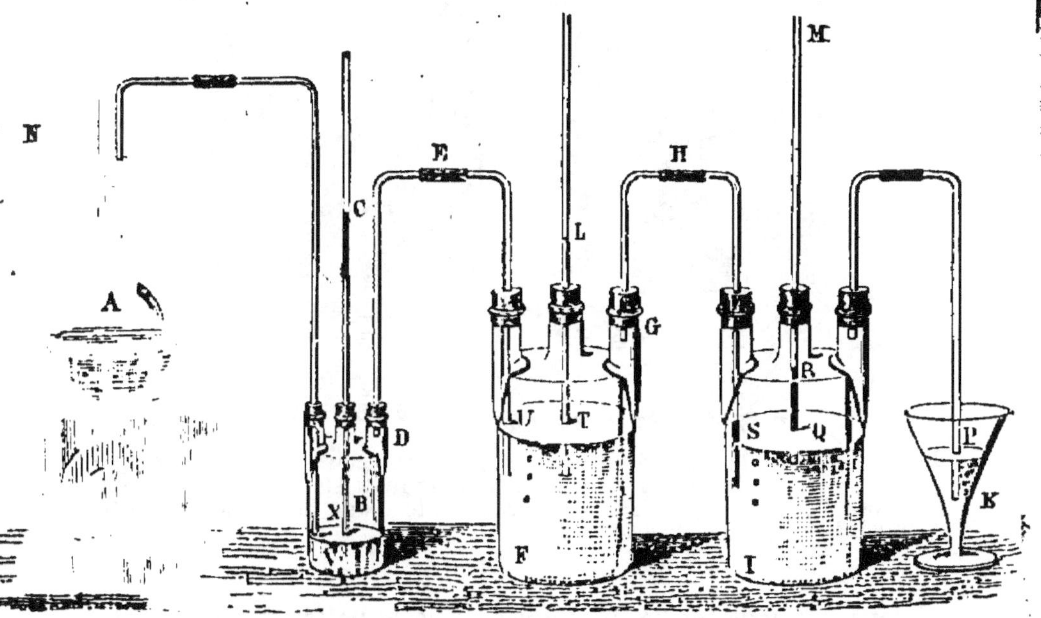

Fig. 68. — Appareil pour préparer la dissolution du gaz chlorhydrique
dans l'eau. — A, ballon ; — NO, tube de sûreté ; — CB, tube de sûreté
du flacon laveur ; — DE, tube à dégagement ; — LT, tube de sûreté du
2ᵉ flacon ; — GH, tube à dégagement ; — RM, tube de sûreté du
3ᵉ flacon ; — PK, dernier tube à dégagement.

tion dégage de la chaleur ; c'est une combinaison de l'acide avec
l'eau.

L'acide chlorhydrique liquide attaque les métaux et donne les
chlorures en dégageant de l'hydrogène ; c'est la réaction qu'on
utilise pour produire l'hydrogène dans l'appareil continu de
Deville. Cette formation des chlorures a lieu avec presque tous
les métaux, parce que le chlorure métallique dissous produit
plus de chaleur par sa formation et sa dissolution que n'en a
produit l'acide chlorhydrique.

L'acide chlorhydrique est de même décomposé par les oxydes
métalliques ; il y a formation d'un chlorure métallique et d'eau
avec dégagement de chaleur. On fait l'expérience sur l'oxyde noir
de cuivre, qui se transforme en chlorure vert. On la fait aussi
sur l'ammoniaque, qui fonctionne comme un oxyde ; et les deux
corps se combinent aussitôt que les vapeurs se rencontrent. On

Fig. 69. — Bonbonnes à demi pleines d'eau pour recueillir le gaz
chlorhydrique produit dans les appareils industriels. — Le gaz marche
suivant les flèches supérieures. L'eau coule d'une bonbonne à l'autre
suivant les flèches inférieures.

a, dans le nuage formé, un moyen de reconnaître l'un par l'autre
l'ammoniaque et l'acide chlorhydrique.

Les **chlorures** ressemblent à l'acide chlorhydrique, où l'hydrogène est remplacé par un métal ; ce sont des **sels** ; il en est de
même des autres sels qui procèdent tous d'un acide hydrogéné.

Le sel soluble d'argent sert à caractériser l'acide chlorhydrique
et les chlorures dissous, parce qu'il donne avec eux un précipité
de chlorure d'argent insoluble.

On prépare l'acide chlorhydrique en attaquant le sel marin ou
chlorure de sodium par l'acide sulfurique. Dans les laboratoires,
on recueille le gaz sur le mercure, si on veut l'avoir dans cet
état ; on le fait dissoudre dans des flacons de Woolf si on veut
l'avoir en dissolution. Dans l'industrie, on provoque la même
réaction, mais c'est en vue d'obtenir le sulfate de soude ou de
sodium. On chauffe dans de grands fours le mélange de sel et
d'acide sulfurique, en deux temps, pour dégager tout l'acide. Le

gaz est envoyé dans des bonbonnes à demi pleines d'eau, où il se dissout peu à peu au contact du liquide. L'acide du commerce est souvent coloré en jaune par un peu de chlorure de fer.

CHAPITRE IX

ÉLECTROLYSE DU CHLORURE DE SODIUM.
SODIUM, SOUDE CAUSTIQUE

84. Électrolyse du chlorure de sodium. — L'électrolyse est la décomposition par le passage du courant électrique d'un sel fondu ou dissous.

Dans le cas du sel marin fondu, le métal sodium se porte à la cathode, c'est-à-dire au pôle négatif, tandis que le chlore se dégage le long de l'anode ou pôle positif :

$$- \text{ cathode Na} \quad \longleftarrow \quad \longrightarrow \quad \text{Cl anode } +$$

Dans le cas d'une dissolution, le sel est décomposé par le courant de la même façon : le chlore se dégage à l'anode et peut y être recueilli ; mais le sodium, trouvant de l'eau à la cathode, y est transformé en *soude caustique* par la réaction :

$$\underset{\text{Soude}}{Na + H^2O = NaHO + H.}$$

Théoriquement, rien ne paraît donc plus simple que cette décomposition du sel marin par le courant : dans les deux cas, on recueille du chlore ; dans le premier on prépare le métal *sodium*, et dans le second la *soude caustique*. Mais, dans la pratique, on a rencontré plus d'une difficulté pour séparer l'un de l'autre les produits de l'électrolyse et les obtenir intégralement.

Tout d'abord, il faut remarquer que le chlore a une action destructive sur les anodes. En second lieu, le métal sodium est très oxydable à l'air, et il faut le soustraire au contact de ce gaz si l'on veut l'obtenir à l'état pur.

Et enfin, quand on veut obtenir de la soude, il faut réaliser la séparation du compartiment négatif d'avec le compartiment positif, pour éviter la production des hypochlorites par la rencontre du chlore avec la soude que le courant a séparés.

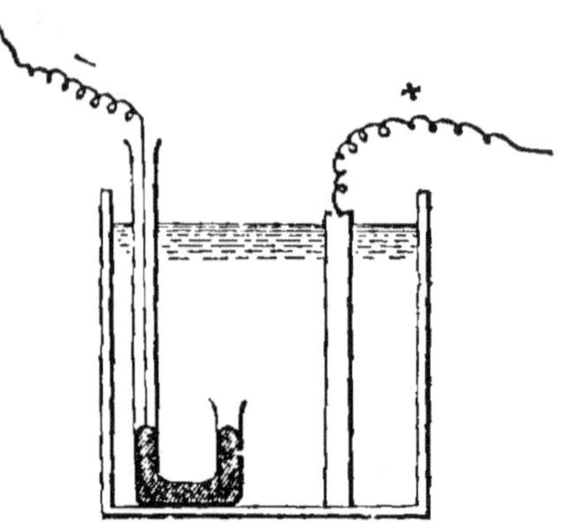

Fig. 70. — Électrolyse du sel marin dissous avec cathode de mercure.

L'électrolyse du sel marin peut donc donner, suivant le dispositif adopté, du sodium ou de la soude et du chlore ou encore des hypochlorites ou des chlorates.

On a proposé d'amalgamer le sodium en prenant le mercure pour cathode. L'appareil des laboratoires représenté par la figure 70 est simple. Le chlore se dégage le long de l'anode en charbon. Le sodium s'amalgame avec le mercure à mesure que le courant le met en liberté. Mais les appareils industriels sont beaucoup plus complexes, car il faut pouvoir enlever l'amalgame avant qu'il ne soit devenu solide. La distillation de l'amalgame obtenu donne le sodium et permet de régénérer le mercure.

85. Sodium. — L'électrolyse du sel marin fondu donne directement le métal. On la réalise dans un creuset chauffé où plongent des anodes de charbon en rapport avec le pôle positif de la source électrique. Une cloche de porcelaine sépare les deux compartiments ; elle contient une cathode de fer. Le métal alcalin, plus léger que le liquide du bain, se rassemble à la partie supérieure de la cloche et se rend par un tube dans un récipient voisin, où il tombe dans du pétrole, sans avoir pu subir aucune action oxydante. Le chlore se dégage

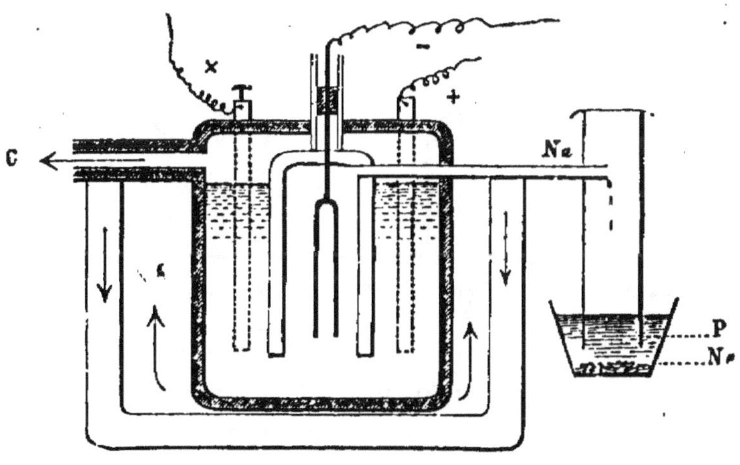

Fig. 71. — Préparation du sodium par l'électrolyse du sel marin fondu.
Le gaz chlore se dégage par le tube C.

par un tube attenant à la partie supérieure du creuset. La figure 71 est un schéma destiné à donner une idée du dispositif.

86. Soude caustique. — La soude caustique s'obtient par l'électrolyse du chlorure de sodium en dissolution ; le métal sodium, mis en liberté par le courant, réagit sur l'eau, à mesure de sa production, et le compartiment négatif s'enrichit en soude.

La figure 72 est le schéma d'un des appareils employés. Un récipient en tôle émaillée contient la dissolution de sel marin à décomposer ; les cathodes sont en fer, les anodes en charbon. Celles-ci sont dans des tubes

poreux qui forment comme autant de récipients recevant le chlore dégagé et le conduisant à un tube éva-
cuateur.

La soude est obtenue à un prix moindre que par les

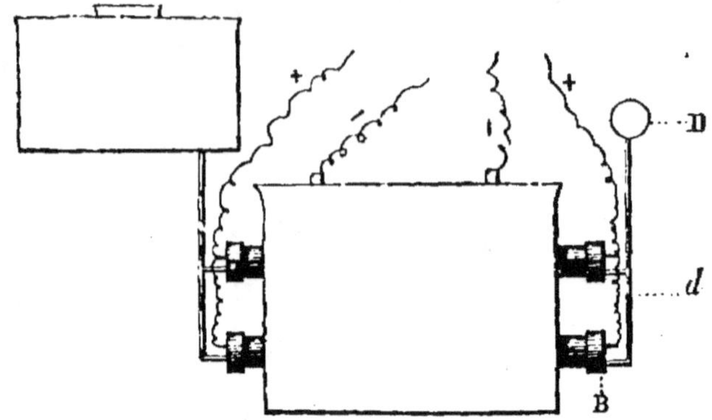

FIG. 72. — Appareil à préparer la soude par électrolyse du sel marin.

anciens procédés chimiques, et cette industrie de l'électrolyse prend de jour en jour plus de développement.

CHAPITRE X

LOIS DES COMBINAISONS

87. Caractères de la combinaison chimique. —
Nous avons défini la combinaison chimique : l'union
intime de deux ou plusieurs corps qui en donnent un
nouveau différent par ses propriétés de ceux qui l'ont
produit ; et cette formation d'un corps est accom-

pagnée d'un dégagement de chaleur et elle se fait entre des poids déterminés. Rappelons la combinaison du soufre et du cuivre, l'un jaune, l'autre rouge, donnant le sulfure de cuivre noir, avec incandescence du métal dans le soufre fondu ; rappelons aussi la combinaison du carbone avec l'oxygène de l'air ou le gaz oxygène pur engendrant un gaz invisible, l'anhydride carbonique ; aussi la combustion de l'hydrogène avec l'oxygène, deux gaz, engendrant l'eau, et produisant beaucoup de chaleur.

Toute combinaison est donc caractérisée par :

Un changement de propriétés des corps réagissants ;

Une relation numérique entre leurs poids ;

Un phénomène calorifique plus ou moins sensible.

Il importe de préciser les deux derniers de ces caractères.

88. Loi des poids ou de Lavoisier. — *Le poids d'un composé est égal à la somme des poids de ses composants.*

Quand on combine :

$$2 \text{ litres d'hydrogène dont le } poids \text{ est } 0^{gr},179$$
$$\text{avec } 1 \text{ litre d'oxygène dont le } poids \text{ est } 1^{gr},437,$$

on obtient exactement :

$$\text{un } poids \text{ d'eau de } 0,179 + 1,437 = 1^{gr},616.$$

C'est en pesant les corps qui entrent en réaction et le composé formé que Lavoisier a été conduit à formuler cette loi fondamentale : *rien ne se perd et rien ne se crée, tout se transforme.* Nous n'observons que des changements de propriétés ; il n'y a ni destruction, ni création de matière. Lorsque du charbon brûle dans l'oxygène, il semble disparaître ; mais, si l'on pesait le gaz carbonique produit, on y retrouverait intégralement le poids du carbone et le poids de l'oxygène.

89. Loi des proportions définies ou de Proust.
— *Pour former un même composé, deux corps s'unissent toujours dans des proportions invariables.*

Pour former l'eau, *un* gramme d'hydrogène s'unit toujours à *huit* grammes d'oxygène. Quel que soit le poids de l'hydrogène que l'on brûle, il prend toujours un poids d'oxygène huit fois plus grand que le sien.

Quand le mercure chauffé se combine à l'oxygène, on trouve toujours que les deux corps se sont combinés dans la proportion de 200 grammes de mercure avec 16 grammes d'oxygène pour donner la poudre rouge d'oxyde de mercure.

90. Loi des proportions multiples ou de Dalton.
— *Quand deux corps peuvent former plusieurs composés, les poids de l'un d'eux qui s'unissent à un même poids de l'autre sont entre eux dans des rapports simples.*

Ainsi le charbon, en brûlant, donne deux composés, l'oxyde de carbone et l'anhydride carbonique ; pour un même poids de carbone, 12 grammes, il y a des poids différents d'oxygène, 16 grammes pour le premier composé et 32 grammes pour le second. On peut donc dire que les proportions d'oxygène qui se combinent avec un même poids de carbone sont multiples l'une de l'autre.

Que l'on chauffe du plomb à l'air, il se combine à l'oxygène et peut donner deux corps différents d'aspect et de composition : l'un, le massicot en poudre jaune ; l'autre, le minium en poudre rouge. Pour un même poids de plomb, 618 grammes, il y a des poids d'oxygène qui sont de 48 grammes pour le premier et de 64 grammes pour le second ; les deux poids d'oxygène qui se combinent avec un même poids de plomb sont entre eux dans le rapport simple de 3 à 4.

Les composés de l'azote avec l'oxygène présentent un des plus remarquables exemples des proportions multiples :

28 grammes d'azote s'unissent à 16 grammes d'oxygène
—	—	à 2×16	—
—	—	à 3×16	—
—	—	à 4×16	—
—	—	à 5×16	—
—	—	à 6×16	—

Donc, pour un même poids d'azote, les poids d'oxygène donnant les divers composés sont des multiples simples de l'un d'entre eux.

91. Nombres proportionnels. — Un corps composé bien défini renferme toujours les mêmes composants, unis dans les mêmes proportions pondérables. L'eau est toujours formée de 8 grammes d'oxygène pour 1 d'hydrogène ; l'oxyde de carbone, de 12 grammes de carbone pour 16 grammes d'oxygène ; l'anhydride carbonique, de 12 grammes de carbone pour 32 grammes d'oxygène.

Supposons que l'on nous donne les analyses en poids des divers composés, nous pourrons dresser une table avec les proportions suivant lesquelles les divers corps simples s'unissent à un même poids de l'un d'entre eux, par exemple à 100 parties d'oxygène. Dans une pareille table, chaque élément devra être représenté autant de fois qu'il forme de combinaisons avec l'oxygène. Ainsi le carbone devrait y entrer deux fois, l'azote y entrerait six fois. Mais, si l'on tient compte de la loi des proportions multiples, il suffira d'inscrire un seul nombre pour l'azote, le plus petit, en notant que les autres sont des multiples de celui-là par 2, 3, 4, 5, 6.

Ainsi, pour nous en tenir aux corps simples dont nous avons parlé, nous pourrons écrire :
100 parties d'oxygène s'unissent à :

12,50   d'hydrogène
75   de carbone
175   d'azote
1250   de mercure
1300   de plomb

ou à un multiple de ces nombres.

Recommençons le même travail en rapportant les divers éléments à un autre corps simple, au carbone par exemple : seulement, au lieu d'inscrire les poids des différents corps simples qui se combinent à 100 de carbone, comme nous les avons rapportés à 100 d'oxygène, inscrivons les poids des corps simples qui se combinent à 75 de carbone, c'est-à-dire au poids de carbone qui peut s'unir à 100 d'oxygène. Le second tableau contiendra, pour chaque élément, le même nombre que le premier tableau, ou bien un multiple simple de ce dernier nombre.

Si nous dressons une troisième, une quatrième liste, par rapport à tout autre élément que l'oxygène ou le carbone, il en sera encore de même.

Nous pouvons donc formuler la loi suivante :

Les quantités pondérales suivant lesquelles les corps s'unissent à un même poids d'une même substance représentent aussi les rapports suivant lesquels ces corps s'unissent entre eux ou sont des multiples simples de ces rapports.

Admettons, pour un instant, que deux corps simples quelconques ne puissent s'unir l'un à l'autre qu'en une seule proportion; la loi précédente nous permettra de dresser, sans aucune hésitation, un tableau où chaque élément sera accompagné d'un nombre caractéristique indiquant la proportion suivant laquelle cet élément s'unit aux divers poids des autres éléments. C'est à ces nombres que l'on donne les noms d'*équivalents chimiques* ou de *nombres proportionnels*. Le mot équivalent a longtemps prévalu dans l'usage. Il convient bien quand il s'applique à des éléments qui ont des fonctions chimiques analogues, qui peuvent réellement se remplacer dans les combinaisons. Il n'est plus aussi exact quand il s'applique à des corps qui ont des fonctions chimiques opposées et dont le remplacement de l'un par l'autre semble impossible à première vue. Mais on évite toute difficulté d'interprétation si l'on convient de ne voir dans les nombres équivalents que les proportions suivant lesquelles les corps peuvent s'unir. On appelle donc *nombres proportionnels* en chimie les rapports suivant lesquels les corps se combinent.

Berzélius avait choisi l'oxygène comme terme de comparaison, tant à cause de la facilité avec laquelle il s'unit aux autres corps simples qu'en raison de l'importance attribuée depuis Lavoisier à cet élément. Les premières tables ont été dressées par rapport à 100 d'oxygène; l'hydrogène s'y trouvait représenté par le nombre 12,50.

Depuis lors, c'est l'hydrogène, représenté par 1, qui sert de point de départ, et les nouvelles tables diffèrent de celles de Berzélius en ce que tous les nombres de celles-ci y ont été divisés par 12,50.

92. Loi des combinaisons en volumes de gaz ou loi de Gay-Lussac. — Les rapports des poids suivant lesquels les corps se combinent ne sont pas tous simples; ainsi 1 gramme d'hydrogène, qui prend 8 grammes d'oxygène, se combine avec 35,5 de chlore. Si on compare les volumes gazeux des corps qui se combinent au lieu de comparer leur poids, on trouve, au contraire, toujours des rapports très simples. Ainsi, dans l'eau, c'est 1 volume d'oxygène avec 2 volumes d'hydrogène; et, dans la combinaison du gaz chlore avec le gaz hydrogène, c'est 1 volume de l'un pour 1 volume de l'autre. Gay-Lussac a, le premier, étudié ces faits, et il a formulé la *loi des combinaisons gazeuses*, une des plus belles lois de la chimie, que l'on désigne toujours sous le nom de Gay-Lussac. En voici l'énoncé :

Lorsque deux gaz se combinent, les volumes des composants sont entre eux dans un rapport simple;

Le volume du composé formé, mesuré à l'état gazeux, est dans un rapport simple avec les volumes des composants.

L'exemple le plus frappant est celui de la combinaison du gaz chloré avec l'hydrogène qui donne le gaz chlorhydrique :

Un volume de chlore et 1 volume d'hydrogène donnent 2 volumes de gaz chlorhydrique.

Le second exemple est celui de l'eau :

Un volume d'oxygène et 2 volumes d'hydrogène donnent 2 volumes de vapeur d'eau.

Un troisième exemple nous est fourni par le gaz ammoniac :

Un volume d'azote et 3 volumes d'hydrogène donnent 2 volumes de gaz ammoniac.

Ces trois exemples justifient les deux parties de la loi : les rapports entre les composants sont 1 à 1, 1 à 2 et 1 à 3.

Et les rapports du composé formé avec les composants sont de 1 à 2, de 2 à 2, de 2 à 3.

Une première conséquence à tirer de cette loi si remarquable, c'est que, *si deux gaz se combinent à volumes égaux, le composé a pour volume la somme des volumes des composants. Et que, si les volumes qui se combinent sont inégaux, il y a une condensation,* le volume formé est plus petit que la somme des volumes de ses composants.

Nous aurons souvent occasion d'appliquer cette loi, et les rapports de volumes gazeux que nous rencontrerons le plus souvent seront ceux des trois exemples qui précèdent et que l'on peut mettre sous la forme simple suivante :

$$1 \text{ volume} + 1 \text{ volume} = 2 \text{ volumes.}$$
$$1 \text{ volume} + 2 \text{ volumes} = 2 \text{ volumes.}$$
$$1 \text{ volume} + 3 \text{ volumes} = 2 \text{ volumes.}$$

93. Relations entre les volumes et les poids des gaz. — On peut concevoir que l'on ait déterminé exactement par l'expérience les poids d'un même volume de tous les gaz simples ou composés.

Quand on les rapporte à l'air, on donne pour chacun la *densité*, c'est-à-dire le nombre qui exprime le rapport du poids du gaz au poids du même volume d'air.

En chimie, il est beaucoup plus simple de rapporter les gaz à l'hydrogène ; *la densité par rapport à l'hydrogène* est alors le nombre qui exprime combien le gaz pèse plus que l'hydrogène sous le même volume.

On a ainsi pour les gaz simples, *hydrogène, chlore, oxygène, azote,* et pour les composés gazeux, *gaz chlorhydrique, eau* et *gaz ammoniac,* le double tableau suivant :

Gaz	DENSITÉ PAR RAPPORT	
	à l'air	à l'hydrogène
Hydrogène	0,0692	1
Chlore	2,44	35,5
Oxygène..............	1,1056	16
Azote	0,968	14
Gaz chlorhydrique....	1,263	18,25
— ammoniac........	0,588	8,5
— eau.............	0,622	9

Le poids du litre d'un gaz donné se calcule aussi aisément avec l'une ou l'autre densité. Ainsi, pour l'azote :

$$\text{Le poids du litre est...} \quad 0,968 \times 1,293$$
$$\text{Ou bien............} \quad 14 \times 0,0895 ;$$

il suffit de connaître le poids du litre d'air, 1,293, ou le poids du litre d'hydrogène, 0,0895.

Mais les densités rapportées à l'hydrogène sont pour les gaz simples des *nombres proportionnels*.

En effet :

Un litre de chlore se combine à 1 litre d'hydrogène ; le rapport des deux poids est :

$$\frac{35,5 \times 0,0895}{1 \times 0,0895} \qquad \text{ou} \qquad \frac{35,5}{1}.$$

Un litre d'oxygène se combine à 2 litres d'hydrogène pour donner l'eau ; le rapport des deux poids est :

$$\frac{16 \times 0,0895}{2 \times 0,0895} = \frac{16}{2} = \frac{8}{1} ;$$

c'est bien la proportion en poids trouvée pour l'eau.

Les densités des gaz composés rapportées à l'hydrogène sont la moitié de leurs poids moléculaires. Ainsi le poids moléculaire de l'eau est la somme du poids de ses composants, soit :

$$1 \text{ litre d'oxygène} + 2 \text{ litres d'hydrogène,}$$

ou

$$16 \times 0,0895 + 2 \times 0,0895,$$

ou

$$(16 + 2) \times 0,0895,$$

c'est-à-dire 18 fois le poids d'un égal volume d'hydrogène ; or la vapeur d'eau pèse à volume égal 9 fois ce que pèse l'hydrogène ; le poids moléculaire du composé est donc bien le double de sa densité.

94. Phénomènes calorifiques. — La plupart des combinaisons dégagent de la chaleur, souvent en si grande quantité que les corps s'échauffent jusqu'à devenir incandescents. Ce dégagement de chaleur est un des caractères essentiels des phénomènes chimiques, au même titre que les changements de propriétés ou que les lois des poids et des volumes. Il faut donc l'étudier aussi bien que ceux-ci.

L'élévation de température d'un corps qui s'échauffe s'estime avec le thermomètre. Mais la quantité de chaleur qu'il possède ou qu'il dégage se mesure par des méthodes que l'on étudie en physique sous le nom de *méthodes calorimétriques*. L'unité est la *calorie*, c'est-à-dire la quantité de chaleur nécessaire pour élever de 1 degré 1 kilogramme d'eau; on l'appelle *calorie Kg-degré* ou encore *grande calorie*, car on emploie aussi sous le nom de *petite calorie* une unité mille fois plus petite, la quantité de chaleur qui élève 1 gramme d'eau de 1 degré.

Le dégagement des quantités de chaleur dans les phénomènes chimiques a été étudié de notre temps avec grand soin par plusieurs savants et notamment par M. Berthelot. C'est une science nouvelle qui a reçu le nom de *thermochimie* et même celui de *mécanique chimique*, parce qu'on y exprime les différents travaux que l'énergie chimique peut accomplir et dont la chaleur est une des manifestations.

On a donc déterminé la chaleur dégagée dans un grand nombre de phénomènes; mais, comme cette quantité varie avec les changements d'état physique, de pression, de milieu, il faut définir toutes les conditions pour chacun des corps mis en expérience. Ainsi, quand on fait la synthèse de l'eau par la combinaison de l'hydrogène et de l'oxygène, la quantité de chaleur dégagée diffère suivant que l'eau formée reste en gaz ou bien devient liquide, ou bien encore si on fait solidifier l'eau produite. En indiquant cette chaleur, et pour qu'elle caractérise bien le phénomène, il faut donc indiquer l'état des corps réagissants et celui du corps produit.

A toute réaction qui dégage de la chaleur correspond une réaction inverse qui en absorbe une quantité rigoureusement égale : ainsi l'hydrogène et l'oxygène s'unissent sous certaines influences pour donner de l'eau en dégageant un certain nombre n de calories; on conçoit que, sous d'autres influences, l'eau sera décomposée en ses éléments gazeux, et cette dernière réaction absorbera une quantité de chaleur de n calories précisément égale à la première.

Résumé. — La combinaison est un phénomène chimique qui donne lieu à un corps nouveau, différent de ses composants ; elle dégage d'ordinaire de la chaleur et elle ne peut se faire qu'entre des proportions déterminées des corps réagissants.

La première loi suivant laquelle se font les combinaisons, c'est la *loi des poids*, appelée encore *loi de Lavoisier :* le poids d'un composé est toujours égal à la somme des poids des éléments qui y entrent. Cette loi est très générale. Lavoisier l'a formulée en disant : *rien ne se perd, rien ne se crée, tout se transforme.*

La deuxième loi est dite *loi des proportions définies* ou *de Proust : deux ou plusieurs corps, pour former un même composé, se combinent toujours dans les mêmes proportions.* Quelle que soit la quantité d'oxygène que l'on mette en présence d'un poids donné d'hydrogène, les deux corps se combineront toujours dans la proportion de 8 du premier pour 1 du second.

La troisième loi est dite *loi des proportions multiples* ou *de Dalton.* Un même corps peut donner avec un autre plusieurs combinaisons différentes, et *les poids de l'un qui se combinent à un même poids de l'autre sont entre eux dans des rapports simples ou, autrement dit, ces poids sont multiples simples de l'un d'entre eux.* L'un des exemples les plus complets est celui de l'azote et de l'oxygène, qui offre six combinaisons : un même poids d'azote (28 grammes) se combine avec 1 fois, 2, 3, 4, 5 et 6 fois 16 grammes d'oxygène : ou bien les poids d'oxygène qui se combinent avec un même poids d'azote sont entre eux comme 1, 2, 3, 4, 5 et 6.

Si l'on dresse la liste des poids suivant lesquels les corps se combinent avec l'un d'entre eux, comme l'oxygène, par exemple, puis la liste des poids indiquant les combinaisons avec un autre corps, comme le chlore, on remarque qu'il y a les mêmes rapports entre les nombres de la première liste et les nombres correspondants de la seconde. On peut donc n'en faire qu'une seule et dire que les nombres exprimant les proportions suivant lesquelles les corps se combinent avec l'un d'eux expriment aussi les rapports suivant lesquels les corps peuvent se combiner l'un avec l'autre. Ces rapports de poids, suivant lesquels ont lieu les combinaisons, ont reçu le nom de *nombres proportionnels*, et même le nom moins général d'*équivalents*.

À ces lois des poids vient s'ajouter la *loi des combinaisons gazeuses en volumes*, appelée aussi *loi de Gay-Lussac*, et dont voici l'énoncé : *les volumes de deux gaz qui se combinent sont entre eux dans un rapport simple et le volume du composé est dans un rapport simple avec les volumes des composants*. Cette loi est fort importante et elle donne le moyen simple de formuler les combinaisons des gaz. 1 volume d'hydrogène avec 1 volume de chlore donnent 2 volumes de gaz chlorhydrique. 2 volumes d'hydrogène avec 1 volume d'oxygène donnent 2 volumes d'eau en gaz. 3 volumes d'hydrogène avec 1 volume d'azote donnent 2 volumes de gaz ammoniac. Tels sont les exemples les plus saillants des combinaisons gazeuses et auxquels se rapportent presque tous les autres.

Deux volumes égaux de gaz sont proportionnels aux densités rapportées à l'air ou rapportées à l'hydrogène ; les densités des gaz forment donc un système de nombres proportionnels et peuvent représenter les poids suivant lesquels les gaz se combinent les uns aux autres.

Le dégagement ou l'absorption de chaleur, autrement dit les *phénomènes thermiques* qui accompagnent les combinaisons, sont fort importants à étudier, parce qu'on y considère la chaleur comme représentant un travail effectué entre les molécules des corps. On a donné à cette partie de la chimie le nom de *mécanique chimique* ou encore celui de *thermochimie*. Elle a été développée, en France, par les beaux travaux de M. Berthelot.

CHAPITRE XI

SYMBOLES ET NOTATIONS

95. Symboles. — On représente d'ordinaire les corps par des symboles qui abrègent l'écriture et facilitent l'énoncé des réactions et les calculs auxquels elles donnent lieu.

Pour les corps simples, le symbole, abréviation du nom du corps, est formé le plus souvent de la première lettre du nom, ou des deux premières (une seule restant majuscule) lorsque plusieurs noms de corps simples commencent par la même lettre. C'est ainsi que l'*hydrogène* est représenté par H, l'*oxygène* par O, l'*azote* par Az, le *carbone* par C, le *cuivre* par Cu, l'*argent* par Ag, et ainsi des autres.

Mais le symbole n'indique pas seulement la présence du corps, mais celle d'*un poids déterminé* de ce corps.

Et ces poids figurés sous les symboles sont les *poids proportionnels* suivant lesquels les combinaisons s'effectuent : le symbole H ne représente donc pas seulement l'hydrogène, mais un poids donné d'hydrogène ; le symbole O, un poids donné d'oxygène proportionnel au premier.

Comme, d'après la première loi des combinaisons, le poids d'un composé est égal à la somme des poids de ses composants, il en résulte qu'on représente symboliquement les corps composés en écrivant les uns à la suite des autres les symboles des corps simples qui les forment. Ainsi le gaz chlorhydrique, formé de chlore Cl et d'hydrogène H, s'écrit HCl, et le gaz oxyde de carbone, formé de carbone C et d'oxygène O, a pour symbole CO.

96. Choix des poids proportionnels. — Comme les poids proportionnels suivant lesquels les corps se combinent ne sont que des rapports, ils dépendent du choix que l'on a fait de celui d'entre eux qui doit être le point de départ ; ils dépendent aussi et surtout des lois des combinaisons que l'on a invoquées pour les établir. Ainsi Berzélius avait proposé de rapporter les poids proportionnels à 100 d'oxygène ; le symbole O valait 100, le symbole H valait 12,50, le symbole C valait 75.

Dumas proposa ensuite de prendre pour terme de comparaison l'hydrogène valant 1, et pour base la composition de l'eau en poids ; alors H valait 1 gramme, O valait 8 grammes et C valait 6 grammes. Le symbole de l'eau s'écrivait OH (1 gramme d'hydrogène uni à

8 grammes d'oxygène et formant ensemble 9 grammes d'eau).

Avec les progrès des connaissances chimiques, on est arrivé à donner à la loi de Gay-Lussac sur les combinaisons gazeuses l'importance que lui valent sa simplicité et sa généralité. Pour fixer la valeur d'un symbole, au lieu de se préoccuper seulement de satisfaire à la loi des poids, on veut que les symboles des gaz simples représentent non seulement un poids déterminé de l'élément, mais aussi un volume de cet élément mesuré à l'état gazeux ; les nombres exprimés sous les symboles doivent donc satisfaire aux relations qui lient le poids et le volume dans les gaz.

Que l'on prenne un égal volume des gaz *hydrogène*, *oxygène*, *azote*, *chlore*, on trouve que leurs poids sont entre eux comme ;

$$1 \qquad 16 \qquad 14 \qquad 35,5.$$

Ces poids proportionnels sont appelés *les poids atomiques* de ces éléments ; ce sont les poids d'un égal volume des gaz simples. On les rapporte à 1 *gramme d'hydrogène occupant le volume* 1.

En réalité, 1 gramme d'hydrogène mesuré à 0° et sous la pression 760 millimètres occuperait $11^{lit},14$; mais 16 grammes d'oxygène, 14 grammes d'azote et 35,5 de chlore occuperaient, eux aussi, ce même volume de $11^{lit},14$. Si donc on convient de prendre 1 pour le volume représenté par 1 gramme d'hydrogène, ce même volume 1 représentera aussi celui de 16 grammes d'oxygène, 14 grammes d'azote et 35,5 de chlore.

Ces nombres sont précisément les densités de ces gaz rapportées à l'hydrogène. Si donc tous les corps simples étaient gazeux, on déterminerait leur poids atomique en cherchant la densité par rapport à l'hydrogène. Mais beaucoup sont solides et il faut recourir à d'autres considérations.

97. Molécules. — Poids et volume moléculaires. — On appelle *molécule* la plus petite quantité d'un corps composé qui puisse exister, et on étend même ce nom aux corps simples pour désigner la plus petite quantité du corps qui existe à l'état libre.

Comme des volumes égaux de gaz ou de vapeurs se conduisent identiquement l'un comme l'autre sous les actions physiques, qu'ils subissent la même dilatation par la chaleur et les mêmes effets sous une variation de la pression, on admet que des *volumes égaux des deux gaz renferment le même nombre de molécules* et qu'ils ne diffèrent que par le poids de la molécule, autrement dit par le *poids moléculaire*.

C'est donc le poids moléculaire des composés gazeux qui va servir de point de départ pour la fixation de la valeur numérique des symboles.

Parmi les composés gazeux, un des exemples les plus faciles à réaliser expérimentalement est celui de la combinaison du chlore avec l'hydrogène.

Un litre d'hydrogène et 1 litre de chlore donnent 2 litres de gaz chlorhydrique, ou 1 gramme d'hydrogène et 35,5 de chlore donnent $36^{gr},5$ de gaz chlorhydrique.

La molécule du gaz chlorhydrique est donc formée d'un atome de chlore et d'un atome d'hydrogène, et elle occupe 2 volumes quand l'atome d'hydrogène en occupe 1. Son poids moléculaire est de 36,5 et sa densité par rapport à l'hydrogène est 18,25.

La densité du composé rapportée à l'hydrogène est donc la moitié de son poids moléculaire.

L'exemple de la vapeur d'eau est tout aussi caractéristique :

Un litre d'oxygène et 2 litres d'hydrogène donnent 2 litres de vapeur d'eau ; ou, en général, 1 volume d'oxygène avec 2 volumes d'hydrogène donnent 2 volumes d'eau en gaz.

Or, si l'on représente 1 volume d'hydrogène par 1 gramme, le volume d'oxygène l'est par 16 grammes, et la molécule d'eau sous 2 volumes a pour poids moléculaire :

$$16 + 2 \text{ ou } 18 \text{ grammes.}$$

Sa densité, rapportée à l'hydrogène, est donc encore la moitié de son poids moléculaire.

Il en est de même des autres composés gazeux : le volume de la molécule est 2 ; le poids moléculaire est le double de la densité rapportée à l'hydrogène. Ainsi le gaz ammoniac est formé par 1 volume d'azote uni à 3 volumes d'hydrogène et condensés en 2 volumes.

Le poids moléculaire est formé de :

$$\left. \begin{array}{ll} \text{Azote.......} & \text{14 gr.} \\ \text{Hydrogène..} & \text{3} \end{array} \right\} \text{ ou 17 grammes.}$$

Sa densité, rapportée à l'hydrogène, est $\frac{17}{2}$ ou 8,5.

En admettant que la molécule de tout gaz composé occupe 2 volumes, on a un moyen de trouver le poids moléculaire de tous les composés gazeux, et, si l'on connaît, par l'analyse et la synthèse, la manière dont est formé le corps, on en déduit le poids atomique de ses éléments, alors même que l'un de ceux-ci ne pourrait pas être obtenu à l'état de gaz.

Le poids moléculaire est le double de la densité rapportée à l'hydrogène, tel est le principe général que l'on applique. On cherche donc la densité du gaz composé pour en déduire le poids moléculaire. Ainsi le carbone donne avec l'oxygène deux composés :

L'oxyde de carbone, dont la densité est   14 ;
L'anhydride carbonique..............   22.
Le poids moléculaire du premier est donc   28 ;
Et celui du second....................   44.

Or, si l'on brûle du charbon dans 2 litres d'oxygène, on obtient exactement 2 litres d'anhydride carbonique;

la molécule de ce gaz sous 2 volumes, avec 44 pour poids moléculaire, contient donc 2 volumes d'oxygène pesant 2×16 ou 32 ; il reste pour le poids du carbone $44 - 32$ ou 12 ; on dit que le poids atomique du carbone est 12.

98. Base des symboles chimiques. — La base adoptée pour les symboles chimiques est d'écrire pour un corps composé les symboles des corps simples qui y entrent et de manière que la formule du composé représente sa molécule sous un volume égal à 2.

Le symbole de chaque corps simple gazeux représente l'élément sous un volume ; il a pour valeur numérique la densité de l'élément par rapport à l'hydrogène ; on l'appelle le *poids atomique* de l'élément.

On prend comme point de départ

1 gramme d'hydrogène occupant le volume 1.

C'est ainsi que les symboles :

$$H \qquad O \qquad Cl \qquad Az$$

représentent non seulement l'hydrogène, l'oxygène, le chlore et l'azote, mais 1 volume de chacun de ces corps pesant :

$$1 \text{ gr.} \qquad 16 \text{ gr.} \qquad 35,5 \text{ gr.} \qquad 14 \text{ gr.}$$

Lorsque le corps simple entre dans le composé, non plus sous 1 volume, mais sous 2 ou 3 ou 4 volumes, on le représente par son même symbole en affectant celui-ci d'un exposant qui indique le nombre de volumes de l'élément.

Ainsi les composés gazeux que nous avons précédemment cités vont s'écrire :

le gaz chlorhydrique	HCl	(1ᵛ d'hydrogène et 1ᵛ de chlore),
l'eau	H^2O	(2ᵛ d'hydrogène et 1ᵛ d'oxygène),
le gaz ammoniac	H^3Az	(3ᵛ d'hydrogène et 1ᵛ d'azote),
l'oxyde de carbone	CO	(1ᵛ de carbone et 1ᵛ d'oxygène),
l'anhydride carbonique	CO^2	(1ᵛ de carbone et 2ᵛ d'oxygène).

En s'appuyant sur les notions qui précèdent, on a pu déterminer le *poids moléculaire* de tous les composés gazeux et le *poids atomique* de chacun de leurs éléments. Pour les composés non gazeux, on a fait intervenir d'autres considérations, comme la chaleur spécifique ou l'isomorphisme, dont nous trouverons des exemples au courant du cours.

Voici la liste des principaux corps simples avec leurs symboles et le poids atomique que chacun représente.

Métalloïdes

Hydrogène............   H = 1

Fluor	F...	19		Azote	Az..	14
Chlore	Cl..	35,5		Phosphore	Ph..	31
Brome	Br..	80		Arsenic	As..	75
Iode	I...	126		Carbone	C...	12
Oxygène	O...	16		Silicium	Si...	28
Soufre	S...	32		Bore	Bo..	11

Métaux

Lithium	Li..	7		Nickel	Ni...	58
Sodium (Natrium)	Na..	23		Cobalt	Co..	58
Potassium (Kalium)	K...	39		Zirconium	Zr...	90
Calcium	Ca..	40		Étain (Stannum)	Sn..	117
Baryum	Ba..	137		Bismuth	Bi...	207
Strontium	St...	87		Antimoine (Stibium)	Sb..	120
Magnésium	Mg..	24		Cuivre	Cu..	63
Zinc	Zn..	65		Plomb	Pb..	206
Cadmium	Cd..	112		Argent	Ag..	108
Aluminium	Al...	27		Mercure (Hydrargyrum)	Hg..	200
Chrome	Cr...	52		Or (Aurum)	Au..	196
Manganèse	Mn..	55		Palladium	Pd..	106
Fer	Fe..	56		Platine	Pt...	194

Résumé. — En chimie, on représente les corps simples et les corps composés par des symboles qui facilitent l'écriture et qui figurent plus commodément les réactions. Les *symboles des corps simples* sont le plus souvent formés de la première lettre du nom du corps : O (oxygène), H (hydrogène), ou des deux premières lettres, dont la seconde minuscule, quand plusieurs corps commencent par la même : C (carbone), Cl (chlore), Pb (plomb), Pt (platine), Az (azote), Ag (argent).

Les *symboles des corps composés* sont formés des symboles des éléments qui y entrent écrits à la suite l'un de l'autre.

Pour que ces symboles représentent non pas seulement le corps qu'ils désignent, mais un poids déterminé de ce corps, le poids qui entre dans les combinaisons, il faut faire choix d'un système de *nombres* ou de *poids proportionnels*.

Berzélius avait choisi 100 grammes pour le symbole O de l'oxygène; alors l'hydrogène H valait 12,5; le carbone C, 75, etc.

Dumas prenait H = 1; alors O valait 8 et C valait 6. On ne s'était préoccupé alors que de donner satisfaction à la loi des poids proportionnels.

Avec les progrès de la chimie, on a donné plus d'importance à la loi de Gay-Lussac sur les combinaisons gazeuses, et l'on a trouvé plus avantageux de faire exprimer aux symboles non seulement des poids proportionnels, mais encore des volumes déterminés.

Si l'on appelle *molécule* la plus petite quantité d'un corps composé qui puisse exister; si l'on remarque que la combinaison la plus simple est faite de 1 volume de chacun des deux éléments qui y entrent et qu'elle occupe 2 volumes, alors que la plus petite quantité de chaque corps simple en occupe 1, on est conduit à admettre *pour le volume de la molécule* le nombre 2. L'exemple du chlore et de l'hydrogène est particulièrement net : 1 litre d'hydrogène se combine à 1 litre de chlore en donnant 2 litres de gaz chlorhydrique. Et, comme le poids du composé est égal à la somme des poids de ses composants, que si 1 volume d'hydrogène pèse 1, 1 volume égal de chlore pèse 35,5, 1 volume égal de gaz chlorhydrique pèse 36,5. on conclut que le *poids moléculaire* ou poids de la molécule de gaz chlorhydrique est deux fois la densité du gaz rapportée à l'hydrogène.

Volumes égaux de gaz simples ou composés subissent les mêmes actions de la part de la chaleur; on en conclut qu'ils ont même nombre de molécules et que ces molécules diffèrent les unes des autres, non pas par le volume, que l'on suppose être 2 dans toutes, mais par le *poids moléculaire*.

C'est donc le *poids moléculaire qui devient la base du système des poids proportionnels conduisant à la valeur des symboles*.

On trouve le poids moléculaire d'un composé gazeux en cherchant sa densité par rapport à l'hydrogène et en la doublant; et ce poids moléculaire est la somme des poids des éléments qui forment la molécule; ces poids des éléments ont reçu le nom de *poids atomiques*.

Le symbole d'un corps simple représente donc ce corps sous
1 volume s'il est gazeux et avec son *poids atomique* dont la valeur
numérique est celle de sa densité rapportée à l'hydrogène.

Le terme de comparaison est 1 gramme d'hydrogène occupant
1 volume. En réalité, 1 gramme d'hydrogène occuperait $11^{lit},14$;
mais 16 grammes d'oxygène, 14 grammes d'azote occuperaient ce
même volume. Si donc le point de départ est $H = 1$ gramme sous
1 volume, $O = 16$ grammes sous 1 volume; $Az = 14$ grammes sous
1 volume, et ainsi des autres corps; 16 est le poids atomique de
l'oxygène, 14 celui de l'azote.

Les symboles des corps composés sont formés de ceux des
corps simples qui y entrent, et, si un corps simple y entre en
plusieurs proportions, on le munit d'un exposant qui l'indique.
C'est ainsi que le symbole de l'eau, H^2O, révèle que 2 volumes
d'hydrogène se sont unis à 1 volume d'oxygène.

CHAPITRE XIII

NOMENCLATURE

99. Jusqu'en 1787, les chimistes désignaient les
divers corps par des noms absolument arbitraires et
qui variaient d'un pays à l'autre. Il en résultait une
extrême confusion qui s'augmentait avec les progrès de
la chimie. C'est à l'instigation de Guyton de Morveau
que les savants de la fin du xviiie siècle établirent les
bases d'une classification systématique et d'une nomenclature rationnelle qui fut publiée par Lavoisier et uni-
versellement adoptée.

100. Corps simples. — Aucune règle fixe n'a pré-
sidé et ne préside encore au choix du nom d'un corps
simple. On a conservé les noms sous lesquels les corps
étaient anciennement connus : *or, argent, mercure...*
Ceux qui ont été découverts depuis 1787 ont le plus
fréquemment reçu un nom qui rappelle une de leurs
propriétés essentielles : tels sont les mots *hydrogène*

(engendre l'eau), *oxygène* (engendre les acides), *azote* (privatif de vie), *chlore* (gaz verdâtre), *iode* (vapeur violette), *brome* (odeur fétide), *potassium*, *sodium*, *magnésium*, *aluminium* (métaux existant dans la potasse, la soude, la magnésie, l'alumine).

101. Corps composés. — S'il n'est pas absolument indispensable d'avoir une règle fixe pour donner des noms aux corps simples, parce que leur nombre n'est pas très grand, il y a une absolue nécessité à avoir des règles nettes et précises pour les corps composés, dont le nombre est pour ainsi dire indéfini.

Le principe, c'est que le nom du corps rappelle sa composition, c'est-à-dire la manière dont il est formé, et sa *fonction*, c'est-à-dire l'ensemble des propriétés communes à tout le groupe dont il fait partie.

Il y a lieu de séparer les composés binaires, les composés oxygénés et les composés ternaires.

102. Composés binaires. — Un composé résultant de l'union de deux corps simples peut être formé d'un métalloïde et d'un métal, ou de deux métaux, ou de deux métalloïdes.

Dans le premier cas, on fait précéder le nom du métal du nom du métalloïde en terminant celui-ci par *ure ;* une combinaison de *chlore* et de *plomb* s'appelle *chlorure de plomb*.

Si le métalloïde et le métal donnent plusieurs composés, on se sert pour les distinguer des préfixes *proto*, *sesqui, bi, tri, penta*. Ainsi on connaît un protosulfure, un sesquisulfure et un bisulfure de fer.

Pour écrire les symboles de ces composés, on place d'abord le symbole du métal et, après lui, celui du métalloïde, avec un exposant si c'est nécessaire :

Le *proto*sulfure de fer, 56 grammes de fer et 32 de soufre, s'écrit FeS.

Le *sesqui*sulfure, 56 grammes de fer et $1,5 \times 32$ de

soufre, ou 2 fois 56 de fer pour 3 fois 32 de soufre, s'écrit Fe^2S^3.

Le *bisulfure*, 56 grammes de fer et 2×32 de soufre, s'écrit FeS^2.

Pour dénommer les combinaisons de deux métalloïdes, on suit les mêmes règles, et, si l'on place les métalloïdes dans l'ordre indiqué page 124, en mettant l'hydrogène le dernier, on nomme en premier, en le terminant en *ure*, le nom du métalloïde qui occupe la première place dans le tableau ; c'est ainsi que l'on dit :

Sulfure de carbone, chlorure de soufre, chlorure de phosphore.

On a cependant fait une catégorie à part pour les composés oxygénés et une autre pour les composés hydrogénés.

103. Composés binaires oxygénés. — Les composés binaires oxygénés sont de deux ordres :

1° Les **oxydes**, formés le plus ordinairement d'un métal et de l'oxygène, comme l'*oxyde de zinc*, ZnO, et l'*oxyde de cuivre*, CuO, mais pouvant être formés aussi d'un métalloïde et de l'oxygène, comme l'oxyde de carbone, CO ;

2° Les **anhydrides,** formés d'un métalloïde et d'oxygène et pouvant, en s'unissant à l'eau, donner des **acides,** comme les anhydrides *phosphorique, azotique, carbonique.*

Un anhydride a pour nom celui du métalloïde avec l'une des terminaisons *ique* ou *eux :*

Anhydride carbon*ique*.....		CO^2
—	sulfur*eux*	SO^2
—	sulfur*ique*......	SO^3

S'il y a plus de deux anhydrides, on nomme les autres terminés en *ique* s'ils sont les plus oxygénés, en *eux* pour les moins oxygénés, en faisant précéder leur nom des particules *hypo, hyper* ou *per*.

Le chlore et l'oxygène peuvent théoriquement donner les anhydrides :

Hypochloreux	Cl^2O
chloreux	Cl^2O^3
Hypochlorique	Cl^2O^4
chlorique	Cl^2O^5
Perchlorique	Cl^2O^7

Les **oxydes** sont appelés *basiques* quand, en s'unissant à l'eau, ils donnent des **bases** capables d'engendrer des sels avec les acides. S'il y en a plusieurs, ils sont distingués par les préfixes *proto, sesqui, bi...*

Protoxyde de manganèse	MnO	ou de fer	FeO ;
Sesquioxyde —	Mn^2O^3	ou de fer	Fe^2O^3 ;
Bioxyde —	MnO^2.		

Il serait plus logique de leur donner, comme aux anhydrides, les terminaisons *eux* et *ique* et de dire :

L'oxyde ferreux	FeO ;
L'oxyde ferrique	Fe^2O^3 ;

ou encore dans les composés de l'azote :

Oxyde azoteux	Az^2O	au lieu de protoxyde d'azote ;
— azotique	Az^2O^2	— bioxyde d'azote.

Quelques oxydes ont conservé les noms anciens qu'ils avaient avant la nomenclature, tels sont :

L'eau	H^2O	
La chaux	CaO	(protoxyde de calcium)
La baryte	BaO	(— de baryum)
La magnésie	MgO	(— de magnésium)

104. Composés binaires hydrogénés. — D'après la règle du paragraphe 102, on doit dire :

> Chlorure d'hydrogène,
> Sulfure d'hydrogène,
> Phosphure d'hydrogène,
> Carbures d'hydrogène,
> Azoture d'hydrogène,

pour désigner les combinaisons, avec l'hydrogène, du chlore, du soufre, du phosphore, du carbone, de l'azote.

Au dernier, l'azoture d'hydrogène AzH^3, on a gardé son ancien nom d'*ammoniaque*.

Quand la combinaison est *acide*, qu'elle rougit le tournesol et qu'elle engendre des sels par échange avec les métaux, on ajoute au mot *acide* le nom du métalloïde avec la terminaison *hydrique*. Ainsi l'on dit :

Acide *chlorhydrique* HCl au lieu de *chlorure d'hydrogène ;*
Acide *sulfhydrique* H^2S —   *sulfure d'hydrogène.*

105. Composés ternaires. — Les composés formés de trois corps simples comprennent trois groupes : les *acides*, les *bases* et les *sels*.

Acides. — Tous les acides renferment de l'hydrogène échangeable contre un métal, soit que cet hydrogène appartienne à un composé binaire, comme l'acide chlorhydrique et, en général, les *hydracides*, soit que cet hydrogène ait été incorporé à un anhydride par l'action de l'eau pour former un *oxacide*. Pour ces derniers, on les dénomme comme leurs anhydrides générateurs.

Ainsi l'anhydride azotique Az^2O^5, réagissant sur l'eau, donne l'*acide azotique* $Az^2O^5 + H^2O$, qu'on écrit $2(AzO^3H)$ pour que la formule AzO^3H représente une molécule de volume 2 et non de volume 4.

L'anhydride azoteux Az^2O^3 forme de même avec l'eau, H^2O, l'*acide azoteux* qu'on écrit AzO^2H.

A l'*anhydride sulfureux* SO² correspond l'*acide sulfureux* SO²H²O ou SO³H².

A l'*anhydride sulfurique* SO³ correspond l'*acide sulfurique* SO³H²O ou SO⁴H².

A l'*anhydride carbonique* CO² doit correspondre de même l'*acide carbonique* CO²H²O ou CO³H².

Cette manière d'envisager les acides est particulièrement commode pour expliquer la génération des sels.

Bases. — Les bases sont des composés ternaires formés par l'action de l'eau sur les oxydes; on les a aussi appelées des hydrates métalliques.

Ainsi la chaux CaO fixe les éléments de l'eau pour donner la chaux hydratée ou l'*hydrate calcique* :

$$CaO + H^2O = CaO^2H^2 \quad \text{ou encore} \quad Ca(OH)^2.$$

L'oxyde de potassium K²O donne l'*hydrate de potassium* auquel on a conservé son ancien nom de *potasse* :

$$K^2O + H^2O = KHO + KHO.$$

Cette potasse KHO et la soude NaHO ressemblent à 1 molécule d'eau H²O dont un H est remplacé par le métal K ou le métal Na.

Sels. — Pour dénommer un sel, c'est le nom de l'acide que l'on énonce en premier lieu et que l'on modifie.

1° Si l'acide est un *hydracide*, son action sur une base engendre un corps binaire où il n'y a qu'un métalloïde et un métal ; et, pour donner un nom à celui-ci, on suit la règle générale du numéro 104.

Ainsi l'acide chlorhydrique HCl, en agissant sur les métaux comme le zinc ou le fer, engendre un *chlorure* de zinc ou de fer.

De même l'acide sulfhydrique engendre des *sulfures*. Dans le premier cas, au lieu du chlorure d'hydrogène, on a un chlorure métallique, et dans le second un sulfure métallique au lieu de sulfure d'hydrogène.

2° Si l'acide est un *oxacide*, on remplace la terminaison *ique* par *ate* ou la terminaison *eux* par *ite* et l'on fait suivre du nom du métal.

C'est ainsi que :

A l'acide azotique AzO^3H correspond l'azot*ate* de potassium AzO^3K.

A l'acide azoteux AzO^2H correspond l'azot*ite* de potassium AzO^2K.

A l'acide sulfureux SO^3H^2 correspond le sulf*ite* de potassium SO^3K^2.

A l'acide sulfurique SO^4H^2 correspond le sulf*ate* de sodium SO^4Na^2.

A l'acide carbonique CO^3H^2 correspond le carbon*ate* de plomb CO^3Pb.

En général, les sels ressemblent aux acides où l'hydrogène a été remplacé par un métal. Les métaux dont 1 atome remplace 1 atome de H sont le potassium K, le sodium Na et l'argent Ag; pour la plupart des autres, 1 atome du métal remplace 2 atomes de H.

On avait autrefois voulu nommer les sels d'hydracides comme les sels d'oxacides, et l'on avait le *chlorhydrate d'ammoniaque* formé par l'acide chlorhydrique et l'ammoniaque, aussi le *sulfhydrate* formé par l'acide sulfhydrique. Mais on a peu à peu abandonné ces dénominations ; il vaut, en effet, mieux rester dans la règle donnée plus haut.

106. Réactions chimiques. — La figuration des corps par des symboles permet d'écrire très facilement la formule d'un composé. Comme chaque symbole représente un poids, que, d'autre part, d'après la loi de Lavoisier, le poids des corps produits est intégralement la somme des poids des corps qui ont réagi les uns sur les autres, on peut représenter les réactions chimiques par des égalités auxquelles on donne une forme algébrique.

On peut, en effet, écrire que le poids existant *avant* la réaction doit se retrouver intégralement *après*, si l'on a bien recueilli et pesé tous les corps qui se sont formés.

Ainsi, dans l'expérience de Dumas, la synthèse de l'eau à l'aide de l'oxyde de cuivre, on a :

avant l'expérience :

$$H \qquad + \qquad CuO$$
Hydrogène   *Oxyde noir de cuivre*

et *après l'expérience :*

$$Cu \qquad + \qquad H^2O.$$
Cuivre métallique   *Eau*

La première partie indique que, pour 1 gramme H, il a fallu avoir :

$$63 + 16 \text{ ou } 79 \text{ pour } CuO.$$

La seconde partie indique que, pour $Cu = 63$ gr. mis en liberté, il a dû se produire H^2O ou 18 grammes d'eau.

On écrit donc l'égalité :

$$H + CuO = Cu + H^2O ;$$

et l'on peut, par un calcul simple, déterminer l'un des quatre termes quand les trois autres sont connus. Il en est de même dans toutes les combinaisons, il suffit d'en bien analyser les résultats. Les formules des corps représentent donc bien les rapports des poids qui entrent dans les réactions.

On prépare l'hydrogène en faisant réagir dans de l'eau de l'acide sulfurique sur le zinc ; le zinc disparaît et l'acide sulfurique aussi ; l'eau reste avec le même poids. Si donc on fait, au point de vue du poids, abstraction de l'eau, on écrit que l'on avait :

avant l'expérience :

$$Zn \quad + \quad SO^4H^2$$

Zinc   *Acide sulfurique*

65 grammes   98 grammes

et *après l'expérience :*

$$H^2 \quad + \quad SO^4Zn$$

Hydrogène   *Sulfate de zinc*

2 grammes   161 grammes

L'égalité chimique prend la forme :

$$Zn + SO^4H^2 = H^2 + SO^4Zn ;$$

elle peut permettre de trouver le poids de H qui sera produit par un poids p de zinc, avec un léger excès d'acide sulfurique, ou encore la dépense d'acide sulfurique soit pour un poids donné de zinc, soit pour un poids déterminé d'hydrogène à obtenir.

Exemple : On veut avoir 10 mètres cubes de gaz H ; quel poids de zinc et d'acide faudra-t-il ?

10 mètres cubes ou 10.000 litres d'hydrogène pèsent :
$$10.000 \times 0{,}0895 = 895 \text{ grammes.}$$

Pour 2 grammes H, il faut 65 grammes de Zn et 98 grammes d'acide.

Pour 895 gr., il faudra $\dfrac{65 \times 895}{2}$ ou 28587 grammes de zinc et $\dfrac{98 \times 895}{2}$ ou 43855 grammes d'acide.

La préparation de l'oxyde de carbone à l'aide de l'acide oxalique est un problème analogue. L'acide sulfurique employé s'y retrouve entièrement ; il n'y a que l'acide oxalique qui se transforme en eau, anhydride carbonique et oxyde de carbone. On écrit donc :

avant l'expérience :   *après l'expérience :*

$$C^2H^2O^4 \quad = \quad H^2O \quad + \quad CO^3 \quad + \quad CO.$$

Acide oxalique   Eau   Anh. carb.   Oxyde de carbone
90 gr.   18 gr.   44 gr.   28 gr.

On en tire que, pour obtenir 28 grammes d'oxyde de carbone, il faut décomposer 90 grammes d'acide oxalique et mettre dans le laveur assez de potasse pour retenir 44 grammes d'anhydride carbonique.

La préparation de l'anhydride carbonique donne également un problème analogue. On a :

avant l'expérience :   *après l'expérience :*

$$CO^3Ca \quad + \quad 2\,(HCl) \quad = \quad H^2O \quad + \quad CaCl^2 \quad + \quad CO^2.$$

Carbonate   Acide   Eau   Chlorure   Anhydride
de calcium   chlorhydrique   de calcium   carbonique
100 gr.   73 gr.   18 gr.   111 gr.   44 gr.

Pour obtenir 44 grammes d'anhydride carbonique, soit environ 22 à 23 litres, il faut 100 grammes de carbonate de chaux pur.

Quand la réaction a lieu entre des gaz ou des corps qui peuvent prendre l'état de gaz, la notation aujourd'hui adoptée permet de trouver aussi bien les volumes que les poids. Nous en rencontrerons de nombreux exemples dans les leçons qui vont suivre.

Résumé. — La nomenclature chimique est l'ensemble des règles que l'on suit pour donner aux corps des noms qui rappellent leur composition ou leurs propriétés. Elle a été établie, à la fin du siècle dernier, sur l'initiative de Guyton de Morveau, et elle n'a subi depuis que les modifications rendues nécessaires par les progrès de la chimie.

On n'a pas suivi de règle fixe pour nommer les corps simples ; mais on en a établi de très précises pour un grand nombre de corps composés.

On examine d'abord les corps *binaires* formés de deux éléments. Pour un métalloïde et un métal, le premier nom est celui du métalloïde terminé en *ure* et suivi du nom du métal ; exemple : *chlorure* de plomb, *sulfure* de fer.

Et quand il y a plusieurs composés, ils sont désignés par le même nom avec les préfixes *proto*, *sesqui*, *bi*, *tri*, *penta*, etc.

Pour deux métalloïdes, l'un est terminé en *ure*, et c'est celui du métalloïde qui se trouve avant l'autre dans le tableau de ces corps par famille.

Les *composés binaires oxygénés* forment à part une classe très nombreuse et très importante ; on y trouve les *anhydrides* et les *oxydes*.

Un *anhydride* procède ordinairement de la combinaison d'un métalloïde avec l'oxygène ; il peut donner un acide en prenant de l'eau. Pour le dénommer, on termine en *ique* ou en *eux* le nom du métalloïde précédé du mot anhydride : c'est ainsi que l'on a avec le soufre l'*anhydride sulfureux* et l'*anhydride sulfurique*, avec le carbone l'*anhydride carbonique*, etc. Et ces deux formes de noms peuvent être précédées des particules *hypo* ou *hyper* ou *per*.

Les *oxydes* sont formés des métaux et de l'oxygène et ont pour nom le mot oxyde suivi du nom du métal : *oxyde de fer*, *oxyde de cuivre*, etc. Peut-être vaudrait-il mieux leur appliquer les mêmes terminaisons qu'aux anhydrides et dire *oxyde ferreux* et *oxyde ferrique* au lieu de dire protoxyde et sesquioxyde de fer.

Les *composés binaires hydrogénés* ne sont pas tous nommés d'après la règle générale : ceux qui sont acides ont au nom du métalloïde la terminaison *hydrique*, tels sont les *acides chlorhydrique*, *sulfhydrique*, *iodhydrique*.

Les *composés ternaires* formés de trois corps comprennent trois groupes : les acides, les bases et les sels.

Les **acides** sont des anhydrides sur lesquels l'eau a agi et qui ont, par suite, de l'hydrogène dans leur molécule. Ils ont les mêmes noms que les anhydrides avec des symboles un peu différents ; ainsi l'*anhydride azotique* est figuré Az^2O^5 et l'*acide* AzO^3H.

Les **bases** sont des oxydes ayant pris de l'eau, comme la chaux hydratée $CaOH^2O$, qui diffère de la chaux vive dont le symbole est CaO.

Les **sels** ressemblent aux acides hydrogénés dont l'hydrogène a été remplacé par un métal. Leur nom se compose du nom de l'acide avec *ate* au lieu de *ique* et *ite* au lieu de *eux*, puis le nom du métal ou quelquefois le nom de son oxyde basique ; tels sont l'*azotite de potassium*, l'*azotate de sodium*, le *sulfite* et le *sulfate de potassium*.

Les formules des corps représentent les poids ou les volumes qui se combinent. Comme rien ne se perd, on peut écrire qu'il y a égalité entre les corps réagissants avec leurs poids et les corps produits tous recueillis et pesés. On écrit donc une égalité chimique sous laquelle on lit que les poids d'avant l'expérience doivent égaler les poids divers trouvés après l'expérience faite. Et ces égalités, qui figurent les réactions chimiques, permettent de résoudre tous les problèmes numériques concernant la préparation des corps.

CHAPITRE XIII

SOUFRE

Symbole : S. — Poids atomique : 32

107. Propriétés physiques. — Le soufre est un corps solide d'une couleur jaune, à peu près inodore, d'une densité de 2,2.

Il se présente sous la forme de cylindres un peu coniques que l'on appelle des *canons*, ou encore en une poussière très fine qui est appelée *fleur de soufre*.

Il est mauvais conducteur de la chaleur et de l'électricité ; quand on le tient à la main, il fait entendre des craquements qui sont dus à l'inégale propagation de la chaleur ; les parties extérieures et chaudes du bâton se dilatent plus vite que les portions intérieures ; il en résulte des ruptures partielles, indiquées par les craquements, et souvent même le bâton se brise. Quand on le frotte avec un morceau de laine, il s'électrise fortement et attire les corps légers en répandant l'odeur particulière que l'ozone donne aux corps électrisés.

108. Action de la chaleur. — Quand on chauffe le soufre dans un ballon ou dans un creuset, il fond vers 110°; c'est alors un liquide transparent, jaune et fluide comme de l'huile; si on continue à chauffer, ce liquide brunit, s'épaissit, et, à 220°, il est aussi pâteux que du goudron épais; au-dessus de cette température, il redevient peu à peu liquide, mais il reste brun, et, à 440°, il se résout en vapeur d'une très belle couleur rouge orange.

La densité de cette vapeur a été prise à 1.000°; on l'a trouvée égale à 2,2, c'est-à-dire 32 fois celle de l'hydrogène.

Refroidissement. — Si on laisse refroidir lentement la vapeur de soufre, ce corps repasse peu à peu par ses différents états et, au-dessous de 110°, redevient le solide jaune que nous connaissons.

La vapeur de soufre, brusquement refroidie, prend l'état solide sous forme d'une poussière jaune très ténue : c'est la **fleur de soufre.**

La fleur de soufre n'est donc pas, comme on pourrait le croire au premier abord, du soufre solide réduit en poudre par le frottement et tamisé; c'est de la vapeur qui a été subitement refroidie et qui a pris brusquement l'état solide.

Le soufre pâteux coulé dans l'eau froide sous forme d'un mince filet se solidifie brusquement; il garde la forme de fils et il est élastique comme du caoutchouc : c'est le soufre **mou** ou **trempé**; il ne conserve pas longtemps cet état; il ne tarde pas à redevenir solide, dur et cassant.

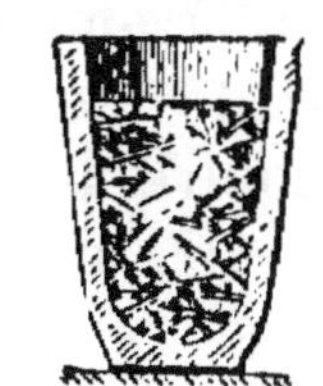

Fig. 73.
Cristallisation du soufre par fusion.

Si on laisse refroidir, au-dessous de 110°, le creuset qui contient le soufre liquide, le liquide se solidifie peu à peu; quand il s'est formé une croûte solide à la surface, on l'enlève, on vide ce qui reste de soufre liquide, et on trouve un magnifique lacis d'aiguilles jaunes enchevêtrées tapissant les bords du creuset.

Pour obtenir de beaux cristaux, on fond le soufre dans un vase large comme une capsule (*fig.* 74).

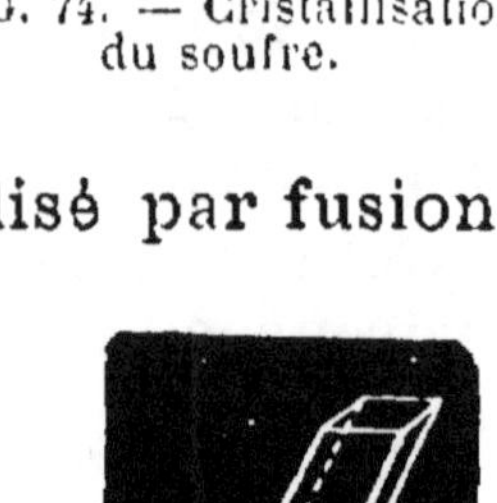

Fig. 74. — Cristallisation du soufre.

On surveille le refroidissement ; on enlève la croûte supérieure aussitôt qu'elle se forme et on vide le liquide : c'est le soufre **cristallisé par fusion.** Ces aiguilles ont la forme très régulière d'un **prisme oblique à base de losange ;** abandonnées à elles-mêmes, elles perdent leur transparence, et, si on les examine au microscope, on les voit formées de petits cristaux octaédriques en chapelets ; elles seraient restées en prismes à une température d'environ 100°.

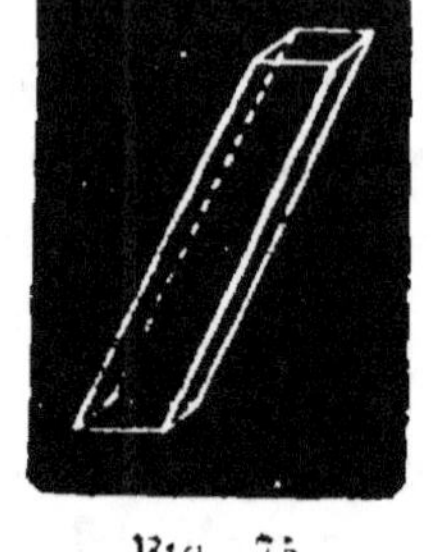

Fig. 75. Aiguille prismatique de soufre.

109. Action des dissolvants. —

L'eau ne dissout pas le soufre. L'éther, les essences, les huiles de houille le dissolvent en partie ; mais son meilleur dissolvant est le sulfure de carbone. Toutefois le soufre ne disparaît jamais entièrement dans son dissolvant ; il reste une partie insoluble qu'on appelle soufre **amorphe,** surtout quand le soufre a subi l'action de la chaleur et une trempe plus ou moins complète. Abandonnée à l'air dans une soucoupe, cette solution perd le dissolvant, qui est très volatil ; le soufre **cristallisé par évaporation** se dépose sous forme d'octaèdres que l'on rapporte au *prisme droit à base de losange.*

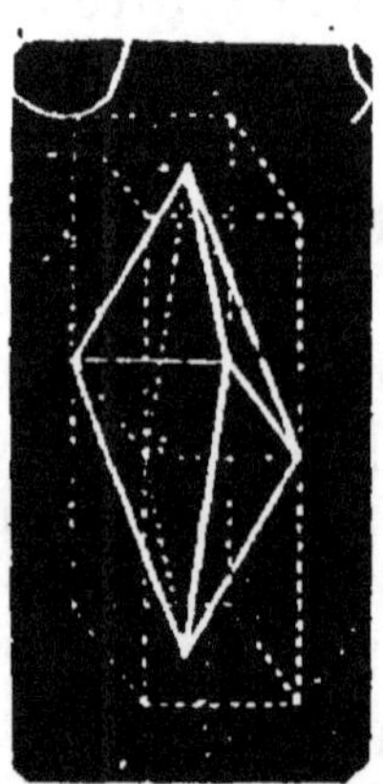

Fig. 76. — Octaèdre de soufre cristallisé par évaporation de la dissolution dans le sulfure de carbone.

110. Dimorphisme. — Le soufre est donc capable de prendre, en cristallisant, deux formes régulières qui sont incompatibles, c'est-à-dire qui se rapportent à deux solides géométriques essentiellement différents ; c'est cette propriété qu'on appelle *dimorphisme*.

111. Systèmes cristallins. — Cet exemple nous amène à définir les formes cristallines que l'on reconnaît aux corps solides cristallisés.

Les formes qu'affectent les cristaux sont nombreuses ; mais, si on rapporte chacune d'elles au solide géomé-

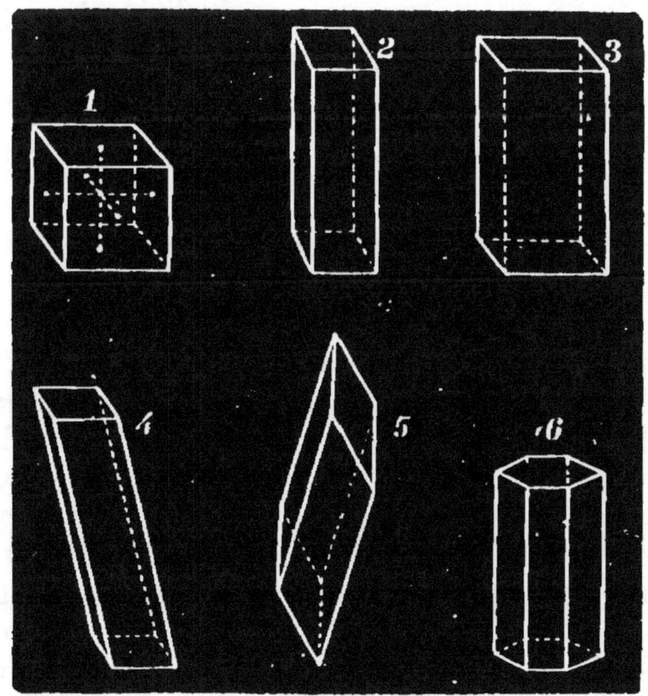

Fig. 77. — Les six types cristallins.

trique le plus simple à l'aide duquel il est possible de la produire, on arrive ainsi à la création de six types fondamentaux que l'on appelle les **six systèmes cris-**

tallins, et qui sont représentés dans la figure 77. Ce sont :

1° Le *cube*, dont dérive l'octaèdre régulier avec ses huit faces égales (1) ;
2° Le *prisme droit à base carrée* (2) ;
3° Le *prisme droit à base de losange* (3) ;
4° Le *prisme oblique à base de losange* (4) ;
5° Le *prisme oblique à base de parallélogramme* (5) ;
6° Le *rhomboèdre ou prisme hexagonal droit* (6).

On caractérise encore ces six types par leurs axes ou leurs lignes de symétrie ; pour ne citer que deux exemples, il est facile de voir que le système du cube est caractérisé par ses trois axes égaux et perpendiculaires entre eux, et le système du prisme droit à base carrée par trois axes perpendiculaires, dont deux seulement sont égaux.

112. Propriétés chimiques du soufre. — Le soufre est un combustible ; il brûle à l'air avec une petite flamme bleue peu visible, qui devient plus éclatante quand le soufre brûle dans l'oxygène. Le corps solide ne laisse pas de résidu en brûlant ; sa combinaison avec l'oxygène est un gaz, **l'anhydride sulfureux.**

Dans ses autres réactions, le soufre *ressemble à l'oxygène ;* il se combine avec les métaux, pour donner avec eux des **sulfures** qui ont les plus grandes analogies chimiques avec les oxydes, et il donne avec l'hydrogène un sulfure d'hydrogène que l'on appelle aussi acide sulfhydrique et dont la composition est analogue à celle de l'eau.

Ainsi l'oxygène donne, avec l'hydrogène, l'*eau* H^2O ; avec les métaux, les *oxydes* MO.

Le soufre donne de même, avec l'hydrogène, l'*acide sulfhydrique* H^2S ; avec les métaux, les *sulfures* MS.

On prouve cette affinité du soufre pour les métaux

en faisant chauffer les deux corps dans un ballon (*fig.* 78). On prend du cuivre en limaille ou même en tournure et du soufre. Quand le soufre est fondu, que la réaction commence, le cuivre devient incandescent et se trans-

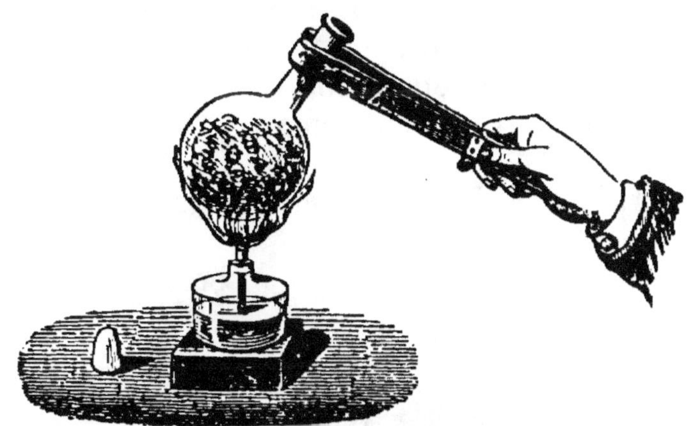

Fig. 78. — Combinaison du soufre et du cuivre.

forme en un sulfure noir. Nous avons déjà d'ailleurs produit cette combinaison du cuivre et du soufre et montré qu'elle dégage beaucoup de chaleur.

Nous avons également combiné le soufre et le fer en humectant d'eau chauffée le mélange de leur poudre. Nous réalisons la même combinaison en plongeant des barres de fer rougies dans un creuset de soufre fondu; elles s'y dissolvent comme un bâton de sucre de pomme dans l'eau, et le composé formé, le **sulfure de fer**, est un solide dur, d'une couleur brun noirâtre.

113. État naturel. — Le soufre se trouve en grande abondance dans la nature, soit à l'état de combinaisons, comme les sulfures métalliques, qui sont très répandus et dont les principaux portent le nom de **pyrites**, soit à l'état natif, en masses cristallisées ou en masses agglomérées avec des terres. Cette dernière forme se rencontre au voisinage des volcans, notamment en Sicile, où l'on en exploite chaque année près de 200.000 tonnes.

114. Extraction. — Le soufre natif n'a besoin que
d'être distillé. Cette opération se fait sur les lieux
d'extraction, dans une série de pots en terre placés sur
deux rangées parallèles dans un long four. Le soufre
distillé se condense à l'état liquide dans des pots sem-
blables placés en dehors du four; on fait écouler le
liquide dans des baquets pleins d'eau froide. Le soufre
brut ainsi obtenu contient encore 3 0/0 de matières
étrangères.

On le raffine à Marseille en le distillant dans de

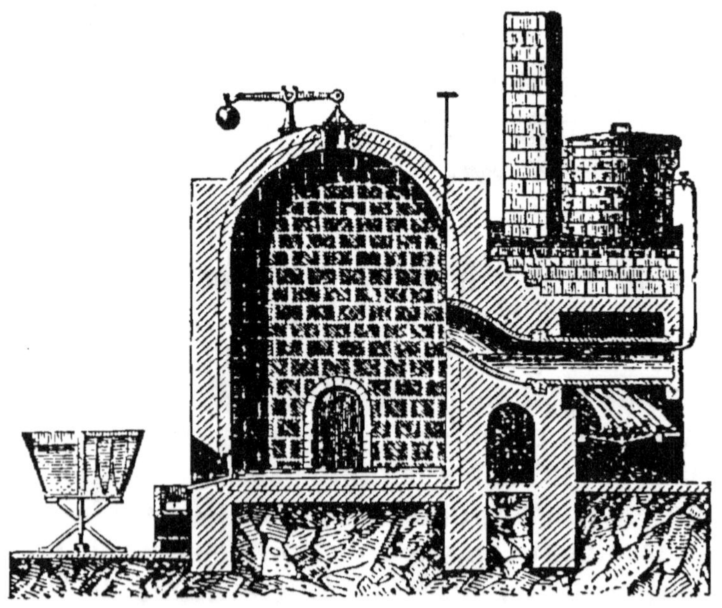

Fig. 79. — Raffinage du soufre, production de la fleur de soufre
ou du soufre en canons.

grands cylindres d'où il s'écoule liquide sur une plaque
de fonte fortement chauffée où il se résout en vapeurs.
On envoie ces vapeurs dans de grandes chambres de
briques. Si on arrête l'opération avant que la température des chambres de condensation soit arrivée à 110°,
on recueille de la **fleur de soufre**. Si on la laisse continuer, les parois du condensateur s'échauffent, le
soufre ruisselle liquide, se rassemble dans la partie

déclive de la chambre ; on le fait couler dans des moules
de bois cylindro-coniques entourés d'eau ; il se solidifie : c'est le **soufre en canons**.

115. Usages du soufre. — Le soufre est employé
en grandes quantités pour le soufrage de la vigne, dans
le but de détruire l'oïdium, petit champignon qui alté-
rerait la grappe. Il entre dans la composition de la
poudre. On s'en sert encore en France pour la préparation des allumettes, quoiqu'on l'ait remplacé avanta-
geusement pour cet usage, en Angleterre et en Allemagne, par la paraffine. Sa fusibilité le fait employer à
prendre des empreintes et à faire des scellements. Il
est la base de la fabrication de l'acide sulfurique.

La France en consomme annuellement 25 millions de
kilogrammes.

Résumé. — Le soufre est un corps solide jaune qui se présente
en canons ou en fleur. Il est mauvais conducteur de la chaleur,
et il s'électrise par le frottement.

Il fond à 110° en un liquide jaune. A 220°, il s'épaissit et brunit ;
à 330°, il redevient liquide en restant brun ; à 440°, il passe en
vapeur rouge.

Le refroidissement lent et graduel le fait repasser par tous les
états précédents. Si on refroidit brusquement la vapeur, elle se
solidifie en une fine poussière qui est la **fleur de soufre.**

Le soufre pâteux coulé dans de l'eau froide se solidifie brusquement et donne le *soufre trempé*, qui est quelque temps mou et
élastique.

Le soufre liquide refroidi à 110° se prend en cristaux et, si on
le surprend dans son travail d'arrangement, on trouve dans le vase
des aiguilles fines et longues qui ont la forme de prismes
allongés.

Le soufre n'est pas soluble dans l'eau ; mais il se dissout dans
le sulfure de carbone. La dissolution filtrée, versée dans un vase,
s'évapore, et le soufre se dépose sous la forme d'octaèdres qui
dépendent d'un prisme droit à base de losange.

Le soufre prend donc deux formes différentes dans sa cristallisation, suivant qu'elle a lieu à 110° ou à la température ordinaire.

Le soufre brûle dans l'oxygène et à l'air avec une flamme bleue
en produisant un composé gazeux, l'anhydride sulfureux. Dans
toutes ses autres réactions, il ressemble à l'oxygène. De même que

celui-ci donne avec les métaux des oxydes et avec l'hydrogène l'eau, de même le soufre donne avec les métaux des **sulfures** et avec l'hydrogène le sulfure d'hydrogène, appelé encore **acide sulfhydrique**. On montre facilement la combinaison du soufre avec les métaux et le dégagement de chaleur qu'elle produit en chauffant du soufre et du cuivre, ou du soufre et du fer; les sulfures formés sont noirs.

Le soufre existe en masses mélangées à des terres aux abords des volcans, surtout en Sicile; à l'état de combinaison, il est très répandu, notamment dans les pyrites.

On l'extrait du soufre natif des solfatares. On chauffe la masse pour faire fondre le soufre et le séparer de la terre avec laquelle il est mélangé.

On le raffine en le vaporisant et en l'envoyant en vapeur dans de grandes chambres où il se liquéfie. On le recueille en *fleur* au début de l'opération et en *canons* quand il est liquide.

Il sert surtout pour soufrer les allumettes, pour soufrer la vigne, pour fabriquer la poudre où il entre avec le salpêtre et le charbon.

CHAPITRE XIV

COMBINAISON DU SOUFRE AVEC L'HYDROGÈNE
ACIDE SULFHYDRIQUE

Symbole : H^2S. — Poids moléculaire : 34

116. Propriétés physiques. — Le sulfure d'hydrogène ou acide sulfhydrique est un gaz incolore qui répand l'odeur infecte des œufs pourris. C'est un poison violent quand il est introduit dans les voies respiratoires; un oiseau périt dans une atmosphère qui contient $\frac{1}{1500}$ de ce gaz. A l'état de dilution dans l'air, il produit un malaise accompagné de vertige; mais sa forte odeur avertit immédiatement de sa présence.

Il est un peu plus lourd que l'air; son poids est dix-sept fois le poids de l'hydrogène. Le litre de ce gaz pèse donc :

$$17 \times 0,0895 = 1,52.$$

Un litre d'eau dissout 3 litres de gaz à la température ordinaire ; aussi le recueille-t-on toujours sur une terrine d'eau et non sur la cuve. On peut le liquéfier.

117. Propriétés chimiques. — L'hydrogène sulfuré est très nettement acide ; il rougit le tournesol ; aussi l'appelle-t-on souvent acide **sulfhydrique** ; il serait plus logique de l'appeler sulfure d'hydrogène.

Il est combustible, s'enflamme au contact d'une bougie et brûle avec une flamme bleue. Ce fait pouvait se prévoir, l'hydrogène sulfuré étant formé de deux éléments combustibles.

Quand la *combustion est complète*, il se forme de l'eau et de l'anhydride sulfureux :

$$H^2S + O^3 = H^2O + SO^2.$$

On le démontre en allumant l'hydrogène sulfuré sec à l'extrémité d'un tube effilé par lequel le gaz se dégage dans l'air ; si on place un verre au-dessus du jet, il se couvre de buée d'eau condensée, et un papier bleu de tournesol placé au-dessus de la flamme y rougit immédiatement.

On réalise encore cette combinaison complète en mélangeant 2 volumes de sulfure d'hydrogène avec 3 volumes d'oxygène et en allumant le mélange ; il y a une détonation due à la rentrée de l'air venant occuper la place des gaz formés et condensés.

Combustion incomplète. — Quand la quantité d'oxygène fournie au gaz sulfhydrique est insuffisante pour le brûler complètement, on comprend que c'est le plus combustible de ses deux éléments qui doit brûler ; c'est en effet l'hydrogène qui brûle et le soufre se dépose.

On le démontre en enflammant une éprouvette de gaz sulfhydrique ; ses parois se couvrent d'un dépôt de soufre très divisé qui donne à la solution un aspect laiteux :

$$H^2S + O = H^2O + S.$$

C'est pourquoi on emploie l'*eau bouillie* récemment pour faire les dissolutions de ce gaz que l'on veut conserver.

Oxydation en présence des corps poreux. — Si on expose à l'air, sur une grande surface, une dissolution de gaz sulfhydrique (par exemple en étendant un linge trempé dans la dissolution de H^2S), il se produit de l'acide sulfurique :

$$H^2S + O^4 = SO^4H^2.$$

M. Dumas, à qui l'on doit cette expérience, s'en est servi pour expliquer la destruction rapide des rideaux des chambres de bains sulfureux.

118. Action sur les solutions métalliques. — Le gaz sulfhydrique, en agissant sur la plupart des solutions métalliques, trouve à satisfaire ses deux affinités, celle de l'hydrogène qui donne de l'eau et aussi celle du soufre qui forme un sulfure. Son action sur un sel soluble de plomb est intéressante par le sulfure *noir* qu'elle forme instantanément ; elle sert à constater la présence du gaz qui noircit un papier trempé dans de l'acétate de plomb.

Le gaz sulfhydrique n'a d'usage que dans les laboratoires, où l'on s'en sert pour précipiter les métaux à l'état de sulfures insolubles et les distinguer les uns des autres par la couleur et l'insolubilité de ces sulfures.

119. État naturel. — Il existe dans certaines eaux minérales, celles de Barèges, qui lui doivent leurs propriétés médicinales. Il s'en forme dans les fosses d'ai-sances par la décomposition des matières sulfurées ; on sait que les émanations qui s'échappent de ces fosses noircissent l'argent et les peintures à base de plomb ; on sait aussi que ces gaz ont déterminé parfois des acci-dents mortels, que les ouvriers qui descendent dans les fosses sans avoir préalablement renouvelé l'air tombent victimes de leur imprudence.

120. Préparation. — Pour l'obtenir, on attaque un sulfure métallique par un acide qui, en échangeant son hydrogène contre le métal, donne naissance au gaz, que l'on recueille sur l'eau.

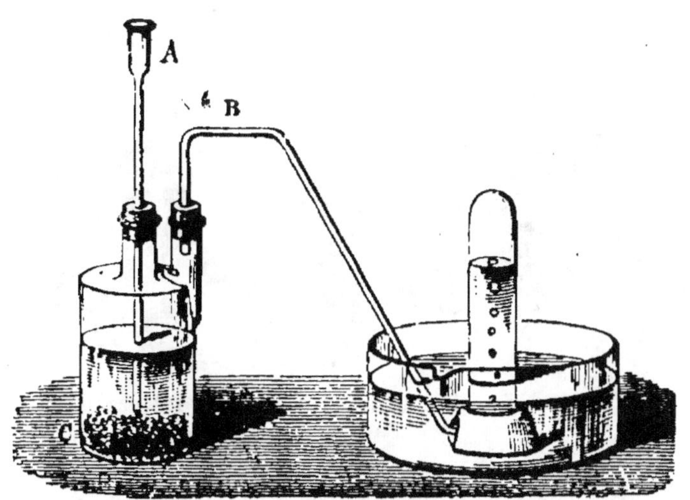

Fig. 80. — Préparation de l'acide sulfhydrique par le sulfure de fer.

On se sert de l'acide sulfurique ou de l'acide chlorhy-drique que l'on fait agir sur du sulfure de fer artificiel :

$$FeS + 2(HCl) = FeCl^2 + H^2S ;$$
$$FeS + SO^4H^2 = FeSO^4 + H^2S.$$

On opère à froid, dans un flacon à deux tubulures ; mais le gaz ainsi produit est souvent mélangé d'un peu d'hydrogène, parce que le sulfure de fer renferme presque toujours un peu de fer libre ; si on veut un gaz plus pur, on opère à chaud dans un ballon, avec le sulfure d'antimoine et l'acide chlorhydrique ; dans ce der-

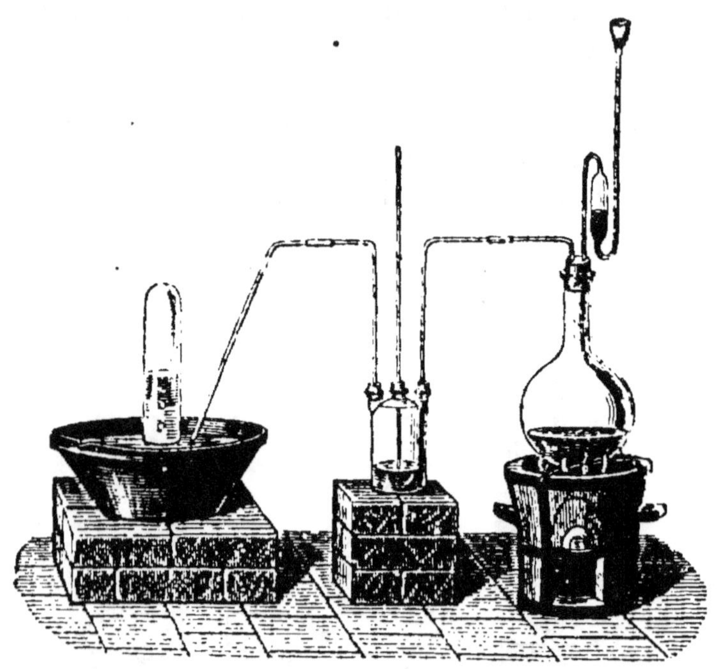

Fig. 81. — Préparation de l'hydrogène sulfuré par le sulfure d'antimoine.

nier cas, il faut faire suivre l'appareil d'un flacon laveur, comme l'indique la figure 81.

Résumé. — Le soufre forme avec l'hydrogène un sulfure que l'on appelle improprement hydrogène sulfuré et souvent **acide sulfhydrique** pour rappeler sa propriété acide. C'est un gaz incolore dont l'odeur est celle des œufs pourris. Il est un peu soluble dans l'eau.

Il est combustible et brûle avec une flamme bleue quand on l'allume. Si l'air se renouvelle autour du jet gazeux allumé, la combustion est complète, et il y a production d'eau et d'acide sulfureux. Quand l'air est en quantité insuffisante, c'est l'hydrogène qui brûle le premier, et le soufre se dépose.

Cette combustion incomplète a lieu quand le gaz est dissous

dans l'eau, si celle-ci contient de l'air ; alors le liquide blanchit par le dépôt de soufre. Les solutions que l'on veut avoir limpides et garder telles doivent être faites dans l'eau bouillie.

En présence des corps poreux, l'acide sulfhydrique s'oxyde très complètement et peut donner de l'acide sulfurique.

Beaucoup de corps simples, métalloïdes ou métaux, décomposent l'acide sulfhydrique : les uns lui prennent l'hydrogène, comme l'iode, et mettent le soufre en liberté ; les autres, comme le plomb ou l'étain, lui prennent le soufre pour donner des sulfures et laissent l'hydrogène. L'argent et le plomb donnent chacun un sulfure noir.

Les dissolutions métalliques des derniers métaux sont attaquées par l'acide sulfhydrique avec production de sulfures : c'est la raison qui fait employer ce gaz dans l'analyse.

L'acide sulfhydrique se forme dans les décompositions des matières organiques animales. On le trouve dans certaines eaux dites sulfureuses, comme celles de Barèges, de Cauterets et d'Uriage.

Pour le préparer dans les laboratoires, on attaque le protosulfure de fer par l'acide sulfurique, ou bien encore le sulfure d'antimoine par l'acide chlorhydrique ; dans ce dernier cas, le gaz est plus pur que dans le premier.

CHAPITRE XV

COMPOSÉS OXYGÉNÉS DU SOUFRE

121. Lorsqu'on brûle du soufre dans l'oxygène ou dans l'air, il se forme un composé gazeux, l'**anhydride sulfureux** SO^2, qui peut être considéré comme le point de départ des composés que le soufre donne avec l'oxygène.

Ces composés forment deux groupes principaux :

1° Les **anhydrides,** qui ne renferment que du soufre et de l'oxygène, qui ne donnent pas de sels, à moins de s'être incorporé d'abord de l'eau H^2O ; les trois principaux sont :

L'anhydride sulfureux, SO^2 ;
L'anhydride sulfurique, SO^3 ;
L'anhydride persulfurique, S^2O^7 ou $\dfrac{SO^3}{SO^3} > O.$

2° Les **acides,** qui ont, avec l'oxygène et le soufre, de l'hydrogène échangeable contre des métaux, qui sont de véritables sels d'hydrogène et qui engendrent des sels métalliques ; ce sont :

L'acide hydrosulfureux, SO^2H^2 ;
L'acide sulfureux, SO^2H^2O ou SO^3H^2 ;
L'acide sulfurique, SO^3H^2O ou SO^4H^2 ;
L'acide hyposulfureux, SSO^2H^2O ou $S^2O^3H^2.$

Anhydride et acide sulfureux

Anhydride, SO^2,   Poids moléculaire : 64.
Acide, SO^3H^2,   Poids moléculaire : 82.

122. Propriétés physiques. — L'anhydride sulfureux est un gaz incolore d'une odeur piquante et qui provoque la toux ; chacun la connaît, puisque c'est l'odeur du soufre qui brûle.

Ce gaz est très lourd ; il pèse 32 fois plus que l'hydrogène ; le poids du litre est :

$$32 \times 0,0895 = 2^{gr},86.$$

Il est très soluble dans l'eau, comme on peut le démontrer en renversant sur l'eau une éprouvette remplie de ce gaz ; l'eau ne tarde pas à monter dans l'éprouvette.

On le liquéfie en le faisant passer dans un tube qui plonge dans un mélange réfrigérant capable de tenir la température au-dessous de — 10°(¹) (*fig.* 82). Le liquide

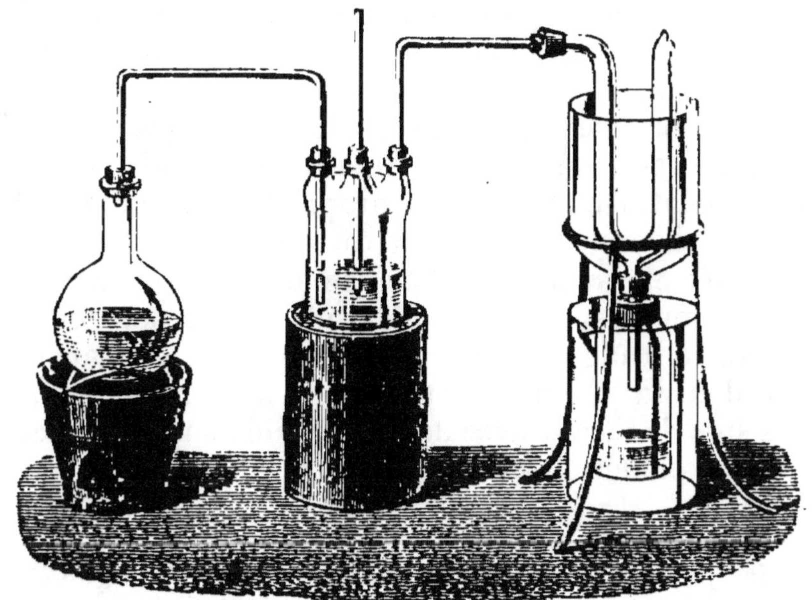

Fig. 82. — Appareil à produire l'acide sulfureux liquide.

obtenu est incolore, très mobile ; il repasse à l'état de gaz à — 10°, aussi faut-il le conserver dans des tubes fermés ; évaporé dans le vide, il produit un abaissement de température de — 68°.

On s'en est servi pour obtenir de très basses températures ; on le fait traverser par un rapide courant d'air, il s'évapore vivement et se refroidit assez pour solidifier une petite quantité de mercure contenu dans un petit tube à essais qu'on place au sein de l'anhydride sulfureux liquide (*fig.* 83).

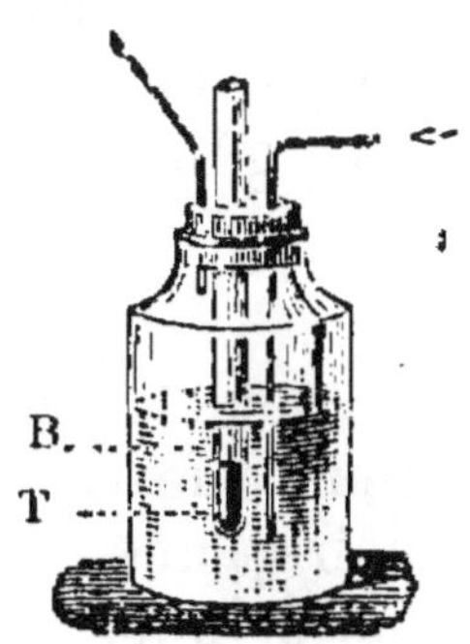

Fig. 83.
Congélation du mercure par l'évaporation rapide de l'acide sulfureux. — T, tube contenant le mercure ; — B, flacon contenant l'anhydride sulfureux.

123. Propriétés chimiques. —

L'anhydride sulfureux ne brûle pas ; il éteint les corps en combustion, qui

______

(¹) Un mélange de 2 p. de glace pilée avec 1 p. de sel marin.

deviennent alors plus difficiles à rallumer que s'ils avaient été plongés dans un autre gaz incombustible, comme l'azote.

On le prouve en plongeant dans une éprouvette de gaz sulfureux un charbon bien allumé qui s'y éteint rapidement. On utilise cette propriété pour éteindre les feux de cheminée ; on allume du soufre à l'entrée de la cheminée et on bouche l'orifice de celle-ci avec des draps mouillés pour que l'air n'y puisse pas rentrer. Le soufre brûle aux dépens de l'oxygène de l'air contenu dans la cheminée, et celle-ci ne contient bientôt plus que de l'azote avec de l'anhydride sulfureux, et la suie enflammée s'y éteint.

124. Action des corps simples. — Puisque le soufre peut donner un composé plus oxygéné que l'anhydride sulfureux, il est vraisemblable d'admettre *a priori* que celui-ci pourra s'oxyder et donner de l'acide sulfurique. Cette oxydation n'a pas lieu par l'oxygène sec, à moins qu'on ne fasse intervenir la chaleur et un corps poreux, comme la mousse de platine ; mais l'oxygène humide la produit très bien :

$$SO^2 + O + H^2O = SO^4H^2.$$

Aussi ne peut-on faire la dissolution d'acide sulfureux que dans de l'eau privée d'air ; dans de l'eau ordinaire, une portion de l'acide deviendrait de l'acide sulfurique.

L'acide sulfureux dans sa formation dégage de la chaleur :

$$S + O^2 = SO^2 \text{ } gaz + 71 \text{ } calories.$$

Il en dégage également quand il se dissout :

$$SO^2 \text{ } gaz + eau = dissolution + 7,8 \text{ } calories.$$

Le chlore. — Le chlore sec se combine à volume égal

à l'acide sulfureux sec pour engendrer un composé spécial SO^2Cl^2 avec dégagement de chaleur :

$$\underset{\text{71 calories}}{SO^2 \; gaz} + Cl^2 \; gaz = \underset{\text{82,4 calories}}{SO^2Cl^2 \; gaz}.$$

Quand on opère en présence de l'eau, il se forme de l'acide sulfurique et de l'acide chlorhydrique :

$$\underset{\text{78,8 calories}}{SO^2} + \underset{\text{138 calories}}{\overset{H^2O}{H^2O}} + Cl^2 = \underset{\text{80 calories}}{2(HCl)} + \underset{\text{140,5 calories}}{SO^4H^2}.$$

L'hydrogène réduit l'anhydride sulfureux, surtout en présence de l'eau, en produisant de l'acide sulfhydrique.

L'anhydride sulfureux enlève l'oxygène à certaines combinaisons qui cèdent facilement ce gaz. Tels sont les composés oxygénés de l'azote, tel est aussi le bioxyde de plomb (appelé oxyde puce, à cause de sa couleur brune); projeté dans un flacon de gaz sulfureux, ce corps y blanchit immédiatement en dégageant beaucoup de chaleur; il se produit du sulfate de plomb :

$$SO^2 + PbO^2 = PbSO^4.$$

125. Solution d'acide sulfureux. — L'acide en solution est bien plus oxydable que le gaz. Il dissout l'iode, en présence d'une grande quantité d'eau, en donnant une solution incolore d'acide iodhydrique et d'acide sulfurique :

$$I^2 + SO^3H^2 + H^2O = SO^4H^2 + 2(HI).$$

C'est un **réducteur** puissant ; il décolore le permanganate de potassium. On fait l'expérience en versant la solution colorée en violet dans la solution d'acide sulfureux ; la décoloration est instantanée. L'expérience est plus saisissante encore quand on verse la solution colorée dans un flacon de gaz sulfureux; elle tombe incolore dans ce flacon, qui paraît vide.

L'acide sulfureux décolore beaucoup de substances végétales : les pétales de violettes, le vin, le jus de fruit, etc. La matière colorante n'est pas détruite ; elle peut reparaître si on traite le corps par un acide fort qui chasse l'acide sulfureux. Sur un bouquet de violettes décolorées, l'ammoniaque produit une coloration vert foncé générale.

126. Usages de l'acide sulfureux. — On utilise sa puissance de décoloration pour le blanchiment de la laine et de la soie, qu'on ne peut blanchir au chlore. On brûle du soufre dans de grandes chambres appelées soufroirs, où l'on a suspendu les fils et les tissus préalablement humectés d'eau. L'anhydride sulfureux se dissout dans cette eau et sa solution agit sur la matière colorante, qu'elle désorganise. L'étoffe est lavée ensuite dans une eau alcaline qui enlève l'acide, puis après à grande eau.

On s'en sert aussi pour enlever les taches de fruits sur les étoffes. On mouille la tache ; on la place au-dessus de l'extrémité ouverte d'un petit cône de carton formant cheminée, à l'entrée duquel on allume du soufre ou un paquet d'allumettes. Le gaz produit se dissout dans l'eau qui imbibe la tache et l'enlève. Il ne reste plus qu'à laver le tissu pour enlever toute trace d'acide sulfureux.

L'anhydride sulfureux est un destructeur des petits animaux qui engendrent la gale, et des germes organiques qui développent les

Fig. 84. — Production de gaz sulfureux au-dessous d'un cône de carton, au haut duquel on met une étoffe portant une tache de fruit.

moisissures sur les substances végétales ou l'acidité sur les vins ; c'est la raison de son emploi, sous forme de mèches soufrées, pour le soufrage des tonneaux ou en fumigations pour guérir la gale.

·127. Préparation. — Le moyen le plus simple de l'obtenir, c'est de brûler du soufre à l'air, et c'est en effet ainsi que procède l'industrie. Dans les laboratoires, il est plus commode de désoxyder l'acide sulfurique par un métal ; on emploie le cuivre, ou de préférence le mercure, que l'on chauffe avec de l'acide sulfurique concentré dans un petit

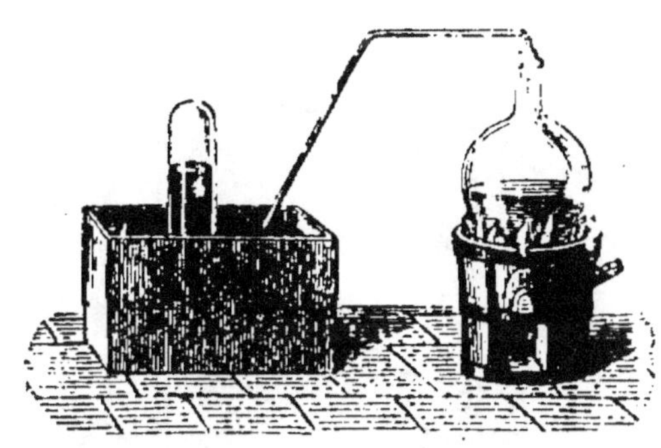

Fig. 85. — Préparation du gaz sulfureux recueilli sur le mercure.

ballon ; il reste du sulfate de mercure. Quand on emploie le cuivre en tournure, il faut un grand ballon, car la masse boursoufle beaucoup au début de l'opération. Voici la réaction :

$$Cu + 2(SO^4H^2) = SO^4Cu + 2(H^2O) + SO^2.$$

Si l'on veut obtenir une solution, on trouve plus économique d'employer le charbon pour désoxyder l'acide sulfurique ; il se dégage un mélange d'anhydride sulfureux et d'anhydride carbonique, que l'on fait arriver dans une série de flacons de Woolf ; le gaz carbonique est peu soluble ; il n'en reste presque pas dans l'eau qui dissout tout le gaz sulfureux :

$$2(SO^4H^2) + C = CO^2 + 2(H^2O) + 2(SO^2).$$

On a aussi employé le soufre au lieu de charbon, pour préparer le gaz sulfureux. C'est ce procédé, proposé par Melsens, qui a été appliqué en grand par M. R. Pictet, pour obtenir beaucoup d'anhydride sulfureux liquide :

$$2(SO^4H^2) + S = 2(H^2O) + 3(SO^2).$$

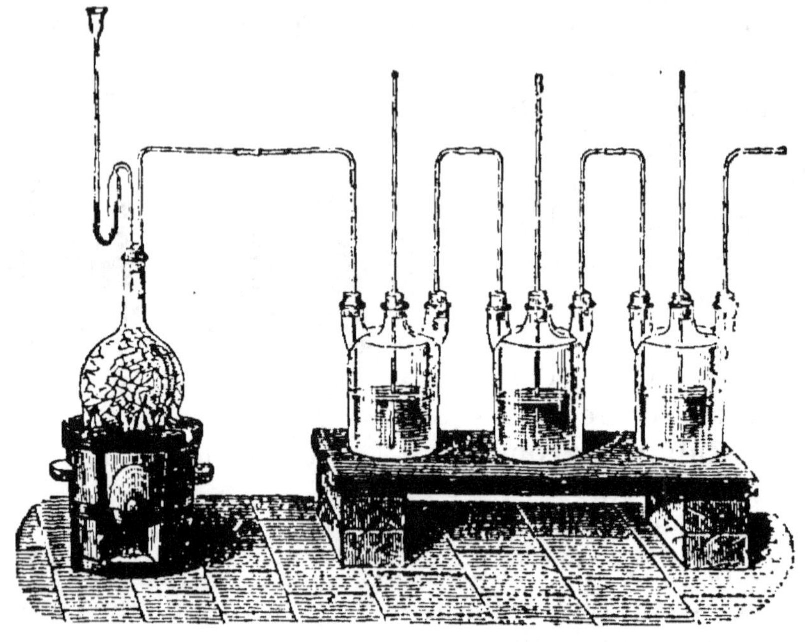

Fig. 86. — Appareil à préparer la dissolution d'acide sulfureux.

On introduit le soufre avec l'acide sulfurique concentré dans une cornue en fonte que l'on chauffe jusque vers le point d'ébullition de l'acide sulfurique. Le dégagement du gaz est très régulier.

Résumé. — Lorsqu'on brûle du soufre à l'air, il se produit un gaz qui est l'anhydride sulfureux et qui peut être considéré comme le point de départ des composés oxygénés du soufre.

Ces composés oxygénés comprennent trois anhydrides : l'**anhydride sulfureux** SO^2, l'**anhydride sulfurique** SO^3 et l'**anhydride persulfurique** S^2O^7. Ils comprennent, en outre, plusieurs acides qui ont de l'hydrogène à échanger contre les métaux pour donner des sels : les deux plus importants sont l'**acide sulfureux** SO^3H^2 et l'**acide sulfurique** SO^4H^2.

L'**anhydride sulfureux** se présente en gaz ou en dissolution. En gaz, c'est l'anhydride SO^2, qui provoque la toux, qui est très soluble dans l'eau, qu'on peut liquéfier à $10°$ au-dessous de zéro.

L'anhydride liquide doit être conservé dans des vases fermés, parce qu'il repasse en vapeurs à — 10°. Evaporé rapidement, à l'air ou mieux encore dans le vide, il absorbe beaucoup de chaleur et provoque un fort refroidissement des corps qui le contiennent et l'entourent; on s'en sert pour obtenir de basses températures.

Le gaz sulfureux ne brûle pas; il éteint les corps en combustion. Il peut néanmoins prendre l'oxygène et dégager de la chaleur dans cette combinaison, en donnant l'anhydride sulfurique.

La dissolution du gaz ou l'*acide sulfureux liquide* est un réducteur puissant; il peut enlever l'oxygène à certains oxydes, comme le bioxyde de plomb, et aussi aux composés de l'azote; c'est cette dernière réaction qui est utilisée dans la production de l'acide sulfurique.

On montre le pouvoir réducteur du gaz sulfureux en lui faisant décolorer du permanganate de potasse; la décoloration est instantanée.

On peut aussi faire décolorer des violettes ou enlever des taches de fruits sur les étoffes.

L'anhydride sulfureux est employé au blanchiment de la laine et de la soie. Il détruit les petits êtres et germes organisés qui sont, sur les substances organiques, les agents de la putréfaction.

Pour l'obtenir, on peut brûler du soufre à l'air; mais le gaz reste mélangé d'azote. Ce procédé ne peut pas servir dans les laboratoires, mais l'industrie du blanchiment de la laine l'emploie. On obtient l'anhydride pur en désoxydant l'acide sulfurique; on emploie dans ce but le mercure ou le cuivre.

Pour obtenir le gaz en solution, il faut le faire passer dans de l'eau désaérée contenue dans des flacons de Woolf. On peut alors substituer au cuivre soit le charbon de bois, soit même le soufre, et les chauffer l'un ou l'autre avec l'acide sulfurique.

CHAPITRE XVI

ACIDE SULFURIQUE

128. Différentes formes de l'acide sulfurique. — L'acide sulfurique se présente sous trois formes :

L'anhydride sulfurique (acide sulfurique anhydre). — SO^2O ou SO^3.

L'acide sulfurique ordinaire. — $SO^2(OH)^2$ ou SO^4H^2.

L'acide sulfurique fumant, appelé encore *acide anhydrosulfurique* ou *disulfurique*. — $S^2O^7H^2$.

(Sa formule brute $S^2O^7H^2$ le représente comme formé par la réunion de l'anhydride SO^3 avec l'acide ordinaire SO^4H^2.)

Acide anhydre SO^3

129. Propriétés de l'acide anhydre. — C'est un solide blanc formé de longs cristaux déliés et soyeux. On ne peut le conserver que dans un tube fermé, parce qu'il prendrait l'humidité de l'air et passerait à l'état d'acide sulfurique ordinaire. Quand on le laisse tomber dans l'eau, il s'y dissout avec sifflement, et le dégagement de chaleur indique qu'il s'est combiné à l'eau.

Il n'a aucun usage. Il peut se combiner à la baryte caustique avec une vive incandescence. Il ne peut se combiner avec les autres oxydes pour donner des sels qu'autant qu'il s'est fixé auparavant les éléments de l'eau; on pouvait prévoir ce résultat, cet acide n'ayant pas, sous sa forme SO^3, d'hydrogène à échanger contre un métal.

On l'obtient en distillant avec précaution de l'acide de Nordhausen dans une cornue dont le col s'engage dans un ballon refroidi par la glace et bien sec; les fumées de l'acide anhydre se condensent sous forme cristalline.

On peut aussi l'obtenir lorsqu'on dirige sur de la mousse de platine légèrement chauffée dans un tube un courant de gaz anhydride sulfureux et un courant d'oxygène bien sec.

La combinaison des deux gaz a lieu avec dégagement de chaleur :

$$SO^2 + O = SO^3 + 34 \; calories.$$

La combinaison directe du soufre et de l'oxygène donnerait 103 calories :

$$S + O^3 = SO^3 + 103\ calories.$$

Acide fumant $S^2O^7H^2$

130. Propriétés de l'acide fumant ou de Nord-hausen. — C'est un liquide oléagineux, fumant à l'air, ordinairement un peu brun, qu'on connaît sous ce nom à cause du lieu de sa fabrication. Il est obtenu en distillant le vitriol vert, que l'on a d'abord desséché. L'opération se fait dans le Harz et en Bohême ; le vitriol vert desséché est chauffé dans des cornues en grès emmanchées dans des récipients de même matière (*fig.* 87) ; il distille de l'acide anhydre dont les vapeurs se condensent dans l'acide placé dans les récipients et se combinent avec lui pour donner le corps

$$SO^3SO^4H^2 \quad \text{ou} \quad S^2O^7H^2.$$

L'ac'de fumant n'a été employé longtemps que pour dissoudre l'indigo ; les teinturiers le préféraient pour cet usage à l'acide ordinaire qui contient souvent un peu d'acide azotique.

Mais il est employé aujourd'hui en grandes quantités pour la fabrication des produits organiques nitrés, comme le celluloïd et divers fulminants, ainsi que pour la fabrication de l'alizarine artificielle et d'autres matières colorantes.

On le fabrique par deux procédés différents de celui du Harz. Dans l'un on fait passer sur de l'amiante platinée un mélange d'acide sulfureux et d'oxygène bien secs provenant de la décomposition d'acide sulfurique par la chaleur et on envoie les vapeurs d'anhydride ainsi produites dans de l'acide sulfurique ordinaire. On fait aussi l'anhydride par synthèse et on le dissout dans l'acide sulfurique concentré.

Dans le second moyen, on chauffe d'abord un bisul-

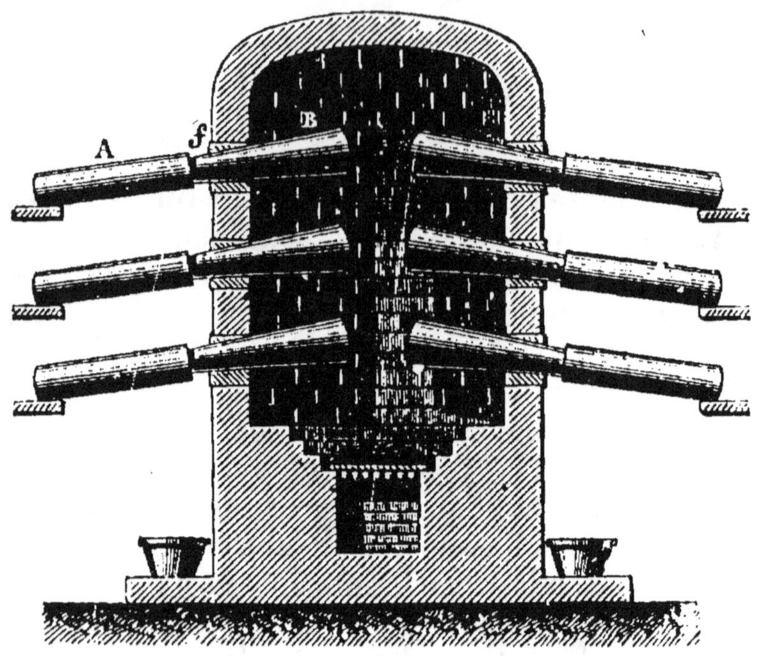

Fig. 87. — Four et cornues à préparer l'acide sulfurique fumant par la calcination du sulfate de fer.

fate de potasse $2(SO^4HK)$ pour le transformer en anhydrosulfate $\begin{matrix} SO^2O \\ SO^2O \end{matrix}\begin{matrix} K \\ K \end{matrix}$ ou $S^2O^7K^2$, et, en chauffant celui-ci, on le décompose en sulfate neutre SO^4K^2 et en SO^3 que l'on envoie se dissoudre dans de l'acide sulfurique concentré pour former l'acide fumant.

Acide sulfurique ordinaire SO⁴H²

131. Propriétés physiques. — L'acide sulfurique ordinaire est un liquide incolore et inodore, d'apparence huileuse (on l'appelle encore parfois *huile de vitriol*; les alchimistes le retiraient du sulfate de fer ou *vitriol vert*, dès le XIVᵉ siècle).

Il est très lourd, sa densité est de 1,84 à 15°, ce qui donne 1.840 grammes pour le poids du litre.

Il bout à 325° et peut, par conséquent, être distillé. Cette opération exige quelques précautions. Si on chauffait l'acide sulfurique dans une cornue de verre, comme on chauffe l'eau ou tout autre liquide non visqueux, les bulles de vapeurs formées au fond de la cornue, au-dessous d'un liquide lourd, projetteraient violemment le liquide, et celui-ci en retombant pourrait faire briser la cornue. Il faut donc éviter la production de ces soubresauts ; on y arrive en ne chauffant la cornue que par le pourtour, et, pour cela, on la place sur une grille en forme de gouttière circulaire (*fig.* 88), ou bien encore en

Fig. 88. — Grille à chauffer l'acide sulfurique quand on doit le distiller.

mettant avec l'acide dans la cornue des morceaux de pierre ponce ou quelques bouts de fils de platine. Dans tous les cas, il est prudent d'entourer la cornue d'un cylindre ou d'un dôme en tôle qui empêche le refroidissement brusque de la partie supérieure.

132. Propriétés chimiques. — L'acide sulfurique est un acide très énergique ; étendu de mille fois son volume d'eau, il colore encore la teinture de tournesol en un rouge pelure d'oignon intense.

Une température élevée le décompose en eau, anhydride sulfureux et oxygène :

$$SO^4H^2 = SO^2 + H^2O + O.$$

M. Deville a fondé sur cette propriété un procédé économique de préparation de l'oxygène. Il fait tomber goutte à goutte de l'acide sulfurique dans une cornue contenant des fragments de briques et fortement chauffée ; la réaction ci-dessus s'opère ; les trois gaz dégagés passent dans un laveur où les deux premiers se dissolvent, et on peut recueillir l'oxygène dans un gazomètre.

133. Action de l'eau. — L'acide sulfurique se dissout dans l'eau en dégageant beaucoup de chaleur et en développant, par conséquent, une forte élévation de température :

$$SO^4H^2 \text{ liquide} + \text{eau} = SO^4H^2 \text{ dissous} + 17 \text{ calories.}$$

Il se combine avec l'eau en plusieurs proportions pour donner des **hydrates** définis, dont l'un contient l'acide ordinaire SO^4H^2 auquel s'est fixé une molécule d'eau :

$$SO^4H^2 + H^2O.$$

Lorsqu'il y a combinaison de l'acide avec l'eau, il y a dégagement de beaucoup de chaleur. Ainsi, quand on mêle 4 parties d'acide avec 1 partie d'eau, la température du mélange est de plus de 100° ; aussi ne faut-il faire cette expérience qu'avec précaution, et verser l'acide dans l'eau en mince filet, en agitant constamment.

Si on renverse le rapport et qu'on emploie de la glace au lieu d'eau, 1 partie d'acide et 4 parties de glace pilée ou de neige, on produit un notable abaissement de la température, qui peut aller jusqu'à — 25° en employant 3 parties

Fig. 89. — Appareil à dessécher un corps par l'acide sulfurique dans un espace limité.

de l'hydrate cristallisé de l'acide avec 8 parties de glace. Dans ce cas, la chaleur développée par l'hydratation de l'acide est beaucoup moindre que celle qui est nécessaire à la fusion de la glace.

L'acide sulfurique attire rapidement l'humidité de l'air et peut, dans un vase ouvert, augmenter notablement de poids en quelques jours; aussi est-il souvent employé comme agent desséchant. On place l'acide dans un vase large; sur un trépied, la substance à dessécher; on couvre le tout d'une cloche rodée reposant sur une plaque polie (*fig.* 89); l'acide dessèche l'air emprisonné et la substance. Quand on veut dépouiller un gaz de l'humidité qu'il contient, par exemple l'air de sa vapeur d'eau, on fait passer le gaz dans un tube en U contenant de la pierre ponce qui a bouilli avec de l'acide sulfurique (*fig.* 90).

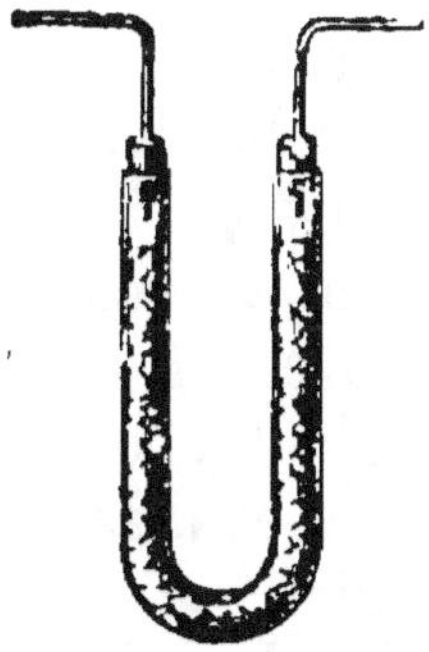

L'acide sulfurique **charbonne** le bois, parce qu'il lui enlève de l'eau. Il brunit à l'air, parce qu'il carbonise les poussières qui y tombent. C'est un caustique violent qui désorganise rapidement les membranes qu'il touche.

Fig. 90. — Tube à ponce sulfurique pour dessécher les gaz.

134. Action des métalloïdes. — Tous les métalloïdes qui s'unissent directement à l'oxygène peuvent décomposer l'acide sulfurique. L'hydrogène réduit l'acide sulfurique en donnant l'anhydride sulfureux et de l'eau:

$$SO^4H^2 + H^2 = 2(H^2O) + SO^2.$$

Le charbon, chauffé avec l'acide sulfurique, produit du gaz sulfureux et du gaz carbonique :

$$2(SO^4H^2) + C = 2(SO^2) + CO^2 + 2(H^2O).$$

Le soufre agit de même, et ces deux réactions sont utilisées pour préparer l'anhydride sulfureux.

135. Action des métaux. — Il faut faire deux groupes des réactions des métaux sur l'acide sulfurique : dans le premier cas se placent des métaux qui dégagent de l'hydrogène ; dans le second, ceux qui dégagent de l'anhydride sulfureux ; dans l'un comme dans l'autre, il y a formation de sulfate.

Le zinc et le fer, attaqués par l'acide sulfurique étendu, se substituent à l'hydrogène qui se dégage ; il reste du sulfate de zinc ou de fer :

$$Fe + SO^4H^2 \; dissous = SO^4Fe \; dissous + H^2 ;$$
$$Zn + SO^4H^2 \; dissous = SO^4Zn \; dissous + H^2.$$

La réaction est très peu intense avec l'acide concentré, probablement parce qu'il manque l'eau nécessaire à la dissolution et à l'hydratation du sulfate formé.

C'est la réaction qu'on utilise habituellement pour préparer l'hydrogène ; et l'égalité précédente permet de calculer ce qu'un poids donné de zinc nécessite d'acide et d'eau pour un volume déterminé de gaz à obtenir.

Le cuivre, le plomb, le mercure, l'argent attaquent l'acide sulfurique concentré, dégagent de l'anhydride sulfureux et forment des sulfates :

$$Cu + 2(SO^4H^2) = SO^4Cu + 2(H^2O) + SO^2.$$

C'est la réaction qui nous a servi à préparer l'anhydride sulfureux.

Les réactions qui précèdent s'expliquent quand on fait intervenir les quantités de chaleur. On peut ainsi montrer que le cuivre mis en contact avec l'acide étendu ne peut pas dégager de l'hydrogène, parce que la réaction ne peut pas rendre libre de la chaleur, tandis que le même métal rend de la chaleur libre en agissant sur l'acide concentré et en dégageant de l'acide sulfureux.

Si l'on prend les chaleurs de formation, on a :

$$SO^2 + O + H^2O = SO^4H^2 + Q$$
$$\text{69 cal.} \qquad\qquad \text{69,2} \qquad \text{193}$$
$$\text{donc} \quad Q = 55 \; \textit{calories.}$$

$$SO^4H^2 + \text{eau} = SO^4H^2 \; \textit{dissous} + 17 \; \textit{calories}$$
$$Zn + SO^4 = SO^4Zn \; \textit{dissous} + 252 \; \text{c.6}$$
$$Cu + SO^4 = SO^4Cu \qquad\qquad + 183 \; \text{c.6}$$

On peut donc écrire les réactions précédentes sous la forme suivante :

1° *Acide étendu et zinc :*

$$Zn + SO^4H^2 \; \textit{dissous} = SO^4Zn \; \textit{dissous} + H^2 + Q \; \textit{calories}$$
$$\text{210 calories} \qquad\qquad \text{252,6}$$
$$\text{donc} \quad Q = 42 \; \text{c. 6.}$$

2° *Acide étendu et cuivre :*

$$Cu + SO^4H^2 \; \textit{dissous} = SO^4Cu \; \textit{dissous} + H^2 + Q \; \textit{calories}$$
$$\text{210 calories} \qquad\qquad \text{183 c.6}$$
$$Q = -26,4$$

la réaction n'est pas possible.

3° *Acide concentré et cuivre :*

$$Cu + 2(SO^4H^2) = SO^4Cu + 2(H^2O) + SO^2 + Q \; \textit{calories}$$
$$2 \times 103 \qquad\quad 183 \; \text{c.6} + 2 \times 69,2 + 69 \; \text{c.}$$
$$Q = 5.$$

136. Action des oxydes. — L'acide sulfurique se combine aux oxydes avec un dégagement de chaleur qui peut aller jusqu'à l'incandescence. Ainsi, quand on le verse sur de l'oxyde de baryum, celui-ci devient rouge. Il y a production de *sulfate de baryum*, à peu près complètement insoluble.

Le même corps se produit toutes les fois qu'on verse de l'acide sulfurique dans un sel soluble de baryum ; c'est un *précipité blanc* qui caractérise l'acide, et qui sert à en reconnaître facilement et très promptement la présence dans un liquide.

Si on verse dans la potasse (oxyde de potassium) ou dans de l'ammoniaque colorée en bleu par du tournesol, peu à peu, de

Fig. 91. — L'acide sulfurique versé sur de la baryte caustique la rend incandescente.

l'acide sulfurique, on obtient un liquide qui n'a plus d'action, ni sur le tournesol bleu, ni sur le tournesol rouge : c'est un sulfate ; l'acide a saturé et **neutralisé** la base. On met en évidence la combinaison formée en évaporant le liquide ; il se dépose un sel cristallisé ; et, dans le cas où l'on a opéré avec l'ammoniaque, ce sel solide est le produit de la combinaison de deux corps que l'on pouvait auparavant réduire l'un et l'autre complètement en vapeur.

Les bioxydes, comme celui de manganèse, donnent un sulfate et dégagent de l'oxygène, quand on les traite par l'acide sulfurique :

$$MnO^2 + SO^4H^2 = SO^4Mn + H^2O + O.$$

C'est un des moyens d'obtenir l'oxygène ; c'est celui qui fut proposé par Scheele.

137. Action des chlorures et des sulfures. — Les chlorures, bromures et iodures échangent leurs métaux contre l'hydrogène de l'acide sulfurique, et donnent des sulfates, en même temps qu'il y a formation d'acide chlorhydrique, bromhydrique ou iodhydrique.

Avec le chlorure de calcium $CaCl^2$, on a la réaction suivante :

$$CaCl^2 + SO^4H^2 = SO^4Ca + 2(HCl).$$

Avec le chlorure de sodium, on a une réaction en deux phases :

$$NaCl + SO^4H^2 = SO^4NaH + HCl,$$
$$SO^4NaH + NaCl = SO^4Na^2 + HCl.$$

C'est cette réaction qui est utilisée dans l'industrie pour fabriquer le sulfate de sodium, et dans les laboratoires pour obtenir l'acide chlorhydrique.

Si on fait agir à la fois l'acide sulfurique sur un chlorure, bromure, iodure et sur un bioxyde, il y a formation de deux sulfates, de deux molécules d'eau, et le métalloïde est mis en liberté. Ainsi s'explique la préparation du chlore, du brome et de l'iode par la réaction de l'acide sulfurique et du bioxyde de manganèse sur un chlorure, un bromure ou un iodure métallique :

$$Mn\begin{matrix}O\\O\end{matrix} + \begin{matrix}H^2SO^4\\H^2SO^4\end{matrix} + \begin{matrix}NaCl\\NaCl\end{matrix} = SO^4Mn + SO^4\begin{matrix}Na\\Na\end{matrix} + \begin{matrix}H^2O\\H^2O\end{matrix} + 2Cl.$$

Le sulfure de fer est décomposé par l'acide sulfurique avec production de sulfate de fer et de sulfure d'hydrogène :

$$FeS + SO^4H^2 = SO^4Fe + H^2S.$$

Cette réaction s'effectue d'elle-même à la température

ordinaire ; elle donne un moyen commode de préparer l'acide sulfhydrique H^2S.

138. Sulfates. — Les sulfates sont les sels que l'acide sulfurique produit en agissant sur les métaux, les oxydes ou les sels. Ils ressemblent à l'acide sulfurique où l'hydrogène a été remplacé par un métal.

Si le métal est le potassium, le sodium ou l'argent, qu'un atome du métal ne remplace qu'un atome d'hydrogène, il y a deux sulfates possibles.

On a :

$$SO^4 \begin{matrix} H \\ H \end{matrix} \qquad SO^4 \begin{matrix} K \\ K \end{matrix} \qquad SO^4 \begin{matrix} H \\ K \end{matrix}$$

Acide sulfurique   *Sulfate de potasse dit neutre*   *Sulfate acide ou bisulfate*

Si le métal, comme c'est le cas le plus général, peut remplacer 2 atomes d'hydrogène, il n'y a qu'une forme de sulfate :

$$SO^4H^2 \qquad SO^4M \qquad SO^4Cu$$

Acide sulfurique   *Sulfate*   *Sulfate de cuivre*

139. Usages. — Les usages de l'acide sulfurique sont très nombreux. Nous venons de voir qu'il sert à la préparation du chlore, du brome, de l'iode, aussi de l'acide chlorhydrique et de l'hydrogène. Nous lui trouverons beaucoup d'autres emplois, notamment pour préparer les autres acides ; c'est sans contredit celui de tous les composés chimiques qui sert le plus, non pas seulement dans les laboratoires, mais surtout dans l'industrie.

Il nous suffira, pour donner une idée de son importance, d'ajouter que la France en fabrique annuellement 100 millions de kilogrammes, et qu'on en consomme annuellement en Europe plus d'un million de tonnes.

140. État naturel. — Il existe aux environs des volcans, dans certains torrents qui descendent des Cordillères, notamment dans le Rio-Vinagre qui en charrie annuellement plusieurs millions de kilogrammes. Ses combinaisons sont très répandues dans la nature.

141. Préparation. — On ne prépare pas l'acide sulfurique dans les laboratoires, l'industrie le livre à très bon marché, en le produisant sur une grande échelle et d'une manière continue, par un procédé dont les résultats approchent aussi près que possible de ceux qu'indique la théorie.

Le principe est très simple : fournir à l'acide sulfureux de l'oxygène et de l'eau pour qu'il devienne de l'acide sulfurique :

$$SO^2 + O + H^2O = H^2OSO^3 \quad \text{ou} \quad H^2SO^4.$$

Nous avons vu que la solution d'acide sulfureux se transforme peu à peu en acide sulfurique sous l'influence de l'air ; mais cette oxydation est bien trop lente pour qu'on puisse avanta-geusement l'employer dans la pratique. Il a donc fallu chercher un corps qui cède facilement son oxygène et, de plus, soit capable d'en reprendre à l'air pour se refor-mer sans cesse, de sorte qu'en

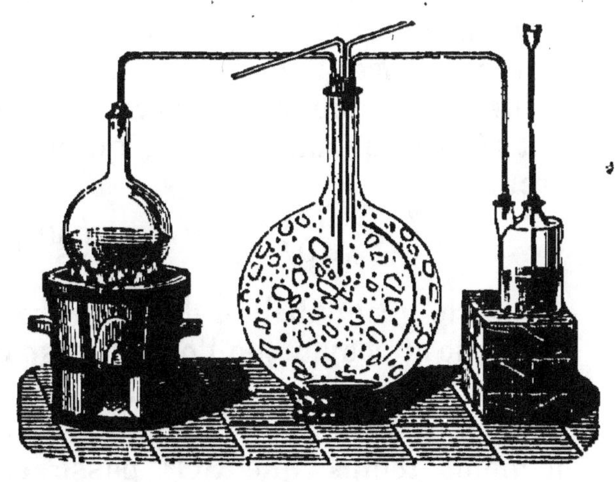

Fig. 92. — Appareil des laboratoires pour préparer de petites quantités d'acide sulfurique.

fin de compte ce soit l'oxygène de l'air qui serve à oxyder l'acide sulfureux et à le transformer en acide sulfurique. On a trouvé ce transformateur, cet utile intermédiaire, dans l'acide azotique et, en général, dans les composés oxygénés de l'azote.

Théoriquement, une quantité limitée de composés de l'azote peut oxyder une quantité illimitée d'anhydride sulfureux.

En s'appuyant sur de nombreuses expériences, on admet que l'agent principal de l'oxydation est l'anhydride azoteux Az^2O^3 qui peut exister à l'état de vapeur.

En présence de SO^2, d'un peu d'eau et d'oxygène, la réaction suivante s'effectue :

$$2SO^2 + Az^2O^3 + O^2 + H^2O = 2\left(SO^4\,{}^{II}_{AzO}\right).$$

Ce dernier corps est appelé sulfate de nitrosyle (parce que le radical AzO remplace H dans l'acide sulfurique).

C'est un corps cristallisé, blanc, appelé encore *cristaux* des *chambres de plomb*; il se développe en effet sur les parois de ces chambres, quand il n'y a pas assez de vapeur d'eau.

En présence d'un excès, il se détruit, produit de l'acide sulfurique et régénère l'anhydride azoteux qui peut réagir sur une nouvelle quantité d'anhydride sulfureux :

$$2\left(SO^4\,{}^{II}_{AzO}\right) + H^2O = 2\left(SO^4\,{}^{II}_{II}\right) + Az^2O^3.$$

Dans le grand ballon de la figure 92, il se forme du sulfate de nitrosyle que l'on fait disparaître en envoyant dans le ballon de la vapeur d'eau ou en chauffant l'eau froide placée au fond du ballon. Le gaz AzO envoyé en même temps que SO^2 passe en AzO^2, vapeurs rouges, et probablement aussi en Az^2O^3, qui se fait et se défait.

On réalise en petit cette fabrication en envoyant dans un grand ballon de 15 litres, qui contient un peu d'eau légèrement chauffée, de l'anhydride sulfureux, de l'air et un composé de l'azote ; on trouve dans l'eau du ballon de l'acide sulfurique, que l'on constate par le précipité blanc qu'il donne avec un sel soluble de baryum. Mais cet appareil n'a qu'un intérêt de curiosité, et il ne donne aucune idée des grands appareils industriels.

142. Appareils industriels. — Ils comprennent deux parties :

1° Les fours où l'on produit l'anhydride sulfureux, souvent l'acide azotique et la vapeur d'eau ;

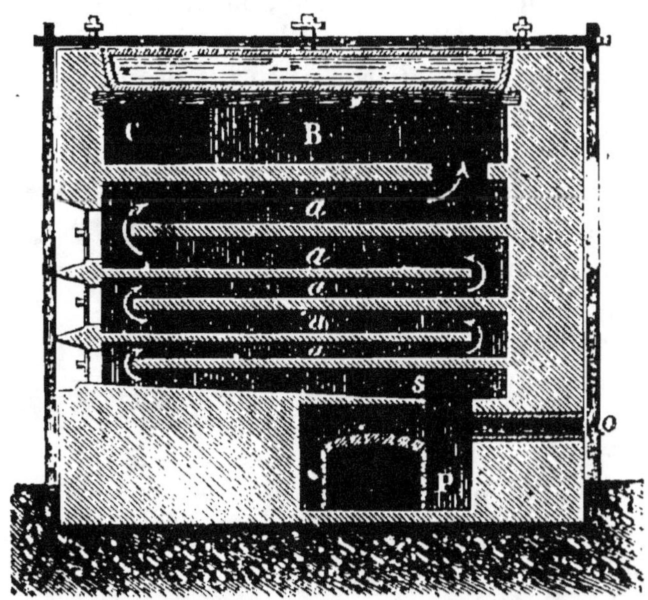

FIG. 93. — Four à griller les pyrites. — o, arrivée de l'air ; — a, tablettes recevant les pyrites ; — B, chambres supérieures ; — C, conduit emmenant le gaz sulfureux ; — s, sole inférieure ; — P, cendrier.

2° Les grandes chambres toutes de plomb où s'accomplit la transformation de l'acide sulfureux en acide sulfurique et qui sont de beaucoup la partie la plus volumineuse des appareils.

143. Fours. — Longtemps on a brûlé du soufre pour obtenir le gaz sulfureux ; aujourd'hui on brûle des **pyrites,** pierres et poussière d'un jaune bleuâtre

qu'on trouve sous forme de minerai, notamment à
Chessy, près de Lyon, et qui, calcinées dans un four
spécial que représente la figure 93, sous l'influence
d'un courant d'air chaud, donnent beaucoup de gaz
sulfureux. Une portion de la chaleur du foyer sert à
produire la vapeur d'eau et souvent aussi l'acide azotique, que l'on envoie alors sous forme de gaz dans les
chambres.

144. Chambres. — Les chambres se composent
d'une charpente supportant les feuilles de plomb sou-
dées les unes aux autres avec du plomb, de manière
que les gaz et l'acide formé ne se trouvent en contact
qu'avec ce métal. On en mon-
tait jusqu'à six autrefois pour
constituer un appareil; on n'en
fait plus que deux grandes,
souvent même une seule séparée en deux par une cloison,
et on en trouve qui mesurent
jusqu'à 100 mètres de longueur, avec leur largeur de
6 mètres et leur hauteur de
$6^m,50$; elles jaugent donc près
de 4.000 mètres cubes. Le fond

Fig. 94. — Coupe représentant un des coins inférieurs
d'une chambre de plomb.

de la chambre forme cuvette ; les parois y tombent en
rideau, plongent dans l'acide et réalisent une fermeture
hydraulique.

Les gaz qui en sortent contiennent encore des produits oxygénés de l'azote que l'on recueille d'après les
conseils de Gay-Lussac. On les fait monter dans une
grande colonne en plomb dite **tour de Gay-Lussac,**
remplie de morceaux de coke sur lesquels coule de
haut en bas de l'acide sulfurique qui dissout les composés de l'azote.

La chambre est précédée d'une tour analogue dite
tour de Glover (*fig.* 93), où l'on envoie d'abord le

gaz sulfureux venant des fours et où l'on fait tomber

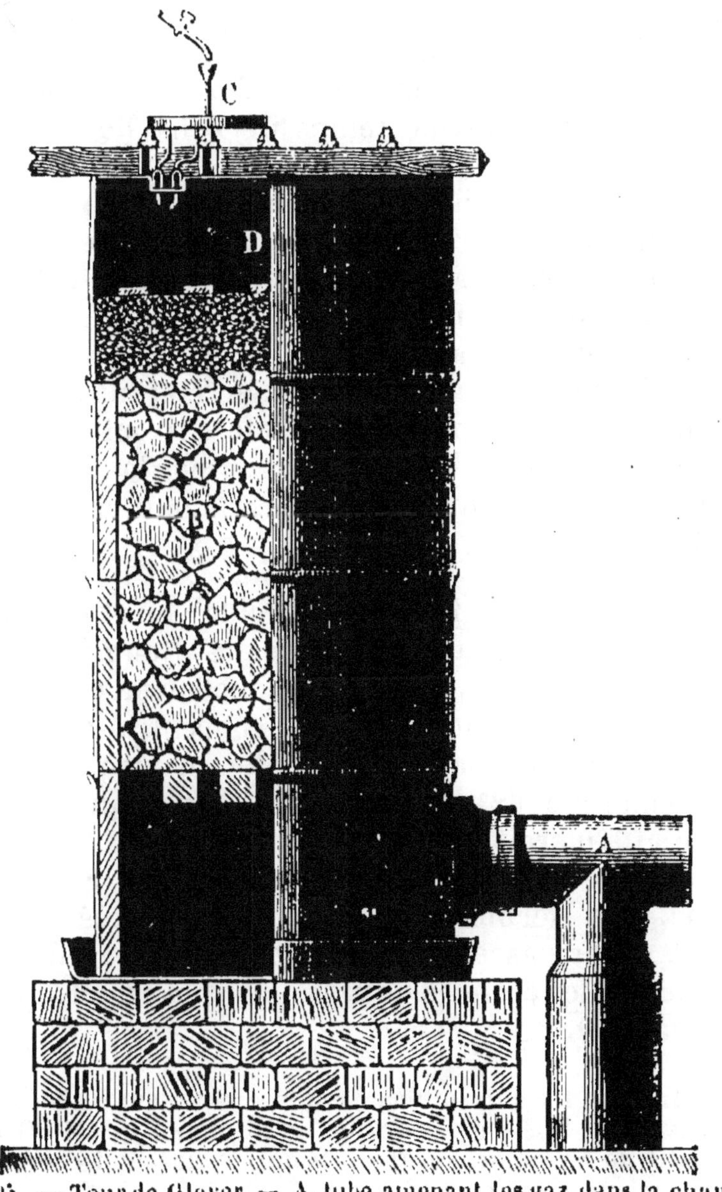

Fig. 93. — Tour de Glover. — A, tube amenant les gaz dans la chambre inférieure ; — B, amas de coke ; — C, mode de distribution réglant la chute des acides liquides qui coulent dans la tour ; — D, tube emmenant les gaz dans les chambres de plomb.

peu à peu l'acide recueilli au bas de la colonne qui terminé l'appareil. De cette manière, le gaz sulfureux, trop chaud pour accomplir son oxydation, se refroidit avant d'entrer dans la chambre; de plus, il enlève à l'acide qui tombe les composés de l'azote dont ce liquide est chargé et en même temps il l'échauffe et le concentre.

Ainsi un appareil moderne comprend une ou deux très grandes chambres, avec une plus petite entre elles; la première est précédée et la dernière est suivie d'une tour ou colonne à condensation; la première tour refroidit les gaz qui vont réagir les uns sur les autres; la dernière est destinée à arrêter au passage et à recueillir les composés de l'azote qui ont échappé à la réaction. L'acide formé peu à peu par la réaction des gaz se rassemble dans le bas des chambres qui forme cuvette.

145. Concentration. — L'acide que l'on retire marque 51° à 52° à l'aréomètre de Baumé. Pour le livrer au commerce, il faut le concentrer et l'amener à marquer 66° Baumé. Cette concentration s'opère d'abord dans des bassines de plomb, jusqu'à ce que l'acide marque 62° Baumé (si on dépassait ce point, l'acide attaquerait notablement le plomb). On achève la concentration le plus souvent dans des cornues en platine. Ces dernières sont d'un prix très élevé et s'usent encore assez promptement; on ne peut songer à employer des cornues de verre, dans la crainte qu'elles ne se cassent.

Résumé. — L'acide sulfurique se présente sous trois formes : l'acide *anhydre* SO^3, l'acide *ordinaire* dit monohydraté SO^4H^2, et l'acide dit de Saxe, *de Nordhausen* ou *fumant*, qui est un mélange des deux premiers.

L'acide anhydre est solide en aiguilles soyeuses; il doit être conservé dans un vase fermé.

L'acide fumant est obtenu par la distillation sèche du vitriol vert ou sulfate de fer desséché et dont le résidu est le colcotar. On l'obtient aussi en produisant de l'acide anhydre qu'on envoie se dissoudre dans l'acide ordinaire. Il sert aujourd'hui à la fabrication des produits organiques nitrés, comme le celluloïd, ou de certaines couleurs, comme l'alizarine.

L'acide sulfurique ordinaire ou monohydraté est un liquide lourd, d'apparence huileuse, appelé parfois huile de vitriol. On ne peut pas le chauffer sans précaution : il produit des soubresauts qui feraient briser le vase de verre qui le contient.

C'est un acide très énergique ; il en faut bien peu dans l'eau pour que la solution rougisse le tournesol.

Il se combine à l'eau avec un grand dégagement de chaleur ; aussi recommande-t-on de verser toujours l'acide dans l'eau en agitant et jamais l'eau dans l'acide.

Il enlève l'eau au corps, aussi est-il employé comme dessiccateur. Il charbonne le bois et en général les matières organiques. Il brunit parce qu'il carbonise les poussières de l'air qui s'y mélangent.

Les métalloïdes qui peuvent s'unir à l'oxygène le désoxydent en produisant de l'anhydride sulfureux ; telle est notamment l'action du charbon et du soufre qui, chauffés avec l'acide sulfurique, font dégager de l'anhydride sulfureux.

Les métaux agissent sur l'acide sulfurique et produisent des sulfates. Avec les uns, comme le fer et le zinc, il faut employer un acide étendu, et il se dégage de l'hydrogène (c'est ainsi qu'on produit ordinairement l'hydrogène en attaquant le zinc par l'acide sulfurique). Avec les autres, comme le plomb, le cuivre, l'argent, c'est l'acide concentré qu'il faut employer, et c'est de l'anhydride sulfureux qui se dégage.

L'acide sulfurique agit sur les oxydes. Avec la baryte, le dégagement de chaleur rend le produit incandescent. Avec les oxydes dissous, comme la potasse ou la soude, il y a une neutralisation et la formation d'un sel qu'on peut faire cristalliser de sa solution.

Avec les chlorures, il y a échange d'un métal contre l'hydrogène, dégagement d'acide chlorhydrique et formation de sulfates.

Les sulfates formés par l'action de l'acide sur les métaux, les oxydes ou les sels sont de deux ordres, suivant que 1 ou 2 atomes d'hydrogène de l'acide sont remplacés par les métaux : on a donc des bisulfates et des sulfates.

L'acide sulfurique peut être formé si l'on fixe de l'oxygène et de l'eau à la molécule de l'anhydride sulfureux. On ne le fait pas dans les laboratoires ; mais l'industrie le fabrique en très grande quantité en utilisant cette réaction.

L'anhydride sulfureux est produit dans des fours et provient du grillage des pyrites de fer. On produit en même temps de l'acide azotique. Les gaz sont envoyés dans des chambres de plomb très spacieuses, avec de la vapeur d'eau et de l'air, et les réactions s'effectuent pour produire l'acide sulfurique.

Le liquide obtenu dans les chambres est concentré d'abord dans des vases de plomb, puis dans des vases de platine, et il est livré au commerce, marquant 66° à l'aréomètre de Baumé.

L'acide sulfurique a de nombreux usages. On en fabrique annuellement en Europe plus d'un million de tonnes.

CHAPITRE XVII

COMPOSÉS OXYGÉNÉS DE L'AZOTE. — ACIDE AZOTIQUE

146. Noms et symboles. — On connaît aujourd'hui six composés oxygénés de l'azote dont voici les noms et les symboles :

Le **Protoxyde d'azote** ou oxyde azoteux,	Az^2O.
Le **Bioxyde d'azote** ou oxyde azotique,	Az^2O^2 ou AzO.
L'**Anhydride azoteux,**	Az^2O^3.
L'**Acide hypoazotique** ou peroxyde d'azote,	Az^2O^4 ou AzO^2.
L'**Anhydride azotique,**	Az^2O^5.
L'**Anhydride perazotique,**	Az^2O^6 ou AzO^3.

Ils offrent un exemple remarquable de la *Loi des proportions multiples :* le même poids d'azote ($Az^2 =$ 28 grammes) se combine avec des poids d'un même corps, l'oxygène, qui sont des *multiples simples* de l'un d'entre eux : on a en effet 1 fois 16 grammes d'oxygène, 2 fois 16 grammes, 3 fois, 4 fois, 5 fois et 6 fois 16 grammes d'oxygène.

Les deux premiers et le quatrième que l'on obtient facilement à l'état gazeux vérifient les *Lois de Gay-Lussac* sur les combinaisons des gaz :

2 vol. d'azote Az^2 et 1 vol. d'oxygène O	forment 2 vol. de protoxyde d'azote.
2 — Az^2 et 2 vol. — O^2 — 2 — bioxyde d'azote.
2 — Az^2 et 4 vol. — O^4 — 2 — d'acide hypoazotique.

Tous ces corps sont formés avec absorption de chaleur ; ils ne prennent pas naissance par l'union directe de leurs éléments. Ils se décomposent à une température peu élevée et ils cèdent de l'oxygène.

Trois d'entre eux, le premier, le troisième et le cinquième, en s'assimilant les éléments de l'eau, donnent des acides ayant de l'hydrogène à échanger contre les métaux et capables par suite d'engendrer des sels :

Au protoxyde Az^2O correspond Az^2OH^2O ou $Az^2O^2H^2$ ou $AzOH$,
acide hypoazoteux ;

à l'anhydride azoteux Az^2O^3 correspond $Az^2O^3H^2O$ ou $Az^2O^4H^2$ ou AzO^2H,
acide azoteux ;

à l'anhydride azotique Az^2O^5 correspond $Az^2O^5H^2O$ ou $Az^2O^6H^2$ ou AzO^3H,
acide azotique.

Ce dernier, l'acide azotique, peut être considéré comme le générateur de tous les autres.

Acide azotique

$$AzO^3H$$

147. Anhydride azotique. — L'acide azotique anhydre Az^2O^5 est un corps solide en cristaux qui fond à 30° et bout à 50°. Il est très instable, il se décompose spontanément à la température ordinaire en acide hypoazotique Az^2O^4 et en oxygène. Il émet des vapeurs à l'air, se liquéfie à l'air humide en absorbant l'eau : on ne peut le conserver que dans un tube scellé. On peut le préparer en faisant agir l'acide phosphorique anhydre sur l'acide azotique fumant.

148. Acide azotique (AzO^3H). — L'acide azotique, appelé encore acide **nitrique,** parce qu'il provient du *nitre,* ou encore *eau-forte,* parce qu'il sert au graveur sur cuivre, est un liquide qui répand des vapeurs à l'air. Pur, il est incolore ; mais souvent il est coloré en jaune par des vapeurs d'anhydride hypoazotique qui lui donnent une odeur particulière.

Il bout à 86°, et cette température suffit déjà à le
décomposer; il se produit des vapeurs rutilantes; et
l'eau provenant de l'acide décomposé se combine à
l'acide restant pour en élever peu à peu le point
d'ébullition jusqu'à 123°. A partir de ce point, le thermomètre reste stationnaire, le produit passe à la distillation ; c'est alors l'acide que l'on appelait quadri-
hydraté dans l'ancienne notation et dont la densité
et 1,42. Ce même hydrate prend naissance quand on
distille de l'acide azotique étendu ; il passe d'abord de
l'eau plus ou moins acide; le thermomètre monte peu
à peu de 100° à 123°, où il reste stationnaire ; à ce
moment, l'acide qui bout dans la cornue est l'acide ordinaire.

L'acide fumant est aussi décomposé par la lumière,
qui le colore en jaune orangé. A la température du
rouge blanc, sa vapeur se résout en ses éléments.

On peut le considérer comme provenant de l'anhydride
azotique (Az^2O^5), qui s'est combiné à 1 molécule d'eau :

$$Az^2O^3 + H^2O = 2\,(AzO^3H).$$

149. Propriétés chimiques. — L'acide azotique
étant un corps facile à décomposer cédera de l'oxygène et
se comportera, dans beaucoup de circonstances, comme
un oxydant énergique. Presque tous les métalloïdes
sont attaqués par l'acide azotique concentré, qui leur
cède facilement de l'oxygène. Il entretient avec vivacité
la combustion d'un charbon allumé qu'on présente à sa
surface.

L'hydrogène le décompose, et, après lui avoir pris son
oxygène pour former de l'eau, il peut se combiner à l'azote
et produire de l'ammoniaque ; la réaction complète est
la suivante :

$$AzO^3H + 8H = AzH^3 + 3H^2O.$$

On produit cette transformation en faisant passer de
l'hydrogène mélangé de vapeurs d'acide azotique sur

de la mousse de platine légèrement chauffée ; un papier
rouge de tournesol présenté à
l'extrémité du tube prend la couleur bleue que lui donne l'alcali.

Le phosphore est oxydé par
l'acide azotique ; la réaction, un
peu aidée par la chaleur, est très
vive : il se dégage d'abondantes
vapeurs rutilantes ; avec l'acide
pur, la réaction serait dangereuse. On la réalise avec de
l'acide étendu que l'on chauffe
légèrement.

Fig. 96. — Attaque d'une
lame de cuivre B par
l'acide azotique.

L'acide azotique cède de l'oxygène à l'acide sulfureux et le
transforme en acide sulfurique, avec dégagement de
vapeurs rutilantes :

$$SO^2 + 2(AzO^3H) = SO^4H^2 + 2(AzO^2).$$
$$\textit{Ac. sulfurique} \qquad \textit{Vap. nitreuses}$$

On fait l'expérience en versant quelques gouttes
d'acide azotique fumant dans une éprouvette de gaz
sulfureux ; on voit la production de vapeurs rougeâtres, et on constate la formation d'acide sulfurique
par un sel soluble de baryte.

150. Action des métaux. — Tous les métaux,
excepté l'or et le platine, décomposent l'acide azotique ;
les produits formés dépendent du métal et surtout du
degré de concentration de l'acide.

L'étain, traité par l'acide azotique, donne une poudre
blanche d'oxyde d'étain, et il se dégage des vapeurs
rutilantes :

$$Sn + 4(AzO^3H) = SnO^2 + 4(AzO^2) + 2H^2O.$$
$$\textit{Stannum}$$

La réaction dégage beaucoup de chaleur ; aussi elle
commence à froid.

. Le cuivre, le plomb, le mercure, l'argent forment des azotates, avec dégagement de vapeurs d'anhydride hypoazotique dans un vase ouvert et de bioxyde d'azote dans un vase fermé. La réaction se représente ainsi :

$$3Cu + 4(Az^2O^6H^2) = 3(CuAz^2O^6) + 4H^2O + Az^2O^2.$$

Le zinc désoxyde plus complètement l'acide azotique, et il se dégage du protoxyde d'azote ; la réaction est complexe, il se produit de l'azotate d'ammonium en même temps que de l'azotate de zinc.

Fer passif. — Le fer est attaqué avec énergie par l'acide azotique étendu. Ce métal, bien décapé, plongé dans de l'acide azotique fumant, n'y subit aucune attaque ; si alors on le plonge dans l'acide étendu, l'attaque n'a plus lieu ; on dit que le fer est devenu **passif** ; il cesse de l'être quand on le touche avec du cuivre ou même avec du fer non passif, et il est attaqué alors avec une grande énergie.

151. Eau régale. — L'acide azotique ne dissout pas l'or, ni l'acide chlorhydrique non plus ; et un mélange des deux acides dissout parfaitement ce métal.

C'est ce mélange qu'on appelle **eau régale** ; on le compose le plus souvent avec 4 parties d'acide chlorhydrique et 1 partie d'acide azotique. Le liquide, qui au premier moment est incolore, devient peu à peu d'un jaune orange ; il s'y forme du chlore et des chlorures d'azote très actifs sur l'or et le platine.

152. Action de l'acide azotique sur les matières organiques. — L'acide azotique attaque presque toutes les matières organiques, quelques-unes même avec violence, ainsi l'essence de térébenthine qu'il enflamme. Il transforme le coton en une substance très inflammable, le **coton-poudre** ; il transforme la glycérine en *nitro-glycérine*, corps très explosif qui est la base de la *dynamite*. Il colore en jaune la laine et la

soie; il tache la peau et peut désorganiser les tissus;
aussi est-il un poison violent.

Il décolore l'indigo. Cette réaction peut servir à dé-
celer sa présence.

153. Usages. — Il sert à préparer l'acide sulfurique, l'eau régale, les azotates, le coton-poudre, le
celluloïd, la nitro-glycérine, les fulminates. On l'emploie pour teindre la soie en jaune. C'est avec lui qu'on
grave le cuivre.

Pour réaliser la gravure du cuivre, on couvre la
plaque d'un vernis sur lequel on trace les traits du
dessin, en mettant le cuivre à nu. On entoure la plaque
d'un bourrelet de cire formant rebord et on verse
dessus une couche d'acide azotique étendu (eau-forte)
qu'on laisse agir jusqu'à ce qu'elle ait suffisamment
mordu, c'est-à-dire creusé le métal. Il ne reste plus
qu'à laver la plaque pour enlever l'acide, et à faire disparaître le vernis en le chauffant et en le dissolvant
dans l'essence de térébenthine.

154. Azotates. — Les azotates sont les composés
que l'acide azotique donne en agissant sur les métaux
et les sels. Ils ressemblent à l'acide azotique où H est
remplacé par un métal. L'acide azotique est monobasique. Les azotates de potassium, de sodium et d'argent
correspondent à une seule molécule d'acide azotique et
ont pour formule :

AzO^3H	AzO^3K	AzO^3Na	AzO^3Ag
Acide azotique ou azotate d'hydrog.	*Azotate de potassium*	*Azotate de sodium*	*Azotate d'argent*

La plupart des autres azotates dérivent de 2 molécules d'acide azotique :

$\begin{array}{c}AzO^3H\\AzO^3H\end{array}$	$(AzO^3)^2 Cu$	$(AzO^3)^2 Pb$
Acide azotique	*Azotate de cuivre*	*Azotate de plomb*

Tous les azotates sont solubles. Ils sont tous décomposés par la chaleur et par l'acide sulfurique.

155. État naturel. — On ne trouve pas souvent l'acide azotique libre, bien qu'il puisse se former dans l'air par l'union de l'azote et de l'oxygène sous l'influence de l'étincelle électrique, ou par l'oxydation de l'ammoniaque. Mais les azotates sont assez répandus : outre l'azotate de sodium très abondant au Chili, l'azotate de potassium de l'Egypte et de l'Inde, on trouve en tous pays, dans les lieux humides, des azotates en efflorescences blanches qui ont été très probablement produits par l'oxydation lente de l'ammoniaque provenant des matières organiques.

156. Préparation. — On tire l'acide azotique de l'azotate de potassium (salpêtre) ou de l'azotate de sodium, en attaquant le sel par l'acide sulfurique (ce dernier doit être préféré, parce qu'il est moins cher et qu'à poids égal il donne plus d'acide que le premier). On introduit le sel dans une cornue ; puis on y verse l'acide sulfurique à l'aide d'un tube à entonnoir pour éviter de mouiller les parois du col de la cornue d'acide sulfurique qui se mêlerait à l'acide azotique distillé. On engage le col de la cornue dans un ballon que l'on dispose de manière à ce qu'il soit facile de le refroidir et on chauffe la cornue. Le commencement de l'opération s'annonce par des vapeurs rutilantes qui remplissent l'appareil ; peu à peu ces vapeurs disparaissent ; l'acide distille en vapeurs incolores qui se condensent dans

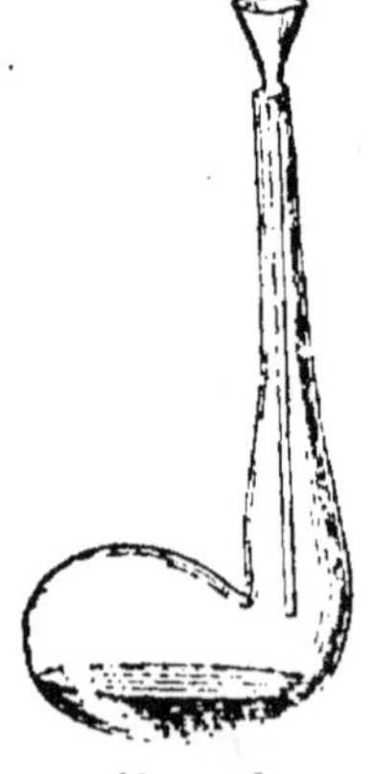

Fig. 97.
Cornue et tube à entonnoir disposé pour y verser l'acide sulfurique.

le ballon refroidi. La fin de l'opération est annoncée par la réapparition des vapeurs rouges et le boursouflement de la masse fondue.

La théorie de l'opération est simple ; l'acide azotique, volatil à la température de 120°, a fait double

Fig. 98. — Appareil des laboratoires pour la préparation de l'acide azotique fumant.

échange avec l'acide sulfurique et s'est dégagé ; plus

Fig. 99. — Appareil industriel pour la préparation de l'acide azotique du commerce.

simplement l'H de l'acide sulfurique a changé de place avec le métal :

$$AzO^3K + SO^4 \overset{H}{\underset{H}{}} = SO^4 \overset{K}{\underset{H}{}} + AzO^3H.$$

Il reste dans la cornue du bisulfate de potassium.

C'est l'acide fumant qu'on obtient ainsi.

Dans l'industrie, la réaction est la même (on emploie toujours l'azotate de sodium). La cornue est remplacée par une grande chaudière de fonte munie d'une tubulure sur laquelle on monte une allonge de verre qui permet de juger quand l'opération est terminée. Les vapeurs acides vont se condenser dans une série de bouteilles de grès mises à la suite les unes des autres et lutées avec de l'argile.

On en consomme en France, annuellement, 5 millions de kilogrammes.

Acide hypoazotique

$$Az^2O^4 \text{ (sous 4 volumes)} \qquad AzO^2 \text{ (sous 2 volumes)}$$

157. Ce composé, appelé encore vapeurs **nitreuses** ou **rutilantes**, se présente sous forme d'un gaz rouge brun, ou sous la forme d'un liquide jaune brun, très volatil, se réduisant complètement en vapeur à 22°.

Il se forme dans un grand nombre de circonstances, notamment dans l'attaque à l'air des métaux par l'acide azotique. Pour l'avoir à l'état liquide, on chauffe dans une cornue de verre peu fusible de l'azotate de plomb desséché; le col

Fig. 100. — Préparation de l'acide hypoazotique liquide. L'azotate de plomb est chauffé dans une cornue, le gaz passe dans un tube entouré d'un mélange réfrigérant.

de la cornue est engagé dans l'une des branches d'un tube en U qui plonge dans un mélange réfrigérant. La chaleur décompose l'azotate de plomb; l'oxygène se dégage et les vapeurs rutilantes se condensent dans le tube :

$$\begin{array}{l} AzO^3 \\ AzO^3 \end{array} Pb = PbO + O + 2(AzO^2).$$

Azotate de plomb   *Acide hypoazotique*

La réaction la plus importante à connaître de ce corps est celle qu'il produit avec l'eau ; il donne de l'acide azotique et dégage du bioxyde d'azote.

$$\begin{array}{l} AzO^2 \\ AzO^2 \\ AzO^2 \end{array} + H^2O = \begin{array}{l} AzO^3H \\ AzO^3H \end{array} + AzO.$$

On le démontre en faisant pénétrer dans un long tube rempli d'eau une petite quantité d'acide hypoazotique ; on voit se dégager un gaz incolore qui monte au haut du tube et que l'on peut reconnaître pour le bioxyde d'azote ; on constate dans l'eau la présence de l'acide azotique.

Anhydride azoteux

$$Az^2O^3$$

158. Ce composé ne mérite ici qu'une mention. On l'obtient en faisant passer du bioxyde d'azote Az^2O^2 avec de l'acide hypoazotique Az^2O^4 à travers un tube légèrement chauffé suivi d'un récipient refroidi par un mélange de glace et de sel :

$$Az^2O^2 + Az^2O^4 = 2(Az^2O^3).$$

C'est un liquide bleu qui bout à 2° et qui se dissocie facilement en redonnant les deux corps qui l'ont formé.
Avec les éléments de l'eau, il donne l'acide azoteux :

$$Az^2O^3 + H^2O = 2(AzO^2H).$$

C'est alors une solution d'un bleu clair qui ne peut exister qu'étendue et froide. Une élévation de température la décompose en acide azotique et en bioxyde d'azote.

Cet acide azoteux ou nitreux n'est intéressant que pour les sels métalliques qui le contiennent, les **azotites**. L'un, l'*azotite de potassium*, se forme quand on chauffe au rouge l'azotate de potassium (salpêtre) ; il se dégage de l'oxygène :

$$AzO^3K = AzO^2K + O.$$
Azotate   Azotite

Un autre, l'*azotite d'ammonium*, se décompose facilement par la chaleur en perdant 2 molécules d'eau, et il se dégage du gaz azote.

$$AzO^2AzH^4 = 2(H^2O) + 2Az.$$
Azotite d'ammonium

C'est un moyen d'avoir rapidement du gaz azote très pur.

Bioxyde d'azote

Az^2O^2 sous 4 volumes ou AzO sous 2 volumes

159. Propriétés physiques et chimiques. — Le bioxyde d'azote est un gaz incolore, dont on ne peut connaître la saveur ni l'odeur, puisque au contact de l'air il se transforme immédiatement en vapeurs rutilantes ; on a pu le liquéfier ; il est peu soluble dans l'eau. Sa densité est 15 fois celle de l'hydrogène ; le poids du litre est :

$$15 \times 0,0895 = 1^{gr},343.$$

Sa propriété la plus saillante, c'est sa tendance à prendre l'oxygène et à devenir rutilant :

$$2(AzO) + O^2 = Az^2O^4 \quad \text{ou} \quad 2(AzO^2).$$

On l'utilise pour reconnaître l'oxygène.

Ses propriétés comburantes sont très faibles ; les combustibles n'y brûlent que s'ils sont déjà incandescents quand on les y plonge ; ainsi le phosphore allumé et le charbon bien rouge y brûlent avec éclat, tandis que le soufre et un charbon à peine allumé s'y éteignent.

Quand on jette dans un flacon de bioxyde d'azote quelques gouttes de sulfure de carbone, qu'on agite et qu'on allume le gaz, on produit une belle flamme d'un blanc bleuâtre. M. Mermet a récemment proposé d'utiliser cette flamme dans la photographie des grottes et autres objets qu'il faut éclairer artificiellement pour en prendre une vue. Il constitue une lampe en remplissant une éprouvette à dessécher les gaz de fragments de toile métallique et en la surmontant d'un tube effilé. On y verse un peu de sulfure de carbone et on y fait passer le gaz provenant d'un appareil qui produit du bioxyde d'azote. On allume le jet gazeux au tube effilé.

160. Action des composés de l'azote sur l'acide sulfureux. — Nous avons vu :

1° Que l'acide azotique cède un atome d'oxygène à l'acide sulfureux et devient de l'acide hypoazotique ;

2° Que l'acide hypoazotique, en présence de l'eau, régénère de l'acide azotique et produit du bioxyde d'azote ;

3° Que le bioxyde d'azote en présence de l'air donne de l'acide hypoazotique.

Ces trois réactions nous permettent de comprendre que si on met en présence de *l'acide sulfureux*, de *l'air*, de la *vapeur d'eau* et de *l'acide azotique*, celui-ci passera successivement à l'état d'acide hypoazotique, de bioxyde d'azote, pour redevenir de l'acide azotique et recommencer indéfiniment ses transformations, et que par suite ce sera l'oxygène de l'air qui se fixera sur l'acide sulfureux, avec l'eau pour le transformer en

acide sulfurique. On pense d'après M. Péligot que ce
sont ces transformations qui s'accomplissent dans les
chambres de plomb où l'on fait l'acide sulfurique.

161. Préparation. — On obtient le bioxyde d'azote
en traitant le cuivre en copeaux par l'acide azotique
étendu, dans un flacon à 2 tubulures.

On recueille le gaz sur l'eau. Le dégagement est

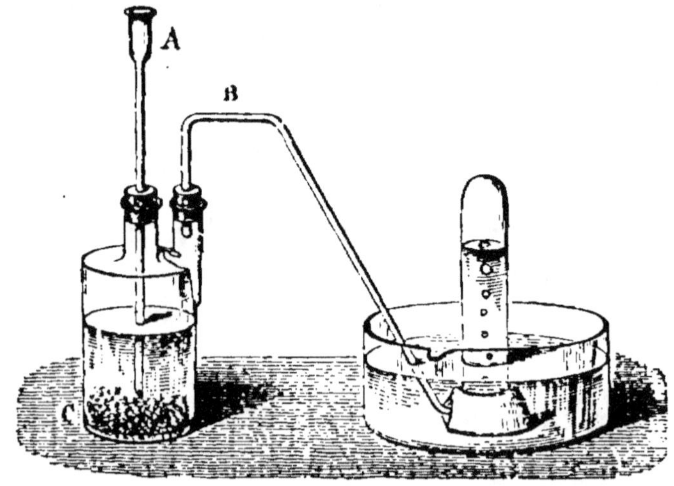

Fig. 101. — Préparation du bioxyde d'azote dans un flacon à deux
tubulures par l'action de l'acide azotique sur le cuivre.

d'abord très lent, parce que le premier gaz produit
devient rutilant au contact de l'air du flacon. Il reste
dans l'appareil de l'azotate de cuivre.

La réaction s'opère entre 3 atomes du métal et
8 molécules de l'acide ; on peut l'expliquer en admettant qu'il se forme de l'acide AzO^2 que l'eau décompose
en acide azotique et bioxyde d'azote, ce dernier se
dégageant et le premier se combinant au cuivre : on la
formule finalement ainsi :

$$3Cu + 8(AzO^3H) = 3\left(\begin{matrix} AzO^3 \\ AzO^3 \end{matrix} Cu\right) + 4(H^2O) + 2(AzO).$$

$$\textit{Azotate de cuivre} \qquad\qquad\qquad \textit{Bioxyde d'azote}$$

Il faut à peu près 50 grammes de cuivre pour obtenir 10 litres de gaz.

Le bioxyde d'azote n'a pas d'usage.

Protoxyde d'azote

$$Az^2O$$

162. Propriétés physiques. — Le protoxyde d'azote est un gaz incolore, inodore, d'une saveur légèrement sucrée. Il pèse 22 fois plus que l'hydrogène, ce qui donne pour le poids du litre :

$$22 \times 0,0895 = 1^{gr},97.$$

Il est notablement soluble dans l'eau; aussi faut-il boucher les flacons dans lesquels on recueille ce gaz, aussitôt qu'ils sont pleins, pour éviter sa dissolution. Il est plus soluble dans l'alcool, qui en dissout 4 fois son volume. Faraday a pu le liquéfier à 0° en le soumettant à une pression de 30 atmosphères.

Lorsqu'il est bien pur, il produit, quand on le respire, une insensibilité analogue à celle qu'amène le chloroforme; aussi a-t-il été proposé comme *anesthésique*. Davy le surnomma **gaz hilarant** à cause de l'espèce d'ivresse qu'il produit quand on en respire beaucoup.

163. Propriétés chimiques. — Le protoxyde d'azote possède comme l'oxygène la propriété d'entretenir et d'activer la combustion; une allumette qui n'a qu'un point en ignition, plongée dans ce gaz, se rallume.

Le charbon et le phosphore, allumés et plongés dans des flacons de protoxyde d'azote, brûlent avec éclat. Le soufre n'y brûle que s'il a été bien enflammé. Un mélange à parties égales d'hydrogène et de protoxyde d'azote détone si on l'enflamme.

Une température rouge décompose ce gaz en azote et oxygène ; c'est cette décomposition, s'effectuant au contact des corps chauds, qui lui donne ses propriétés comburantes.

Le potassium brûle dans le protoxyde d'azote, en ne laissant que l'azote. Si on mesure un volume de protoxyde, qu'on y brûle du potassium, le volume de l'azote restant est égal au volume du gaz employé :

Fig. 102. — Combustion du charbon dans le gaz protoxyde d'azote.

2 litres de protoxyde d'azote laissent donc : 2 litres de gaz azote.
2 litres de protoxyde d'azote pèsent $2 \times 1,973 = 3^{gr},946$.
2 litres   d'azote   pèsent $2 \times 1,254 = 2^{gr},508$.

Le poids de l'oxygène est donc : $1^{gr},438$.

C'est le poids de 1 litre d'oxygène, combiné à 2 litres d'azote pour donner 2 litres de protoxyde d'azote.

Le protoxyde d'azote peut être confondu au premier abord avec l'oxygène. On peut distinguer ces deux gaz par leur solubilité ; une éprouvette du premier, contenant un peu d'eau, fermée avec la main et agitée, adhère à la main, par suite de la dissolution d'une portion du gaz. Un moyen plus sûr consiste à envoyer quelques bulles de

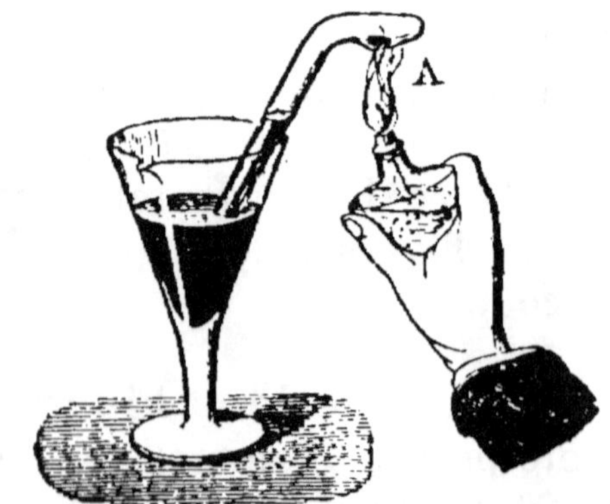

Fig. 103. — Décomposition du protoxyde d'azote par le potassium chauffé dans une cloche courbe. Le volume de l'azote restant est le même que le volume du protoxyde.

bioxyde d'azote dans le gaz que l'on veut caractériser; au contact du protoxyde d'azote, ces bulles ne produisent rien; l'oxygène, au contraire, devient rutilant.

164. Usages. — On n'emploie le protoxyde d'azote que comme agent anesthésique; encore n'est-ce que peu, à cause de la difficulté de le produire bien pur, mais il est supérieur au chloroforme parce qu'il ne modifie pas les mouvements du cœur.

165. Préparation. — On obtient ce gaz en décomposant par la chaleur l'azotate d'ammonium. Ce sel,

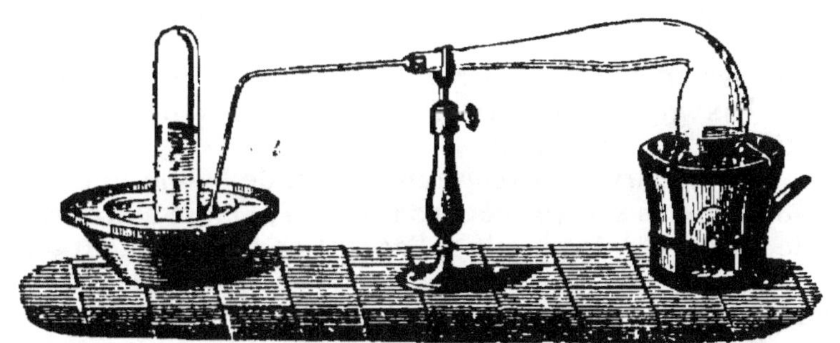

Fig. 104. — Préparation du protoxyde d'azote par la décomposition de l'azotate d'ammonium.

comme beaucoup de sels ammoniacaux, perd 2 molécules d'eau et dégage le gaz. Cette eau produite force à incliner un peu le col de la cornue. Voici la réaction :

$$AzO^3AzH^4 = 2(H^2O) + Az^2O.$$

Azotate d'ammoniaque   *Protoxyde d'azote*

On recueille le gaz sur l'eau, avec la précaution que nous avons indiquée.

Résumé. — L'azotate de potassium porte le nom de *salpêtre* ou encore de *nitre*. Il existe aux Indes, en Egypte, en Espagne, dans les efflorescences blanches des murs humides.

On l'empruntait autrefois à trois sources : le salpêtre naturel d'Egypte, les nitrières artificielles ou les plâtras des murs humides et le nitrate de soude du Chili.

On ne le prépare plus aujourd'hui que par la transformation du nitrate de soude du Chili en nitrate de potasse. On fait cristalliser le salpêtre en farine pour le purifier plus facilement.

Le salpêtre est très soluble, plus à chaud qu'à froid. Il se décompose par la chaleur. Il fait brûler vivement un mélange de soufre et de charbon avec lequel il constitue la *poudre noire à tirer*. Son principal emploi est la fabrication de la poudre.

L'acide azotique ou nitrique est un liquide qui donne des vapeurs à l'air ; aussi l'appelle-t-on *acide fumant*.

On lui donne le nom d'*eau-forte* quand il est plus ou moins étendu d'eau.

Il se décompose facilement en produisant de l'oxygène, aussi est-il considéré comme un oxydant.

Il cède de l'oxygène à l'acide sulfureux pour le transformer en acide sulfurique, en même temps qu'il donne des vapeurs rutilantes.

Il oxyde les métaux. L'hydrogène le décompose et, après lui avoir pris l'oxygène pour former l'eau, il se combine avec l'azote pour donner de l'ammoniaque.

Les autres métaux, à l'exception de l'or, de l'aluminium et du platine, donnent des oxydes et des azotates : l'étain se transforme en oxyde ; le cuivre, le plomb et l'argent se transforment en azotates.

Le fer n'est pas attaqué par l'acide fumant ; mais il l'est vivement par l'acide étendu.

Le mélange d'acide chlorhydrique avec l'acide azotique constitue l'eau régale, qui peut dissoudre l'or par le chlore et les composés d'azote et de chlore qui sont dégagés.

L'acide azotique attaque presque toutes les matières organiques, il enflamme l'essence de térébenthine, il forme le coton-poudre, les produits explosifs comme la nitro-glycérine ; il colore la peau et désorganise les tissus. Il sert à préparer l'acide sulfurique, les azotates, les explosifs, beaucoup de produits organiques colorés ; on emploie l'eau-forte pour graver le cuivre.

On ne le trouve pas souvent libre dans la nature, bien qu'il puisse se former par la combinaison de l'azote avec l'oxygène de l'air ; mais on le trouve à l'état d'azotate, comme le salpêtre de l'Égypte et de l'Inde et le nitre du Chili.

On le tire du salpêtre par l'action de l'acide sulfurique, en chauffant le mélange ; les vapeurs d'acide azotique refroidies se condensent en un liquide fumant.

———

CHAPITRE XVIII

SEL AMMONIAC. — AMMONIAQUE

166. Sel ammoniac. — Le sel ammoniac est un solide en masse blanche ou grise, à cassure fibreuse, difficile à pulvériser. Il est sans odeur, soluble dans l'eau froide, plus soluble dans l'eau chaude. Il se volatilise sans fondre et sans se décomposer ; aussi peut-on le sublimer.

Il nous venait autrefois de l'Egypte, où il était préparé en sublimant dans de grands matras la suie blanchâtre formée par la combustion de la fiente desséchée des chameaux. Aujourd'hui l'industrie le prépare en faisant agir l'acide chlorhydrique sur les eaux ammoniacales du lavage du gaz d'éclairage ou des urines putréfiées ou de la distillation des os et autres matières animales.

La chaux en poudre agit sur lui déjà à la température ordinaire et par simple contact en dégageant le gaz ammoniac. Si, en effet, dans une soucoupe (*fig.* 105), on met, sans les mêler d'abord, d'un côté de la chaux, de l'autre du sel ammoniac en poudre, rien ne se produit. Mais, si l'on

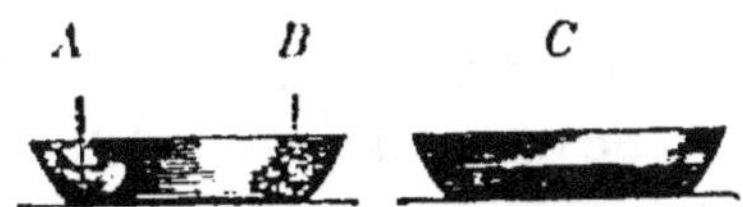

Fig. 105. — A, sel ammoniac ; — B, chaux ; — C, soucoupe où les deux produits sont mêlés.

mélange les deux poudres, il se dégage immédiatement un gaz qui provoque les larmes, qui a une odeur urineuse et qui donne des vapeurs blanches avec l'acide chlorhydrique : ce gaz, c'est l'ammoniaque, la base de tous les sels ammoniacaux.

167. Ammoniaque. — Propriétés physiques. — L'ammoniaque est, à la température ordinaire, un

gaz incolore, d'une odeur vive, saisissante, qui provoque les larmes, d'une saveur âcre et urineuse.

Sa densité est de 0,59 par rapport
à l'air, et 8,5 par rapport à l'hydrogène.

Le poids du litre est donc :

$$8,5 \times 0,0895 = 0^{gr},76.$$

Ce gaz est très soluble dans l'eau ;
1 litre d'eau dissout 700 à 800 litres
de gaz ammoniac. On prouve cette
solubilité par deux expériences.

Fig. 106. — Preuve
de la solubilité de
l'ammoniaque.
Éprouvette pleine
de gaz, reposant
sur une soucoupe
couverte de mer-
cure au fond
d'une terrine
d'eau.

Première expérience. — On recueille
une éprouvette d'ammoniaque sur le
mercure et on l'apporte sur une soucoupe dans une terrine d'eau ; quand
on soulève un peu l'éprouvette, l'eau s'y précipite
avec une telle force que l'éprouvette serait vivement
projetée si on ne la retenait fortement.

Deuxième expérience. — On recueille l'ammoniaque
dans un flacon renversé, en envoyant jusqu'à la partie
supérieure du flacon le tube
qui amène le gaz ; quand il est
plein de gaz, on le bouche
avec un bouchon traversé d'un
tube effilé à une de ses extrémités. On dispose le flacon
sur un support au-dessus d'un
vase d'eau, comme l'indique la
figure 107 ; on brise l'extrémité du tube ; l'eau monte
vivement, sous forme de jet
d'eau, dans le flacon. Au lieu
d'eau, on emploie souvent
du tournesol étendu teint en
rouge par quelques gouttes

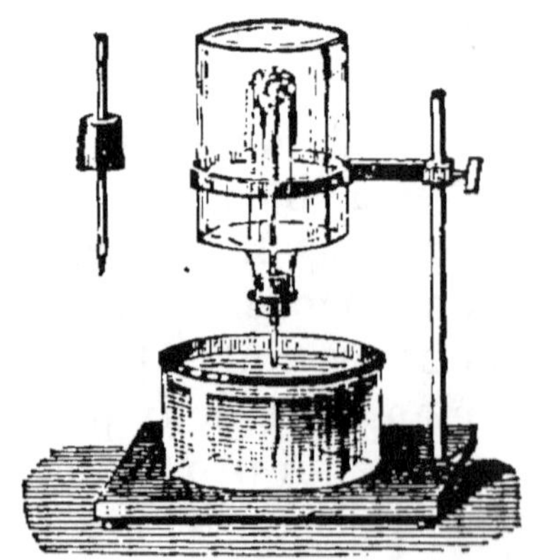

Fig. 107. — Ascension de l'eau
ou du tournesol rougi dans
un flacon plein de gaz ammoniac.

d'acide. En montant dans le flacon de gaz ammoniac

sous forme de jet, il devient bleu, ce qui indique que l'ammoniaque est une base.

La dissolution d'ammoniaque porte le nom d'*alcali volatil;* abandonnée à l'air ou chauffée, elle perd peu à peu le gaz qu'elle contient. Elle est constamment employée à la place du gaz, car elle est d'un maniement bien plus facile.

Le gaz ammoniac, en se dissolvant dans l'eau, dégage de la chaleur.

On a en effet :

$$Az + H^3 = AzH^3 \ gaz + 12,2 \ calories,$$

et :

$$Az + H^3 = AzH^3 \ dissous + 21 \ calories.$$

La dissolution dégage donc 21 — 12,2 ou 8,8 *calories.* On en a une preuve frappante quand on introduit dans une éprouvette pleine de gaz et placée sur le mercure un morceau de glace ; celle-ci fond rapidement en dissolvant le gaz, et le mercure monte dans l'éprouvette.

On a pu liquéfier l'ammoniaque par l'action du froid et de la pression. Le gaz se liquéfie à —40° sous la pression atmosphérique ou à 10° sous la pression de 6 atmosphères. On fait passer du gaz ammoniac sur du chlorure de calcium qui l'absorbe, on introduit le produit solide dans un tube, comme celui de la figure 108,

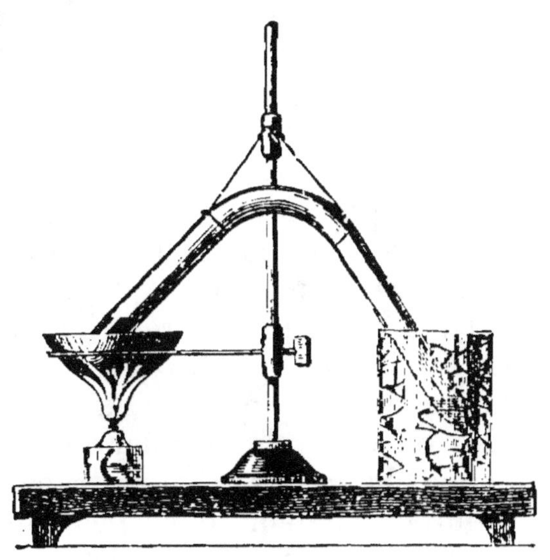

Fig. 108. — Tube à obtenir l'ammoniaque liquide.

que l'on ferme ensuite à la lampe. On chauffe l'une des

branches et l'on refroidit l'autre. Le gaz liquéfié se
rassemble dans cette dernière.

On a utilisé l'ammoniaque liquide comme moyen de
refroidissement dans l'appareil Carré à fabriquer artificiellement la glace. Cet appareil se compose de deux

Fig. 109. — Appareil Carré pour produire la glace par la liquéfaction
de l'ammoniaque.

vases reliés par un tube (*fig.* 109). Dans le premier est
une solution d'ammoniaque. Si on chauffe ce dernier
vase, le gaz ammoniac se dégage et se rend dans le
second vase. Celui-ci est refroidi par de l'eau pour absorber la chaleur que le gaz apporte et dégage en se
condensant à l'état liquide. Quand tout le gaz est devenu
liquide, on cesse de chauffer le premier vase. L'ammoniaque liquide s'évapore rapidement et absorbe
beaucoup de chaleur, et si, pendant cette évaporation,
le second vase est entouré d'eau, cette eau se congèle.

168. Action de la chaleur. — La chaleur sépare
les deux gaz qui forment l'ammoniaque et double leur

volume. Ils s'étaient donc contractés pour former le composé :

$$Az \text{ ou } 1 \text{ vol. d'azote,}$$
$$H^3 \text{ ou } 3 \text{ vol. d'hydrogène,}$$

donnent 2 volumes d'ammoniaque en se combinant.

L'étincelle électrique produit la même effet que la chaleur.

169. Propriétés chimiques. — Quand on plonge une bougie allumée dans une éprouvette d'ammoniaque, elle s'éteint sans enflammer le gaz. Mais ce gaz brûle en présence de l'oxygène. On mélange parties égales d'oxygène et d'ammoniaque dans une éprouvette sur le mercure ; si on approche une allumette de l'orifice de l'éprouvette, il y a inflammation et détonation ; il se forme de l'azote et de l'eau :

$$2(AzH^3) + 3O = 2Az + 3H^2O.$$

On peut donner une autre forme à cette expérience.

On a préparé, d'une part, un ballon contenant du chlorate de potasse et un peu d'oxyde de manganèse, que l'on a chauffé de manière qu'il soit prêt à donner de l'oxygène. On a, d'autre part, un ballon qui donne du gaz ammoniac se dégageant par un tube courbé avec une branche descendante. On apporte le ballon produisant de l'oxygène à l'extrémité de ce tube. On allume le gaz ammoniac, qui brûle avec de petites détonations.

On rend la combustion complète en faisant passer un courant d'oxygène dans l'ammoniaque concentrée et ensuite dans un tube contenant de la mousse de platine chauffée (*fig.* 110) ; il sort du tube de l'acide azotique, comme on le constate en présentant au jet de gaz un papier bleu de tournesol : le papier rougit :

$$AzH^3 + 4O = AzO^3H + H^2O.$$

Au contact des corps poreux ou des corps qui condensent les gaz, comme le platine, l'oxydation de l'ammoniaque s'effectue encore à froid et donne un sel, l'azotite d'ammonium :

$$2\,(AzH^3) + O^3 = AzO^2,AzH^4 + H^2O.$$

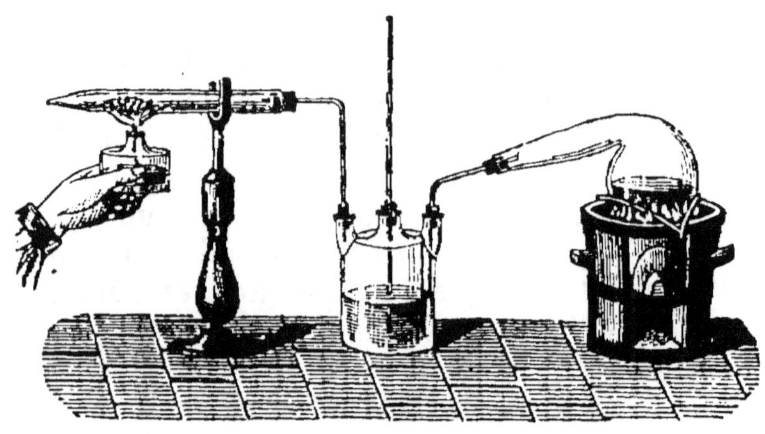

Fig. 110. — Oxydation de l'ammoniaque. L'oxygène produit dans la cornue barbote dans de l'ammoniaque. Les deux gaz passent sur de la mousse de platine chauffée dans un tube.

On suppose que les azotates du sol, et en particulier le salpêtre, sont dus à des réactions analogues.

170. Action des acides sur la dissolution d'ammoniaque. — L'ammoniaque est une base forte; elle bleuit fortement le tournesol rouge.

Elle neutralise les acides et donne des sels que l'on peut obtenir cristallisés. On fait l'expérience en versant peu à peu de l'ammoniaque dans de l'acide azotique ; on arrive rapidement à la saturation.

Si on verse de l'acide sulfurique dans de l'ammoniaque, la réaction est très vive, la chaleur dégagée très grande ; il s'échappe des vapeurs, et une partie du liquide est projetée. Si on étend d'eau l'acide et la base, la réaction est calme ; le sel se forme et on le fait cristalliser par évaporation.

L'action de l'ammoniaque sur l'acide chlorhydrique donne lieu à une expérience dont on tire parti pour constater la présence d'un de ces deux corps au moyen de l'autre. Les deux liquides sont volatils ; si donc on les approche sans les mélanger, mais de manière que leurs vapeurs puissent se mêler, la combinaison des deux vapeurs aura lieu et s'accusera sous forme d'un nuage blanc.

Pour faire l'expérience, on met quelques gouttes d'ammoniaque dans un flacon. On

Fig. 111. — Combinaison de l'acide chlorhydrique et de l'ammoniaque.

mouille, avec de l'acide chlorhydrique, les parois intérieures d'une éprouvette qui peut entrer dans le flacon. Tant que les deux vases restent loin l'un de l'autre, les vapeurs n'y sont pas visibles. Mais, si l'on renverse l'éprouvette dans le flacon, le tout se remplit d'un nuage blanc révélant la combinaison : il s'est formé du chlorhydrate d'ammoniaque, autrement dit du chlorure d'ammonium (*fig.* 111).

Dans ses combinaisons avec les acides, le gaz ammoniac s'unit d'abord à une molécule d'eau H^2O ; il forme alors le composé AzH^3,H^2O, qui joue le rôle de base ; on l'écrit souvent AzH^4OH, et sous cette forme ce composé se comporte dans toutes les circonstances comme l'oxyde d'un métal AzH^4 auquel on donne le nom d'*ammonium*. Ainsi représentée, l'ammoniaque offre, dans ses réactions avec les acides, la plus grande analogie avec la potasse KOH. Celle-ci donne avec l'acide chlorhydrique :

$$KOH + HCl = H^2O + KCl \text{ (\textit{chlorure de potassium})} ;$$

avec l'acide sulfurique :

$$\begin{matrix} KOH \\ KOH \end{matrix} + SO^4 \begin{matrix} H \\ H \end{matrix} = 2\left(\begin{matrix} H \\ H \end{matrix} O\right) + SO^4 \begin{matrix} K \\ K \end{matrix} \; (\textit{sulfate de potassium}).$$

L'ammoniaque donne de même :

$$AzH^4OH + HCl = H^2O + AzH^4Cl \; (\textit{chlorure d'ammonium})$$
$$\begin{matrix} AzH^4OH \\ AzH^4OH \end{matrix} + SO^4 \begin{matrix} H \\ H \end{matrix} = 2H^2O + SO^4 \begin{matrix} AzH^4 \\ AzH^4 \end{matrix} \quad \begin{matrix} (\textit{sulfate} \\ \textit{d'ammonium}). \end{matrix}$$

171. Usages. — La solution d'ammoniaque est employée en médecine comme caustique contre les piqûres de mouches. Quelques gouttes prises à l'intérieur dans un verre d'eau constituent un moyen de combattre l'ivresse ; on en fait avaler aux animaux atteints de météorisme ; elle agit alors en absorbant les gaz accumulés dans le tube intestinal. Injectée dans une enceinte contenant de l'acide carbonique, elle absorbe le gaz et rend abordable l'accès de cet espace plein de gaz nuisible.

L'industrie l'utilise dans la préparation de quelques couleurs de cochenille et dans l'apprêt des perles fausses.

C'est un réactif fréquemment employé dans les laboratoires.

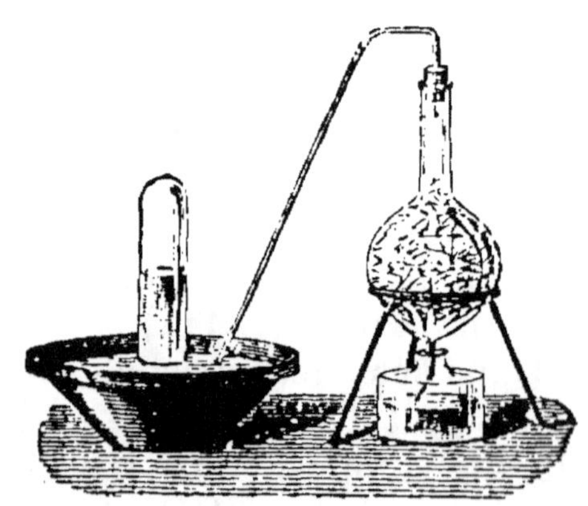

Fic. 112. — Appareil à préparer le gaz ammoniac.

Un ballon producteur contenant le sel ammoniac et la chaux est chauffé ; le gaz se rend dans une petite cuve à mercure.

172. État naturel. — L'ammoniaque se forme à l'état de sels dans la décomposition des matières azotées, que cette décomposition se produise lentement à froid, comme dans la putréfaction des urines, ou qu'elle ait lieu par l'action de la chaleur, comme dans la distillation des houilles pour obtenir le gaz d'éclairage ou comme dans la calcination de la fiente des chameaux, qui était autrefois la seule source du chlorure d'ammonium.

L'ammoniaque peut donc être retirée des eaux d'épuration du gaz d'éclairage et des eaux de vidange des fosses d'aisances. Elle existe dans l'air en petite quantité après un orage ; elle se dissout dans la pluie qui la ramène au sol où elle sert d'aliment aux plantes.

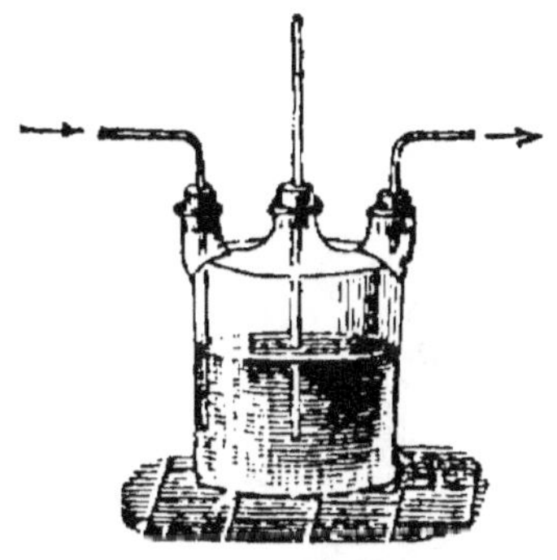

Fig. 113. — Flacon à trois tubulures monté pour la dissolution d'un gaz soluble.

173. Préparation. — Pour avoir l'ammoniaque à l'état de gaz ou en dissolution, dans les laboratoires ou dans l'industrie, on chauffe un sel ammoniacal, ordinairement le **chlorure**, avec de la chaux ; cette dernière base déplace l'ammoniaque ; celle-ci est volatile, elle se dégage et on la recueille.

La réaction est la suivante :

$$2\,(AzH^4Cl) + CaO = CaCl^2 + H^2O + 2AzH^3;$$

il reste dans le ballon du chlorure de calcium et de l'eau.

1° *On veut avoir l'ammoniaque à l'état de gaz.* — On chauffe dans un petit ballon un mélange de 1 partie de sel ammoniac en poudre et de 2 parties de chaux vive ; on ajoute une couche de chaux pour arrêter l'eau que le gaz entraîne, et on recueille sur le mercure ou par déplacement d'air.

2° *En solution.* — On remplace la chaux vive par un lait de chaux. Le ballon est mis en communication avec une série de flacons à trois tubulures dont le premier

est destiné à laver le gaz et contient peu d'eau. Les autres
sont aux deux tiers pleins d'eau et au besoin refroidis.
Les tubes qui amènent le gaz dans chacun doivent
plonger jusqu'au fond des flacons, parce que la solution d'ammoniaque est plus légère que l'eau : de cette

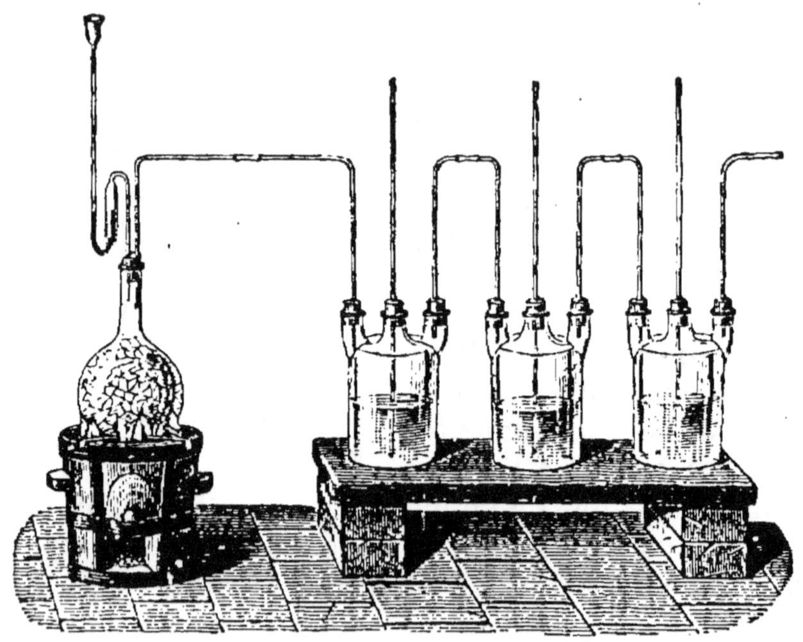

Fig. 114. — Appareil à préparer la dissolution d'ammoniaque.
Ballon producteur du gaz et flacons de Woolf.

manière, le gaz est toujours en contact avec les parties
les moins saturées.

3° *Dans l'industrie.* — On emploie les eaux de condensation des usines à gaz, les urines putréfiées, les
eaux vannes des dépôts de vidange. On les distille
avec de la chaux dans une série de chaudières disposées de manière que le produit gazeux qui se dégage
de la première aille se condenser dans la seconde. Le
gaz passe ensuite dans une série de serpentins, puis
finalement dans l'eau si l'on veut avoir de l'ammoniaque, ou dans des acides étendus si l'on veut faire
directement des sels ammoniacaux.

L'ammoniaque caustique du commerce, appelée *alcali volatil*, est parfois colorée en jaune. Pour la purifier, on la distille avec de la chaux dans l'un des appareils décrits ci-dessus.

Résumé. — L'ammoniaque est un composé de l'azote et de l'hydrogène. C'est un gaz incolore, d'une odeur vive qui provoque les larmes.

Ce gaz est très soluble dans l'eau ; 1 litre d'eau peut dissoudre 7 à 800 litres de gaz. On montre facilement cette grande solubilité en plongeant dans l'eau l'ouverture d'un flacon plein de gaz ammoniac.

La dissolution du gaz ammoniac porte le nom d'alcali volatil : c'est la forme sous laquelle ce corps est habituellement employé.

On a pu liquéfier le gaz ammoniac à la température ordinaire en le comprimant à une pression de quelques atmosphères. Le liquide obtenu tend à repasser à l'état de gaz, et, dans sa vaporisation rapide, il absorbe beaucoup de chaleur. Il a été employé comme moyen de refroidissement dans l'appareil Carré à produire la glace.

La chaleur et l'électricité décomposent l'ammoniaque et doublent son volume ; le mélange formé de 1 d'azote et de 3 d'hydrogène se condense donc en 2 volumes quand les gaz se combinent.

L'ammoniaque ne brûle pas ; mais ce corps peut prendre de l'oxygène et, dans la combinaison qu'il réalise ainsi, il brûle comme un corps combustible. Le plus souvent, il se forme un composé oxygéné de l'azote, tel que l'acide azotique.

L'ammoniaque est une base forte qui bleuit le tournesol et qui se combine aux acides avec dégagement de chaleur et production de sels qui peuvent cristalliser. On réalise par simple mélange la combinaison de l'ammoniaque avec l'acide azotique ou avec l'acide sulfurique ; l'évaporation des dissolutions mélangées donne des sels. La combinaison avec l'acide chlorhydrique a déjà lieu entre les deux corps gazeux ; elle donne un moyen de les caractériser l'un par l'autre.

Quand l'ammoniaque se combine aux acides, elle a déjà pris une molécule d'eau ; ce n'est pas le corps AzH^3, c'est un composé AzH^4OH comparable à la potasse KOH et dans lequel un corps composé AzH^4 joue le même rôle qu'un métal comme le potassium. A ce composé, on a donné le nom d'*ammonium*.

L'ammoniaque existe en petites quantités dans l'air. Elle se forme dans la putréfaction des matières organiques et dans leur décomposition lente ou rapide. Les urines putréfiées en dégagent, les vidanges et les fumiers en produisent.

Pour l'obtenir, on chauffe un sel ammoniacal avec de la chaux, l'ammoniaque mise en liberté se dégage à l'état de gaz.

On recueille ce gaz sur le mercure ; ou bien on l'envoie se dissoudre dans l'eau pour donner *l'alcali volatil* ordinaire.

Dans les laboratoires, c'est le chlorhydrate d'ammoniaque ou chlorure d'ammonium qu'on distille avec la chaux. Dans l'industrie, c'est le liquide des vidanges ou l'eau d'épuration du gaz d'éclairage que l'on emploie.

L'ammoniaque en solution sert de réactif ; l'industrie l'utilise dans la préparation de certaines couleurs. Elle est employée pour absorber l'acide carbonique et pour cautériser les piqûres légèrement venimeuses.

CHAPITRE XIX

PHOSPHORE

Symbole : Ph. — Poids atomique : 31

174. Propriétés physiques. — Le phosphore est solide à la température ordinaire, incolore ou jaune pâle, prenant une teinte plus foncée à la lumière ; il se laisse rayer par l'ongle. Il possède une légère odeur d'ail.

Il fond à 44° ; on l'obtient facilement fondu en le jetant dans de l'eau chauffée ; il prend l'aspect d'une huile jaune. On peut le réduire en vapeur et, par conséquent, le distiller ; mais il faut opérer dans un appareil privé d'oxygène.

Il est insoluble dans l'eau et dans l'alcool, et cependant l'eau où a séjourné du phosphore luit dans l'obscurité quand on l'agite à l'air ; on pense qu'elle doit cette propriété à des parcelles très fines de phosphore qu'elle tient en suspension.

Le phosphore est soluble dans la benzine et surtout dans le sulfure de carbone.

On peut l'obtenir cristallisé en évaporant doucement sa solution.

175. Propriétés chimiques. — Le phosphore est un corps très inflammable. On peut lui faire prendre feu en le chauffant à 60°, en le touchant en un point avec une tige chauffée, ou encore en le frottant. Il prend feu spontanément à l'air quand il est très divisé, par exemple quand on fait évaporer sa solution dans le sulfure de carbone sur une feuille de papier à filtre. Il s'enflamme dans l'air à 60° en produisant des fumées blanches d'anhydride phosphorique. Le moindre frottement suffit souvent à lui faire prendre feu. Aussi conserve-t-on toujours ce corps dans l'eau et doit-on toujours le manier sous ce liquide. Il serait imprudent de le tenir dans les mains à l'air, surtout en été ; on s'exposerait à des brûlures qui sont dangereuses (¹).

La combustion du phosphore se produit avec éclat dans l'oxygène ; on peut même la réaliser facilement sous l'eau. On jette du phosphore dans une éprouvette contenant de l'eau chaude ; il fond et se rassemble au bas de l'éprouvette ; on y fait plonger un tube par lequel on y envoie un courant d'oxygène ; le phosphore, au contact du gaz, brûle avec énergie et se transforme en une masse solide rouge.

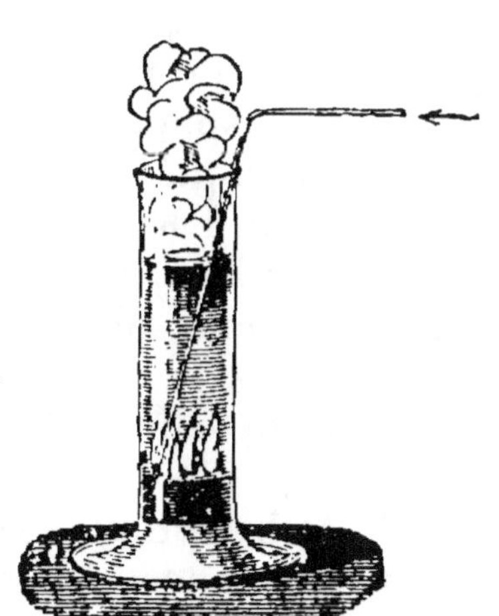

Fig. 115. — Combustion du phosphore dans l'eau. Un courant d'oxygène amené par le tube coudé vient se dégager dans le phosphore tenu liquide au fond de l'éprouvette.

On peut encore produire cette combustion sous l'eau en jetant du phosphore découpé en très petites parcelles au fond d'une éprouvette qui contient déjà du

---

(¹) Si on se brûlait avec du phosphore, il faudrait de suite laver à grande eau la partie brûlée et continuer à laver avec une dissolution étendue d'ammoniaque pour enlever l'acide phosphorique et l'empêcher de produire l'inflammation de la plaie.

chlorate de **potassium**. On verse quelques .gouttes d'acide sulfurique par un **tube à entonnoir**, et le phosphore s'enflamme sous la couche d'eau, tandis que des vapeurs blanches couvrent le liquide.

Exposé à l'air humide, le phosphore répand des fumées blanches, lumineuses dans l'obscurité; c'est cette propriété qui lui a fait donner son nom. Il prend l'oxygène à l'air, et nous avons pu l'employer pour faire l'analyse de ce gaz. On ne connaît pas encore bien la cause de la lumière qu'il produit ainsi dans sa combustion lente.

Il s'enflamme quand on le plonge dans un flacon de gaz chlore et produit du chlorure de phosphore.

Il est attaqué avec une grande énergie par l'acide azotique, qui lui cède de l'oxygène et le transforme en acide phosphorique, en même temps qu'il y a dégagement abondant de composés de l'azote.

176. Phosphore rouge. — Sous l'influence de la lumière, les bâtons de phosphore se couvrent d'une pellicule *rouge*. La combustion du phosphore par l'oxygène sous l'eau produit une assez grande quantité de cette matière rouge foncé qui n'est qu'une modification d'aspect du phosphore et qu'on appelle le **phosphore rouge** ou **amorphe**.

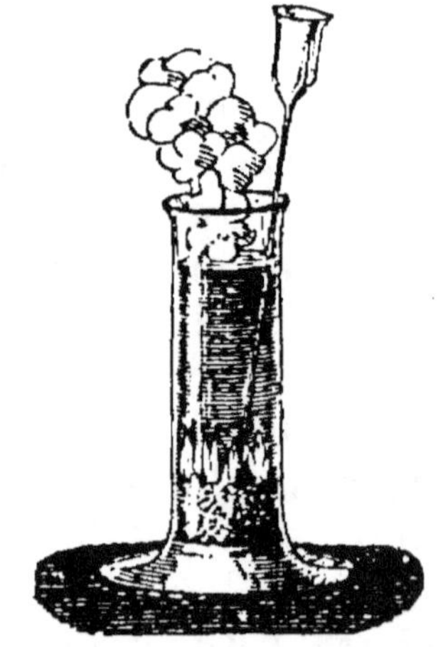

Fig. 116. — Combustion du phosphore dans l'eau par l'oxygène produit par la décomposition du chlorate de potasse.

Mais c'est en chauffant le phosphore en vase clos, longtemps, à une température soutenue d'environ 250°, qu'on en produit le plus.

Ce phosphore rouge a la même nature que le phosphore blanc, puisqu'il peut le reproduire sans rien absorber ni sans rien dégager ; mais il est différent et dans son aspect et surtout dans ses propriétés.

Il diffère surtout du phosphore blanc par une certaine quantité de chaleur en moins. Ainsi, l'on a pour 31 grammes de phosphore :

$$\text{Ph. blanc} = \text{Ph. rouge} + 19,2 \; calories.$$

Cette perte de chaleur ou de force vive intérieure modifie toutes les propriétés ; la densité devient plus grande, elle passe de 1,83 à 2,34 ; le phosphore rouge n'est pas lumineux dans l'obscurité ; il ne s'enflamme qu'à 260° ; il s'altère peu à l'air ; il n'est que faiblement attaqué par les corps qui agissent avec énergie sur le phosphore blanc.

Il est insoluble dans le sulfure de carbone, qui dissout bien le phosphore ordinaire ; aussi se sert-on de ce liquide pour les séparer.

Enfin il n'est pas vénéneux, tandis que le phosphore blanc est un poison violent.

177. Usages du phosphore. — Le phosphore entre dans la préparation des pâtes à empoisonner les rats ; mais son principal usage consiste dans la fabrication des allumettes chimiques.

Les allumettes phosphorées sont aujourd'hui très répandues ; on en fait une consommation considérable ; elles offrent, en effet, le moyen le plus commode et le plus rapide de se procurer du feu.

On en connaît de plusieurs sortes, que l'on peut rassembler en deux groupes :

Les allumettes au phosphore ordinaire, qui prennent feu par le frottement sur toute surface rugueuse ;

Et les allumettes au phosphore rouge, qu'on ne peut allumer que sur la boîte qui les contient.

Allumettes au phosphore ordinaire. — Elles sont en bois ou en fils tressés recouverts de cire ou d'acide stéarique (bougies).

On soufre l'extrémité des premières, puis on garnit le bout soufré d'une pâte inflammable obtenue en mélangeant de la colle forte, de l'eau, du sable fin et du phosphore avec un peu de bleu de Prusse ou de vermillon qui colore la pâte ; le mélange semi-fluide est étendu sur une table de marbre ; on y pose les allumettes que l'on porte ensuite à sécher lentement dans une étuve.

Pour les secondes, on ajoute à la pâte inflammable un peu de chlorate de potassium qui active la combustion du phosphore et lui permet d'enflammer la cire.

Le frottement suffit pour faire prendre feu à ces allumettes ; le phosphore enflamme le soufre qui brûle sans résidu et fait brûler le bois. Le gaz acide sulfureux qui se produit est désagréable à respirer ; aussi, en Angleterre, remplace-t-on le soufre par la paraffine.

Aujourd'hui ce n'est plus le phosphore qui sert directement à la fabrication des allumettes. C'est un sulfure de phosphore, tout aussi inflammable, mais d'un maniement bien moins dangereux pour la santé des ouvriers.

Allumettes au phosphore amorphe. — Soufrées ou recouvertes de cire, elles portent à l'extrémité un mélange de sulfure d'antimoine, de chlorate de potassium avec de la colle forte. Le phosphore rouge, mélangé d'un peu de sulfure d'antimoine, est fixé sur un carton que porte la boîte. Le frottement sur un objet quelconque ne peut enflammer l'allumette ; mais, si on la frotte sur le carton, elle détache une parcelle de phosphore qui s'enflamme et fait brûler l'allumette.

On comprend qu'on évite avec ces allumettes au phosphore amorphe les risques d'incendie si fréquents avec les premières ; de plus, comme elles ne portent pas le phosphore, elles sont inoffensives, tandis que les autres ont été souvent la cause d'empoisonnements regrettables.

178. État naturel. — Le phosphore est assez abondant dans la nature, mais à l'état de combinaisons, surtout de phosphate de calcium. On extrait ce phosphate de beaucoup de localités pour le répandre sur les terres arables, où il sert d'aliment aux plantes. Il constitue la majeure partie des os ; le cerveau et l'urine des animaux, la laitance des poissons en contiennent une certaine quantité.

179. Préparation. — On tire le phosphore des os de bœuf ou de mouton. Les os sont calcinés dans des fours ; la matière organique se détruit ; la matière minérale blanche, résidu des os brûlés, est pulvérisée, passée au tamis et amenée à la consistance d'un sable grossier. On la délaye dans l'eau et on ajoute de l'acide sulfurique. Cet acide prend une partie de la chaux du phosphate des os et l'amène à l'état de phosphate acide soluble. On filtre ; la liqueur est évaporée jusqu'à consistance de sirop que l'on mélange avec du charbon en poudre. On chauffe

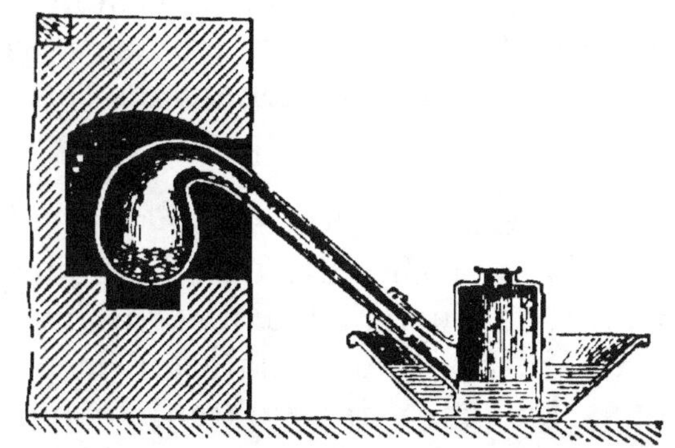

Fig. 117. — Ancien dispositif pour préparer le phosphore.

au rouge la pâte obtenue, puis on met la matière dans des cornues de grès que l'on chauffe avec précaution jusqu'à une température élevée à laquelle le phosphore se dégage à l'état de vapeur. Les cornues sont munies d'allonges en cuivre ou en poterie, bien lutées, allant déboucher dans le bec relevé d'un récipient en cuivre contenant de l'eau, comme l'indique la figure 117.

On n'obtient que la moitié du phosphore contenu dans les os.

180. Purification. — Le phosphore obtenu est impur; pour le purifier, on le fait filtrer par pression au travers d'une peau de chamois, sous l'eau maintenue à 50°; ou bien on le fait fondre sous l'eau dans un vase fort dont le fond est une pierre poreuse, et, en envoyant

Fig. 118. — Cornue où l'on chauffe le mélange de phosphate et de charbon. Récipients où les vapeurs de phosphore se condensent dans l'eau.

de la vapeur d'eau sous pression dans le vase, on force le phosphore à passer, par les pores de la pierre, dans un second vase contenant de l'eau chauffée, où il reste liquide et où on le reprend pour le mouler.

181. Historique. — Le phosphore a été découvert en 1669 par Brandt, de Hambourg, qui parvint à l'extraire de l'urine. Ce n'est qu'un siècle plus tard que Gahn et Scheele signalèrent la présence du phosphore dans les os et indiquèrent le moyen de l'en extraire; c'est ce moyen que l'on suit encore aujourd'hui. La découverte de Brandt avait excité au plus haut point la curiosité des chimistes; le phosphore était le premier corps connu jouissant de la propriété de luire dans l'obscurité.

Composés du phosphore

1° AVEC L'HYDROGÈNE

L'hydrogène et le phosphore ne se combinent pas directement; mais on connaît trois combinaisons de ces deux corps :

Ph^2H qui est solide;

PhH² qui est liquide, très volatil et très inflammable ;

PhH³ qui est gazeux ; c'est l'hydrogène phosphoré ordinaire.

On devrait les appeler *phosphures* d'hydrogène ; mais le nom d'hydrogène phosphoré est plus commun.

182. Hydrogène phosphoré ordinaire.

— On l'obtient en chauffant, dans un petit ballon, du phosphore avec une dissolution étendue de potasse, ou des boulettes de chaux éteinte dans chacune desquelles on

Fig. 119. — Préparation du phosphure d'hydrogène inflammable, par le phosphore chauffé dans une solution de potasse.

a placé un petit fragment de phosphore. On a soin de remplir le ballon pour éviter les explosions et on ne plonge le tube abducteur dans l'eau que quand le gaz se dégage.

183. Propriétés.

— Ce gaz a une odeur d'ail très prononcée. Il s'enflamme spontanément à l'air en produisant des fumées blanches, en couronnes, d'acide phosphorique :

$$PhH^3 + O^4 = PhO^4H^3.$$
Acide phosphorique

Il donne avec l'air un mélange détonant.

Si on le conserve longtemps sur l'eau ou sur le mercure, ou qu'on le refroidisse, il perd la propriété de s'enflammer spontanément à l'air ; c'est qu'il doit cette propriété à des vapeurs d'hydrogène phosphoré

liquide répandues dans sa masse et qui se déposent
par le repos ou le refroidissement.

Il a de grandes analogies de composition avec l'ammoniaque.

On le produit souvent en jetant dans
un verre d'eau du phosphure de calcium,
composé solide obtenu en soumettant
de la craie à l'action des vapeurs de phosphore ; le gaz s'enflamme en sortant de
l'eau, et, si on opère dans un air tran-
quille, il y a de belles couronnes de vapeurs blanches produites.

184. État naturel. — L'hydrogène
phosphoré gazeux se produit spontanément dans la décomposition lente des

Fig. 120. — Phos-
phure de cal-
cium dans l'eau

animaux morts, aux dépens de la matière phosphorée
du cerveau ; il s'enflamme en arrivant à l'air et répand
l'odeur d'ail ; il constitue alors les *feux follets* que
l'on observe dans les anciens cimetières.

185. Composés oxygénés. — Le principal composé oxygéné du phosphore est l'**anhydride phosphorique** qui se forme quand on brûle le phosphore
dans l'oxygène ou à l'air ; on en connaît un autre moins
oxygéné, *l'anhydride phosphoreux*, et on en suppose
un troisième encore moins oxygéné. Voici leurs noms
et leurs symboles :

Ph^2O *anhydride hypophosphoreux (hypothétique).*
Ph^2O^3 —   *phosphoreux.*
Ph^2O^5 —   *phosphorique.*

Chacun d'eux, en s'hydratant, c'est-à-dire en prenant de l'eau, donne un véritable acide, ayant de

l'hydrogène échangeable contre des métaux et pouvant donner des sels métalliques :

$$Ph^2O + 3 (H^2O) \text{ donne } Ph^2OHH^6 \text{ ou } PhO^2H^3 \textit{ acide hypophosphoreux.}$$
$$Ph^2O^3 + 3 (H^2O) \quad - \quad Ph^2O^6H^6 \text{ ou } PhO^3H^3 \quad - \quad \textit{phosphoreux.}$$
$$Ph^2O^5 + 3 (H^2O) \quad - \quad Ph^2O^8H^6 \text{ ou } PhO^4H^3 \quad - \quad \textit{phosphorique.}$$

Si dans les trois formules figurant ces acides on met à part le radical (PhO) qui entre dans l'acide phosphorique avec 3 fois (OH), on trouve ces trois acides ainsi figurés :

$$PhO < {}^{OH}_{H^2} \qquad PhO < {}^{(OH)^2}_{H} \qquad PhO\,(OH)^3$$

Acide hypophosphoreux *Acide phosphoreux* *Acide phosphorique*
monobasique *bibasique* *tribasique*

L'acide hypophosphoreux n'est intéressant que parce qu'il est la base des *hypophosphites*.

L'acide phosphoreux, obtenu par l'oxydation lente du phosphore, n'a pas d'autre intérêt que d'engendrer les *phosphites*.

186. Anhydride phosphorique (Ph^2O^5). — Le principal composé du phosphore avec l'oxygène est l'anhydride phosphorique; il se forme toutes les fois que le phosphore brûle dans l'oxygène et dans l'air sec. On peut le préparer en petite quantité en brûlant du phosphore sous une cloche sèche remplie d'air et posée sur une assiette; il se dépose à l'état de flocons neigeux qu'il faut recueillir rapidement. Quand on en veut davantage, on se sert de l'appareil représenté par la figure 121. On introduit le phosphore par le tube large dont la cloche est munie; on l'enflamme à l'aide d'une tige chauffée, et on entretient la combustion en insufflant, au moyen d'un soufflet, de l'air qui se dessèche dans une éprouvette à ponce sulfurique avant de servir à la combustion du phosphore. L'acide neigeux produit doit être retiré rapidement de la cloche et du flacon qui la suit et enfermé dans des flacons bouchés à l'émeri.

L'anhydride phosphorique est extrêmement avide d'eau ; il fait entendre un sifflement quand on le met en contact avec ce liquide ; on l'utilise en chimie pour dessécher les gaz. Il dégage encore de la chaleur en se dissolvant dans l'eau :

$$Ph^2O^5 + 3(H^2O) = 2(PhO^4H^3) + 36\ calories.$$

Anhydre, il a pour formule Ph^2O^5. Hydraté, il a pris 1, 2 ou 3 molécules d'eau. Alors seulement il peut échan-

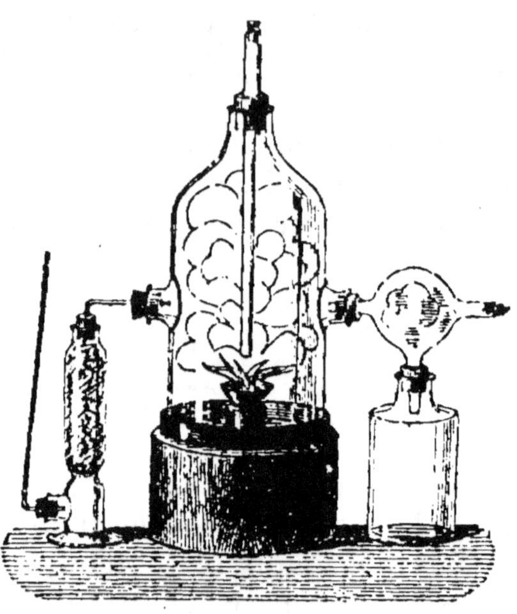

Fig. 121. — Préparation de l'anhydride phosphorique par la combustion du phosphore dans une cloche où l'on envoie de l'air desséché.

ger de l'hydrogène contre les métaux pour donner les différents **phosphates** métalliques.

Il y a trois hydrates de l'anhydride phosphorique, suivant que ce dernier s'est incorporé 1, 2 ou 3 molécules d'eau :

$$Ph^2O^5 +\ \ H^2O\ \text{ou}\ PhO^3H \quad\quad acide\ métaphosphorique.$$
$$Ph^2O^5 + 2(H^2O)\ \text{ou}\ Ph^2O^7H^4 \quad -- \quad pyrophosphorique.$$
$$Ph^2O^5 + 3(H^2O)\ \text{ou}\ PhO^4H^3 \quad -- \quad orthophosphorique.$$

Acide orthophosphorique *ou ordinaire*. — *Orthophosphates*. — On obtient facilement l'acide ordinaire en faisant chauffer doucement, dans une cornue emmanchée dans un ballon refroidi, du phosphore avec de l'acide azotique ordinaire, et en évaporant la liqueur dans une capsule de platine, quand le phosphore est dissous. On obtient le corps :

$$PhO^4H^3 \text{ ou } PhO \begin{matrix} OH \\ OH \\ OH \end{matrix}$$

qui peut échanger 3 atomes d'H contre 3 atomes d'un

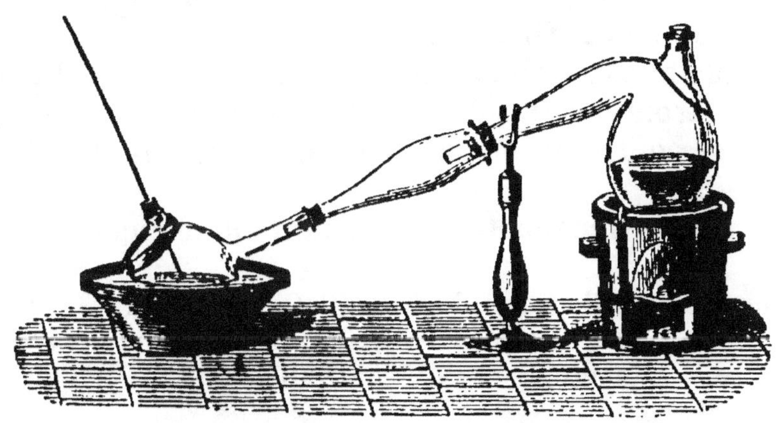

Fig. 122. — Préparation de l'acide phosphorique ordinaire.

métal. Ainsi, versé dans une solution de sel d'argent, il donne un précipité *jaune* dont la composition est :

$$PhO^4Ag^3 \text{ ou } PhO \begin{matrix} OAg \\ OAg \\ OAg \end{matrix}$$

phosphate *tribasique* d'argent, analogue au phosphate *tribasique* de calcium $Ph^2O^8Ca^3$ contenu dans les os.

Il peut n'échanger contre les métaux que **deux** et même **qu'une** molécule d'hydrogène et donner les sels :

$$PhO^4 \begin{matrix} H \\ H \\ H \end{matrix} \qquad PhO^4 \begin{matrix} Na \\ H \\ H \end{matrix} \qquad PhO^4 \begin{matrix} Na \\ H \\ H \end{matrix}$$

Acide orthophosphorique   *Phosphate de sodium*   *Phosphate acide de sodium*

$$(PhO^4)^2 \begin{matrix} H^2 \\ H^2 \\ H^2 \end{matrix} \qquad (PhO^4)^2 \begin{matrix} Ca \\ H^2 \end{matrix}$$

Acide orthophosphorique   *Phosphate acide de calcium*

Quand on écrit ce dernier sel sous la forme :

$$CaO$$
$$Ph^2O^5H^2O$$
$$H^2O$$

l'eau qui reste fonctionne comme un oxyde métallique ; elle fait partie **intégrante** de l'acide phosphorique ; on l'appelle **eau de constitution.**

L'acide phosphorique est donc **tribasique,** et il peut donner trois séries de **phosphates,** puisqu'il peut échanger contre un métal 1 ou 2 ou 3 atomes d'hydrogène.

Il y a trois phosphates de calcium ou de chaux :

Phosphate tribasique, $Ph^2O^3,3(CaO)$ ou $(PhO^4)^2 3Ca$;
— **dit neutre,** $Ph^2O^3,2CaO,H^2O$ ou $(PhO^4)^2 Ca^2H^2$;
— **acide,** $Ph^2O^5CaO,2H^2O$ ou $(PhO^4)^2 CaH^4$.

Le premier et le dernier présentent seuls de l'intérêt.

187. Phosphate des os et des nodules. — Ce corps constitue les 80 centièmes de la partie minérale des os ; la cendre d'os est la matière première d'où l'on retire l'acide phosphorique et le phosphore. Le phosphate tribasique est insoluble dans l'eau ; mais il devient soluble en présence de l'acide carbonique, quand il est en poudre. L'acide sulfurique le transforme en phosphate acide soluble, et peut même mettre de l'acide phosphorique en liberté :

$$(PhO^4)^2 Ca^3 + 2(SO^4H^2) = (PhO^4)^2 CaH^4 + 2(SO^4Ca).$$

C'est cette réaction que l'on utilise pour préparer le phosphate acide dont on retire finalement le phosphore.

Le *phosphate tribasique de chaux* est assez abondamment répandu dans la nature. On l'a trouvé d'abord en nodules ou rognons disséminés au milieu des galets des plages de la Manche. Puis on a constaté sa présence en gisements susceptibles d'exploitation en différentes contrées, dans la *Somme* et dans les *Ardennes*, dans l'étage crétacé que les géologues désignent sous le nom de grès vert; il est surtout abondant en *Espagne* et dans le sud de la *Russie*.

C'est un produit très important depuis qu'on l'emploie comme engrais. Les os, le noir animal qui a servi à la décoloration des jus sucrés et les nodules réduits en poudre peuvent être employés à l'état naturel; répandus sur le sol, ils produisent de bons effets, surtout dans les terrains de défrichement. Le phosphate de chaux qu'ils contiennent devient en partie soluble à la faveur de l'acide carbonique; il peut dès lors être absorbé par les plantes et concourir à leur développement.

On obtient de meilleurs résultats en traitant au préalable les phosphates naturels par de l'acide sulfurique, en les transformant d'abord en ce que l'on appelle des **superphosphates**.

On fait un mélange avec de la poudre de nodules et de la poudre d'os ou des noirs; on l'attaque par une quantité convenable d'acide sulfurique; la masse s'échauffe; on la laisse sécher peu à peu, et, si l'opération a été bien conduite, elle se granule d'elle-même et elle est prête pour l'emploi. La poudre de superphosphates est un mélange de plâtre, de phosphate acide de chaux soluble et souvent d'un phosphate tribasique non attaqué. Elle a d'autant plus de valeur qu'elle indique à l'analyse une plus grande quantité d'acide phosphorique soluble. C'est un engrais très recherché aujourd'hui des agriculteurs, qui ont l'excellente habitude de le mêler au fumier de ferme et de s'en servir surtout pour les céréales.

On a cru longtemps que la poudre d'os n'avait aucune utilité comme engrais; mais de nombreuses expériences

ont démontré toute l'importance de l'acide phosphorique comme élément fertilisant; c'est à lui notamment
que le guano du Pérou doit ses excellents effets.

**188. Acide pyrophosphorique. — Pyrophos-
phates.** — Si l'on calcine au rouge le phosphate de
dium, $\left(PhO^1 {Na^2 \atop II}\right)^2$, qui est tribasique, puisqu'il donne
avec le sel d'argent le **phosphate** *jaune* d'argent, on
obtient le composé $Ph^2O^7Na^1$ qui, dissous, donne
avec le sel d'argent $Ph^2O^7Ag^1$ un précipité *blanc*.
Ces corps correspondent à l'acide

$$Ph^2O^5 < {OH^2 \atop OH^2} \text{ appelé } \textbf{pyrophosphorique,}$$

qui ressemble à 2 molécules d'acide orthophosphorique ayant perdu 1 molécule d'eau.
Les sels que produit cet acide sont appelés **pyrophosphates;** ils donnent avec les sels d'argent un
précipité blanc de *pyrophosphate d'argent.*

**189. Acide métaphosphorique. — Métaphos-
phates.** — La calcination du phosphate acide de sodium
$PhO^1 < {Na \atop H^2}$ amène le composé PhO^3Na donnant
PhO^3Ag **métaphosphate en précipité blanc** et correspondant à l'acide PhO^3H acide **métaphosphorique.**
Cet acide ne peut donner qu'une série de sels : il n'a
que 1 atome d'hydrogène à échanger contre 1 métal.
Il y a donc, outre l'acide phosphorique anhydre,
incapable de se combiner sans avoir d'abord pris de
l'eau, 3 acides phosphoriques :

L'acide **métaphosphorique,** qui donne 1 série de **métaphosphates.**
   —   pyrophosphorique,   — 2 —   pyrophosphates.
   —   phosphorique ordin.   — 3 —   phosphates.

Cette distinction va nous permettre de donner les réactions de la préparation du phosphore.

190. Théorie de la préparation du phosphore.

— La poudre blanche d'os brûlés contient en grande partie du phosphate tribasique de calcium insoluble,

$$\begin{matrix} PhO^4 \\ PhO^4 \end{matrix}\ Ca^3$$

L'acide sulfurique le transforme en phosphate acide soluble :

$$\begin{matrix} PhO^4 \\ PhO^4 \end{matrix}\ Ca^3 + \begin{matrix} SO^4H^2 \\ SO^4H^2 \end{matrix} = \begin{matrix} SO^4Ca \\ SO^4Ca \end{matrix} + \begin{matrix} PhO^4Ca \\ PhO^4H^4 \end{matrix}$$

Ce phosphate acide, desséché, se transforme en métaphosphate $(PhO^3)^2Ca$, que le charbon peut réduire à haute température, en laissant comme résidu du pyrophosphate de calcium et en dégageant de l'oxyde de carbone et du phosphore en vapeur :

$$2(PhO^3)^2Ca + 5C = Ph^2O^7Ca^2 + 5\,CO + 2Ph.$$

On ne retire ainsi que la moitié du phosphore contenu dans les os.

Résumé. — Le phosphore est un solide jaune, à l'odeur d'ail, qui se laisse rayer par l'ongle. Il fond à 44° et peut être facilement obtenu liquide quand on le jette dans de l'eau un peu chaude. Il peut être distillé, mais seulement à l'abri de l'oxygène.

Il n'est pas soluble dans l'eau, bien qu'il lui donne la propriété de luire dans l'obscurité. Il se dissout très bien dans le sulfure de carbone, et l'évaporation de la solution le donne en cristaux.

Sa propriété saillante, c'est d'être un corps très inflammable ; il prend feu à 60° ou quand on le touche avec un corps chaud, ou encore par le frottement. En mince pellicule, il prend feu spontanément à l'air.

Exposé à l'air, il répand des vapeurs blanches et s'échauffe. Dans l'oxygène, il brûle avec une flamme très vive quand il a été allumé en un point : il donne des vapeurs blanches d'anhydride phosphorique.

On peut le faire brûler sous l'eau quand on lui envoie de l'oxygène, mais il faut qu'il soit très divisé ou qu'on le maintienne fondu dans de l'eau à 50°.

Il se combine au chlore; aussi il s'enflamme quand on le descend dans un flacon de chlore.

Il est vivement attaqué par l'acide azotique, qui le transforme en acide phosphorique en dégageant d'abondantes vapeurs rutilantes.

Il luit dans l'obscurité, probablement parce qu'il se combine à l'oxygène de l'air; on a remarqué, en effet, que la phosphorescence n'a pas lieu dans les gaz qui ne contiennent pas d'oxygène libre.

Le phosphore blanc n'est pas la seule variété : il y a aussi le *phosphore rouge*, qui diffère du premier non pas seulement par la couleur, mais aussi par toutes les propriétés. Le phosphore rouge ne peut pas cristalliser; de là son nom de **phosphore amorphe**; il est moins fusible, moins attaquable par l'acide azotique, et il n'est pas vénéneux.

Le phosphore entre dans la préparation des pâtes à empoisonner les rats; mais son principal usage, c'est la fabrication des **allumettes**.

Celles-ci sont de deux sortes, suivant que le phosphore est ordinaire ou amorphe.

Les *allumettes au phosphore ordinaire* sont des bouts de bois secs garnis de soufre et, par-dessus, d'une pâte gommée contenant du phosphore et colorée. Le frottement contre une surface rugueuse suffit à les enflammer ; le phosphore prend feu, allume le soufre, qui allume à son tour le bois.

A vrai dire, les allumettes sont aujourd'hui au sulfure de phosphore.

Les *allumettes au phosphore amorphe* portent une pâte formée de corps facilement combustibles ; c'est le couvercle de la boîte qui porte la pâte phosphorée, et il faut frotter l'allumette contre la surface garnie de cette pâte pour en détacher une parcelle de phosphore qui s'enflamme par frottement et qui met le feu au soufre ou à la paraffine et ensuite au bois.

Le phosphore existe à l'état de *phosphate* dans certains terrains, dans les os, le cerveau, l'urine de l'homme et des animaux, dans la laitance des poissons. C'est de la cendre d'os calcinés qu'on l'extrait : on le fait dégager en vapeurs que l'on condense dans l'eau sans qu'elles aient eu le contact de l'air. On le purifie par une filtration mécanique, et on le moule en le tenant fondu sous l'eau avant de le laisser refroidir.

C'est *Brandt* qui a découvert le phosphore en calcinant l'extrait sec de l'urine. C'est *Gahn* et *Scheele* qui ont les premiers signalé sa présence dans les os et qui ont indiqué le mode d'extraction qui est encore suivi.

Le phosphore donne, avec l'oxygène, plusieurs composés : le principal est l'**anhydride phosphorique**, qui se produit en vapeurs blanches et se dépose en poudre blanche quand on brûle du phosphore dans l'oxygène ou dans l'air sec. Ce corps se forme avec dégagement de chaleur; il dégage aussi de la chaleur quand il se dissout dans l'eau.

Il forme avec l'eau plusieurs hydrates, dont le plus important est l'**acide phosphorique** *ordinaire*.

On prépare directement cet acide phosphorique ordinaire en chauffant le phosphore dans de l'acide azotique étendu. Le liquide obtenu est fortement acide.

Cet acide phosphorique a 3 atomes d'hydrogène à échanger contre les métaux; il donne trois séries de **phosphates** qui, tous comme lui, précipitent en jaune une solution d'un sel d'argent neutralisée, et en blanc une solution d'un sel de baryum. Les uns ont 3 atomes de métal et portent le nom de **phosphates tribasiques**; d'autres n'en ont que deux, comme le phosphate de sodium ordinaire; d'autres enfin n'en ont qu'un, comme le phosphate acide de calcium.

Il y a trois phosphates de calcium, appelés encore phosphates de chaux. Mais les deux plus importants sont le phosphate tricalcique et le phosphate acide; l'un est insoluble, mais le second est soluble.

Le **phosphate de chaux** se rencontre sous deux états, en nodules dans certaines contrées, puis provenant de la cendre d'os. Il est insoluble et ne peut, sous cette forme, servir d'engrais absolument rapide dans son action.

Mais, quand on fait agir sur lui l'acide sulfurique, il devient en partie soluble; le mélange qui contient du phosphate acide et du plâtre prend le nom de superphosphate et constitue un engrais très actif.

CHAPITRE XX

CARBONE. — COMBUSTIBLES

191. Charbons et carbone. —, Nous appellerons **charbons** bien des corps très différents d'aspect, qui contiennent tous en plus ou moins grande quantité un même corps simple, qui, à l'état de pureté, a reçu des chimistes le nom de **carbone.**

La combustion du bois nous donne l'exemple le plus commun du charbon. Nous voyons journellement brûler le bois dans nos foyers ; et, si nous le laissons se consumer en entier, il n'en reste rien qu'un peu de cendres ; il a disparu peu à peu en produisant une flamme brillante et de la fumée que la cheminée a entraînée au dehors. Mais, si nous couvrons d'une épaisse couche de cendre la bûche de bois bien enflammée, elle ne donne plus de flamme ; elle reste encore longtemps rouge ; le lendemain, nous la retrouvons en charbon noir.

Le boulanger chauffe son four avec des bûchettes de bois ; mais il ne les laisse pas se réduire en cendres ; quand elles ne donnent plus de flamme, qu'elles n'échaufferaient plus assez rapidement le dôme du four, il en retire les fragments incandescents pour les enfermer dans une grande boîte de tôle et les y refroidir à l'abri de l'air. Il obtient ainsi la braise, ce charbon noir en menus morceaux, si facile à rallumer.

Le bois contient donc du carbone associé à d'autres éléments, que la chaleur fait dégager sous forme de gaz inflammables ou de fumée, et à quelques matières minérales qui forment la cendre lorsque la combustion est complète. Et, quand on limite la combustion du bois, le charbon reste comme résidu.

Toutes les matières qui proviennent des végétaux ou des animaux contiennent, comme le bois, du carbone dans leur composition, et, si on les brûle incomplètement en limitant l'accès de l'air, elles laissent aussi du charbon noir pour résidu.

192. Le *carbone pur* se présente sous trois états qui diffèrent autant par la densité que par l'aspect et qui semblent correspondre à trois degrés de condensation :

1° Le *carbone amorphe*, dont la densité est de 1,4 et dont le type est le noir de fumée ;

2° Le *graphite*, de densité 2,1 ;

3° Le *diamant* cristallisé, de densité 3,5.

Quels que soient son état et la différence de ses propriétés extérieures, le carbone est toujours insoluble et infusible, et le produit de sa combustion complète est toujours l'*anhydride carbonique*.

Le carbone est très répandu dans la nature ; pour passer en revue ses principales variétés, on les divise en deux catégories :

1° Les *charbons naturels* : le diamant, le graphite et les charbons minéraux, que l'on trouve les uns en filons et les autres en couches plus ou moins puissantes dans le sein de la terre, dans les terrains anciens et notamment dans le terrain *carbonifère* ;

2° Les *charbons artificiels*, que l'on tire de la combustion incomplète de presque tous les produits organiques, animaux ou végétaux : le charbon de bois, le charbon de cornue, le coke, le noir de fumée, le noir animal.

Charbons naturels

193. Diamant. — Le diamant est du carbone pur et cristallisé; ses cristaux dérivent du cube. Il est ordinairement incolore et transparent, mais il présente parfois aussi des nuances colorées; on en trouve même de complètement noir. Brut, il ressemble à un caillou; il n'acquiert son éclat que lorsqu'il est poli. C'est le plus dur de tous les corps connus; il les raye tous, et il faut faire usage de sa propre poussière pour le tailler. La taille s'opère en usant le diamant, déjà dégrossi, sur des meules d'acier recouvertes de poudre de diamants noirs délayée dans l'huile; on produit ainsi des facettes polies, qui dispersent puissamment la lumière et donnent au diamant toute sa valeur pour la parure.

Fig. 123. — Diamant taillé en rose, vu en élévation.

On taille les diamants en *roses* ou en *brillants*. La *rose* a le dessous plat et le dessus en un dôme taillé à facettes (*fig.* 123). Le *brillant* se compose de deux parties, une inférieure taillée en pointe à trente-deux facettes en triangles ou en losanges, et une supérieure ou couronne terminée par une large face octogonale (*fig.* 124).

Fig. 124. — Diamant taillé en brillant, vu de face.

Prix du diamant. — Le prix du diamant est très élevé ; il varie de 20 à 40 francs le carat pour les diamants bruts et de 50 à 100 francs pour les diamants taillés (le carat pèse $0^{gr},212$). De plus, le prix augmente comme le carré du nombre des carats ; ainsi un diamant ordinaire taillé du poids de 3 carats coûterait :

$$3 \times 3 \times 50 = 450 \text{ francs.}$$

Au-dessus de 20 carats, le prix ne dépend plus que de la beauté.

Ainsi le *Régent* de la couronne de France, l'un des plus beaux diamants connus, qui pèse 137 carats (il en pesait 410 avant la taille), est estimé à environ 6 millions de francs.

Le plus gros des diamants connus est celui du rajah de Bornéo ; il pèse 300 carats.

Nature du diamant. — On a longtemps cru que le diamant n'était qu'une variété très pure du cristal de roche. C'est Lavoisier qui a le premier démontré l'existence du charbon dans le diamant, en le faisant brûler dans un ballon d'oxygène à l'aide de la chaleur solaire concentrée par de fortes lentilles. Davy a mis hors de doute la nature du diamant en démontrant qu'il produit de l'anhydride carbonique comme le carbone pur.

Une température élevée transforme le diamant en une matière noire, onctueuse au toucher, analogue à la mine de plomb des crayons.

État naturel et usages. — Le diamant se trouve disséminé dans des sables d'alluvions provenant de roches anciennes qu'on n'a trouvés jusqu'ici que dans l'Inde, à Bornéo, au Brésil et en Afrique dans la région du Cap. Sa densité, 3,5, est supérieure à celle des sables ; on le retire par des lavages et triages répétés. Le Brésil fournit 4 à 5 kilogrammes de diamants bruts par an.

Les beaux diamants incolores sont taillés en roses ou en brillants pour être employés à la parure. Les petits de toutes couleurs servent à couper le verre, à faire des pointes de burin pour graver les pierres dures et des pivots pour certaines pièces d'horlogerie. Le diamant noir, qui est le plus dur, peut être employé pour forer les roches porphyriques; on en a fait un grand usage dans le percement des tunnels des Alpes.

Reproduction artificielle du diamant. — M. Moissan a réalisé, au commencement de 1893, la reproduction artificielle du diamant, qu'un grand nombre de chimistes avaient cherchée avant lui sans succès. Il s'est servi, pour obtenir le carbone fondu, de la haute température produite par l'arc électrique d'un courant très intense. On savait que la fonte de fer en fusion peut dissoudre du carbone et qu'elle l'abandonne par refroidissement à l'état de graphite moins dense que le diamant. M. Moissan a pensé que, si on réussissait à provoquer une forte pression sur le carbone fondu, il pourrait prendre en refroidissant sa forme dense et donner des cristaux de diamant. Il a donc fondu au four électrique de la fonte de fer contenant du carbone; il a refroidi brusquement la masse en la jetant dans l'eau; elle s'est solidifiée à la surface; et la fonte en fusion restée à l'intérieur, gênée dans sa dilatation par la carcasse extérieure, ne pouvant pas augmenter de volume, a fait sur le carbone une très forte pression. Et, quand toute la masse a été solidifiée et refroidie, qu'on l'a attaquée par un acide, il est resté finalement des petits cristaux de carbone très dense, très dur, ayant toutes les propriétés du diamant naturel.

194. Graphite ou plombagine. — Le graphite, que l'on trouve abondamment en Sibérie, se présente sous forme de paillettes brillantes, noirâtres, onctueuses au toucher, tachant les doigts et le papier. Il

est peu combustible ; il ne peut brûler que dans l'oxygène quand il est fortement chauffé. Son infusibilité le
fait employer dans les laboratoires à la confection de
creusets qui résistent aux températures élevées.

La fonte de fer en fusion, qui a dissous du charbon,
l'abandonne, en se refroidissant, sous forme de paillettes hexagonales de graphite.

Le graphite est bon conducteur de l'électricité ; aussi
s'en sert-on, à l'état de poudre impalpable, pour
enduire les moules que l'on veut recouvrir d'une
couche métallique par la galvanoplastie.

La poudre de graphite, mélangée à l'huile, donne
une matière onctueuse que l'on emploie à graisser les
engrenages et à recouvrir la fonte d'un enduit préservateur et brillant.

On l'utilise pour la fabrication des crayons ; on
l'appelle improprement **plombagine** ou **mine de
plomb**.

195. Combustibles minéraux. — On trouve dans
la terre des charbons plus ou moins impurs, généralement d'un noir brillant, qui brûlent avec flamme parce
qu'ils contiennent, outre le carbone, un peu d'hydrogène, et qui laissent des matières minérales sous forme
de cendres quand la matière charbonneuse a brûlé dans
un excès d'air ; ce sont : l'*anthracite*, la *houille*, les
lignites, auxquels on peut ajouter la *tourbe*.

196. Anthracite. — L'anthracite est un charbon
dur que l'on rencontre dans les terrains anciens, notamment aux États-Unis, en Angleterre et en France,
près d'Angers. Il ne peut brûler qu'à une température
élevée et en grandes masses ; mais, comme il est
très *riche* en carbone (il en renferme 92 0/0), si on
entretient sa combustion par un vif courant d'air, il
donne une forte chaleur ; il est apprécié dans l'industrie.

197. Houille. — La **houille** ou charbon de terre est le charbon minéral le plus employé ; elle est d'un noir brillant moins compact que l'anthracite, souvent formée de feuillets superposés ; elle ne renferme que 70 à 75 0/0 de carbone.

Soumise à la chaleur, elle devient pâteuse, se boursoufle plus ou moins, dégage des gaz qui forment la flamme et laisse un résidu riche en charbon appelé *coke*.

Elle présente diverses variétés que l'on distingue d'après leur apparence extérieure, la manière dont elles se conduisent au feu et la nature du coke qu'elles laissent.

Le premier groupe comprend les *houilles bitumineuses, grasses*, à *longue flamme*, que l'on subdivise :

1° En *houilles grasses maréchales*, se ramollissant beaucoup au feu, donnant un coke poreux et convenant particulièrement au chauffage des forges et à la fabrication du gaz ; telles sont les houilles de Mons et de Newcastle ;

2° En *houilles sèches et dures*, qui ne gonflent pas, donnent un coke dense et sont particulièrement réservées au chauffage des foyers à grilles ; telles sont les houilles de Blanzy, en France.

Le deuxième groupe comprend les *houilles maigres* ou *anthraciteuses*, qui se réduisent en petits fragments et ne donnent pas une température très élevée.

Toutes les variétés sont plus ou moins mélangées de pyrite de fer, qui peut nuire à leur qualité.

La houille se trouve en lits superposés dans les terrains houillers ou carbonifères. Elle provient d'une altération lente de grands végétaux de l'époque primaire, comme le prouvent les nombreux débris ou les empreintes de feuilles, de tiges et de fruits que l'on y trouve.

C'est le principal combustible de l'industrie. Elle sert, en outre, à faire le gaz d'éclairage. On utilise même aujourd'hui sa poussière sous forme de briquettes et sous le nom d'agglomérés.

198. Lignites. — Les **lignites** proviennent de bois altérés dont ils rappellent encore la forme ; certaines variétés présentent beaucoup de dureté et constituent le **jais,** susceptible d'un beau poli. Les lignites brûlent avec une flamme fumeuse, en répandant une odeur désagréable ; ils sont bien moins riches en carbone que la houille.

199. Tourbe. — La **tourbe,** qui se produit autour de nous dans les marais desséchés et dans certains terrains humides, est aussi un combustible fumeux, plus impur que les précédents, mais cependant susceptible d'emploi.

C'est une substánce brunâtre, d'aspect terreux, que l'on extrait des tourbières comme celles de la Somme, que l'on découpe en briques peu épaisses et que l'on fait sécher pour pouvoir les brûler. Elle ne sert que pour le chauffage à bon marché.

Charbons artificiels

200. Coke. — Quand on brûle la houille à l'air, elle produit une flamme brillante et ne laisse pour résidu que des cendres. Si on la brûle en vase clos, soit en grands tas couverts, soit dans des cylindres fermés, elle laisse un résidu poreux, généralement léger : c'est le **coke.** Le coke est formé de charbon et de cendres ; il brûle sans flamme et sans fumée, mais en produisant beaucoup de chaleur ; aussi est-il recherché par le chauffage domestique. Les grands fourneaux de l'industrie des métaux en consomment beaucoup, tellement même que, pour cet usage, on convertit en coke des masses énormes de houille.

201. Charbon de cornue. — Dans la distillation de la houille en cylindres pour obtenir le gaz d'éclairage, on trouve, sur les parois du cylindre, un dépôt de charbon très cohérent, très dense, d'un grain très serré, si dur qu'il est difficile à entamer : c'est le **charbon de cornue.** On le travaille en prismes et en cylindres pour les piles électriques, car il conduit bien l'électricité. On en fait même des creusets. Il brûle très difficilement ; mais, à une température suffisamment élevée, il constituerait un excellent combustible, puisqu'il ne contient presque pas de cendres.

202. Charbon de bois. — Le bois contient environ 38 0/0 de son poids de carbone uni à de l'hydrogène et à de l'oxygène, et à quelques matières minérales qui forment la cendre quand on le brûle. Si on le calcine en vase clos, les gaz se dégagent sous forme d'eau et d'hydrogène carboné ; la plus grande partie du charbon qui n'a pu se combiner ni se détruire reste, en conservant la forme du végétal dont il provient : c'est le **charbon de bois.**

On emploie deux procédés pour l'obtenir : 1° le procédé des meules ou des forêts ; 2° la distillation en vase clos.

203. Procédé des meules. — Pour construire la meule, on dispose sur une surface plane, autour de quelques branches plantées verticalement au centre de l'aire, de petites bûchettes de 30 à 40 centimètres de long, serrées les unes contre les autres et placées debout ; on constitue ainsi un premier lit sur lequel on en met un second, puis un troisième, en donnant à l'ensemble la forme d'un cône arrondi à la partie supérieure. On recouvre le tout de mousse, de feuilles, de gazon, de terre, en ménageant des évents à la partie inférieure.

On retire les bûches verticales du centre et on

obtient une cheminée centrale dans laquelle on jette des broussailles sèches et des charbons allumés. La combustion commence ; quand elle est suffisamment avancée au centre, ce dont on juge par l'aspect de la

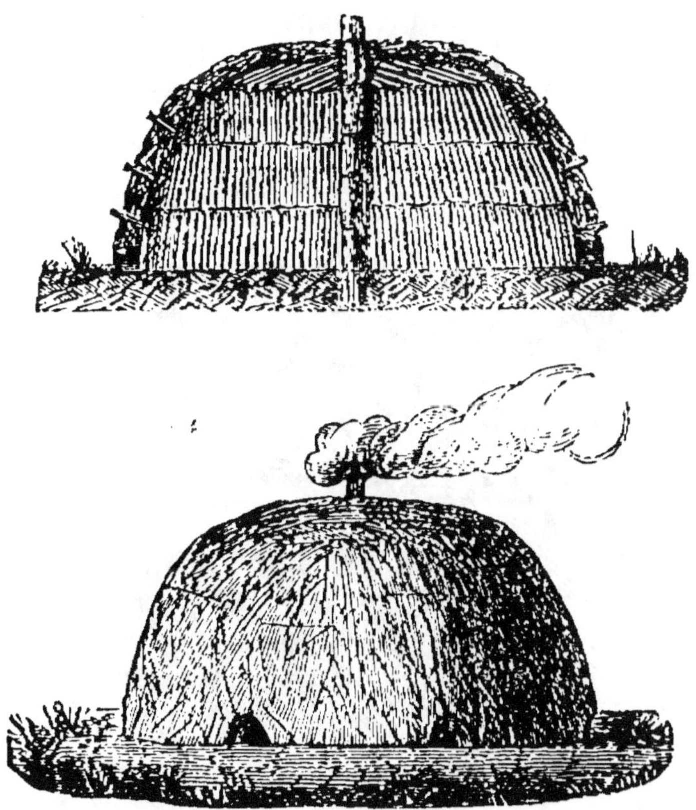

Fig. 125. — Préparation du charbon de bois par le procédé des meules. Meule entière et coupe verticale.

fumée, on bouche la cheminée et on ouvre des évents latéraux, successivement du haut en bas. L'opération terminée, on bouche toutes les ouvertures et on laisse refroidir la masse le temps convenable. On enlève ensuite la terre, on sépare le charbon des parties mal carbonisées ; le charbon cuit est dur, compact, sonore, à cassure brillante. On en obtient environ 17 0/0 du poids du bois.

204. Distillation en vases clos. — On introduit le bois dans de grands cylindres qui peuvent en contenir un demi-stère et que l'on fait communiquer avec des récipients refroidis où l'on recueillera les produits de la distillation. On chauffe sept ou huit heures les cylindres, avec du bois ou de la houille ; les produits gazeux passent dans des tubes refroidis par un courant

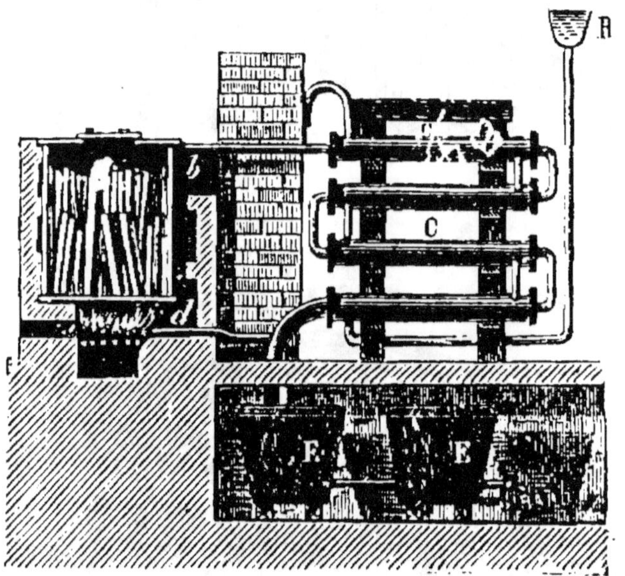

Fig. 126. — Distillation du bois en vases clos.

d'eau ; une partie se condense à l'état liquide, et la portion qui reste à l'état de gaz est ramenée sous le foyer pour y être brûlée (*fig.* 126). On laisse refroidir le temps convenable, et on défourne le charbon. On obtient environ 27 0/0 du poids du bois employé. De plus, les produits liquides, condensés, sont utilisés dans l'industrie ; on en retire le vinaigre de bois et l'alcool de bois, dont les usages sont nombreux. Ce procédé est donc beaucoup plus économique que le premier, bien qu'il exige des appareils plus coûteux ; aussi s'est-il beaucoup répandu depuis quelque temps.

205. Noir de fumée. — Le noir de fumée, charbon très divisé, sous forme de poussière noire très légère, s'obtient en brûlant incomplètement à l'air des matières résineuses. On envoie la fumée épaisse que donnent ces corps dans de grandes chambres dont les parois sont recouvertes de toiles sur lesquelles le noir se dépose. On fait tomber le noir sur le sol de la chambre en faisant descendre un cône qui racle les parois. Le noir de fumée est du carbone à peu près pur ; il ne peut pas contenir de cendres ; sa seule impureté est une matière goudronneuse qui imprègne les particules de charbon et dont on le débarrasse en le calcinant à l'abri de l'air. Il sert à la fabrication des encres de Chine et d'imprimerie.

Fig. 127. — Préparation du noir de fumée.

206. Noir animal. — Quand on calcine les os en vase ouvert, la matière organique (qui en forme 30 0/0) brûle et disparaît en flamme et fumée. Si on les calcine en vase clos, on obtient une masse noire, très poreuse : c'est le **charbon d'os, noir d'ivoire, noir animal.** — Il contient environ 10 0/0 de son poids de charbon disséminé dans le reste de la masse, qui est formée par la matière minérale des os. Il n'est pas utilisé comme combustible ; mais il possède à un haut degré la pro-

priété de **décolorer** les matières organiques. Si on
l'agite en grains avec du vin et qu'on filtre,
la liqueur passe incolore (*fig.* 128). On l'emploie journellement pour décolorer les jus
sucrés.

Quand il a servi quelque temps à la décoloration, il perd ses propriétés. On les
lui rend par une nouvelle calcination qui
détruit les matières organiques dont il était
imprégné ; on dit qu'il a été **revivifié**.

Cette revivification ne peut guère s'opé-
rer que deux ou trois fois, après quoi le noir est employé en agriculture, comme un excellent engrais.

Fig. 128.
Décoloration
du vin par
le noir ani-
mal.

207. Charbon de Paris et agglomérés. — Ce
charbon moulé, qui brûle lentement et qui est souvent
employé dans l'économie domestique, est produit en
calcinant en vases clos des débris de branches de
bruyères, des menus de houille, et en agglomérant le
charbon obtenu avec du goudron ou du brai liquide
qui en fait une matière plastique capable d'être mou-
lée en cylindres. On agglomère également avec du brai
de goudron le poussier de houille et le poussier de coke
qui tombe pendant la manipulation de ces deux produits ; on moule en *briquettes* et on utilise ces briquettes
sous le nom d'agglomérés, comme combustible.

208. Propriétés du charbon. — Les charbons
préparés à haute température sont conducteurs de la
chaleur et de l'électricité : ainsi le charbon de cornue,
ainsi la braise de boulanger fortement calcinée, qui
sert à mettre la tige des paratonnerres en communication avec le sol. Les charbons préparés à basse température sont, au contraire, mauvais conducteurs de la
chaleur : tel est le charbon de bois.

Combustibilité. — Les meilleurs combustibles sont
les charbons mauvais conducteurs, préparés à basse

température ; tel est le charbon de bois, surtout quand il provient d'un bois léger, comme le peuplier ou le bois de bourdaine.

Le charbon qu'on obtient en brûlant lentement et incomplètement du linge est si combustible que l'étincelle d'un briquet suffit à l'enflammer.

Absorption des gaz. — Le charbon de bois récemment calciné possède la propriété d'absorber rapidement les gaz très solubles. On fait l'expérience sur l'ammoniaque. On chauffe au rouge un morceau de charbon; on le refroidit en le plongeant dans le mercure et on l'introduit dans une éprouvette de gaz ammoniac; le mercure monte rapidement et remplit l'éprouvette, et le charbon retiré exhale l'odeur du gaz.

Cette propriété explique l'emploi du charbon comme désinfectant, l'usage des filtres à charbon où l'on fait passer l'eau de citerne ou l'eau de rivière avant de la boire et dont l'emploi doit être recommandé partout où l'on manque d'eau de source ; elle explique aussi l'habitude que l'on a de carboniser l'intérieur des tonneaux à conserver l'eau pour les longs voyages.

209. Propriétés chimiques. — La propriété chimique la plus saillante du carbone, c'est de se combiner à l'oxygène en dégageant beaucoup de chaleur et en produisant de l'*anhydride* carbonique.

Le carbone prend souvent l'oxygène à des composés, aux oxydes notamment, par exemple à l'oxyde de cuivre ; on dit alors qu'il *réduit* l'oxyde.

Il se combine directement au soufre pour donner le *sulfure de carbone ;* il peut se combiner à l'hydrogène quand il est porté à la haute température de l'arc voltaïque pour donner l'*acétylène ;* mais il ne se combine qu'indirectement avec les autres métalloïdes.

Résumé. — **Les charbons** sont des corps différents d'aspect, presque toujours noirs, qui brûlent à l'air en produisant de l'anhydride carbonique ; ce sont des variétés plus ou moins impures d'un corps simple, le *carbone*. On peut trouver le carbone sous trois états : *amorphe*, comme dans le noir de fumée; *graphitoïde*, comme dans la plombagine, ou *cristallisé*, comme le diamant.

On fait deux groupes de charbons : ceux que l'on trouve dans la terre et que l'on nomme **charbons naturels**, comme le diamant, le graphite et les charbons minéraux; ceux que l'on tire de la combustion incomplète des matières organiques, que l'on nomme **charbons artificiels** et dont les principaux sont le coke et le charbon de bois.

Le *diamant* est du carbone pur et cristallisé. Il est très dur ; on ne peut le tailler ou l'user qu'en le frottant avec sa poudre. Lorsqu'il est taillé, en rose ou en brillant, il renvoie la lumière par toutes ses facettes; il prend ainsi une grande valeur. Chauffé, il se ramollit : il prend l'oxygène de l'air et produit de l'anhydride carbonique.

Le *graphite*, abondant en Sibérie, est noir, en lamelles brillantes, onctueux au toucher, tachant les doigts et le papier. Il est peu combustible et bon conducteur de l'électricité. Sous le nom de *plombagine* ou de mine de plomb, il sert surtout à lustrer la fonte et à faire l'âme des crayons.

Les *combustibles minéraux* se trouvent dans la terre; ce sont l'anthracite, la houille, les lignites et la tourbe.

L'*anthracite* est dur, d'aspect pierreux, riche en charbon, difficile à brûler, mais donnant beaucoup de chaleur quand on le brûle dans un fourneau à vent alimenté par un fort courant d'air.

La *houille* ou charbon de terre est le charbon minéral le plus employé. Elle présente plusieurs variétés qui se distinguent d'après la manière dont elles se conduisent au feu ; les *houilles grasses* brûlent avec une longue flamme, les *houilles sèches ou maigres* donnent un coke poreux. La houille sert comme combustible : elle sert aussi pour faire le gaz d'éclairage.

Les *lignites* gardent la forme des bois qui les ont produits par une combustion lente : ils brûlent avec une flamme fumeuse; les plus beaux morceaux d'un noir brillant, susceptibles d'un beau poli, forment le jais ou jayet.

La *tourbe* se produit dans les marais desséchés; elle brûle avec une flamme très fumeuse.

Les **charbons artificiels** sont le coke et le charbon de cornue, le charbon de bois, le noir de fumée et le noir animal.

Le *coke* est le résidu que laisse la distillation de la houille en vases clos ; c'est un charbon poreux, qui brûle sans fumée en produisant beaucoup de chaleur. On le prépare pour les besoins de l'industrie des métaux.

Le *charbon de cornue* est très dur, difficilement combustible, bon conducteur d'électricité ; il sert dans les piles électriques.

Le *charbon de bois* provient de la combustion incomplète du bois. On le produit par le procédé des meules, qui en donne environ 17 0/0 du poids du bois, mais qui laisse perdre les produits contenus dans la fumée ; ou bien par le procédé des cylindres, qui recueille l'acide pyroligneux contenu dans la fumée et condensé par refroidissement.

Le *noir de fumée* est un charbon très divisé en poussière noire très légère, obtenu par la combustion des matières résineuses qui donnent beaucoup de fumée. Il est la base de l'encre d'imprimerie.

Le *noir d'os* ou *noir animal* est le résidu de la calcination des os en vases clos. C'est un charbon très poreux qui possède à un haut degré la propriété d'absorber les couleurs. On l'emploie à la décoloration des liquides colorés et notamment des jus sucrés. Quand il a servi quelque temps, on lui rend ses propriétés par une calcination.

Le *charbon de Paris* et les *agglomérés* en briquettes sont deux des formes sous lesquelles on utilise la poussière de charbon de bois, de houille et même de coke.

Le charbon est *combustible*, voilà sa principale propriété ; il l'est d'autant plus qu'il a été produit à plus basse température. Il *absorbe les gaz*, surtout les gaz solubles, et cette propriété explique son usage comme désinfectant dans les filtres à eau.

Le charbon se combine à l'oxygène pour donner l'anhydride carbonique ; il peut réduire un certain nombre d'oxydes. Il peut se combiner à l'hydrogène et au soufre à haute température ; il ne se combine qu'indirectement aux autres métalloïdes.

CHAPITRE XXI

ANHYDRIDE CARBONIQUE

210. La combustion du charbon. — Quand on brûle du charbon dans un flacon d'oxygène sec, on produit un gaz invisible qui est formé de la combinaison du carbone avec l'oxygène et qu'on nomme l'**anhydride carbonique.**

Si on brûle le charbon à l'air, ce même gaz se forme ; mais, s'il y a au-dessus du charbon allumé une couche de morceaux de charbon non encore allumés, mais seulement échauffés par ceux qui brûlent, on constate une petite flamme bleue au-dessus du foyer ; il s'est produit un second gaz formé de carbone et d'oxygène, qui est invisible comme l'anhydride carbonique, mais qui brûle avec une flamme bleue ; on l'appelle l'**oxyde de carbone.**

On conclut donc que le charbon, en brûlant, peut donner deux gaz, autrement dit que le carbone, en se combinant à l'oxygène, donne deux composés gazeux : *l'anhydride carbonique* et *l'oxyde de carbone.*

211. Anhydride carbonique. — Le gaz anhydride carbonique est incolore et inodore, d'une saveur aigrelette quand il est dissous.

Il est lourd, soluble dans l'eau ; il a pu être liquéfié et même solidifié : telles sont ses propriétés physiques caractéristiques. Pour les mettre en évidence, on invoque l'une de ses propriétés chimiques, celle d'*éteindre les corps en combustion.*

L'anhydride carbonique est un gaz lourd. Il pèse une fois et demie ce que pèse l'air, environ 2 grammes par litre. Il doit donc tomber dans l'air.

Pour vérifier ce fait, on descend dans une large éprouvette une bougie allumée qui continue à y brûler, puis on verse dans cette éprouvette le contenu gazeux d'une éprouvette pleine d'anhydride carbonique, comme on ferait si cette dernière contenait un liquide. On ne voit rien tomber ; mais la bougie s'éteint. Si on la retire, qu'on la rallume et qu'on la replonge, elle s'éteint aussitôt ; l'éprouvette contient l'anhydride carbonique tombé de la première ; la bougie allumée, plongée un instant dans celle-ci, ne s'éteint pas (Voir *fig.* 129).

On fait encore une autre expérience. On fait dégager pendant quelques instants seulement de l'anhydride carbonique dans un grand bocal posé sur la table ; ce gaz va occuper le fond du bocal, tandis que l'air occupe le dessus ; on ne voit pas la séparation des deux couches de gaz, puisque toutes deux sont invisibles. Mais, si on laisse tomber dans le bocal des bulles de savon, ces bulles descendent dans la couche d'air et, arrivées à la couche d'an-hydride carbonique, elles rebondissent sur le gaz lourd. Descend-on une bougie allumée, elle brûle dans le haut du bocal et elle s'éteint dans le bas. A une certaine hauteur, la flamme pâlit ; elle se ravive si on la remonte, elle s'éteint si on la descend. C'est là que se trouve la séparation de l'air et du gaz carbonique ; au-dessus la combustion est possible, au-dessous elle ne peut avoir lieu.

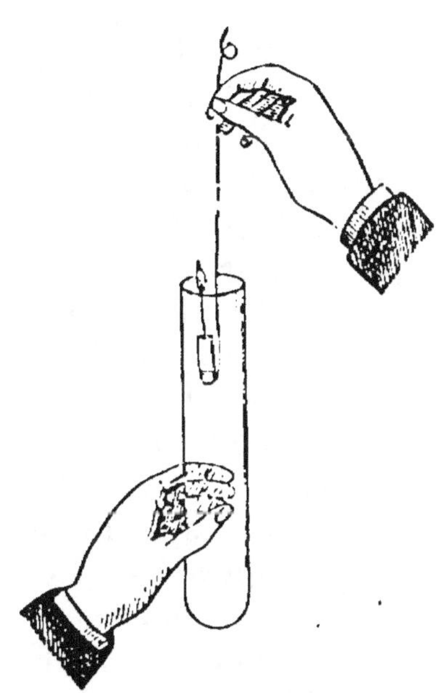

Fig. 129. — Une bougie allumée s'éteint dans l'anhydride carbo-nique.

Cette expérience est très saisissante ; elle fait bien comprendre ce qui se passe dans la grotte de Pouzzoles, près de Naples, appelée la *Grotte-du-Chien*, à cause du triste rôle qu'on y fait remplir au chien pour inté-resser les visiteurs. Cette grotte célèbre est une exca-vation naturelle dont la partie basse est remplie d'an-hydride carbonique dégagé des fissures du sol, tandis que le reste est plein d'air. Un homme debout n'y court aucun danger, parce que sa tête est dans l'air, tandis qu'un chien y périt, parce qu'il est tout entier dans la couche asphyxiante.

L'anhydride carbonique est soluble dans l'eau, et ce liquide dissout son propre volume du gaz, c'est-à-dire qu'un litre d'eau peut dissoudre un litre de gaz sous la pression où est ce gaz. A la pression ordinaire, il n'y aura donc que 2 grammes d'anhydride carbonique par litre d'eau. Mais, si le gaz est d'abord porté à une pression de 6 ou 8 atmosphères, chaque litre d'eau en tiendra 6 ou 8 fois plus. C'est sur cette propriété qu'est fondée la fabrication de l'eau de Seltz artificielle et des liquides mousseux en général.

L'anhydride carbonique a été liquéfié par Faraday et par Thilorier. A la température ordinaire, au-dessous de 31°, il suffit de le comprimer à 50 atmosphères pour l'amener à l'état liquide.

Si l'on ouvre à l'air le récipient qui contient cet anhydride liquide, la vaporisation rapide qui se produit absorbe tant de chaleur qu'une partie de l'anhydride se solidifie sous forme de neige blanche dans la boîte en disque spiralé où l'on a fait tournoyer le gaz sorti du premier récipient.

Cette neige, comprimée entre les doigts, produit une sensation très douloureuse. Le mélange de cette neige avec l'éther constitue une puissante source de froid. Quand on mélange la neige d'anhydride carbonique avec de l'éther pour lui faire mouiller les corps, et qu'on plonge dans cette pâte un corps à refroidir, on amène la température à — 80°. En y plongeant un tube fermé qui contient de l'anhydride carbonique liquide, celui-ci se prend en beaux cristaux transparents ; on s'en est servi pour liquéfier les autres gaz.

212. Propriétés chimiques. — Le gaz carbonique n'entretient pas la combustion ; une bougie allumée, plongée dans une éprouvette de ce gaz, s'éteint aussitôt (*fig.* 129).

On rend l'expérience plus frappante et on prouve en même temps que l'anhydride carbonique est très lourd en versant une éprouvette de gaz au-dessus de la bougie ; celle-ci s'éteint immédiatement (*fig.* 130).

L'anhydride carbonique n'entretient pas la respiration; un animal qu'on y plongerait y périrait; le gaz n'est pas vénéneux, mais il asphyxie par privation de l'oxygène.

Quand il a pris de l'eau ou qu'il est dissous, il devient un acide faible; il colore la teinture de tournesol en *rouge vineux*.

Il se combine aux bases pour donner des carbonates. Ainsi un morceau de potasse agité dans une éprouvette d'anhydride carbonique humide l'absorbe complètement; il s'est formé du carbonate de potassium soluble dans l'eau.

L'anhydride carbonique et l'eau de chaux. — L'anhydride carbonique produit un trouble blanc dans l'eau de chaux. Si le gaz passe quelques instants seulement dans le liquide, le trouble blanc se rassemble, se précipite, comme disent les chimistes, au fond du verre; c'est un corps solide analogue à la craie; il est formé d'acide carbonique et de chaux; nous l'appelons *carbonate de chaux*.

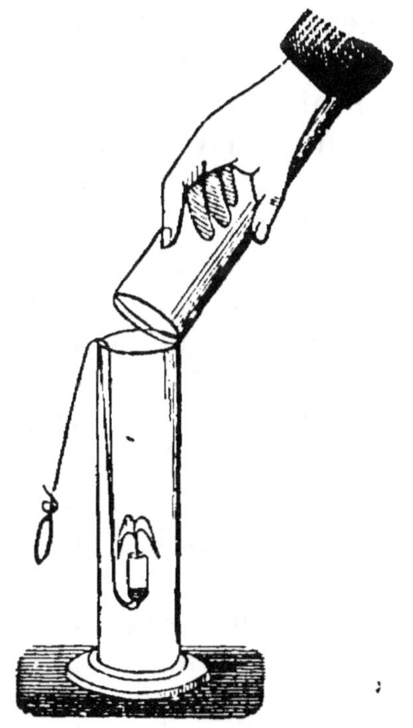

FIG. 130.
Transvasement de l'anhydride carbonique et preuve qu'il éteint une bougie allumée.

Mais si, au lieu d'arrêter le dégagement gazeux, nous le laissons continuer quelque temps, les flocons blancs d'abord produits disparaissent peu à peu, et le liquide redevient limpide. Ainsi, sous nos yeux, l'eau chargée d'anhydride carbonique a dissous du carbonate de chaux, autrement dit de la pierre calcaire.

Ce que nous venons de réaliser dans cette simple

expérience, la nature le fait en grand. Les eaux de pluie prennent de l'anhydride carbonique en traversant l'air; elles acquièrent ainsi la propriété de dissoudre un peu du carbonate de chaux sur lequel elles passent en descendant dans les couches du sol; et voilà comment l'eau de source la plus limpide, qui nous paraît absolument pure, contient le plus souvent un peu de calcaire. Et ce calcaire ne nous est pas inutile dans l'eau que nous buvons : c'est lui qui contribue à former une partie de la substance minérale des os.

Continuons cette instructive expérience, elle a encore quelque chose à nous apprendre. Prenons cette eau limpide où du carbonate de chaux est dissous à la faveur de l'anhydride carbonique; laissons-la à l'air dans un ballon : elle perdra peu à peu son gaz, et, en même temps, le carbonate de chaux que le gaz retenait dissous formera un dépôt pierreux sur le vase. Voilà l'origine de ce dépôt terreux que les meilleures eaux de fontaine laissent à la longue sur nos carafes et qui ternit la transparence du verre. Un lavage à l'eau est impuissant à enlever ce dépôt ; mais, à présent que nous connaissons sa nature, il va nous être facile de le dissoudre ; quelques gouttes d'acide ou même simplement un filet de vinaigre vont le décomposer, comme ils décomposent les calcaires, et un lavage à l'eau l'enlèvera entièrement.

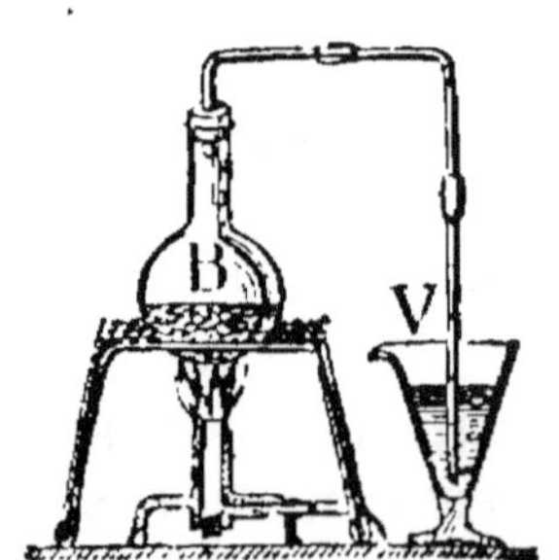

Fig. 131. — L'eau chargée d'anhydride carbonique se trouble par l'ébullition ; elle dégage du gaz carbonique qui trouble l'eau de chaux.

Au lieu de laisser longtemps à l'air l'eau chargée de carbonate de chaux, chauffons-la (*fig.* 131); elle perdra très rapidement son gaz carbonique, elle deviendra trouble, et le dépôt du calcaire se fera promptement sur les parois du ballon. Nous comprendrons ainsi pourquoi l'ébullition trouble certaines eaux qui laissent dans les chaudières un dépôt pierreux très adhérent et très dur.

Nous comprenons également que des eaux, en sortant du sol, déposent un enduit pierreux sur les bords de leur source, ou sur les objets qu'on y plonge, comme le fait la célèbre fontaine de Saint-Allyre, à Clermont-Ferrand.

L'anhydride carbonique est chassé de ses combinaisons, des carbonates, par presque tous les autres acides, même le vinaigre. Une goutte d'acide, mise sur une pierre calcaire ou sur la craie, dégage de l'anhydride carbonique visible à l'effervescence que produit son dégagement.

213. Action du charbon. — L'anhydride carbonique est décomposé par le charbon rouge, qui lui prend la moitié de son oxygène et produit de l'oxyde de carbone.

Cette réaction est indiquée par le symbole :

$$CO^2 + C = 2CO.$$

Anhydride   Charbon   Oxyde
carbonique   de carbone

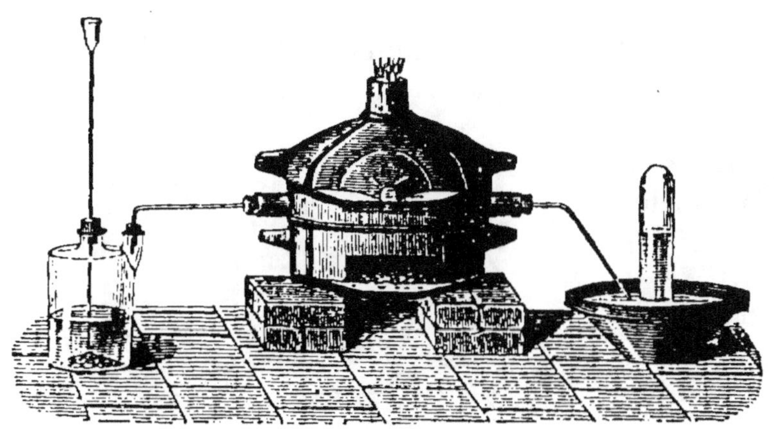

Fig. 132. — Décomposition de l'anhydride carbonique par le charbon.

On réalise cette transformation en faisant passer de l'anhydride carbonique dans un tube de porcelaine

rempli de braise et chauffé au rouge ; on recueille un gaz
qui brûle avec une flamme bleue quand on l'enflamme.

214. Usages de l'acide carbonique. — Il sert à
la fabrication de l'eau de Seltz et en général des eaux gazeuses et des vins mousseux. L'industrie l'emploie à la
fabrication de la céruse (carbonate de plomb), du bicarbonate de sodium, et à la purification des jus sucrés,
pour précipiter la chaux que l'on avait combinée au sucre.
Depuis qu'on le produit commodément à l'état liquide,
on l'emploie pour la production des basses températures
par l'évaporation de l'anhydride liquide, et même au
lieu de l'air comprimé pour exercer de fortes pressions.

215. État naturel. — L'anhydride carbonique se
rencontre en abondance dans la nature. Il se dégage
des volcans en activité et des fissures du sol pour s'ac-
cumuler dans certains lieux dont la *Grotte-du-Chien*,
près de Naples, est un exemple.

L'anhydride carbonique se rencontre dans un certain
nombre d'eaux minérales, les eaux de Seltz, de Vichy,
de Spa.

Il se produit dans la fermentation alcoolique des
liquides sucrés, la préparation du cidre, du vin, de la
bière, et il s'ac-
cumule dans la
partie basse des
celliers ou des
caves.

C'est le résul-
tat constant de
la combustion
du bois et des
matières qui
servent à l'éclai-

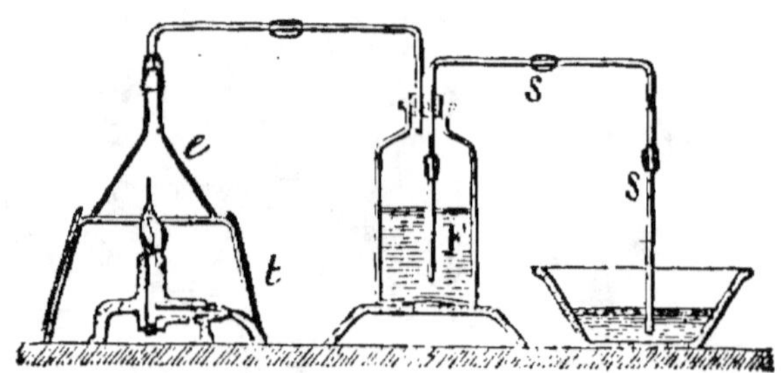

Fig. 133. — Une flamme ou un foyer dégage
de l'anhydride carbonique.

rage. Il est facile de prouver que la combustion du
charbon dans nos foyers, celle de nos bougies et de

nos lampes, développent aussi de l'anhydride carbonique; on recueille dans un flacon les produits gazeux qui s'échappent d'un bec de gaz ou d'une bougie. La figure 134 indique le dispositif à monter pour cette expérience. Le bec de gaz est surmonté d'un entonnoir relié à un flacon plein d'eau qui est muni d'un siphon. On allume le bec de gaz et on amorce le siphon; le liquide du flacon s'écoule lentement en appelant les gaz de la combustion. Quand le flacon est vide d'eau, il est plein de ces gaz, et on y constate facilement la présence de l'acide carbonique par le tournesol et par l'eau de chaux.

La respiration des animaux en donne également; on le prouve facilement en soufflant dans un tube pour faire passer

FIG. 134. — On trouble l'eau limpide de chaux en soufflant dedans.

dans de l'eau de chaux l'air qui a servi à la respiration; l'eau se trouble par le dépôt de carbonate de chaux. L'anhydride carbonique s'accumule donc dans une chambre close quand plusieurs personnes s'y trouvent ; et il est urgent d'y renouveler l'air, sans quoi la respiration y serait bientôt gênée.

Malgré toutes ces causes de production, la proportion d'anhydride carbonique n'augmente pas dans l'air ; il y en a toujours 4 à 6 dix-millièmes seulement. C'est que ce gaz disparaît constamment ; il est enlevé par l'eau et par les plantes.

L'eau de pluie en dissout des quantités notables en traversant l'atmosphère et elle devient capable d'enlever au sol sur lequel elle coule différents sels métalliques qui lui donnent ses propriétés fertilisantes.

De leur côté, les végétaux, sous l'influence de la lumière, décomposent l'anhydride carbonique de l'air, fixent le carbone et rejettent l'oxygène. On met ce fait hors de doute en exposant au soleil une plante d'eau, un potamogeton, dans un flacon renversé plein d'une dissolution d'anhydride carbonique. Après quelques heures, on trouve un gaz dans le haut du flacon, et ce gaz, c'est de l'oxygène.

L'anhydride carbonique existe aussi à l'état de carbonates en masses considérables dans le sol.

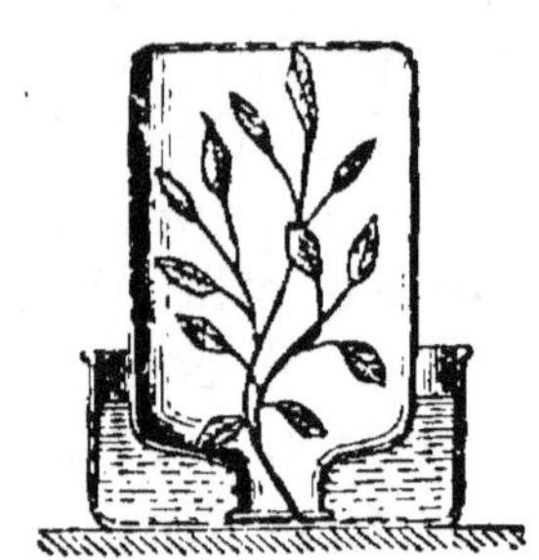

Fig. 135. — Les plantes décomposent l'anhydride carbonique et dégagent de l'oxygène.

On est prévenu de la présence de l'anhydride carbonique dans une enceinte quand une bougie allumée s'y éteint. Si on y doit pénétrer, il faut renouveler l'air par une ventilation énergique ou bien absorber le gaz carbonique en jetant dans l'enceinte de l'eau ammoniacale ou un lait de chaux.

216. Préparation. — 1° Le moyen qui paraît au premier abord le plus simple pour obtenir l'anhydride carbonique, c'est de brûler du charbon à l'air. On recueille en effet le gaz carbonique, mais il est mélangé à l'azote ; toutefois l'industrie utilise dans quelques cas ce procédé aussi peu coûteux qu'il est simple.

2° On peut encore l'obtenir en décomposant un carbonate par la chaleur, le carbonate de calcium, qui est extrêmement commun, par exemple : la chaux reste comme résidu et l'anhydride gazeux se dégage. Ce n'est pas un procédé de laboratoire ; mais certaines industries s'en servent avec profit.

3° Dans les laboratoires, on décompose le carbonate de calcium par un acide, l'acide chlorhydrique ou l'acide sulfurique ; avec ce dernier, il est bon d'agiter la masse, à cause de l'insolubilité dans l'eau du sulfate de calcium formé. L'opération se fait dans un flacon à deux tubulures et on recueille le gaz sur l'eau (*fig.* 136).

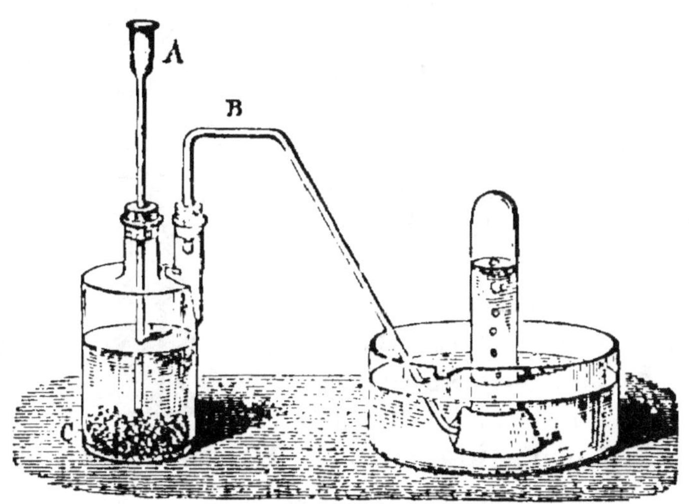

Fig. 136. — Préparation de l'anhydride carbonique.

On emploie aussi très fréquemment dans les laboratoires un appareil continu comme celui de Deville pour l'hydrogène.

C'est en attaquant le carbonate de chaux par l'acide sulfurique qu'on prépare le gaz carbonique pour les **eaux gazeuses** ; une pompe refoule l'eau dans un réservoir ainsi que l'anhydride carbonique, sous une pression de 4 à 6 atmosphères ; les siphons sont remplis avec ce liquide. Tout le monde sait que, quand on les ouvre, l'acide se dégage avec effervescence.

4° Dans les ménages où l'on prépare soi-même l'eau gazeuse, on emploie un double vase dont les deux parties se vissent fortement l'une sur l'autre (*fig.* 137). La grande est remplie d'eau ; on met dans la petite deux poudres, du **bicarbonate de soude** et de l'acide tartrique; on revisse l'appareil et on le retourne. L'eau vient mouiller les poudres, leur réaction s'opère, le gaz carbonique se dégage, il monte par un tube du vase inférieur dans le vase supérieur où il se fait pression à lui-même et se dissout dans l'eau. On tire celle-ci, chargée d'acide, par un robinet.

On emploie souvent aussi un vase à deux compartiments et deux goulots. On met dans l'un une dissolution de bicarbonate de soude, dans l'autre une dissolution d'acide tartrique. Quand on verse les liquides dans un verre, ils se mélangent, réagissent et donnent de suite de l'eau gazeuse chargée d'acide carbonique.

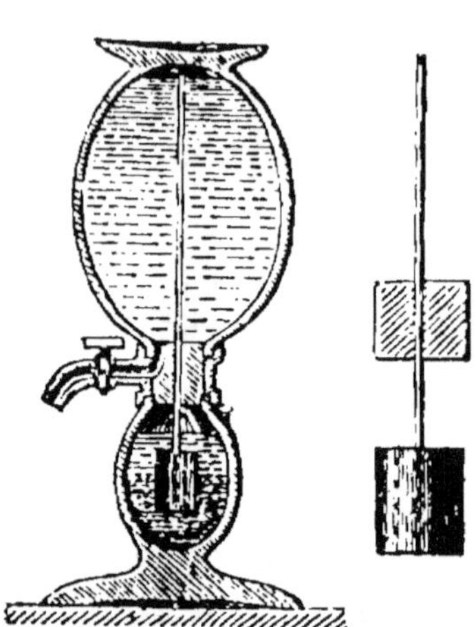

Fig. 137. — Gazogène Briet.

On vend de petites capsules métalliques contenant de l'anhydride carbonique en liquide qui peuvent donner beaucoup de gaz.

Une eau gazeuse que l'on abandonne à l'air cesse d'être fortement aigrelette : elle ne conserve que peu de gaz carbonique en dissolution.

Résumé. — La combustion du charbon dans l'oxygène donne un gaz invisible appelé *anhydride carbonique* et composé de carbone et d'oxygène. Quand on brûle le charbon à l'air, ce premier gaz se produit ; mais il s'en produit encore un autre invisible, qui vient brûler avec une flamme bleue au-dessus du combustible; ce second gaz est l'*oxyde de carbone*.

Le carbone avec l'oxygène donne donc deux composés: l'anhydride carbonique et l'oxyde de carbone.

L'anhydride carbonique, incolore et inodore, a une saveur aigrelette quand il est dissous. C'est un gaz lourd soluble dans l'eau, qui a pu être liquéfié et même solidifié.

L'anhydride carbonique pèse environ 2 grammes par litre; on

montre facilement qu'il tombe dans l'air; il se rassemble dans les endroits les plus bas des lieux où il se produit, témoin la Grotte-du-Chien de Pouzzoles.

Un litre d'eau dissout 1 litre de gaz carbonique sous la pression où est le gaz; si c'est la pression ordinaire, le gaz dissous représente 2 grammes; si la pression est 6 atmosphères, la quantité du gaz est 6 fois plus grande. Les eaux gazeuses artificielles contiennent le gaz carbonique sous une pression de 6 à 8 atmosphères; elles l'abandonnent presque entièrement à l'air.

On liquéfie l'anhydride carbonique en le comprimant à 50 atmosphères. Quand on ouvre à l'air le récipient contenant l'anhydride liquide, la vaporisation rapide amène un très grand refroidissement, et, si l'on fait dégager le gaz dans un vase spiralé, le gaz se prend en une neige solide qui est très froide, qui ne mouille pas les corps, mais qui, mélangée d'éther, abaisse la température jusqu'à près de 100° au-dessous de zéro.

L'anhydride carbonique n'entretient ni la combustion ni la vie; une bougie allumée s'y éteint. L'air qui contiendrait 20 0/0 de gaz carbonique serait irrespirable, l'homme et les animaux y seraient asphyxiés.

L'anhydride carbonique humide ou dissous prend les propriétés des acides, mais c'est un acide faible qui rougit le tournesol en rouge vineux. Combiné aux bases, il donne les sels appelés carbonates. Il est absorbé entièrement par la potasse, avec laquelle il donne le carbonate de potasse. Il trouble l'eau de chaux en produisant du carbonate de chaux qui se dépose.

L'eau chargée d'anhydride carbonique peut dissoudre du carbonate de chaux et devenir ou rester limpide. On trouve des eaux naturelles qui contiennent du carbonate de chaux dissous à la faveur de l'anhydride carbonique.

Ces eaux, bien que limpides, laissent par évaporation lente à l'air un dépôt pierreux sur les vases, ou autour des sources; par ébullition, elles se troublent et abandonnent en dépôt le carbonate de chaux qu'elles contenaient.

L'anhydride carbonique est chassé des carbonates par un acide, même l'acide acétique; il se dégage avec effervescence, et cette réaction donne le moyen de le reconnaître et de distinguer les calcaires des autres pierres.

En passant sur du charbon chauffé, l'anhydride carbonique perd de l'oxygène et se transforme en oxyde de carbone; c'est une réaction qui se passe dans les fours où l'on traite par la chaleur les minerais métalliques.

L'anhydride carbonique sert à la préparation des eaux gazeuses, des vins mousseux, des bicarbonates; on l'emploie dans la défécation des jus sucrés.

Il se dégage de certaines fissures du sol et s'accumule dans les endroits bas, comme la Grotte-du-Chien, de certaines eaux minérales, comme celles de Spa ou de Vichy.

Il se produit dans les fermentations, dans toutes les combustions, dans la respiration de l'homme et des animaux. La quantité n'en augmente pas dans l'air ; les végétaux le détruisent ; ils le décomposent sous l'influence de la lumière pour fixer le carbone dans leurs tissus et accomplir ainsi la fonction chlorophyllienne.

On peut obtenir l'anhydride carbonique en brûlant du charbon à l'air ; mais il n'est pas pur. On le recueille dans la décomposition des carbonates par la chaleur, et il se dégage des fours à chaux où l'on chauffe le carbonate de chaux. C'est surtout en attaquant le marbre par un acide qu'on le prépare. Dans les ménages, on fait l'anhydride carbonique pour les eaux gazeuses avec du bicarbonate de soude et de l'acide tartrique.

CHAPITRE XXII

L'OXYDE DE CARBONE

217. Propriétés physiques. — Le gaz oxyde de carbone est incolore et inodore ; il ne se dissout presque pas dans l'eau. Il pèse, comme l'azote, 14 fois plus que l'hydrogène ; le poids du litre est :

$$14 \times 0,0895 = 1,25.$$

218. Propriétés chimiques. — L'oxyde de carbone est combustible ; il brûle avec une flamme bleue en dégageant beaucoup de chaleur et en produisant de l'anhydride carbonique que l'on constate par l'eau de chaux.

Le charbon, en brûlant et en produisant de l'anhydride carbonique, dégage 94 calories pour 12 grammes de charbon.

L'oxyde de carbone, en brûlant, dégage 68,2 calories pour 12 grammes de charbon.

Il en résulte que le premier degré d'oxydation du charbon équivaut à un dégagement de chaleur de 94 — 68,2 ou de 25,8 calories.

L'oxyde de carbone prend l'oxygène aux corps composés, notamment aux oxydes métalliques, dont il dégage les métaux ; c'est le **réducteur** employé dans l'industrie.

Le charbon qu'on mélange aux minerais métalliques est destiné à produire l'oxyde de carbone qui les réduit, en même temps que la chaleur qui fond les métaux. On démontre cette propriété réductrice en faisant passer un courant d'oxyde de carbone sur de l'oxyde de cuivre chauffé au rouge dans un tube, et en dirigeant le gaz qui s'en échappe dans de l'eau de chaux. Il reste dans le tube du cuivre métallique et il se dégage de l'acide carbonique.

219. Action physiologique. — L'oxyde de carbone est un gaz extrèmement vénéneux qui occasionne la mort quand il y en a seulement 1 ou 2 centièmes dans l'air; c'est lui qui produit toutes les asphyxies par le charbon. Il agit sur le globule sanguin pour l'empêcher de prendre l'oxygène et peut s'opposer à l'hématose du sang. Il faut donc éviter avec soin les causes qui peuvent le produire dans les appartements, et proscrire l'emploi des braseros, réchauds allumés que l'on place au milieu des chambres dans les contrées méridionales. Il faut n'allumer du charbon que sous une cheminée à bon tirage ; on voit souvent l'oxyde de carbone se révéler par une flamme bleue au-dessus d'un fourneau allumé; il se produit, en effet, toutes les fois que l'anhydride carbonique traverse une couche de charbon chauffé. Ce gaz vénéneux se dégage donc quand on couvre de charbon noir un réchaud contenant des charbons allumés ou quand on arrête brusquement le tirage d'un fourneau ou d'un poêle chargé de combustible.

Il se produit dans les poêles à combustion lente et à flamme renversée ; et, si le tirage de la cheminée n'est pas bon ou s'il s'interrompt, comme si les parois de

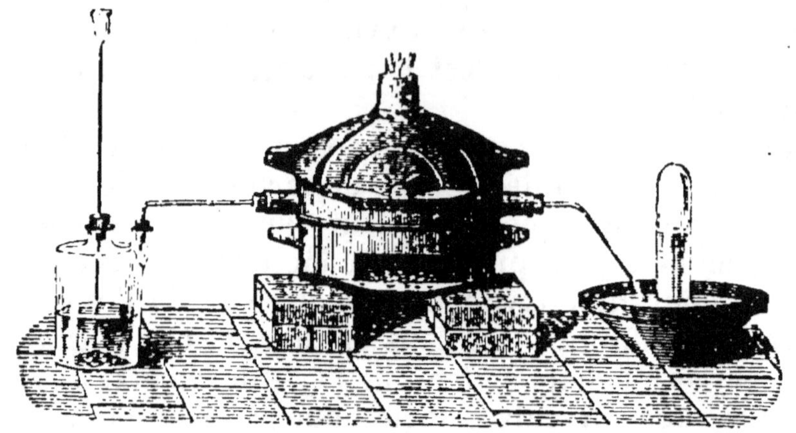

Fig. 138. — Préparation de l'oxyde de carbone par l'anhydride carbonique passant sur du charbon chauffé.

tôle sont trop chauffées et deviennent perméables aux gaz, l'oxyde de carbone peut se répandre dans la salle et rendre l'air irrespirable et vénéneux.

Quand il s'en répand dans un appartement, il cause des maux de tête ou des vertiges ; il faut alors établir de suite une ventilation énergique.

220. Usages. — L'oxyde de carbone joue un rôle considérable dans la métallurgie.

C'est lui qui est produit dans les **fours à combustible gazeux** dits aussi à *chaleur régénérée*. Le coke ou la houille est accumulé en couche épaisse sur une grille inclinée qu'on fait traverser par un fort courant d'air ; cet air, au contact du combustible allumé, produit de l'anhydride carbonique ; mais celui-ci, au contact du charbon, redevient de l'oxyde de carbone qui monte dans la couche épaisse de combustible, qui se dégage au haut du fourneau et qu'on envoie par des conduits dans le four où il doit brûler avec l'air et dégager de la chaleur.

Ces fours à combustible gazeux, où l'oxyde de carbone brûle avec l'air, permettent d'atteindre une température beaucoup plus élevée que celle que l'on pouvait obtenir avec la flamme directe du combustible. Ils sont d'un usage courant dans la métallurgie et dans beaucoup d'industries.

221. Préparation. — On peut l'obtenir, comme nous l'avons vu, en faisant passer de l'anhydride carbonique

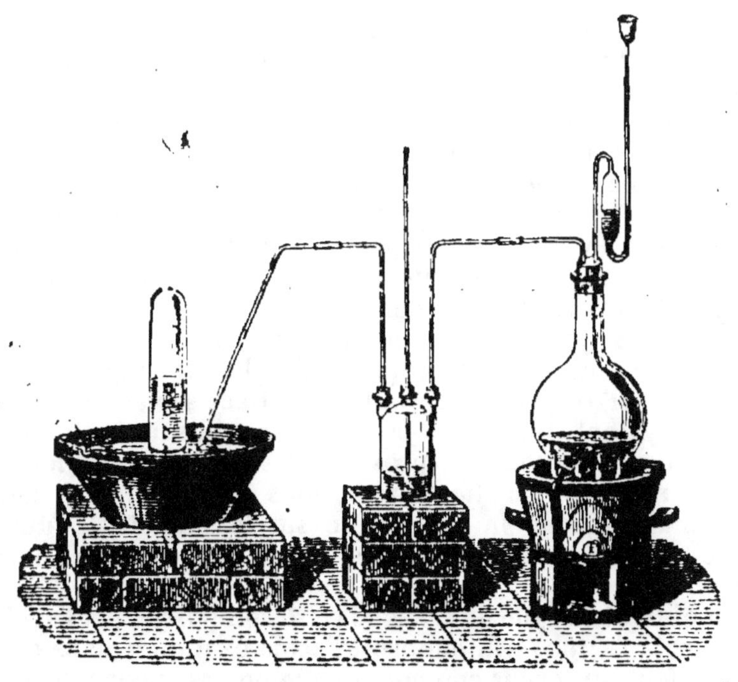

Fig. 139. — Préparation de l'oxyde de carbone par la décomposition de l'acide oxalique.

sur du charbon chauffé au rouge. Mais on préfère attaquer dans un ballon, par l'acide sulfurique, soit l'acide formique, soit l'acide oxalique.

Le premier donne un gaz très pur. L'acide formique

peut, en effet, être considéré comme composé d'eau et d'oxyde de carbone : $H^2O + CO$; l'acide sulfurique retient l'eau.

Le second, **l'acide oxalique**, est formé d'**oxyde de carbone** CO, d'eau H^2O et d'anhydride carbonique CO^2. Si donc on chauffe ce produit, et que la chaleur le désorganise et le dissocie, l'acide sulfurique retient l'eau et les deux gaz du carbone se dégagent ensemble. En retenant l'un dans la potasse, on peut recueillir l'autre.

Résumé. — L'**oxyde de carbone**, que le charbon donne en brûlant à l'air en même temps que l'anhydride carbonique, est un gaz incolore et inodore. Il a le même poids que l'azote, 14 fois le poids de l'hydrogène, et rien ne révèle sa présence dans l'air.

Il est combustible.

Il brûle à l'air avec une flamme bleue en donnant de l'anhydride carbonique ; en brûlant, il dégage de la chaleur ; c'est le combustible employé dans les fours dits à chaleur régénérée. Sa propriété de combinaison, c'est de pouvoir prendre encore de l'oxygène ; aussi, quand il peut agir sur des oxydes chauffés, il réduit ces oxydes en leur prenant de l'oxygène, aussi est-il employé dans la métallurgie.

Il est très vénéneux ; il empêche l'hématose du sang en paralysant, pour ainsi dire, la propriété du globule sanguin de pouvoir prendre de l'oxygène. L'air qui en contient seulement 3 centièmes est asphyxiant. Il faut éviter avec un grand soin toutes les causes qui peuvent le produire, proscrire les brasiers dans les appartements, n'allumer du charbon que sous une cheminée à bon tirage, ne jamais tourner la clef placée sur le conduit de fumée d'un poêle, ne pas laisser rougir les parois des poêles à combustion lente.

On obtient l'oxyde de carbone en décomposant par l'acide sulfurique soit l'acide formique, soit l'acide oxalique ; dans ce dernier cas, il faut un laveur contenant de la potasse pour retenir l'anhydride carbonique.

CHAPITRE XXIII

COMBINAISONS DU CARBONE AVEC LE SOUFRE
ET AVEC L'AZOTE

Sulfure de carbone

Symbole : CS^2. — Poids atomique : 76

222. Le carbone et le soufre se combinent directement pour donner le sulfure de carbone. On produit ce corps dans les laboratoires en chauffant du charbon dans un tube de porcelaine incliné ; on introduit dans la partie la plus élevée du tube des fragments de soufre qui distille sur la colonne de charbon rouge ; la vapeur

FIG. 140. — Appareil des laboratoires pour préparer le sulfure de carbone.

du sulfure de carbone formé traverse une allonge inclinée et recourbée et vient se condenser dans un flacon refroidi.

On trouve aujourd'hui le sulfure de carbone dans le commerce à un prix très modéré. On le fait en grand par un procédé analogue à celui des laboratoires. On chauffe du charbon dans une grande cornue munie d'un double fond, et de temps en temps on fait descendre dans ce double fond du soufre qui se vaporise et dont la vapeur, en montant, rencontre le charbon chaud et se combine avec lui. Le sulfure de carbone produit est condensé dans des réfrigérants.

223. Propriétés. — Le sulfure de carbone est un liquide incolore, d'une odeur très désagréable; il est très volatil. Il dissout le soufre, l'iode, les corps gras et le caoutchouc.

Il est combustible; chauffé à l'air, il s'enflamme et brûle avec une flamme bleue en produisant les anhydrides sulfureux et carbonique :

$$CS^2 + O^6 = CO^2 + 2SO^2.$$

Il s'enflamme, même à distance, à cause de sa volatilité. Il donne avec l'air des mélanges explosifs qui en rendent le maniement dangereux.

Sa composition (CS^2) en fait l'analogue de l'anhydride carbonique (CO^2).

De même que l'anhydride carbonique, en prenant de l'eau, engendre un acide hypothétique CO^2H^2O qui se retrouve dans les *carbonates* CO^3M^2, de même le sulfure de carbone, en prenant le sulfure d'hydrogène, engendre l'*acide sulfocarbonique* qui se retrouve dans les **sulfocarbonates** :

Anhydride carbonique	Acide hypothétique	Carbonates alcalins
CO^2	CO^2H^2O ou CO^3H^2	CO^3M^2
CS^2	CS^2H^2S ou CS^3H^2	CS^3M^2
Sulfure de carbone	*Acide sulfocarbonique*	*Sulfocarbonates alcalins*

On fait le sulfocarbonate de sodium en agitant du sulfure de carbone avec une solution de sulfure de sodium.

Les sulfocarbonates se décomposent par l'eau avec

production de sulfure d'hydrogène H^2S et de sulfure de carbone CS^2.

224. Usages. — On utilise le sulfure de carbone pour vulcaniser le caoutchouc, c'est-à-dire pour y incorporer du soufre qui lui donne une élasticité permanente ; pour retirer les corps gras, autrefois perdus, des chiffons ayant servi au graissage des machines et de bien d'autres corps ; pour extraire les essences et les parfums ; pour séparer le phosphore rouge du phosphore ordinaire.

On l'emploie aussi comme insecticide à cause de ses propriétés toxiques. Les sulfocarbonates ont été utilisés avec succès pour combattre le phylloxera.

Azoture de carbone ou cyanogène

Symbole : CAz. — Poids moléculaire : 26

225. Le carbone et l'azote ne se combinent que si une énergie étrangère fournit la chaleur nécessaire à cette combinaison. Leur groupement CAz a reçu le nom de **cyanogène** ; on pourrait tout aussi bien l'appeler **azoture de carbone**. Ce corps a été découvert en 1814 par Gay-

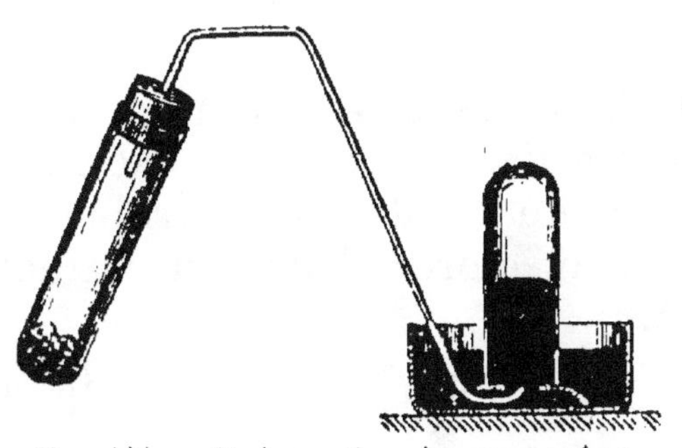

Fig. 141 — Préparation du cyanogène recueilli sur la cuve à mercure.

Lussac dans le bleu de Prusse, dont il est une des parties et d'où il tire son nom (*j'engendre le bleu*).

226. **Propriétés.** — C'est un gaz incolore, d'une odeur vive qui rappelle celle du kirsch ; il est soluble dans l'eau ; on le recueille sur le mercure.

Il brûle dans l'air avec une belle flamme pourpre, en donnant de l'acide carbonique et de l'azote :

$$CAz + O^2 = CO^2 + Az.$$

Avec les métaux et avec l'hydrogène, il se comporte comme le chlore ; aussi on le figure par un symbole simple Cy, bien qu'il soit un corps composé, et on appelle **cyanures** ses combinaisons métalliques et **acide cyanhydrique** l'acide qu'il donne avec l'hydrogène ; on figure donc :
les **cyanures** par MCy ou MCAz,
l'acide **cyanhydrique** par HCy ou HCAz.

Il forme aussi avec l'oxygène un acide, l'*acide cyanique*, qui engendre les *cyanates*.

227. Préparation. — Pour l'obtenir, on chauffe dans un tube du cyanure de mercure ; le métal se volatilise et se dépose en gouttelettes dans le haut du tube ; le cyanogène, devenu libre, se dégage :

$$HgCy^2 = Hg + Cy^2.$$

228. Acide cyanhydrique. — Quand on attaque le cyanure de mercure par l'acide chlorhydrique, il se dégage de l'acide cyanhydrique (acide prussique), un liquide incolore, d'une odeur caractéristique d'amandes amères :

$$HgCy^2 + 2HCl = HgCl^2 + 2(HCy).$$

On le trouve tout formé dans l'essence d'amandes amères et en quantités très faibles dans les noyaux de cerises, le kirsch et l'eau de noyau. C'est le poison le plus violent que l'on connaisse ; il a servi à des empoisonnements tristement célèbres.

229. Cyanure de potassium, KCy ou KCAz. — Quand on fait passer de l'azote à une température élévée sur du charbon chauffé imprégné de carbonate de potassium, ce métal fixe l'azote au carbone et produit le **cyanure de potassium** avec lequel on peut préparer tous les autres composés du cyanogène.

Le même corps se produit par la calcination des matières organiques azotées en présence du carbonate de potassium.

Les cyanures sont des sels analogues aux chlorures ; et c'est un fait curieux qu'un corps composé comme le cyanogène joue vis-à-vis des métaux le même rôle qu'un corps simple comme le chlore.

Résumé. — Le charbon et le soufre peuvent se combiner directement pour donner le **sulfure de carbone** On produit ce corps en chauffant du charbon dans une grande cornue munie d'un tube par lequel on peut introduire de temps en temps du soufre. On refroidit les vapeurs qui se dégagent.

Le sulfure de carbone est un liquide d'une odeur très désagréable. Il est très volatil, il peut s'enflammer à distance, et il donne avec l'air des mélanges combustibles et explosibles qui en rendent le maniement dangereux.

Sa principale propriété, c'est de dissoudre les corps gras, le soufre, l'iode, le phosphore. Ses principaux usages sont de vulcaniser le caoutchouc, d'extraire les corps gras de leur mélanges ou des corps qui les retiennent, de servir comme insecticide contre le phylloxera.

De même que l'acide carbonique donne les carbonates en se combinant aux bases, de même le sulfure de carbone combiné aux autres sulfures basiques joue le rôle d'acide, engendre les *sulfocarbonates* et a pu recevoir lui-même le nom d'acide sulfocarbonique lorsqu'il est combiné au sulfure d'hydrogène. Les sulfocarbonates se décomposent en mettant en liberté du sulfure de carbone et du sulfure d'hydrogène, deux corps volatils, vénéneux pour les très petits animaux.

Le **cyanogène** est formé par la combinaison du carbone avec l'azote, mais cette union n'est pas directe, elle ne peut avoir lieu que grâce à une énergie étrangère.

C'est un gaz incolore d'une odeur de kirsch, soluble dans l'eau. Il brûle à l'air avec une flamme pourpre.

On l'obtient en décomposant par la chaleur le cyanure de mercure.

Le cyanogène, bien que composé, se conduit dans ses réactions comme un corps simple tel que le chlore ; avec l'hydrogène, il donne l'acide **cyanhydrique** et avec les métaux les **cyanures.**

L'*acide cyanhydrique* est un poison violent ; il a l'odeur de l'essence d'amandes amères.

Parmi les cyanures, celui de potassium et celui d'argent sont particulièrement employés dans l'argenture galvanique.

CHAPITRE XXIV

LA SILICE. — L'ACIDE BORIQUE

230. Les silex, la pierre à fusil. — On trouve un peu partout ces cailloux durs de couleur grise, blonde ou noire, dont les morceaux anguleux produisent des étincelles quand on les frappe vivement avec un morceau de fer. Ce sont les **silex,** qui prennent le nom de *meulières* quand ils sont en blocs caverneux sur leur pourtour.

Il y a longtemps que l'on se sert de leurs éclats. Les silex éclatés, tranchants ou pointus, formaient les seules armes de nos arrière-ancêtres, et nous en trouvons encore des spécimens en flèches, en couteaux, en haches, dans les cavernes. A côté de ces instruments primitifs, on en trouve d'autres également en silex, mais en morceaux polis par le frottement et non plus seulement façonnés en éclats : ce sont les armes de la seconde période de l'âge de pierre, c'est-à-dire de l'époque où l'humanité ne connaissait pas encore les métaux. Ces témoins des anciens âges nous révèlent que la dureté du silex a été connue des premiers hommes.

Depuis la découverte des métaux, on se sert des silex pour battre le briquet et obtenir par le frottement des étincelles qui mettent le feu à un corps très facilement combustible, comme l'amadou ; on les employait encore au commencement de ce siècle dans les armes à feu, dans les fusils à pierre.

Le frottement du fer contre le silex détache de petites parcelles de chacun des deux corps frottés, surtout du fer, qui est le moins dur des deux ; et la chaleur dégagée porte à l'incandescence ces petits fragments du métal. Si l'on bat quelque temps le briquet au-dessus d'une feuille de papier et que l'on examine à la loupe les parcelles tombées sur la feuille, on distingue bien celles qui ont été détachées du silex de celles qui sont tombées du fer.

La matière des silex porte en chimie le nom de **silice** ou encore celui d'**acide silicique** ; c'est un composé formé d'oxygène combiné avec un métalloïde appelé *silicium*, comme l'anhydride carbonique est formé de ce même oxygène allié au carbone.

231. Les sables. — Dans le lit des rivières qui roulent leurs eaux sur les terrains granitiques, on trouve un sable fin, blanc ou coloré ; ce sable est de la silice réduite en grains plus ou moins menus par le frottement que le cours d'eau produit. Le sable blanc est de la silice pure ; le sable coloré est de la silice mélangée de matières étrangères qui lui donnent leur coloration.

Comme les eaux arrachent des parcelles sableuses à toutes les roches sur lesquelles elles coulent, les sables sont rarement formés de silice seulement. Mais, si on les lave avec un acide fort comme l'acide chlorhydrique, cet acide attaque et dissout tout ce qui est calcaire et laisse inattaqué ce qui est siliceux. Il est donc très facile d'obtenir la silice d'un sable quelconque. Ainsi, dans l'analyse d'une terre, quand on a par lévigation séparé le sable de l'argile et pesé le sable, on l'attaque par l'acide chlorhydrique ; on le lave et on le pèse à nouveau, et l'on connaît alors le poids du sable siliceux.

232. Les autres états de la silice. — Les agates

sont aussi l'une des formes sous lesquelles nous trouvons la silice à l'état naturel ; elles ont une cassure terne et écailleuse comme les silex proprement dits ; mais elles sont susceptibles de devenir brillantes et lisses par le frottement. La silice y est ordinairement colorée par des substances diverses qui se trouvent disséminées dans la masse. Il y en a d'un blanc ou d'un gris bleuâtre, d'un jaune brun, d'un rouge souvent très beau, d'un vert pomme, et d'autres qui présentent un mélange agréable de couleurs diverses et que l'on emploie principalement pour la taille des camées.

La nature nous offre en outre la silice pure, d'une parfaite transparence, avec des formes cristallines en prismes à six pans terminés par des pyramides (*fig.* 142) ; c'est le **cristal de roche** ou le **quartz**. Le quartz est le plus souvent blanc, en grands cristaux, ou même en petits fragments déposés dans des géodes ou dans les cavités des gros cailloux. Il peut être coloré en violet améthyste ou en jaune et même en noir ; toujours il est transparent.

On le distingue de tous les autres cristaux naturels, non seulement par sa forme, mais aussi par sa dureté : une pointe d'acier trempé ne le raye pas.

Il représente l'état cristallisé de la silice naturelle, tandis que les agates et les silex en représentent l'état amorphe. Ce n'est pas le premier exemple que nous rencontrons d'un corps qui nous offre de notables différences dans son aspect, suivant qu'il est cristallisé ou non, et nous devons encore avoir présent à la mémoire

Fig. 142. — Cristaux de quartz ou de cristal de roche.

le cas bien surprenant du carbone, noir et opaque quand il est amorphe, si limpide et si brillant quand il constitue le diamant.

233. La silice gélatineuse. — Faisons chauffer fortement dans un creuset du sable lavé à l'acide, autrement dit de la silice, avec du carbonate de soude ; la masse fond, les deux corps s'unissent. Le contenu du creuset, versé sur une plaque, se prend en une masse qui a l'apparence du verre et qu'on nomme le **verre soluble.** Cette masse vitreuse, qui ne diffère pas, pour l'aspect, du verre ordinaire, peut en effet se dissoudre dans l'eau.

Faisons cette dissolution et versons-y un acide : la silice quitte la soude avec laquelle elle était combinée, et elle se dépose en une masse blanche d'apparence gélatineuse.

Voilà la silice des laboratoires : desséchée, c'est une poudre sableuse capable de rayer, d'user un grand nombre de corps ; fondue, elle prend l'apparence d'un silex incolore.

234. Les silicates naturels. — Nous venons de faire le silicate de soude, nous aurions pu faire également le silicate de potasse. Tous deux sont solubles dans l'eau ; mais ce sont les seuls silicates qui jouissent de cette propriété. Les autres sont des produits insolubles.

Les silicates naturels sont nombreux et leur composition est très complexe ; ils constituent des minéraux répandus dont le granit est un des exemples. Le granit est, en effet, formé de grains de quartz avec des paillettes de mica et des cristaux de feldspath, et ces deux dernières substances sont des mélanges de silicates où domine le silicate d'alumine, qui est la base du kaolin ou terre à porcelaine et des terres à briques.

Les silicates ne se désagrègent partiellement que par

une action très prolongée de l'eau, aidée de moyens mécaniques, comme le frottement et la pulvérisation. Les argiles ou terres fortes proviennent de cette lente désagrégation.

Soumis à une forte chaleur avec des corps comme la potasse ou la chaux, les sables siliceux donnent le *verre*, ce composé transparent, cassant, mais insoluble, dont nous faisons un si grand usage. Les *argiles* cuites, depuis les briques jusqu'à la porcelaine, et les *verres*, sont les deux formes principales sous lesquelles nous employons la silice que la nature nous offre dans ses sables, ses cailloux et la plupart de ses roches.

L'acide borique BoO^3

235. Propriétés et préparation. — L'acide borique, combinaison du **bore** avec l'oxygène, se présente cristallisé en paillettes nacrées et douces au toucher. Sa solution alcoolique brûle avec une flamme verte caractéristique.

Il sort, avec de la vapeur d'eau, du sol de certaines localités de la Toscane, en jets gazeux appelés **fumerolles** ou **sufflonis.** On l'extrait de ces gaz en les faisant condenser dans l'eau et en évaporant le liquide.

Combiné à la soude, il donne le **borax** (borate de soude), capable, comme l'acide borique lui-même, de fondre en une masse vitreuse et transparente et employé dans la soudure des métaux pour dissoudre les oxydes qui se forment sur les métaux chauffés.

L'acide borique sert à imprégner les mèches des bougies stéariques pour aider à la fusion des cendres de la mèche. La solution d'acide borique dans l'eau sert beaucoup en médecine.

On prépare l'acide borique dans les laboratoires en dissolvant à chaud 100 grammes de borax dans

400 grammes d'eau et en ajoutant à la liqueur de l'acide chlorhydrique jusqu'à réaction acide. L'acide borique cristallise par refroidissement.

Dans l'industrie, on se sert comme matière première du borate de chaux naturel ou *boracite*, que l'on traite par l'acide sulfurique.

Résumé. — Les silex écaillés, tranchants ou pointus, sont très communs dans beaucoup de couches du sol. Ils ont servi de premières armes aux premiers hommes. On s'en sert encore pour battre le briquet.

La matière principale des silex porte, en chimie, le nom d'acide silicique.

Les sables granitiques des torrents ou de la première partie du cours des principaux fleuves contiennent beaucoup de silex.

Les agates sont une autre forme de la silice. Le quartz ou cristal de roche est de la silice pure et cristallisée.

On obtient un silicate soluble en fondant du sable siliceux avec de la soude. Et l'on peut retirer de ce silicate la silice sous une forme gélatineuse quand elle est humide, et sous la forme d'une poussière très dure quand elle est sèche.

Les silicates naturels sont nombreux : ils forment les roches granitiques et les roches volcaniques. Leur décomposition continue et très lente à l'air donne naissance aux argiles et aux terres argileuses.

Toutes les argiles cuites, depuis la brique jusqu'à la porcelaine, sont des silicates multiples. Le verre est aussi formé de silicates.

L'acide borique, combinaison du bore et de l'oxygène, est un sel cristallisé en paillettes brillantes. Il est soluble dans l'eau.

Sa solution aqueuse est très employée en médecine ; combiné à la soude, il donne le *borax*, qui fond en une masse vitreuse.

On le prépare dans les laboratoires en traitant le borax par l'acide chlorhydrique, et dans l'industrie en attaquant la boracite naturelle (borate de calcium), par l'acide sulfurique.

CHAPITRE XXV

MÉTAUX ET ALLIAGES

236. Caractères des métaux. — Les métaux se distinguent de la plupart des métalloïdes par des caractères physiques et chimiques. Les métaux sont **bons conducteurs de la chaleur et de l'électricité** et ils possèdent, lorsqu'ils ont été polis, un éclat particulier que l'on désigne sous le nom d'**éclat métallique** et dont l'or et l'argent laminés donnent une idée parfaite. Leur caractère chimique essentiel, c'est qu'ils **forment, en s'unissant à l'oxygène, un ou plusieurs oxydes,** dont l'un au moins est un composé basique capable de s'unir aux acides pour donner des sels.

La démarcation entre les métalloïdes et les métaux n'est pas absolument tranchée ; tel corps, comme l'arsenic, est métallique par son aspect, tandis que ses réactions et ses combinaisons en font un métalloïde.

La conductibilité des métaux pour l'électricité les fait employer sous forme de fils, comme les fils télégraphiques, pour transmettre l'électricité à distance. La conductibilité pour la chaleur se constate facilement pour les métaux que l'on façonne en lames, en tringles ou en fils ; elle est utilisée dans les toiles métalliques. Les métaux divisés, obtenus par la réduction de leurs sels n'ont pas d'éclat et ressemblent à des poudres amorphes ; mais il suffit, pour leur donner l'éclat métallique, de les frotter au fond d'un mortier en agate avec un pilon.

237. Propriétés physiques. — Les propriétés physiques des métaux ont beaucoup d'intérêt au point de vue des applications industrielles; on les étudie surtout pour les métaux usuels.

Tous les métaux sont solides; un seul, le mercure, est liquide à la température ordinaire. L'hydrogène gazeux figure encore dans les métalloïdes à cause de son état, bien qu'il ressemble plus aux métaux par ses réactions.

Les métaux sont opaques quand on les prend en lames épaisses; en lames très minces, ils offrent un certain degré de transparence. Une feuille d'or battu fixée entre deux lames de verre et placée entre l'œil et une source de lumière apparaît d'une couleur verte complémentaire de la couleur jaune qu'elle offre par réflexion.

Peu de métaux sont colorés : l'or est jaune, le cuivre est rouge, les autres tirent sur le blanc avec des nuances diverses; l'argent est jaunâtre, le zinc bleuâtre et le fer gris.

La **densité** des métaux varie beaucoup de l'un à l'autre, depuis le lithium, qui ne pèse environ que la moitié de l'eau, jusqu'au platine, qui pèse près de 22 fois plus que l'eau. Voici la densité des métaux usuels :

Aluminium. 2,56	Zinc ... 6,8	Étain . 7,3	Fer. 7,8
Cuivre..... 8,8	Argent. 10,4	Plomb. 11,35	Or.. 19,2

La *conductibilité pour la chaleur* varie aussi beaucoup; tandis que le pouvoir conducteur de l'argent est représenté par 1000, celui du cuivre est 736, celui du fer seulement 119. L'argent est donc le métal qui conduit le mieux la chaleur; mais, à cause de son prix élevé, on le remplace par le cuivre pour les applications usuelles, comme les distillations, de préférence au fer, dont le pouvoir conducteur est bien moins grand.

La *conductibilité électrique* suit à peu près le même ordre que la conductibilité pour la chaleur : c'est le cuivre qui est le plus employé et, après lui, le fer quand il faut des fils présentant une grande résistance à la rupture.

Les métaux sont souvent employés sous la forme de lames ou de fils que l'on obtient avec plus ou moins de facilité. Un métal est **malléable** lorsqu'il cède sans se briser au choc du marteau ou à une forte pression. Le plus malléable est l'or, après lui l'argent, puis viennent, dans un ordre de décroissance, le cuivre, l'étain, le platine, le plomb, le zinc et le fer. On réduit l'or, par le martelage, en feuilles de moins d'un millième de millimètre d'épaisseur. Les autres feuilles métalliques, notamment la tôle de fer, s'obtiennent au *laminoir*, c'est-à-dire en faisant passer la barre entre deux gros cylindres d'acier qui tournent en sens contraire.

Les fils sont obtenus en faisant passer une barre de métal dans le trou d'une plaque d'acier nommée *filière*. On engage une extrémité amincie dans la filière et, en exerçant une forte traction, on force la tige à passer à travers l'ouverture ; elle s'allonge et diminue de grosseur ; on la fait ainsi passer successivement dans des trous de plus en plus fins. La faculté pour un métal de se laisser étirer en fils constitue la **ductilité**.

L'or, l'argent et le platine sont les métaux que l'on réduit le plus facilement en fils par l'étirage, après eux viennent le fer et le cuivre.

Le passage au laminoir ou à la filière rend le métal cassant ; on dit qu'il est *écroui ;* il faut le chauffer, ou, comme l'on dit, le *recuire*, pour lui rendre ses propriétés premières.

La ductilité d'un métal dépend beaucoup de la résistance qu'il oppose à la rupture, ou de sa **ténacité.** Pour comparer les métaux à ce dernier point de vue, on les réduit en fils de 2 millimètres de diamètre, on les attache par une extrémité et on les charge de poids à l'autre jusqu'à ce qu'ils se rompent. Le nickel et le fer sont les plus tenaces ; après eux viennent le cuivre et le platine. Le plomb est le dernier sous ce rapport.

Tous les métaux, à part l'osmium, ont pu être fondus. Mais, tandis qu'on peut liquéfier une feuille d'étain en la chauffant sur une feuille de papier au-dessus de charbons allumés, que le plomb fond assez facilement, le zinc également, il faut déjà de grands foyers pour fondre l'argent, le cuivre, l'or et le fer ; il faut la température très élevée du chalumeau oxhydrique pour réaliser la fusion du platine ou celle du four électrique pour fondre les métaux les plus réfractaires.

Les métaux fondus peuvent cristalliser lorsqu'ils sont refroidis lentement ; ils prennent alors habituellement la forme cubique.

238. Propriétés chimiques des métaux. — Les métaux peuvent se combiner aux métalloïdes, notamment à l'oxygène, au soufre et au chlore, pour engendrer les oxydes, les sulfures et les chlorures métalliques. Ils peuvent s'unir aussi au phosphore et à l'arsenic et moins facilement à l'azote et au carbone.

Il y a lieu de distinguer particulièrement l'action de l'oxygène sec et celle de l'oxygène ou de l'air humides.

1° *Action de l'oxygène et de l'air secs.* — Le potassium est le seul métal qui se combine avec l'oxygène à la température ordinaire. Tous les autres métaux, à l'exception du platine, de l'or et de l'argent, peuvent s'oxyder quand on les chauffe dans l'oxygène à une température plus ou moins élevée. Le mercure s'oxyde à 350° ; le cuivre, au rouge sombre. Ces combinaisons, dont quelques-unes ont lieu avec dégagement de lumière, dépendent de l'état de division du métal. Des copeaux de cuivre chauffés se couvrent d'une pellicule noire d'oxyde ; mais l'oxydation n'est que superficielle. Un fil fin de fer brûle vivement dans l'oxygène (*fig* 143), parce que l'oxyde formé se rassemble en un globule fondu qui laisse la surface du fer à nu en contact avec l'oxygène. Les métaux divisés, comme le fer réduit, prennent feu quand on les projette dans l'oxygène ou dans l'air. Si on laisse tomber de la limaille de fer dans la flamme d'un bec de gaz, elle produit une pluie d'étincelles brillantes, chaque fragment du métal s'allume et brûle.

Fig. 143. — Combustion du fer dans l'oxygène.

Quand le métal est volatil, comme le zinc fondu et chauffé, la vapeur se combine à l'air ; si l'on chauffe du zinc dans un creuset, le métal fond et, quand il est assez chauffé pour se volatiliser, sa vapeur brûle avec une flamme brillante en produisant des flocons blancs d'oxyde de zinc.

2° *Action de l'eau, de l'oxygène et de l'air humides sur les métaux.* — Quelques métaux décomposent l'eau à froid, lui prennent l'oxygène pour former un oxyde et dégager l'hydrogène. Ainsi se conduisent le potassium et le sodium. On jette un morceau de potassium sur l'eau d'un grand cristallisoir à bords élevés ; le globule s'enflamme et brûle avec une flamme violacée

Fig. 144. — Combustion du potassium sur l'eau.

(*fig.* 144). Le métal a décomposé l'eau pour se combiner à l'oxygène, et la chaleur produite par cette combinaison a été assez grande pour enflammer l'hydrogène ; la flamme de ce gaz est colorée par la présence d'une petite quantité de vapeurs de potassium.

Le sodium décompose aussi l'eau ; mais, si la quantité du liquide est un peu notable, l'hydrogène ne s'enflamme pas. On peut recueillir l'hydrogène dégagé dans cette décomposition : on fait passer un peu d'eau dans une éprouvette pleine de mercure (*fig.* 145), puis on envoie dans le haut de l'éprouvette un petit morceau de sodium bien essuyé et enveloppé d'un papier buvard. Aussitôt que l'eau touche au métal, elle est décomposée, et l'hydrogène dégagé fait baisser le mercure dans l'éprouvette.

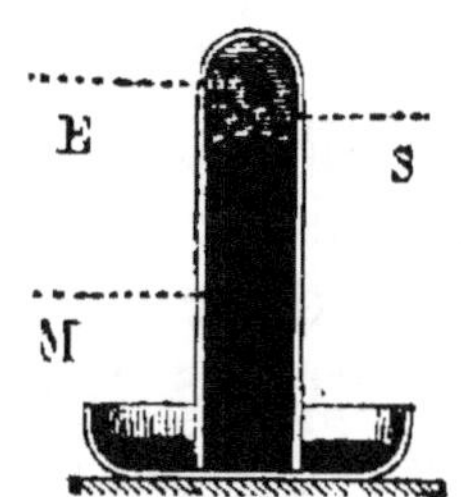

Fig. 145.—Action du sodium sur l'eau. E, eau ; M, mercure ; S, sodium.

Le fer ne peut décomposer l'eau qu'au rouge vif : si l'on a fait passer de l'eau en vapeur dans un tube fortement chauffé et contenant un faisceau de fils de fer, on recueille de l'hydrogène : le métal a retenu l'oxygène.

Le zinc et le fer décomposent l'eau à froid en présence d'un acide ; c'est cette réaction qui est utilisée pour la préparation de l'hydrogène.

L'oxygène et l'air humides n'agissent que sur les métaux qui décomposent l'eau à froid. Mais, s'il y a un acide en présence, tous les métaux, à l'exception du platine, de l'or et de l'argent, s'oxydent, et la base qui se forme peut s'unir à l'acide ; la lame d'acier d'un couteau qui a servi à couper un fruit s'altère à cause du liquide acide du fruit ; le cuivre humecté d'acide acétique s'oxyde à l'air et se transforme en acétate. Le fer, le zinc, le cuivre et le plomb perdent rapidement leur éclat dans l'air ordinaire, à cause de la présence de l'acide carbonique, qui favorise l'oxydation.

L'altération n'est que superficielle sur le plomb, le cuivre et le zinc, parce que l'hydrocarbonate qui se forme est une couche imperméable qui préserve le reste du métal. Mais, pour le fer, l'altération, lente au début, s'accélère rapidement ; la rouille se propage et le fer se transforme peu à peu en oxyde. Pour expliquer cette rapide oxydation du fer, on a admis que le métal et son oxyde forment un couple électrique qui décompose l'eau en portant l'oxygène sur le métal.

3° *Préservation des métaux.* — Les nombreuses applications des métaux et surtout du fer ont fait chercher, de tout temps, les moyens de le préserver de l'oxydation à l'air. C'est dans ce but que l'on recouvre les grilles et les ferrures d'une ou plusieurs couches de peinture, les vases en fer battu et en fonte d'un vernis ou d'un émail qui résiste, comme la porcelaine ou le verre, aux acides et à l'air humide. Quant aux lames et aux fils qui doivent rester flexibles, on les recouvre d'un métal moins oxydable, comme l'étain ou le zinc et même le cuivre, dont l'oxydation n'atteint que la surface. Le fer recouvert d'étain est appelé fer étamé ou **fer-blanc**; le fer recouvert de zinc porte le nom de **fer galvanisé.**

239. Classification des métaux. — Si l'on considère avant tout les caractères extérieurs des métaux, on peut en faire quatre groupes :

Les *métaux précieux*, qui ne s'altèrent pas à l'air, comme l'or et le platine, auxquels on joint aussi l'argent et le mercure ;

Les *métaux usuels*, nombreux et très différents les uns des autres, mais tous très employés : tels sont le cuivre, le plomb, l'étain, le zinc et surtout le fer ;

Les *métaux dont les oxydes ont l'aspect de terres:* tel est l'aluminium, aussi le magnésium, aussi le métal dont la chaux est l'oxyde, le calcium ;

Les *métaux alcalins*, dont les oxydes sont très solubles, mais en même temps très caustiques.

Thénard (¹) a groupé les métaux d'après leur mode

____

(¹) Physicien français, né en 1777, à Nogent-sur-Marne, mort à Paris, en 1857.

d'oxydation, c'est-à-dire d'après la manière dont ils se comportent vis-à-vis de l'oxygène ou de l'eau, et l'action que la chaleur exerce sur les oxydes. Bien que cette classification ne dépende que d'un seul caractère chimique, elle a une grande importance pratique, parce que les applications usuelles des métaux dépendent beaucoup de la manière dont ils se conduisent à l'air humide et avec les acides. Elle est encore actuellement suivie.

On y fait sept groupes ou sections. Dans les cinq premières sont placés les métaux qui décomposent l'eau et dont les oxydes sont irréductibles par la chaleur seule.

Les deux autres comprennent les métaux qui ne décomposent pas l'eau : l'une, les métaux dont les oxydes ne sont pas détruits au feu ; l'autre, les métaux dont les oxydes sont réductibles par la chaleur.

Voici ces sections, où nous n'indiquons que les métaux usuels et ceux dont les composés ont d'importantes applications :

1ʳᵉ Section. — Métaux décomposant l'eau dès la température ordinaire :

Métaux alcalins : **Potassium, Sodium.**
Alcalino-terreux : **Baryum, Calcium, Strontium.**

2ᵉ Section. — Métaux décomposant l'eau à 100° :

Magnésium, Manganèse.

3ᵉ Section. — Métaux décomposant l'eau au rouge ou à froid en présence des acides :

Fer, Zinc, Chrome, Nickel, Cobalt.

4ᵉ Section. — Métaux décomposant l'eau au rouge sombre et à froid en présence des alcalis :

Étain, Antimoine.

5e Section. — Métaux ne décomposant l'eau qu'avec difficulté aux températures les plus élevées et ne la décomposant ni en présence des acides, ni en présence des bases :

Plomb, Cuivre, Bismuth.

6e Section. — Métal ne décomposant pas l'eau, à peine oxydable, et dont l'oxyde ne se décompose pas par la chaleur :

Aluminium.

7e Section. — Métaux ne décomposant pas l'eau, inoxydables, avec des oxydes réductibles par la chaleur :

Mercure, Argent, Or, Platine.

Les métaux alcalins et l'argent sont, comme l'hydrogène, incapables de fixer plus d'un atome de chlore; on les dit **monoatomiques.**

Un grand nombre peuvent fixer 2 atomes de chlore ou remplacer 2 atomes d'hydrogène; ils sont appelés **diatomiques :** les alcalino-terreux, le magnésium, le zinc, le nickel, le plomb et le cuivre.

L'or et le bismuth sont **triatomiques.**

L'étain est **tétratomique.**

Le fer, le manganèse, l'aluminium et le chrome sont **hexatomiques ;** 2 atomes de ces corps s'unissent à 6 atomes de chlore.

240. Désignation des oxydes. — Les oxydes, formés par la combinaison d'un métal et de l'oxygène, sont désignés par le nom du métal ; c'est ainsi que l'on dit **l'oxyde de mercure, l'oxyde de cuivre, les oxydes de fer.** Cependant l'usage a conservé à quelques-uns les noms qu'ils avaient avant que leur composition fût exactement connue et que les règles de la nomenclature fussent posées et suivies. Tels sont :

$$les\ oxydes\ de \begin{cases} Potassium \\ Sodium \\ Baryum \\ Calcium \\ Magnésium \\ Aluminium \end{cases} que\ l'on\ appelle : \begin{cases} Potasse. \\ Soude. \\ Baryte. \\ Chaux. \\ Magnésie. \\ Alumine. \end{cases}$$

L'oxygène peut se combiner en plusieurs proportions avec le même métal et donner plusieurs oxydes ; on désigne ces différents corps en faisant précéder leur nom d'un préfixe (*protoxyde*, *sesquioxyde*, *bioxyde*).

Dans l'écriture chimique, on les représente ainsi :

$$\begin{aligned} &le\ protoxyde & par\ MO \\ &le\ bioxyde & - MO^2 \\ &le\ sesquioxyde & - M^2O^3 \end{aligned}$$

Pour le *potassium*, le *sodium* et l'*argent*, les formules des protoxydes doivent être :

$$K^2O \qquad Na^2O \qquad Ag^2O$$

Tandis que pour la chaux, la magnésie, l'oxyde de plomb, les formules sont :

$$CaO \qquad MgO \qquad PbO$$

Les oxydes, en se combinant à l'eau, donnent des *hydrates* ou *bases* qui représentent l'oxyde avec une molécule d'eau.

Ainsi la chaux vive CaO devient la chaux éteinte $CaOH^2O$ ou CaO^2H^2 ou $Ca(OH)^2$.

Pour la potasse et la soude K^2O et Na^2O, l'hydrate prend la forme K^2O,H^2O ou $2(KOH)$. On l'écrit donc toujours KOH.

Alliages

241. Utilité des alliages. — Deux ou plusieurs métaux fondus ensemble forment un corps d'aspect homogène que l'on nomme un **alliage** ou encore un **amalgame** lorsque le mercure est l'un des métaux composants.

Peu de métaux sont employés à l'état isolé : ce sont le fer, le cuivre, l'étain, le zinc, le plomb, le platine et l'aluminium. Les autres doivent être alliés pour présenter les conditions de dureté, de fusibilité ou de malléabilité nécessaires aux applications industrielles. C'est ainsi que l'or et l'argent sont trop mous pour être employés seuls à la fabrication des monnaies ; ils s'useraient trop vite si on ne leur alliait pas un dixième de cuivre, qui leur donne une dureté suffisante. Le cuivre rouge allié au zinc donne le laiton, plus dur que le cuivre et cependant facile à travailler. L'antimoine et le bismuth sont cassants ; on corrige cette propriété en leur ajoutant du plomb, et l'on fait avec l'antimoine et le plomb l'alliage des caractères d'imprimerie, assez fusible et en même temps assez dur pour résister à l'action de la presse sans se briser.

Les alliages sont pour l'industrie comme de véritables métaux possédant des propriétés spéciales différentes de celles des corps simples qui les constituent.

242. Constitution des alliages. — Les alliages ne sont pas seulement des mélanges de métaux en proportions indéfinies, comme on pourrait le croire au premier abord, si l'on remarque que l'or et l'argent se dissolvent en toutes proportions dans le mercure. Les alliages sont en réalité de véritables combinaisons ordinairement dissoutes dans un excès de l'un des métaux constituants.

La combinaison de deux métaux est accompagnée d'un dégagement de chaleur qui peut être très intense dans certains cas ; et le produit formé peut prendre une forme cristalline déterminée.

En effet, si l'on introduit dans un verre sec contenant du mercure successivement de petits morceaux de sodium que l'on enfonce avec une baguette de verre pour les frotter contre le bord du vase, le sodium se dissout avec un bruit strident et la masse s'échauffe beaucoup. L'alliage refroidi, débarrassé de l'excès de mercure, se présente sous la forme de cristaux avec une composition bien définie.

On pense qu'il doit toujours y avoir production de chaleur quand les métaux s'unissent et que, si cette chaleur n'est pas toujours sensible, c'est qu'elle peut être absorbée par les métaux composants pour accomplir leur changement d'état.

Les alliages industriels ne sont pas toujours le résultat d'une seule combinaison ; il en peut, au contraire, coexister plusieurs dans le même alliage, comme on le démontre en observant attentivement le refroidissement de certains alliages. Si on laisse refroidir très lentement un alliage fondu, on constate, à l'aide d'un thermomètre, que la température, après s'être abaissée, reste un moment stationnaire, et il se solidifie, au sein de la masse liquide, un alliage bien défini et cristallisé. L'alliage fondu qui paraît homogène peut donc se séparer, à une température voisine de son point de solidification, en plusieurs alliages définis différents les uns des autres par leurs proportions. On a donné à ce phénomène le nom de **liquation**, et il en faut tenir compte dans les applications.

243. Propriétés des alliages. — Les alliages sont, comme les métaux, bons conducteurs de la chaleur et de l'électricité et doués d'éclat.

Quelques-uns sont colorés.

Leur densité est rarement égale à celle qu'on obtiendrait par le calcul appliqué aux composants; il y a, dans certains cas, contraction et, dans d'autres, dilatation.

La fusibilité de l'alliage est toujours plus grande que celle du métal le moins fusible entrant dans sa composition; elle peut même être plus grande que celle de tous les composants : ainsi l'alliage de Darcet (8 bismuth, 5 plomb, 3 étain) fond à 95°, tandis que l'étain, le plus fusible des trois métaux, ne fond qu'à 228°. Le mercure ajouté à un alliage lui donne de la fusibilité.

Les alliages sont ordinairement plus durs, plus aigres que les métaux; en revanche, ils sont moins tenaces et moins ductiles, à l'exception du bronze d'aluminium, qui est plus tenace que ses deux métaux.

244. Préparation. — Pour obtenir les alliages, on fond les métaux dans un creuset de terre en ayant soin de recouvrir la masse de poussière de charbon pour éviter l'oxydation. Si l'un des métaux est volatil, on ne l'ajoute qu'au moment où l'autre est déjà fondu; on agite pour mélanger la masse et on coule rapidement.

Pour les grandes pièces, la fusion se fait dans un four à réverbère et l'alliage fondu est porté aux moules à l'aide de grandes poches en fer garnies de terre réfractaire.

Quand la masse coulée est petite, il est facile d'obtenir un produit homogène. Mais, quand la pièce à couler est très grande, l'expérience a appris qu'il faut couler au-dessus du véritable moule une masse assez grande dont l'effet est d'empêcher la liquation.

245. Principaux alliages usuels. — Nous citons ici les alliages les plus employés; l'étude en sera faite à la suite de celle du métal principal qui y entre.

ALLIAGES A BASE DE CUIVRE. — BRONZES ET LAITON

Bronze pour monnaies et médailles	Cuivre	95	Maillechort	Cuivre	50
	Étain	4		Zinc	25
	Zinc	1		Nickel	25
Bronze des canons	Cuivre	90	Laiton	Cuivre	67
	Étain	10		Zinc	33
Bronze d'aluminium	Cuivre	90	Bronze pour cloches	Cuivre	78
	Aluminium	10		Étain	22

ALLIAGES DIVERS A BASE D'ÉTAIN ET DE PLOMB

Soudure des plombiers	Plomb	33	Métal anglais	Étain	100
	Étain	66		Antimoine	8
Caractères d'imprimerie	Plomb	80		Bismuth	1
	Antimoine	20		Cuivre	4
Mesures pour les liquides	Étain	80	Vaisselle et Robinets	Étain	92
	Plomb	20		Plomb	8

ALLIAGES DE MÉTAUX PRÉCIEUX

Vaisselle et Médailles	Or	916	Vaisselle et Bijouterie	Argent	950
	Cuivre	84		Cuivre	50
Monnaies	Or	900	Pièces de 5 fr.	Argent	900
	Cuivre	100		Cuivre	100
Bijouterie	Or	750	Pièces diverses de monnaie	Argent	835
	Cuivre	250		Cuivre	165

Résumé. — Les métaux ont un éclat brillant ; ils sont bons conducteurs de la chaleur et de l'électricité. Leur caractère chimique essentiel, c'est de donner des oxydes avec l'oxygène.

Tous les métaux, à l'exception du platine, de l'or et de l'argent, peuvent être oxydés quand on les chauffe dans l'oxygène ou dans l'air : le mercure s'oxyde à 350°, le cuivre au rouge sombre ; le zinc, qui est volatil, brûle avec une flamme bleuâtre en produisant l'oxyde de zinc en flocons blancs.

La présence de l'humidité ou de l'eau favorise l'oxydation de certains métaux. Le potassium et le sodium décomposent l'eau en lui prenant son oxygène. Le zinc et le fer décomposent l'eau à froid en présence d'un acide. La rouille du fer se produit abondamment à l'air humide, à tel point qu'il faut préserver le fer de l'oxydation, soit par une peinture, soit par un émail, soit par une mince couche d'étain, comme dans le fer-blanc, ou une couche de zinc, comme dans le fer galvanisé.

L'action de l'oxygène sur les métaux a fourni à Thénard la base sur laquelle il a établi la classification de ces corps simples.

Dans le langage industriel, on distingue les métaux précieux qui ne s'altèrent pas à l'air, les métaux usuels, les métaux dont les oxydes ont l'aspect de terres et les métaux alcalins.

Les alliages sont formés par la fusion de deux ou plusieurs

métaux. Leurs propriétés sont souvent différentes de celles des métaux qui les forment. On utilise les uns pour leur fusibilité, les autres pour leur dureté.

Les bronzes, les laitons, le maillechort sont parmi les plus employés.

Les alliages des métaux précieux sont plus résistants que les métaux ; ils sont employés aux monnaies et aux divers objets de bijouterie.

CHAPITRE XXVI

CHLORURE DE SODIUM. — CARBONATE DE SODIUM

246. Le chlorure de sodium. — Le chlorure de sodium, que l'on appelle **sel gemme** quand on l'extrait des gisements terrestres, **sel marin** quand on le retire des eaux de la mer, partout **sel de cuisine**, parce qu'il sert depuis les temps les plus reculés comme assaisonnement de la nourriture de l'homme, a une saveur franchement salée sans arrière-goût. Il cristallise en cubes qui forment, par leur réunion, des *trémies* (*fig.* 146). A la chaleur rouge, il décrépite à cause d'un peu d'eau interposée entre ses lamelles cristallines, puis il fond en répandant des vapeurs blanches. Il n'est

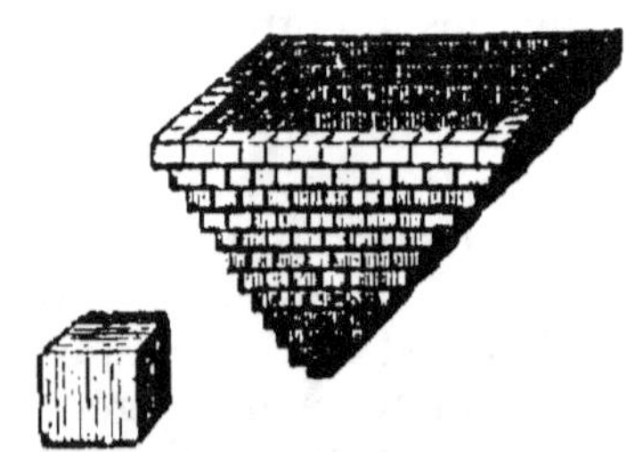

Fig. 146. — Cristaux de sel gemme en trémie. Un cristal en cube isolé.

pas beaucoup plus soluble dans l'eau chaude que dans l'eau froide. Quand il n'est pas absolument pur, il est déliquescent et presque toujours un peu humide.

Il est décomposé par l'acide sulfurique, qui donne avec lui du sulfate de soude et laisse dégager l'acide chlorhydrique; il est ainsi le générateur du chlore et des chlorures, en même temps des sels de soude, c'est-à-dire de beaucoup de produits industriels très importants.

État naturel. — Il est abondamment répandu dans la nature; les eaux de la mer, qui couvrent les trois quarts du globe, sont une dissolution de chlorure de sodium. Le sol en renferme de grands bancs, que des eaux souterraines dissolvent peu à peu. L'air lui-même en contient à l'état de poussières invisibles que l'analyse spectrale sait révéler.

On ne le fait pas dans les laboratoires, bien qu'il prenne naissance dans l'action de l'acide chlorhydrique sur la soude ou le carbonate de sodium. On l'extrait soit en *blocs* ou *gemmes*, soit des sources salées qu'on retire du sol, soit enfin des eaux de la mer.

247. Extraction du sel gemme. — Le sel gemme forme des bancs puissants dans un des étages du trias. Les principales mines exploitées en Europe sont celles de *Wielliczka* en *Pologne*, où la couche de sel présente une superficie considérable et une épaisseur de plus de 200 mètres; en France, les gisements de la *Meurthe*, du *Jura*, de l'*Ariège* et des *Basses-Pyrénées*.

Il est quelquefois assez pur pour être livré à la consommation tel qu'on l'extrait de la mine; dans d'autres cas, une cristallisation suffit pour l'amener au degré de pureté voulu. Mais, le plus souvent, on le dissout dans la mine même par deux méthodes différentes.

Dans la première, on ouvre dans le gisement des galeries et des chambres de dissolution où l'on fait arriver des eaux douces. L'eau creuse peu à peu les parois des chambres et les élargit; quand elle est saturée, on la soutire à l'aide d'un siphon pour la conduire aux chaudières d'évaporation. C'est ainsi qu'on opère dans la Saxe.

Dans le second procédé, on creuse des trous de sonde

dans lesquels on engage une série de tuyaux de cuivre
réunis les uns aux autres et terminés à la partie supérieure par une pompe. On fait arriver de l'eau par le
trou de sonde, entre ses parois extérieures et les
tuyaux; elle se charge de sel, et la solution saline, plus
dense que l'eau ordinaire, occupe la partie inférieure;
et c'est elle que la pompe aspire et soulève pour l'envoyer aux chaudières d'évaporation. Dans certains cas,
à Dieuze notamment, il existe des nappes d'eau dans
les gisements salins; cette eau se trouve naturellement saturée; il suffit de l'extraire et de l'évaporer.

248. Exploitation des sources salées. — Les

Fig. 147. — Bâtiment de graduation.

sources salées sont dues à des infiltrations dans des
gisements de sel d'où les eaux sortent plus ou moins

chargées. Pour qu'elles puissent être exploitées, il faut qu'elles contiennent au moins 5 0/0 de sel; elles peuvent en renfermer de 12 à 20 0/0, surtout quand, par des sondages convenables, on arrive à les puiser plus près des gisements. Avant de songer à les évaporer économiquement par la chaleur, on les fait concentrer en les évaporant lentement à l'air, soit en les faisant couler le long de cordes qui présentent un très grand développement (comme en Savoie), soit surtout en les faisant passer sur des *bâtiments de graduation.* Ce sont des amas de fagots de broussailles (*fig.* 147), retenus par des châssis, recouverts par des hangars, orientés de manière à présenter leurs grandes faces latérales aux vents qui règnent le plus souvent dans la contrée, le tout surmonté d'une rigole et donnant au-dessus d'une forme de bassin. On fait couler l'eau salée sur ces amas : elle se répand sur une très grande surface; elle y subit une évaporation qui la concentre notablement. Quand elle arrive dans le bassin, on la remonte sur un second bâtiment, de manière à obtenir qu'elle marque de 14° à 20° à l'aréomètre Baumé. On peut alors l'évaporer au feu.

249. Évaporation. — Quand les eaux sortent des puits de mine ou des bâtiments de graduation, on les amène dans des chaudières peu profondes, mais d'une très grande surface. Ces chaudières, en fonte ou en tôle, sont recouvertes d'une hotte en bois, destinée à provoquer un tirage qui enlève la vapeur d'eau. Elles sont chauffées, les unes directement par la flamme du foyer, les autres par un courant d'air chaud. On commence par porter le liquide à l'ébullition. Il se fait peu à peu un dépôt abondant nommé **schlott,** qui est formé de sulfate double de sodium et de calcium ; on le retire avec des râbles et on le dépose dans de petites auges percillées où il s'égoutte au-dessus de la chaudière. On procède ensuite au **salinage,** dans la même chaudière

ou dans une seconde, c'est-à-dire qu'on enlève à l'aide
de râbles le sel qui se dépose par l'évaporation. Le
salinage est plus ou moins rapide; quand il a lieu par
ébullition et avec enlèvement continu, le sel est en
très petits grains, c'est le **fin-fin**; quand, au contraire,
l'évaporation est lente, les cristaux sont volumineux,
on retire du **gros sel.**

250. Extraction du sel des eaux de la mer. —

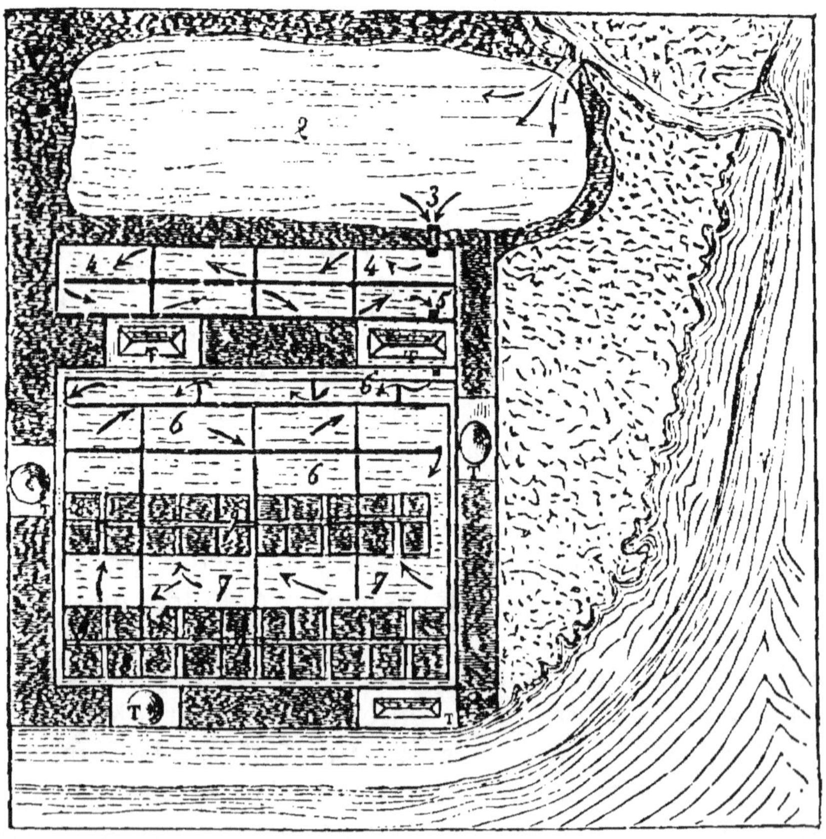

Fig. 148. — Marais salants : 1, arrivée de l'eau ; — 2, grand réservoir d'arrivée ; — 4, 5, 6, 7, différents petits bassins d'évaporation ; — 8, 9, derniers bassins de salaison ; — T, tas de sel terré.

L'évaporation des eaux de la mer constitue la source
la plus abondante du sel ordinaire.

L'évaporation s'exécute dans de grands bassins ménagés sur les côtes et désignés sous le nom de **marais salants** dans l'Ouest, de **salins** dans le Midi.

Dans l'Ouest (*fig.* 118), l'eau arrive, à marée haute, par un petit canal muni d'une vanne, dans un grand bassin de 1.000 mètres carrés dont le niveau domine celui des autres réservoirs. De là elle passe dans un réservoir, où elle subit une première concentration, puis dans une série de compartiments rectangulaires qu'elle parcourt successivement et avec lenteur, en se concentrant peu à peu. Quand elle arrive à son maximum de concentration, on la conduit aux cristallisoirs, où elle dépose le sel. On recueille le sel, à l'aide de râteaux, d'abord en petits tas pour qu'il s'égoutte, puis en tas plus gros et coniques que l'on recouvre de terre glaise. Sous l'influence de l'humidité entretenue par cette couche de terre, le chlorure de magnésium déliquescent s'écoule ; il reste un **sel gris** encore impur qui a généralement besoin d'être raffiné. Pour cela, on le dissout dans l'eau ; on ajoute de la chaux pour précipiter la magnésie, on filtre dans des vases dont le fond percé de trous est recouvert de nattes, et on évapore la solution dans des chaudières.

Une campagne de salinage commence vers le 15 mai et se termine en fin septembre, quand disparaissent les beaux jours. Elle prendrait d'ailleurs fin par l'accumulation des *eaux mères* où le sel marin cesse de se déposer.

251. Extraction du sel par la gelée. — Dans le Nord de l'Europe, où l'évaporation des marais salants n'est pas possible, on soumet l'eau de la mer à la congélation. Elle donne de la glace pure, et la partie restée liquide se concentre ; si on enlève les glaçons et qu'on fasse de nouveau congeler le liquide, on finit par avoir une eau très chargée, dont on achève la concentration dans des chaudières. Mais le sel ainsi obtenu est encore plus impur que celui de l'Ouest.

Outre son emploi dans l'alimentation, le chlorure de sodium a de nombreux usages ; il sert notamment à la préparation de la plupart des autres sels de sodium et particulièrement du carbonate et du sulfate.

Carbonate de sodium

252. Carbonate pur. — Le carbonate de sodium pur répond à la formule $Na^2CO^3, 2H^2O$ quand il se présente en grands cristaux prismatiques brillants. Les cristaux s'effleurissent à l'air en perdant l'eau de cristallisation et le carbonate sec répond à la formule $Na^2CO^3H^2O$, ou bien encore à celle d'un sesquicarbonate appelé *natron*.

Dans l'industrie, les différents carbonates portent le nom de **soudes** ; on les dit *naturelles* quand elles sont fournies directement par les cendres des végétaux marins et *artificielles* quand elles sont obtenues par des procédés chimiques.

253. Soude naturelle. — Diverses plantes qui croissent dans le voisinage de la mer et des lacs salés, et que l'on désigne sous le nom général de *salifères* ou *marines*, comme les *salsola*, les *salicornia*, puisent dans le sol du sel marin, l'élaborent pendant l'acte de la végétation et le transforment en divers sels organiques à base de soude. Quand on les incinère, elles laissent beaucoup de cendres contenant surtout du sel marin et du carbonate de soude. La combustion a lieu dans des fosses où les cendres subissent, sous l'action de la température développée, une demi-fusion, et se transforment en une masse agglomérée, de couleur foncée et d'aspect vitreux, que l'on brasse demi-fluide pour la rendre homogène. C'est la **soude brute** ; la meilleure est produite en *Espagne ;* elle renferme au moins le quart de son poids de carbonate.

254. Soude artificielle. — Jusqu'à la fin du siècle
dernier, c'était la potasse qui était employée presque
partout où l'on avait besoin d'un alcali ; la soude
ne servait guère qu'à la fabrication des savons durs
et les soudes naturelles suffisaient. L'augmentation du prix des potasses fit rechercher les moyens
de fabrication artificielle des soudes. En 1789,
Leblanc découvrit son procédé, qui a été appliqué
pendant près d'un siècle tel que l'auteur l'avait indiqué.
Mais il n'est plus le seul qui fournisse économiquement
la soude artificielle, le procédé de **Schlœsing,** appliqué
par **Solvay,** l'a supplanté, et l'ancienne industrie
des soudes Leblanc, longtemps si prospère, a tout à
fait disparu.

255. Procédé Schlœsing ou à l'ammoniaque. —
Ce procédé, qui n'est devenu pratique que depuis
quelques années, entre les mains de M. Solvay, a été
imaginé en 1854 par M. Schlœsing. Il repose sur la
réaction suivante :

Le *bicarbonate d'ammoniaque* donne avec le sel marin,
par double décomposition, du *bicarbonate de soude* peu
soluble et du chlorure d'ammonium très soluble dans
l'eau :

$$NaCl + CO^3AzH^4H = CO^3NaH + AzH^4Cl.$$

Par suite, une solution de sel marin presque saturée
est additionnée d'ammoniaque caustique, mélangée de
carbonate d'ammoniaque, puis sursaturée par l'acide
carbonique ; elle est ensuite portée à l'ébullition, et la
réaction précédente s'opère. Le bicarbonate de soude
déposé est recueilli, lavé, séché, puis finalement calciné. Il se convertit en carbonate de soude en dégageant la moitié de son anhydride carbonique, qui rentre
dans la fabrication.

Le chlorure d'ammonium qui reste dans les eaux
mères, bouilli avec de la chaux, laisse dégager toute

l'ammoniaque qu'il contient et que l'on condense dans une nouvelle solution de chlorure de sodium.

On obtient par ce procédé un beau sel de soude, sans causticité, sans impuretés. De plus, on peut employer directement l'eau salée, tandis que le procédé Leblanc exigeait la mise en œuvre de sel cristallisé.

256. Cristaux de soude. — Pour obtenir le carbonate de soude en cristaux, ou ce qu'on appelle vulgairement les *cristaux de soude*, on emploie le sel précédent, que l'on redissout dans le moins d'eau possible. Une grande chaudière en tôle conique (*fig.* 149), munie d'un tuyau à vapeur qui débouche près du fond, est remplie aux trois quarts d'eau. Le sel à dissoudre est placé dans un panier percillé mobile au moyen de poulies. On chauffe l'eau par le jet de vapeur, et la dissolution est d'autant plus rapide que l'eau

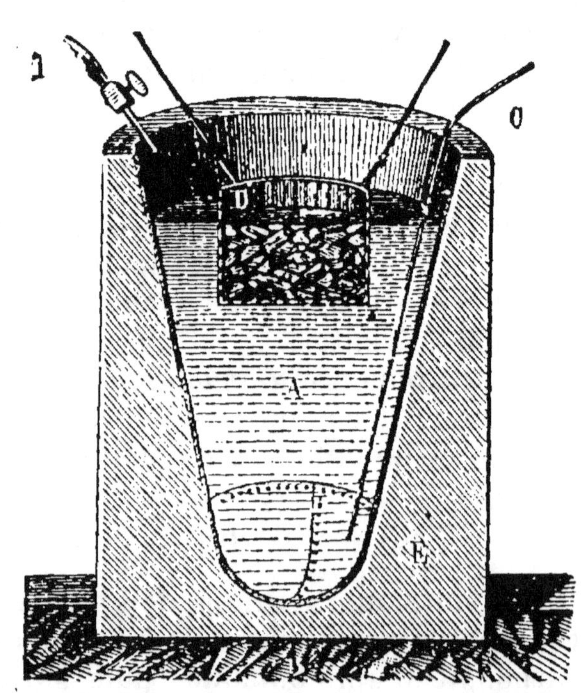

Fig. 149. — Chaudière à dissoudre le sel de soude pour la préparation des cristaux. — A, chaudière conique en tôle; — E, enveloppe de maçonnerie; — C, tuyau à vapeur; — D, panier percillé suspendu.

saturée tombe à mesure au fond de la chaudière. La liqueur saturée est abandonnée au repos; elle laisse déposer ses impuretés. On la siphonne dans des cristallisoirs de dimensions très diverses, où elle cristallise. Les cristaux séchés, concassés, s'effleurissent un peu à la surface. On les embarille pour les soustraire au contact de l'air.

C'est le carbonate à 10 molécules d'eau (CO^3Na^2, $10H^2O$). Il renferme 64 0/0 d'eau; mais, pour beaucoup d'usages, il est préféré aux sels de soude secs, parce qu'il ne contient pas de matières insolubles.

257. Usages des soudes du commerce. — On

emploie les cristaux de soude dans le blanchiment, le sel de soude calciné dans le lessivage et dans la verrerie fine, la soude brute dans la fabrication des bouteilles. Ces produits sont préférés au carbonate de potasse, parce qu'ils ne sont pas déliquescents; de plus, leur prix est bien inférieur; le prix des potasses augmente, au contraire, à mesure que les cendres de bois deviennent plus rares.

Sulfate de sodium SO^4Na^2, $10H^2O$

258. Propriétés. — Le sulfate de sodium, nommé

ordinairement *sulfate de soude*, se présente en cristaux prismatiques incolores, transparents et volumineux, qui s'effleurissent rapidement à l'air en perdant leur eau. On l'appelle **sel de Glauber,** du nom de celui qui l'a obtenu le premier et qui l'avait nommé le **sel admirable** à cause de sa beauté quand il vient d'être préparé. Il a une saveur fraîche et amère.

Il est très soluble dans l'eau; mais sa solubilité, qui s'accroît avec la température depuis 0°, est maximum vers 33°; l'eau peut dissoudre trois fois son poids de sel. Au-dessus de 33°, la solubilité décroît; on attribue ce phénomène à un changement dans la nature du sel; on remarque, en effet que, s'il se dépose d'une solution bouillante, il est anhydre, tandis qu'il prend 10 molécules d'eau pour cristalliser à froid.

La solution saturée et portée à l'ébullition se conserve liquide au repos, bien qu'elle contienne plus de sel qu'elle n'en peut tenir, qu'elle se *sursature*. Si on la laisse refroidir avec précaution, à l'abri des poussières de l'air, soit dans un tube à col effilé (*fig.* 150), soit en couvrant le vase qui la contient, elle reste sursaturée sans déposer de cristaux. Mais le choc ou le brusque contact de l'air ou d'une baguette de verre lui fait prendre immédiatement l'état solide.

La dissolution dans l'eau a lieu avec abaissement de température; mais un froid plus considérable est produit par la dissolution de 8 parties de sel dans 5 d'acide chlorhydrique; c'est un mélange réfrigérant souvent employé.

Le sulfate de sodium, chauffé, devient liquide dans son eau

Fig. 150. — Sursaturation du sulfate de soude.

de cristallisation, puis anhydre quand il a perdu cette eau; il fond, sans se décomposer, à une plus haute température.

259. Préparation. — Il existe en *Espagne* des gisements de sulfate de sodium que l'on exploite. Mais l'industrie, qui fait de ce produit une consommation énorme, le fabrique en attaquant le sel marin par l'acide sulfurique :

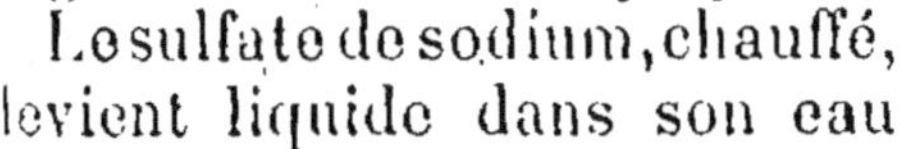

$$NaCl + SO^4H^2 = HCl + SO^4NaH$$
$$SO^4NaH + NaCl = HCl + SO^4Na^2.$$

Cette réaction, qui s'accomplit en deux phases, donne naissance à un dégagement d'acide chlorhydrique (c'est elle qui est utilisée dans les laboratoires quand on veut préparer cet acide ; le sulfate reste comme résidu. La première phase commence à la température

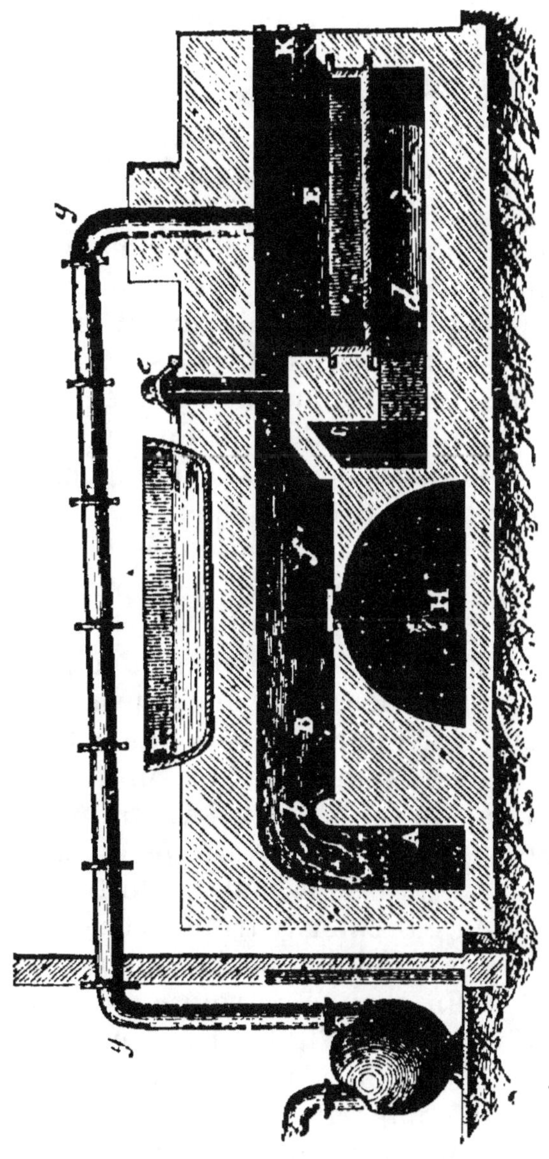

FIG. 150. — Four à sulfate de soude. — A, foyer : — B, calcine : — E, cuvette : — H, cavité pour recueillir le sulfate fait : — K, porte pour charger la cuvette : — P, bassine à chauffer l'acide : — e, valve de communication de la calcine et de la cuvette : — g, tube emmenant le gaz chlorhydrique.

ordinaire et n'exige qu'une chaleur modérée, tandis que la seconde ne s'accomplit qu'à une température voisine du rouge.

Les appareils industriels se composent d'un grand four (*fig.* 151) qui permet un travail continu sur de grandes masses, de tuyaux de conduite pour le gaz chlorhydrique et de vases où l'on opère sa condensation.

Le four comprend toujours deux compartiments : l'un appelé la **cuvette,** en plomb ou en fonte, où s'accomplit la première phase de l'opération ; l'autre, la **calcine,** à réverbère, c'est-à-dire à feu direct, ou à moufle, où l'on chauffe fortement le mélange provenant de la cuvette et d'où l'on retire le sulfate tout formé. Le foyer chauffe d'abord la calcine, et les produits de la combustion viennent ensuite passer sous la cuvette, qui n'a pas besoin d'être autant chauffée.

On emploie du sel raffiné et de l'acide sulfurique marquant 60° Baumé et qu'il est avantageux de chauffer au préalable. Le sel introduit dans la cuvette, on y fait couler un poids égal d'acide ; on mélange bien, on ferme et on lute la porte. La réaction devient très vive ; il se dégage des torrents d'acide chlorhydrique presque pur qui vont aux appareils de condensation ; la masse se boursoufle et prend peu à peu une consistance pâteuse. A ce moment, on ouvre la communication entre les deux compartiments du four et on pousse dans le second la masse du sel inachevé. Ce transport effectué, on recharge à nouveau la cuvette pour que l'opération soit continue. On brasse la matière fortement chauffée de la calcine ; du gaz chlorhydrique s'en dégage encore, entraîné avec les produits de la combustion. Tout le sulfate est à la fin chauffé au rouge naissant ; il prend une coloration jaune qu'il perdra par le refroidissement. On le tire du four avec un racloir et on le fait tomber dans un compartiment où il se refroidit.

Dans ces appareils, on décompose en deux ou trois heures 150 à 200 kilogrammes de sel marin.

Les appareils condensateurs de l'acide chlorhydrique sont les corollaires nécessaires des fours à sulfate ;

c'est le plus souvent une longue série de bonbonnes à
demi remplies d'eau (*fig.* 152), où le gaz circule en
sens inverse de l'eau et se dissout peu à peu ; ou une
suite de caisses en pierres dures remplies d'eau aux
deux tiers et offrant ainsi aux gaz une grande surface
de condensation. Quel que soit le mode employé, il

Fig. 152. — Bonbonnes à condenser l'acide chlorhydrique. Le gaz
marche de gauche à droite, le liquide de droite à gauche, par les
siphons d'une bonbonne à l'autre.

faut faire suivre la dernière bonbonne ou la dernière
auge d'une tour contenant du grès et du coke concassés,
sans cesse humectés d'un filet d'eau et que le gaz
traverse avant de se rendre dans l'atmosphère.

Il y a d'autres sources de sulfate de sodium, comme
les eaux mères des marais salants et des schlotts des
eaux salées ; même d'autres procédés de fabrication
qui reposent presque tous sur la transformation du sel
marin.

Le sulfate de sodium est employé en quantité considérable à la fabrication du verre et à la préparation
des soudes commerciales.

Résumé. — Le **chlorure de sodium** NaCl est appelé *sel gemme* quand on l'extrait solide des couches du sol, *sel marin* quand on le retire des eaux de la mer et partout *sel de cuisine* à cause de son emploi comme condiment.

Il cristallise en cubes disposés en trémies. Il décrépite sur les charbons allumés. Il absorbe l'humidité de l'air.

Le sel *gemme* existe en bancs dans l'une des couches du terrain de trias, notamment à Wieliczka, en Pologne, et, en France, dans la Meurthe, le Jura, l'Ariège et les Basses-Pyrénées. Il est rarement assez pur pour être livré à la consommation tel qu'on l'extrait de la mine. On le dissout alors pour évaporer ensuite sa dissolution.

On trouve aussi des *sources salées* aux environs des gisements de sel gemme. On concentre les eaux de ces sources par une évaporation à l'air sur les bâtiments de graduation et, quand elles marquent 20° à l'aréomètre de Baumé, on peut les évaporer sans trop grande dépense par la chaleur.

L'évaporation par la chaleur des eaux salées se fait dans de très larges chaudières où il s'effectue d'abord un premier dépôt appelé *schlott*, que l'on enlève et que l'on rejette; le sel n'est que le second dépôt. On le produit en gros cristaux si l'évaporation est lente, en petits cristaux, presque en poussière, quand le dépôt est rapide.

L'extraction du sel des eaux de la mer a lieu dans les *marais salants*. Ce sont de vastes bassins peu profonds, dallés d'argile, où l'on amène l'eau de la mer et où elle se concentre au soleil. Les premiers bassins servent au schlottage, c'est-à-dire au premier dépôt, les autres au salinage ou au dépôt du sel. Le sel recueilli est mélangé d'un peu de chlorure de magnésium; on le met en tas que l'on couvre d'argile, et le chlorure de magnésium, très déliquescent, devient liquide et s'écoule.

Le sel a, en dehors de l'économie domestique, de nombreux usages; il est la matière première de tous les sels de soude.

Les soudes du commerce sont, vis-à-vis du sodium, ce que les potasses sont vis-à-vis du potassium; c'est du carbonate de sodium impur, et ce nom de soudes est impropre, puisqu'il devrait être réservé à la *soude caustique*, qui est l'oxyde hydraté du sodium.

La *soude naturelle* est retirée du lessivage des cendres de varechs ou de plantes marines en général.

La *soude artificielle* est un carbonate obtenu par des réactions chimiques. On l'obtient par deux procédés, celui de Leblanc et celui de Schlœsing, qui est plus spécialement appelé procédé à l'ammoniaque. Tous deux prennent le sel marin comme matière première; mais ils diffèrent par les transformations.

Le *procédé de Leblanc*, imaginé il y a un siècle, transformait d'abord le sel marin en sulfate de sodium par l'entremise de l'acide sulfurique, puis, en mélangeant ce sulfate avec de la craie et du charbon, il faisait de la *soude brute*, où un lessivage à l'eau trouvait du carbonate de sodium à dissoudre.

On faisait ainsi, par évaporation de la lessive, du *carbonate de soude sec* un peu caustique et des *cristaux de soude*.

Le *procédé à l'ammoniaque* traite le sel marin dissous par du bicarbonate d'ammoniaque ; il engendre ainsi un bicarbonate de soude qui donnera le carbonate par dessiccation, et l'ammoniaque d'abord employée est indéfiniment régénérée.

Ce dernier procédé a tout à fait supplanté le premier.

Les soudes commerciales sous leurs diverses formes ont de nombreux usages ; le principal, c'est d'être employées à l'état de sel de soude sec ou de cristaux de soude pour le lessivage et à la fabrication des savons.

CHAPITRE XXVII

CARBONATE DE CALCIUM. — CHAUX. — MORTIERS CIMENTS. — PLATRE

Carbonate de calcium, CO_3Ca

260. État naturel. — Le carbonate de calcium est un des corps les plus répandus dans la nature ; il forme la majeure partie de l'écorce terrestre ; il s'y présente sous des aspects variés qui portent des noms particuliers, mais que l'on réunit sous le nom général de **calcaires**. La variété saccharoïde et compacte constitue les **marbres**, susceptibles d'un beau poli et dont la coloration est due à des traces de charbon ou d'oxydes métalliques ; l'**albâtre** est la variété fibreuse et translucide ; la **craie** est une variété terreuse qui se présente en grandes masses blanches et friables ; le calcaire le plus répandu est celui qu'on désigne sous le nom de **calcaire grossier, pierre à bâtir, pierre**

à chaux ; c'est la variété la moins pure, et, quand elle contient un peu d'argile, elle constitue la **marne**, l'une des sources des chaux hydrauliques.

On trouve aussi le carbonate de calcium cristallisé, et il présente un cas remarquable de dimorphisme, le premier qui ait été observé ; en rhomboèdres transparents, il porte le nom de *calcite* ou de **spath d'Islande**, et il jouit de la double réfraction ; en prismes droits d'un blanc laiteux, c'est l'**arragonite**.

Dans le règne animal, le *calcaire* forme plus des neuf dixièmes de la coquille des mollusques et des coquilles d'œufs ; il entre pour 1/10 dans la charpente osseuse des vertébrés.

261. Propriétés. — Quel que soit son aspect, le carbonate de calcium est décomposé par la chaleur ; il dégage l'anhydride carbonique et laisse la chaux. Cette décomposition est favorisée par la vapeur d'eau, comme l'ont remarqué tous les chaufourniers, qui préfèrent les calcaires humides aux autres. Elle n'a pas lieu, même à haute température, dans un vase clos, quand le gaz carbonique ne peut pas se dégager ; le calcaire fond, s'agglomère et présente, après le refroidissement, l'apparence du marbre. C'est ainsi que Hall a transformé la craie en marbre, en la calcinant dans un canon de fusil solidement bouché. On s'appuie sur cette expérience pour rapporter l'origine des marbres à une fusion des calcaires sous l'influence de la haute température des roches éruptives du terrain primitif et expliquer leur présence au milieu des couches du terrain de transition.

Le carbonate de calcium est presque tout à fait insoluble dans l'eau pure, puisqu'il faut 40.000 litres d'eau pour en dissoudre 1 gramme. Il est plus soluble dans l'eau chargée d'acide carbonique, comme on s'en convainc en versant un peu d'eau de chaux dans une dissolution d'acide carbonique ; le précipité produit d'abord ne tarde pas à disparaître. Si on fait passer un courant de gaz carbonique dans de l'eau de chaux, le liquide devient laiteux par la formation du carbonate ; mais, si le gaz continue d'arriver, le liquide redevient limpide ; il dissout le précipité à la faveur de l'acide.

Cette propriété de dissolution a une grande importance dans les phénomènes naturels. Les eaux pluviales contiennent de l'acide carbonique qu'elles ont pris à l'air ; elles empruntent aux couches du sol qu'elles traversent du carbonate de calcium qu'elles dissolvent ; aussi trouve-t-on ce sel en dissolution dans toutes les eaux naturelles ; il est la source du calcaire des os des animaux supérieurs comme des coquilles des mollusques. Certaines eaux plus chargées d'acide carbonique dissolvent plus de carbonate de calcium ; quand elles arrivent à l'air, elles perdent leur acide et déposent le calcaire qu'elles ne peuvent plus retenir dissous. C'est ce phénomène qui produit les sources incrustantes, comme celle de *Saint-Allyre*, à *Clermont-Ferrand*, dans l'eau de laquelle les objets se recouvrent d'un enduit pierreux ; il est aussi la cause de la formation des colonnes calcaires qu'on trouve dans les grottes et auxquelles on donne le nom de **stalactites** et de **stalagmites.**

L'ébullition trouble les eaux calcaires ; le carbonate de calcium se dépose peu à peu et finit par former une couche compacte. Les incrustations des chaudières à vapeur n'ont pas d'autre origine ; on ne peut empêcher le dépôt pierreux, mais on cherche à le rendre aussi peu adhérent que possible, en mélangeant à l'eau des corps qui le divisent et l'agitent sans cesse.

252. Fabrication industrielle de la chaux. — La chaux pure, pour l'usage des laboratoires, est obtenue par la calcination du marbre blanc, ou mieux encore par la décomposition de l'azotate de calcium, que l'on obtient en dissolvant le marbre dans l'acide azotique.

La chaux ordinaire résulte de la cuisson, dans de grands fours, de différentes variétés de calcaire ou carbonate de chaux, notamment du calcaire grossier et de la craie. Au rouge, le carbonate se décompose en anhydride carbonique qui se dégage et en chaux qui reste :

$$CaCO^3 = CaO + CO^2.$$

Le dégagement de la chaux est facilité par l'humidité de la pierre ou l'eau dont on l'arrose et par l'air qui traverse le four ; on laisse perdre le gaz carbonique dans l'atmosphère, ou bien on le recueille si on peut l'employer sur place.

Les fours sont de deux espèces : ceux où l'on suspend le travail après chaque cuisson, que l'on nomme les fours **intermittents,** et ceux où le travail est continu, appelés les **fours coulants.**

1° *Fours intermittents.* — Le plus ancien est une cuve circulaire en maçonnerie où l'on dispose au-dessus d'une couche de moellons des couches alternatives de pierres cassées et de combustible (broussailles, tourbe ou lignite); on allume le feu pour commencer la chauffe, qui se propage de bas en haut, et, quand le feu est arrivé à moitié de la hauteur, on recouvre la partie supérieure du four avec du gazon pour que la cuisson soit lente et régulière.

Fig. 153.
Four à chaux intermittent.

Une autre forme plus répandue est un four en briques avec revêtement en briques réfractaires. On construit dans le bas une voûte avec de grosses pierres et on achève la charge avec des morceaux de plus en plus petits (*fig.* 153). On brûle des fagots sous la voûte jusqu'à ce que les fragments supérieurs soient bien calcinés.

2° *Fours coulants.* — On réalise une grande économie de temps et de combustible par l'emploi des fours

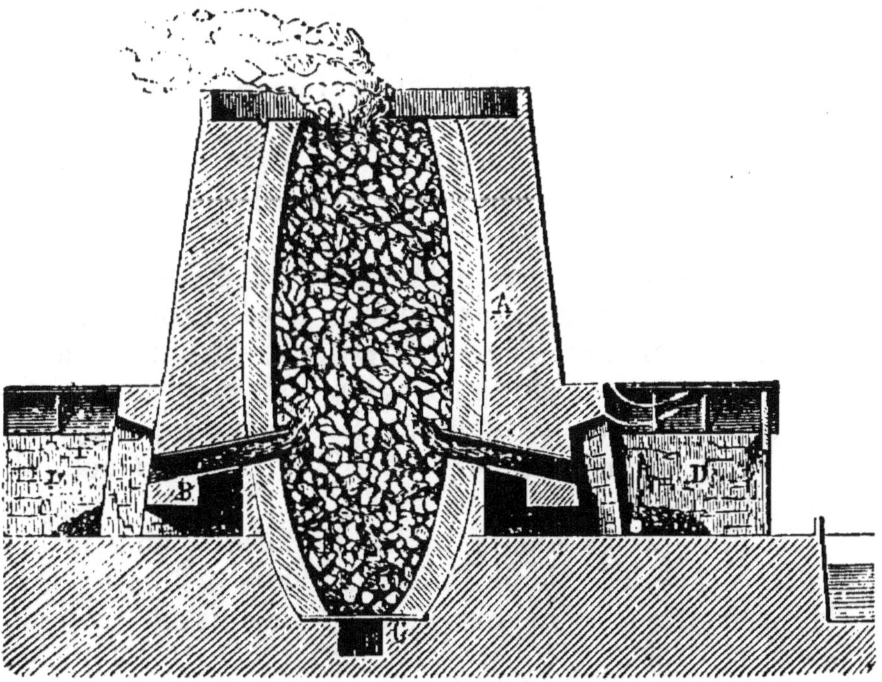

Fig. 154. — Four à chaux. — A, maçonnerie du four ; — B, foyers latéraux ; — C, cuve à défournement ; — D, hangars latéraux.

continus. Dans les uns, on dépose en couches alternatives le calcaire et le combustible ; dans les autres, plus perfectionnés, le calcaire est seul dans le four, le combustible est brûlé dans les foyers latéraux ; la chaux obtenue est plus pure, elle n'est pas souillée par les cendres. La figure 154 représente le four coulant considéré comme le meilleur ; le défournement a lieu par une galerie creusée vis-à-vis de la portion inférieure du four où se rend la chaux cuite.

263. Différentes variétés de chaux. — Les calcaires purs fournissent par calcination des chaux **grasses** qui s'échauffent beaucoup au contact de l'eau, foisonnent, augmentent de volume et donnent une pâte forte et liante.

Les calcaires moins purs, mélangés d'argile, de silice ou de sable, donnent des chaux **maigres** qui s'échauffent peu, se délitent lentement, sans grande augmentation de volume.

Ces deux espèces, mélangées en pâte à des briques ou à des pierres, ne durcissent qu'à l'air ; c'est ce qui les a fait appeler **chaux aériennes.**

Les chaux douées de la propriété de durcir sous l'eau portent le nom de **chaux hydrauliques.** Les savantes recherches de **M. Vicat** ont démontré que ce durcissement est dû à l'argile que ces chaux renferment, et qu'il est d'autant plus rapide que la proportion d'argile est plus grande par rapport à celle du calcaire.

On obtient les chaux hydrauliques en calcinant un calcaire argileux dans un four à chaux ordinaire, avec la précaution de ne pas pousser la cuisson trop loin dans la crainte de fritter la masse. On les fabrique artificiellement en mélangeant en des proportions convenables de la chaux grasse avec de l'argile, ou même de la craie ou de l'argile en poudre, façonnant en briques et portant à la cuisson. Celles que l'on dit *éminemment hydrauliques*, qui durcissent sous l'eau en trois ou quatre jours, et qui, après six mois, ont acquis la dureté de la pierre, renferment de 15 à 20 0/0 d'argile.

264. Mortiers. — Les mortiers sont des mélanges employés en pâte pour relier et souder solidement les briques, les pierres de taille, les moellons, en un mot toutes les pièces solides d'une construction. La chaux seule, en couche mince entre deux pierres, adhère à chacune d'elles et les soude en durcissant ; si la couche est plus épaisse, l'adhérence aux pierres est la même ; mais les différentes parties de la pâte de chaux ne se soudent pas solidement entre elles. On augmente donc la solidité et la résistance des couches de mortiers en multipliant leur surface de contact avec des matières inertes : c'est dans ce but qu'on ajoute à la pâte de chaux des fragments plus ou moins gros de pierres concassées, des sables ou des scories de hauts fourneaux réduites en poudre grossière.

On distingue le *mortier ordinaire*, qui ne durcit qu'à l'air par la dessiccation et l'action des agents atmosphériques, et les *mortiers hydrauliques*, qui durcissent sous l'eau par suite des réactions internes entre leurs éléments constitutifs et l'eau.

Le mortier ordinaire, partout employé pour les constructions aériennes, est un mélange de chaux grasse, préalablement éteinte et réduite en bouillie épaisse, avec deux à quatre fois son volume de sable. L'extinction de la chaux est une opération importante, toute simple qu'elle paraisse. Le maçon qui n'en a que peu à éteindre la met sur le sol, l'entoure d'un rebord de sable ; il l'arrose avec de l'eau et l'abandonne jusqu'à ce qu'elle soit délitée, puis il ajoute un peu d'eau pour la transformer en bouillie. Dans les grands chantiers, on a deux fosses superposées, l'une où l'on jette la chaux dans assez d'eau pour la réduire en pâte, l'autre où l'on conserve cette pâte humide pour les besoins.

Le sable doit être autant que possible exempt de matières terreuses ; le meilleur est le sable siliceux des terrains primitifs, qui forme le lit de beaucoup de fleuves ou de rivières.

Un bon mortier commence à durcir peu de jours après son emploi, et ce phénomène se poursuit d'une manière lente et continue pendant très longtemps. L'eau est d'abord absorbée par les surfaces sèches des pierres, et la pâte prend peu à peu de la consistance en adhérant aux pierres ou briques qui l'emprisonnent. Puis l'acide carbonique de l'air agit sur les parties qu'il peut atteindre, forme avec la chaux du carbonate calcaire qui s'attache solidement, pour les relier, à toutes les particules solides mélangées à la chaux ; le tout est bientôt d'une grande dureté.

Les **mortiers hydrauliques**, que l'on emploie pour toutes les constructions en contact avec l'eau, sont le plus souvent formés d'un mélange de deux parties de sable fin pour une de ciment, ou simplement d'un mélange de chaux hydraulique et de sable, ou encore de chaux faiblement hydraulique et de pouzzolane énergique. Le mélange des matières est fait à bras ou mécaniquement dans un tonneau vertical muni d'un arbre à palettes. Quand on emploie le ciment, on n'en prépare que peu à la fois, car il durcit vite.

Si à ce mortier on mélange intimement des pierres concassées, on produit le *béton* avec lequel on fait aujourd'hui, facilement et rapidement, toutes les constructions sous l'eau, comme les piles de pont et les digues.

265. Ciments. — On donne le nom de **ciments** à des chaux très hydrauliques, susceptibles de se solidifier en quelques heures au contact de l'eau ou de l'air, après avoir été gâchées à la manière du plâtre. Ceux qu'on obtient avec des calcaires qui renferment 30 0/0 d'argile sont dits à **prise rapide ;** réduits en poussière après leur cuisson et conservés à l'abri de l'air et de l'eau, ils sont très employés sous les noms de *ciment romain*, de *Boulogne*, de *Pouilly*, de *Vassy*, de *Grenoble*, des localités où l'on trouve le calcaire qui les produit.

Les ciments artificiels, dont le **Portland** est le type et qui ont acquis une si grande importance dans l'art des constructions, sont à **prise lente**. On les obtient en cuisant convenablement un mélange intime de 78 0/0 de calcaire avec 22 0/0 d'argile. La cuisson chasse l'acide carbonique et détermine entre les différents éléments une combinaison intime. La masse retirée du four est triée avec soin et pulvérisée.

On donne le nom de **pouzzolanes**, en général, à toutes les substances qui, mélangées à la chaux grasse éteinte, lui communiquent directement, sans cuisson préalable, la propriété de durcir au contact de l'eau au bout de plus ou moins de temps. On en trouve aux abords des volcans, notamment du *Vésuve ;* les Romains en ont fait emploi dans leurs constructions, dont les restes sont encore debout. On les produit artificiellement par la cuisson des mélanges d'argile et de sable.

Plâtre ou sulfate de chaux, SO^4Ca

266. État naturel et propriétés. — Le sulfate de chaux se rencontre dans la nature anhydre et hydraté. Hydraté, il forme des couches d'une grande étendue dans les terrains tertiaires inférieurs, notamment dans le bassin de *Paris*, à *Montmartre* et à *Pantin ;* on lui donne le nom de **gypse**. Il se présente en masses compactes, blanches ou souillées par des oxydes : c'est la **pierre à plâtre ;** ou encore en grands cristaux tendres, fibreux, faciles à cliver en lames minces et transparentes : c'est le **gypse en fer de lance**.

Le sulfate de chaux hydraté $(SO^4Ca,2H^2O)$ est peu soluble : 1 litre d'eau n'en dissout que 1 à 3 grammes ; mais cette quantité suffit pour empêcher l'eau d'être potable et de pouvoir servir à la cuisson des légumes. Les eaux qui en sont chargées sont dites **sélénitteuses ;** elles ont l'inconvénient de produire dans les chaudières à vapeur des incrustations nuisibles et de devenir insalubres quand elles restent exposées à l'air au contact des matières organiques ; le sulfate de chaux qu'elles contiennent se décompose, donne du sulfure de calcium (CaS), dont l'eau et l'acide carbonique font dégager de l'hydrogène sulfuré.

La propriété saillante du sulfate de chaux hydraté, c'est de perdre son eau de cristallisation quand on le chauffe à 80° dans un courant d'air et à 115° en vase clos, et de pouvoir reprendre cette eau avec une grande facilité en donnant une masse compacte et dure. L'emploi du *plâtre* est fondé sur cette propriété. Le plâtre, c'est du sulfate de chaux qu'une calcination modérée a rendu anhydre.

Quand on le mélange à l'eau, qu'on le *gâche* suivant l'expression consacrée, il se combine à 2 molécules d'eau et forme une pâte plastique qui augmente de volume, peut, par conséquent, prendre les empreintes des moules où elle a été coulée, et devient bientôt dure et résistante. Chauffé au-dessus de 160°, le plâtre ne s'hydrate plus que très lentement ; calciné au rouge, il ne peut plus faire prise avec l'eau.

267. Préparation du plâtre. — Le plâtre employé dans les arts provient de la cuisson du gypse ou pierre à plâtre. Cette opération se pratique généralement dans des fours d'une construction très simple. Sous un hangar, on établit des voûtes avec des morceaux de pierre à plâtre, et on les charge d'autres morceaux de plus en plus petits. On allume sous chaque voûte un feu de bois sec dont la flamme circule à travers toute la masse ; après huit ou dix heures de chauffe modérée, on laisse refroidir. Le plâtre cuit est broyé sous des meules, tamisé et conservé dans un lieu sec. En attirant l'humidité, il perd sa propriété de faire prise avec l'eau, il *s'évente*.

La cuisson est irrégulière dans ce procédé primitif ; les morceaux les plus près du feu sont trop calcinés ;

les plus éloignés sont imparfaitement déshydratés. Le tout réuni donne cependant un bon plâtre, car les matières inertes qu'il contient contribuent pour leur part à la cohésion de l'ensemble. On a imaginé des

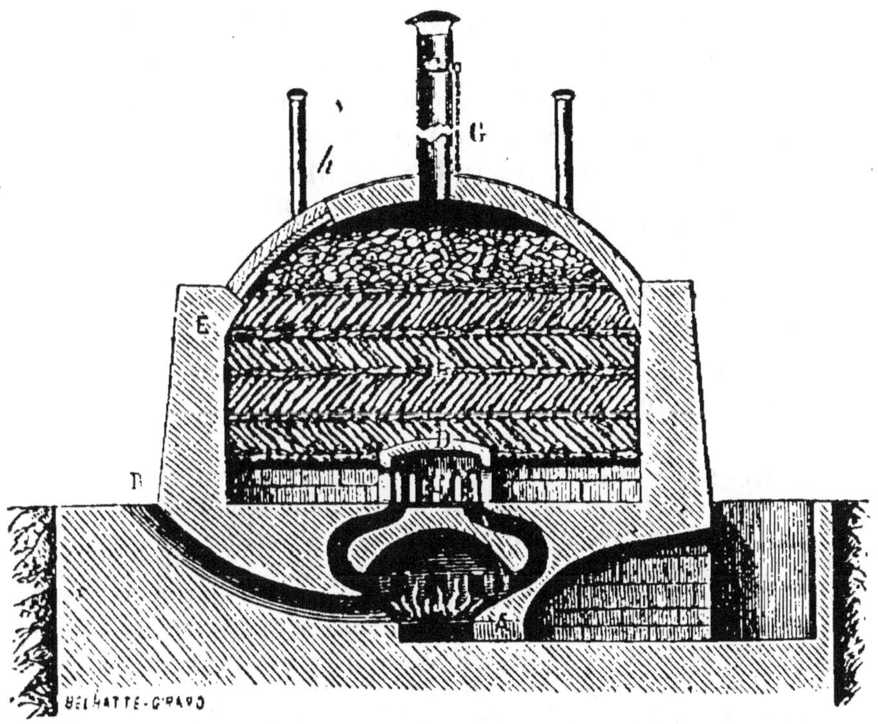

Fig. 155. — Four à plâtre. — A, foyer ; — B, conduit par lequel on introduit le combustible ; — D, charge sur voûte ; — E, paroi extérieure ; — G, cheminée ; — h, cheminée pour le départ des premières vapeurs.

fours (*fig.* 155) qui permettent une cuisson régulière et qui, de plus, utilisent la chaleur perdue d'autres foyers industriels, notamment des fours à coke. Le plâtre des mouleurs, destiné à des objets délicats, doit avoir été cuit hors du contact du combustible.

268. Usages du plâtre. — Le plâtre est employé dans le moulage et la construction. Si on le gâche avec de l'eau chargée de gomme ou de colle, on obtient un produit qui présente plus de dureté et qui est susceptible de recevoir un beau poli ; il porte le nom de **stuc ;** il est employé dans l'ornementation ; on lui fait imiter le marbre, mais il ne résiste pas à l'humidité. On obtient un produit plus dur en gâchant le plâtre avec de l'eau chargée d'un dixième d'alun, le laissant se solidifier pour le soumettre à une seconde cuisson plus forte que la première ; c'est le *plâtre aluné :* il résiste aux influences hygrométriques.

Le plâtre sert aussi en agriculture ; on le répand, au printemps, sur les prairies artificielles (trèfles, luzernes, etc.), auxquelles il procure un développement rapide. On conseille d'en saupoudrer sur les tas de fumier en fermentation, dans le but d'y retenir, sous forme de sulfate d'ammonium fixe, le carbonate volatil qui s'en dégage.

Résumé. — Le carbonate de calcium, appelé plus souvent carbonate de chaux, est très répandu, sous le nom de *calcaire grossier* ou de pierre à bâtir, sous celui de *craie* formant la plupart des masses rocheuses du terrain crétacé, sous le nom de *pierre de taille* quand il peut être facilement taillé en vue des constructions. Il forme aussi les *marbres*, qui sont susceptibles d'un beau poli et qui diffèrent les uns des autres par les corps fondus dans leur masse et qui les colorent. Enfin, il est cristallisé dans les stalactites des grottes, dans les échantillons d'*arragonite* et dans le *spath d'Islande*.

Tous ces états sont confondus dans le langage ordinaire sous le nom de *calcaires*, et ils se caractérisent par l'effervescence qu'y produit une goutte d'acide.

Le carbonate de chaux est peu soluble dans l'eau ; mais il s'y dissout en notable quantité quand l'eau est chargée d'acide carbonique. Ces eaux abandonnent le solide à l'ébullition. Elles sont impropres au savonnage, parce qu'il s'y forme un savon de chaux en grumeaux insolubles.

Les deux principaux usages du carbonate de chaux sont, d'une part, les constructions en pierre tendre et, d'autre part, la fabrication de la chaux.

Pour fabriquer la *chaux* dans les laboratoires, on calcine du marbre blanc dans un creuset. Dans l'industrie, on chauffe du carbonate de chaux en craie ou en pierres. Le gaz carbonique se dégage et la chaux vive reste avec la forme de la pierre, un peu fendillée.

On n'emploie plus guère le four primitif intermittent ; on lui préfère le four continu dans lequel on met des couches alternatives du calcaire et du combustible qui doit produire la chaleur. Ou bien encore on ne met que le calcaire dans le four, et celui-ci est chauffé par les gaz allumés provenant d'un grand foyer gazogène.

Les chaux sont dites *grasses* quand elles augmentent beaucoup de volume en mélange avec l'eau, lorsqu'elles foisonnent beaucoup et qu'avec peu d'eau elles donnent une pâte homogène.

Les *chaux maigres*, qui se délitent lentement et s'échauffent moins, proviennent de calcaires moins purs.

Les chaux sont dites *aériennes* quand, réduites en bouillie, elles ne durcissent que dans l'air ; on les nomme *chaux hydrauliques* quand leurs mortiers durcissent même sous l'eau.

Ces dernières proviennent de calcaires argileux où la calcination développe un silicate d'alumine et de chaux. On peut les produire artificiellement avec tous leurs effets pour les constructions sous l'eau, soit en calcinant un mélange d'argile et de chaux grasse, soit par une seule calcination de calcaires appropriés.

Les *mortiers* sont des mélanges de chaux éteinte avec des fragments nombreux de pierre ou de sable qui favorisent leur durcissement à l'air ; la chaux y reprend l'état de carbonate solide et dur contre tous les fragments pierreux qui y existent.

Les *ciments* sont des poudres provenant de la calcination de calcaires fortement argileux ; ils ont la propriété d'absorber l'eau comme le plâtre et de donner avec elle une masse qui durcit quelquefois très vite. Ils sont précieux pour les constructions hydrauliques.

Le **sulfate de calcium** naturel, $SO^4Ca,2H^2O$, constitue la *pierre à plâtre*. Calciné vers 140°, il perd son eau et donne un solide en poudre grise ou blanche qui est le **plâtre**.

Le plâtre mélangé à l'eau ou gâché, suivant l'expression ordinaire, donne une pâte homogène qui reste quelque temps molle et plastique, mais qui durcit assez vite. Il est beaucoup employé dans la construction et dans les moulages.

L'agriculture s'en sert aussi pour les prairies artificielles.

CHAPITRE XXVIII

FER. FONTE. ACIER

269. Hauts fourneaux. — Le plus grand progrès de la fabrication du fer a été réalisé par la découverte de la fonte et l'invention du haut fourneau. C'est en effet de la fonte, c'est-à-dire du fer carburé et non du fer métallique, que l'on obtient d'abord des minerais ; mais le traitement est si parfait que le fer peut être séparé des terres presque aussi complètement qu'il le serait dans une analyse.

Un haut fourneau a la forme de deux troncs de cône réunis par la base (*fig.* 156). Sa hauteur totale varie de 12 à 20 mètres, suivant la nature du combustible. L'ouverture supérieure H s'appelle le *gueulard :* c'est par là qu'on jette dans l'appareil le minerai et le combustible ; la partie élargie s'appelle le *ventre ;* le cône supérieur est la *cuve ;* le cône inférieur, les *étalages ;* la partie inférieure qui reçoit les tuyères et où s'effectue la fusion s'appelle *ouvrage* au-dessus des tuyères, *creuset* en dessous. La partie antérieure (*d*) du creuset, qui se trouve un peu en avant de la paroi (*q*) de l'ouvrage, est une pierre prismatique appelée *dame ;* elle est continuée au dehors par un plan incliné.

270. Réactions chimiques qui s'opèrent dans les hauts fourneaux. — Quand l'appareil est en marche, on jette, de temps à autre, par le gueulard, un mélange du minerai, du combustible et du fondant de la gangue. Habituellement on associe plusieurs minerais, dont on connaît exactement la nature, avec la quantité convenable de castine ou d'erbue et de combustible pour

obtenir un mélange fusible et une fonte de bonne qualité. Incessamment, de l'air que l'on a intérêt à chauffer
d'abord est lancé par les tuyères et monte dans le

Fig. 156. — Haut fourneau.

fourneau. Il y a donc lieu de suivre séparément la
marche ascendante des gaz et la marche descendante
du minerai.

1° *Marche ascendante des gaz.* — L'air, en arrivant

dans l'ouvrage, trouve du charbon qu'il brûle en produisant une haute température et en formant du gaz carbonique. Le gaz carbonique, à mesure qu'il s'élève, devient de l'oxyde de carbone au contact du charbon incandescent. Cet oxyde de carbone rencontre dans les étalages de l'oxyde de fer assez chaud pour être réduit; il repasse donc en partie à l'état d'anhydride carbonique, qui redevient encore oxyde de carbone par les différentes couches de combustible. Il s'y joint le gaz carbonique dégagé de la castine, et en partie transformé par le charbon, et l'hydrogène provenant de la vapeur d'eau du mélange introduit dans le four et à laquelle le charbon a pris l'oxygène. De sorte qu'il sort par le gueulard des gaz riches en hydrogène et en oxyde de carbone. On les laissait perdre autrefois. On les recueille aujourd'hui et on les utilise comme combustibles, notamment pour chauffer l'air lancé par les tuyères.

2° *Marche descendante du minerai et du combustible.* — Au haut du fourneau, le minerai se déshydrate et se dessèche; il s'échauffe peu à peu à mesure qu'il descend, et, rencontrant l'oxyde de carbone, il est en partie réduit. Le mélange de fer, d'oxyde non encore réduit, de gangue alumineuse, de chaux et de charbon arrive aux étalages, où règne une température élevée; c'est alors qu'a lieu la formation du silicate double d'alumine et de chaux qui constituera la scorie ou le laitier, et que le fer se combine avec un peu de carbone et de silicium et passe à l'état de *fonte*. La fonte, plus fusible que le fer, devient liquide dans l'ouvrage en même temps que le silicate qui forme le laitier; les deux liquides tombent dans le creuset, la fonte au-dessous du laitier à cause de sa plus grande densité.

Le laitier s'écoule quand il déborde la dame. On retire la fonte du creuset plein en perçant une ouverture, fermée pendant l'opération par un tampon d'argile; elle coule dans des rigoles creusées dans du sable où elle prend, en se solidifiant, la forme de demi-cylindres qu'on nomme *gueuses*.

On peut donc diviser la hauteur d'un haut fourneau en quatre régions dont chacune est caractérisée par un travail spécial. La première est la zone de *déshydrata-tion* ; elle descend jusqu'au tiers de la cuve ; puis vient la zone de *réduction*, qui occupj la base de la cuve ; dans les étalages, la zone de *carburation*, et enfin, dans l'ouvrage, la zone de *fusion*.

Les combustibles généralement employés sont le charbon de bois et le coke. L'emploi de ce dernier exige une plus grande hauteur au fourneau. Le coke contient, en effet, des sulfures ou pyrites qu'il faut faire passer dans les scories pour éviter qu'un peu de soufre ne passe pas dans la fonte, ce qui nuirait à sa qualité ; pour atteindre ce résultat, on ajoute plus de castine au minerai; le laitier devient moins fusible ; il exige alors plus de combustible.

Fonte

271. Propriétés et usages des fontes. — La fonte est une combinaison de fer avec le carbone qui contient de petites quantités de silicium, de manganèse, de phosphore et de soufre, et qui est plus fusible que le fer.

Il en existe plusieurs variétés, contenant toutes de 2 à 5 0/0 de carbone et qui se ramènent à deux espèces distinctes, la fonte *grise* et la fonte *blanche*, différant non seulement par la couleur, mais encore par la dureté, la ténacité et la fusibilité.

La *fonte grise*, dont la couleur varie du noir au gris clair, est d'une solidité et d'une ténacité considérables ; on peut la tourner et la forer. Elle exige pour fondre une plus haute température que la fonte blanche ; mais, au lieu de devenir pâteuse d'abord, comme cette der-

nière, elle passe instantanément de l'état solide à l'état
liquide; aussi est-elle employée de préférence au moulage pour tuyaux de conduite, poêles, grilles, etc.
Attaquée par l'acide chlorhydrique, elle dégage du
gaz hydrogène très fétide et laisse un résidu de graphite en paillettes; elle contient donc le carbone sous
deux états, partie combinée au fer et partie libre ou
graphite. On suppose que c'est à ce graphite qu'elle
doit de se rouiller facilement par l'eau.

La *fonte blanche* a un éclat métallique et une couleur argentine; elle est très cassante et cède au choc
du marteau ; elle est souvent lamellaire. Elle ne laisse
pas de résidu quand on
l'attaque par l'acide chlorhydrique, preuve qu'elle
ne contient que du car-
bone combiné. Elle est
souvent manganésifère.

Il est possible d'obtenir,
avec la plupart des mine-
rais, l'une ou l'autre de
ces deux variétés, en conduisant convenablement
le feu du haut fourneau et
les mélanges qu'on y in-
troduit. La fonte grise
fondue et brusquement
refroidie devient blanche,
et la fonte blanche liquide
refroidie lentement de-
vient grise. Une seconde
fusion peut donc modifier
beaucoup la nature des
fontes.

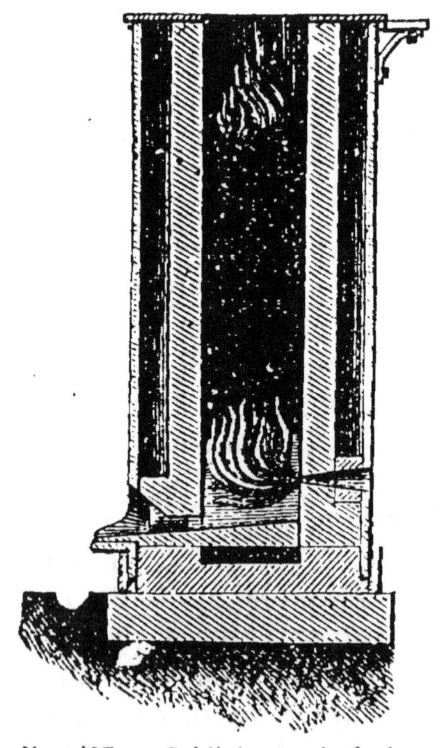

Fig. 157. — Cubilot pour la fusion
de la fonte à mouler.

Les fontes sont em-
ployées au moulage ou bien à la production du fer
et de l'acier. Pour le moulage, on choisit les fontes

noires, on leur fait subir une seconde fusion dans un four vertical appelé *cubilot* (*fig.* 157), où elles sont mélangées avec du coke et soumises au courant d'air d'une tuyère. Le liquide est reçu dans des pots garnis à l'intérieur de terre réfractaire et porté dans les moules où il se solidifie très promptement.

Quand, au lieu de chauffer la fonte avec du coke dans des fours verticaux où elle se carbure, on la place dans des conditions propres à lui faire perdre les matières étrangères qu'elle renferme, le silicium, le manganèse, le phosphore et le soufre, et surtout tout ou partie de son carbone, on obtient le fer et l'acier. Cette opération prend le nom d'*affinage;* elle utilise l'action combinée de la chaleur et de l'air, et elle emploie comme combustible le charbon de bois, le coke ou la houille.

272. Affinage de la fonte. — On se sert pour cette opération de foyes qui ont une certaine ressemblance avec les forges ordinaires (*fig.* 158); le creuset, formé de plaques de fer recouvertes d'argile, est surmonté d'une hotte et d'une cheminée; il reçoit

Fig. 158. — Four comtois d'affinage de la fonte. — D, creuset; — G, hotte de la cheminée; — *l*, tuyère; — *cd*, plan incliné pour écouler la scorie.

le vent d'une tuyère. On le remplit de charbon, et, sur le combustible rendu incandescent, on place les morceaux de fonte concassés. La fonte entre en fusion et, en tombant goutte à goutte au fond du creuset, elle s'oxyde à la surface et se débarrasse d'une partie du carbone et du silicium dont les combinaisons forment la scorie. La fonte devient de moins en moins fusible ; l'ouvrier la ramène sous le vent de la tuyère, où elle continue de s'oxyder ; l'affinage s'avance, et le métal, débarrassé de la scorie, est rassemblé en une *loupe* qu'on porte sous le marteau-pilon pour la cingler et donner au fer la forme de barres. Le fer obtenu est de bonne qualité, mais on n'en obtient pas plus des trois quarts de la fonte. Ce procédé est en usage en France dans la *Franche-Comté;* on lui donne parfois le nom de *procédé comtois.*

La substitution du coke ou de la houille au charbon de bois dans l'affinage de la fonte est aujourd'hui entrée dans la pratique industrielle. Dans une première opération, on refond la fonte sous un courant d'air oxydant.

Puis vient le **puddlage,** qui s'exécute dans un four à réverbère que l'on chauffe rapidement par un grand foyer distinct de la sole (*fig.* 159). La fonte est chargée sur la sole chauffée, avec des oxydes de fer, des battitures. On donne un coup de feu très fort pour porter la masse au rouge blanc ; quand la fonte est pâteuse, on la brasse pour en exposer toutes les parties à l'oxygène qui se dégage des scories et des battitures ; il s'échappe du métal des jets de flamme bleue d'oxyde de carbone. La masse devient moins fusible ; le fer *prend nature;* l'ouvrier en rassemble les divers fragments nageant dans la scorie pour les souder en une loupe qu'on retire du four et qu'on porte sous le marteau à cingler, dans le but d'en expulser les scories interposées.

Pour terminer l'affinage du fer, on le coupe lorsqu'il est encore rouge, on en forme des paquets que l'on porte au blanc soudant dans un four dit *à réchauffer;*

à leur sortie de ce four, les paquets sont soumis au corroyage, ensuite au laminage qui les transforme en barres.

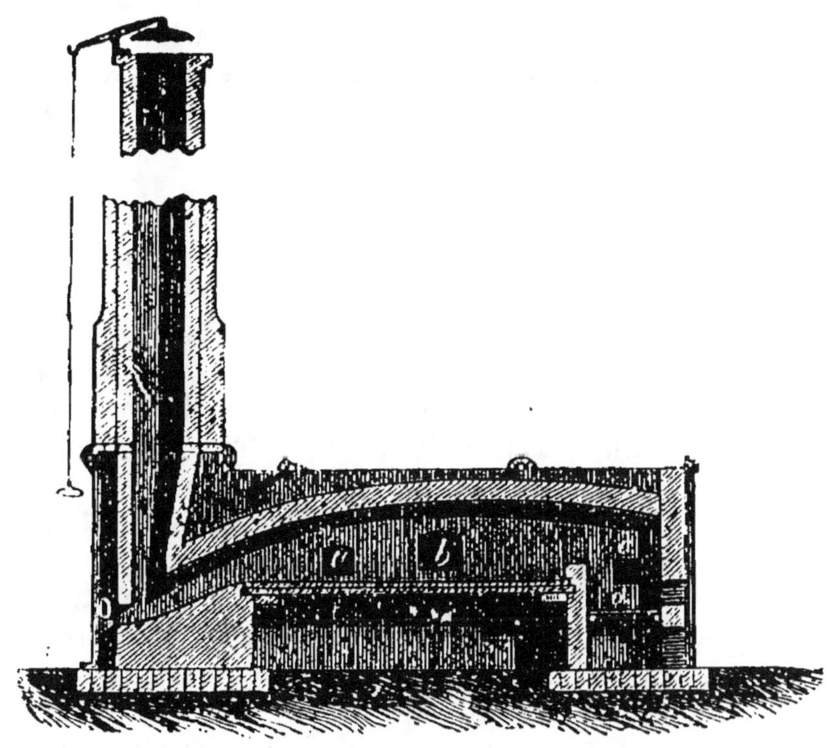

Fig. 159. — Four a puddler. — *a*, foyer ; — *b* et *u*, portes de travail.

On retire par cette méthode 82 kilogrammes de fer de 100 kilogrammes de fonte.

Acier

L'acier est un composé de fer et de carbone durcissant par la trempe et susceptible d'acquérir, par un recuit convenable, de l'élasticité et de la souplesse sans perdre toute sa dureté. L'acier est moins carburé que la fonte ; il ne contient que de 0,6 à 2 0/0 de carbone, tandis que la fonte en renferme 2 à 5 ; il contient aussi, mais en bien moins grande proportion, le silicium et les autres corps étrangers de la fonte.

Pour faire de l'acier, il faut ajouter du carbone au fer ou en retrancher à la fonte. La carburation du fer donne ce qu'on appelle l'acier de **cémentation;** la décarburation incomplète de la fonte produit l'**acier naturel.**

273. Acier naturel. — L'acier naturel obtenu par le traitement direct d'un minerai de fer par la méthode catalane porte le nom de *fer aciéreux;* celui qu'on obtient par l'affinage incomplet de la fonte, au charbon de bois ou même à la houille dans les fours à puddler, s'appelle *acier de forge;* l'affinage direct de la fonte immédiatement après sa sortie du haut fourneau donne l'acier *Bessemer.*

Fer aciéreux. — Dans les forges catalanes, on obtient directement du fer malléable; cependant, dans certaines régions de la forge, le fer peut se carburer, ce qui permet d'obtenir de l'acier. On parvient à en obtenir si l'on favorise la carburation et si l'on prévient en même temps la décarburation du fer. Pour satisfaire à ces deux conditions, on emploie une forte proportion de charbon de bois et on fait écouler fréquemment les scories qui, par un long contact, enlèveraient au fer le carbone qu'il a pu prendre. La masse obtenue est loin d'être homogène; mais ce fer aciéreux convient à la confection des armes blanches, des ressorts, des faux et des socs de charrue.

Acier de forge. — Quand on affine la fonte pour acier, au bois ou à la houille, au petit foyer ou au four à réverbère, il faut porter toute son attention sur l'action décarburante du bain de scories pour la modérer au besoin par l'addition de sable quartzeux, de façon à obtenir de l'acier et non du fer. La masse retirée du four, martelée et étirée, ne présente pas toujours une grande homogénéité.

Acier Bessemer. — Dans le procédé récent, on reçoit la fonte liquide directement dans l'appareil spécial appelé **convertisseur**. C'est une sorte de cornue à col très court (*fig.* 160), mobile sur un axe, et portant

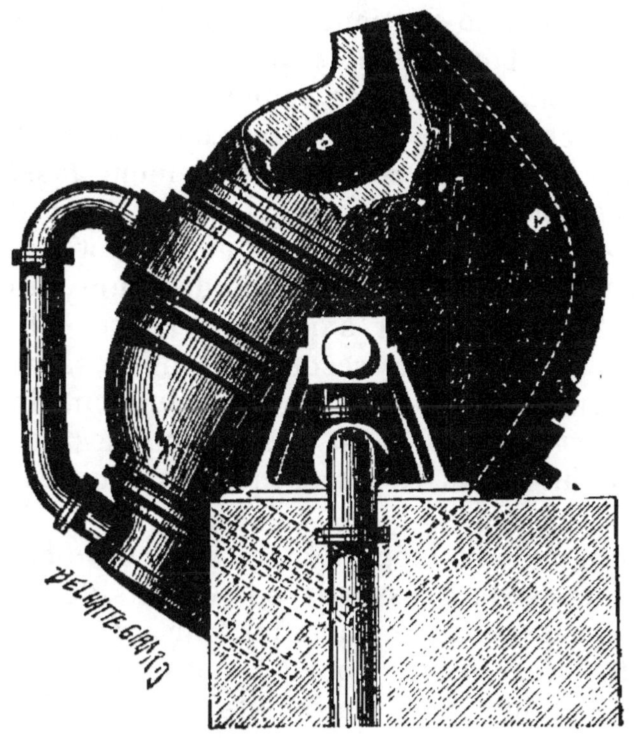

Fig. 160. — Convertisseur Bessemer.

au fond les ouvertures des tuyères, qui y amènent le vent d'une bonne soufflerie. C'est l'air injecté qui brûle le carbone et les corps étrangers de la fonte, en produisant un bouillonnement tumultueux dans la masse liquide. On juge de l'opération par la flamme du convertisseur, et, au moment convenable, on renverse l'appareil pour couler le métal. L'acier obtenu est de composition constante et homogène. Le procédé est économique, puisqu'il évite la perte du combustible nécessaire dans les autres méthodes pour ramener à l'état liquide la fonte qu'on a laissée refroidir.

274. Acier de cémentation. — La cémentation, c'est-à-dire la carburation du fer, s'effectue dans des caisses en briques réfractaires disposées dans un four où l'on peut les chauffer à une haute température. Le fond de chaque caisse contient une couche bien tassée de cément (charbon de bois pulvérisé mélangé de cendres ou de suie) ; sur cette couche, on range un lit de barres de fer de 4 à 6 centimètres de large et de 1 à 2 d'épaisseur, puis une couche de cément tassé, et ainsi des couches alternatives jusqu'au haut de la caisse. On chauffe graduellement et on maintient la température au rouge plus ou moins de temps, suivant l'épaisseur des barres ; après quoi, on laisse refroidir lentement. L'acier obtenu présente souvent à sa surface de petites soufflures ou ampoules qui lui font donner le nom d'*acier-poule*. Il n'est pas homogène ; la surface est toujours plus carburée que les couches profondes.

Pour diminuer ces inégalités, on a recours au *corroyage*, qui consiste à assortir en paquets des barres d'acier brut, à les chauffer dans un four à vent où elles se soudent, à les tremper pour les casser ensuite, et répéter l'opération sur les fragments.

275. Acier fondu. — Mais on n'obtient d'acier suffisamment homogène que par la fusion. Cette opération s'effectue dans des fours à réverbère ou dans des creusets fortement chauffés dans un four à vent à puissant tirage. L'acier fondu est coulé en lingots ou en barres. Il est remarquable par sa dureté et par sa finesse. L'un des plus estimés est celui qu'on fabrique aux Indes et qu'on nomme l'**acier Wootz.**

On commence à le fabriquer au four à réverbère.

276. Propriétés de l'acier. — L'acier est brillant, susceptible d'un beau poli ; sa texture est grenue, mais à grains fins et serrés. Sa densité est un peu inférieure à celle du fer. Son point de fusion est aussi plus bas que celui du fer, mais supérieur à celui de la fonte ; ainsi il semble que le carbone, en s'unissant au fer, lui donne de la fusibilité.

Sa propriété caractéristique est de devenir très dur et très cassant par la **trempe**. Pour tremper l'acier, on le chauffe fortement et on le refroidit brusquement en le plongeant dans un liquide ; la dureté qu'acquiert le métal est en raison de la célérité du refroidissement. Quand on chauffe l'acier trempé et qu'on le refroidit lentement, on lui enlève tout ou partie de la dureté qui lui a été communiquée. Cette opération du **recuit** est employée pour produire des aciers de diverses qualités ; comme l'acier chauffé passe successivement par diverses couleurs : jaune, pourpre, violet, bleu clair, bleu foncé, on utilise cette propriété pour recuire jusqu'à telle ou telle couleur, suivant la nature des objets qu'on veut faire ; ainsi les ressorts de montre se recuisent au violet et au bleu, les scies fines et les forets au bleu foncé.

Les propriétés chimiques de l'acier sont les mêmes que celles du fer ; seulement les acides laissent sur le premier une tache noire plus intense que sur le fer. Cette tache, qui est du charbon insoluble dans l'acide, n'est homogène que dans le cas où le carbone est uniformément réparti dans la masse ; dans le cas contraire, elle forme un dessin irrégulier. Le **damas,** qui nous venait autrefois de l'Orient, est de l'acier où le carbone est irrégulièrement réparti ; plongé dans un acide, il prend l'aspect caractéristique qui le distingue.

277. Propriétés du fer. — Le fer est gris bleuâtre, doué de l'éclat métallique. C'est le plus tenace des métaux usuels ; un fil de 2 millimètres de diamètre ne se rompt que par une traction de 249 kilogrammes. Il est ductible et malléable ; on le réduit en fils très fins par la filière, en lames minces au laminoir : c'est alors la

tôle. L'écrouissage le rend cassant ; mais le recuit lui rend sa flexibilité. Sa densité varie entre 7,2 et 7,8.

Le fer pur, que l'on appelle **fer doux,** fond vers 1.500°, c'est-à-dire au rouge blanc (le fer mélangé de carbone est plus fusible). Le fer doux est magnétique, c'est-à-dire attirable à l'aimant, mais il ne conserve l'aimantation que s'il est à l'état d'acier.

Le fer possède la propriété précieuse de se ramollir légèrement avant de fondre et de se souder à lui-même ; aussi il peut être façonné à la forge par le martelage. Quand il est de bonne qualité, sa texture est grenue, mais il devient fibreux sous l'action du marteau ; c'est alors qu'il possède sa plus grande ténacité. Le fer fibreux peut devenir cassant sous l'influence de vibrations répétées ; c'est une métamorphose moléculaire qui se produit probablement dans les essieux de voiture et qui explique leur brusque rupture.

Résumé. — Le fer est très répandu dans la nature, mais à l'état de combinaisons diverses ; on ne l'a trouvé à l'état natif que dans des *météorites.* Ses qualités de ténacité et de résistance au choc le placent au premier rang des métaux usuels ; mais ce n'est pas le premier métal dont l'industrie humaine s'est servie, parce que les procédés pour le tirer de ses combinaisons ne sont ni simples ni très faciles.

On donne le nom de *minerais de fer* aux matières minérales qui renferment du fer en quantité assez grande et sous un état qui puisse permettre l'extraction du métal. Ceux qui sont exploités sont des oxydes ou un carbonate ; les sulfures, bien que très abondants sous le nom de pyrites, ne servent pas à l'extraction du fer.

L'*oxyde magnétique* est l'un des meilleurs minerais ; on le trouve en Suède et à l'île d'Elbe.

Le sesquioxyde est le plus répandu : anhydre et cristallisé, il forme le *fer oligiste ;* en masses amorphes, on le nomme *hématite ;* mélangé plus ou moins d'argile, il porte le nom de *sanguine* ou il forme les *ocres.*

Les minerais de fer sont ordinairement mêlés d'une *gangue* dont la nature varie et qui peut être siliceuse ou même calcaire.

S'ils étaient purs, sans mélange de gangue, il serait facile d'en retirer le fer, parce qu'il suffirait de les chauffer avec du charbon pour enlever l'oxygène et laisser les parcelles de fer se souder au rouge les unes aux autres.

Mais la difficulté du traitement, c'est de rendre la gangue fusible en une sorte de verre fondu plus léger que le fer. La méthode d'exploitation actuelle repose sur l'emploi du *haut fourneau*. On met dans ce grand four le minerai mélangé de carbonate de chaux (quand la gangue est siliceuse) et de charbon. Des tuyères placées à la base activent la combustion, et il s'y développe une température élevée. Ce que l'on cherche à obtenir, c'est que la gangue devienne fusible en formant un silicate double d'alumine et de chaux qui constituera la scorie, sans rien emprunter au métal, et que l'oxyde de fer se trouve réduit par l'oxyde de carbone. Tout cela est réalisé dans ce fourneau; mais le fer mis en liberté s'incorpore environ 4 0/0 de carbone; il donne une sorte d'alliage beaucoup plus fusible que le métal, et le liquide qui se rassemble au fond du creuset n'est pas du fer, mais du fer carburé qu'on nomme *fonte*.

La *fonte* est blanche ou grise, suivant les minerais dont elle provient. Refondue et affinée par un peu de charbon, elle peut être coulée dans des moules en sable, et elle constitue des objets usuels, en fonte de seconde fusion.

Quand, au lieu de chauffer la fonte avec du coke dans des fours verticaux, où elle peut encore se carburer, on cherche à lui faire perdre les matières qu'elle renferme, le silicium, le phosphore et tout ou partie de son carbone, on dit qu'elle subit l'*affinage*, et elle se transforme soit en acier, soit en fer.

L'affinage de la fonte ne se pratique plus guère au petit foyer par le procédé comtois, comme on faisait autrefois; c'étaient l'air et de l'oxyde de fer agissant sur le bain de fonte liquide qui en provoquaient la décarburation; et, comme on opérait sur de très petites masses, on pouvait obtenir le fer doux ou fer pur, ou fer à forger.

Le mode le plus employé, c'est la décarburation partielle ou complète au *cubilot Bessemer*. On traite la fonte liquide au sortir du haut fourneau par un puissant courant d'air qui en oxyde les différents corps; il se développe assez de chaleur dans cette oxydation pour que la masse métallique reste fluide. Et, si les qualités de la fonte sont bien connues, si l'opération est bien conduite, on obtient en coulant le métal soit du fer pur, soit du fer un peu carburé, soit des *aciers doux*, c'est-à-dire contenant moins de 1 0/0 de carbone, soit des aciers durs contenant encore de 1 à 2 de carbone incorporé.

On peut donc obtenir à volonté toutes les variétés du fer jusqu'à l'acier et toutes les variétés de l'acier.

L'acier est un fer légèrement carburé (de 0,5 à 1,5 0/0), qui jouit de propriétés spéciales de dureté et de résistance.

Quand il est produit par décarburation de la fonte, on l'appelle *acier de forge* ou *acier naturel*. Mais on peut le faire aussi par *carburation* directe du fer, et il porte le nom d'*acier de cémentation*. Dans ce dernier cas, il est généralement dur, bien disposé pour prendre la trempe et y gagner de l'élasticité.

Ce dernier acier n'est homogène qu'après avoir été *fondu*: aussi lui donne-t-on parfois le nom d'*acier fondu*.

Avant l'emploi des foyers gazogènes à chaleur régénérée, on ne pouvait fondre qu'une petite quantité d'acier à la fois; aujourd'hui, on en produit et on fond des masses de plusieurs mille kilogrammes.

L'acier tend à remplacer la *fonte*, qui n'est pas, comme lui, élastique, et qui est sujette à se casser. Il remplace même le fer dans beaucoup d'emplois, surtout depuis qu'on sait comment l'obtenir avec des qualités de résistance ou d'allongement indiquées d'avance.

Cette partie de la métallurgie du fer a fait, en ces vingt dernières années, de très grands progrès.

CHAPITRE XXIX

LE CUIVRE

278. Minerais de cuivre. — Le cuivre est le premier métal que l'homme ait employé pour fabriquer ses instruments de guerre et ses outils tranchants. Les premiers hommes le trouvaient probablement en grandes masses à l'état natif, et ils pouvaient l'obtenir par le chauffage et le martelage, les deux opérations les plus simples de la métallurgie, les deux premières sans contredit de l'art de préparer les métaux. On rencontre aujourd'hui, notamment sur le lac Supérieur, au *Chili* ou au *Pérou*, des amas considérables de cuivre natif; et il est naturel de penser qu'il en existait autrefois dans l'ancien continent, à l'île de *Chypre*, d'où les

Grecs et les *Romains* tiraient la majeure partie de leur cuivre, qu'ils appelaient **cuprum** comme pour rappeler son lieu d'origine.

Actuellement, on retire le cuivre des minerais oxydés provenant de l'*Oural* ou de l'*Amérique du Sud*, et surtout des **pyrites cuivreuses** qui présentent des gisements importants dans les deux mondes. Quand elle est pure, la pyrite de cuivre est d'un beau jaune de bronze, présentant l'aspect métallique ; elle est presque toujours mélangée de pyrite de fer, ou encore alliée à des sulfures d'arsenic et d'antimoine qui donnent à la masse un aspect gris. La gangue est ordinairement siliceuse. Le métal en est retiré, par fusion, à l'état de cuivre rouge. Si l'on obtient d'abord du *cuivre rosette*, un peu oxydé à la surface, on le fait refondre avec du charbon.

L'électrolyse du sulfate de cuivre par un courant électrique donne un cuivre très pur qui est préféré au cuivre obtenu par fusion.

279. Propriétés du cuivre. — Le cuivre est d'une belle couleur rouge. Frotté entre les doigts, il laisse une odeur désagréable. Il est très malléable ; on peut le réduire, comme l'or, en feuilles d'une extrême ténuité, qui laissent passer une lumière verte. C'est le plus tenace des métaux usuels après le fer. Sa densité est 8,8. Il conduit bien l'électricité ; aussi est-il employé pour faire les bobines des électro-aimants et les conducteurs électriques.

Il fond au rouge vers 1.200° ; à une température élevée, il se volatilise, et ses vapeurs colorent la flamme en vert.

Le cuivre ne s'altère pas dans l'air sec et froid, mais il s'oxyde au rouge. Le métal se couvre d'abord d'une pellicule rouge de protoxyde, puis d'une pellicule noire de bioxyde. Cette oxydation a toujours lieu sans incandescence ; aussi le choc ne produit pas d'étincelles sur le cuivre. On met à profit cette propriété dans les poudrières en y employant des ustensiles de cuivre au lieu d'ustensiles de fer.

A l'air humide, le cuivre se recouvre d'un hydrocarbonate qu'on appelle vulgairement **vert-de-gris** et qui protège le reste de l'oxydation. C'est la **patine,** sorte de vernis protecteur dont le temps a recouvert les anciennes statues.

Les acides organiques, même les plus faibles, forment avec le cuivre des sels vénéneux : la bougie laisse une tache sur le cuivre.

L'ammoniaque et les alcalis oxydent le cuivre, ou plutôt le mettent en état de s'oxyder à l'air. Il suffit d'agiter de la tournure de cuivre avec de l'ammoniaque pour obtenir un liquide d'une teinte bleue due à la formation d'oxyde cuivrique et à sa dissolution dans l'alcali.

La facile altération du cuivre, soit par les alcalis, soit par les acides végétaux, et la propriété des sels formés d'être vénéneux, imposent l'obligation de n'employer pour les usages culinaires que des vases de cuivre étamés, toujours tenus dans un état de propreté irréprochable qui permette de vérifier à tout instant l'état de l'étamage.

L'albumine et l'eau fortement sucrée sont les antidotes du cuivre dans les cas d'empoisonnement.

280. Usages du cuivre. — Alliages. — Le cuivre rouge sert à fabriquer les chaudières, les alambics, les casseroles de cuisine et les fils pour machines dynamo-électriques et pour conducteurs du courant. En lames, il est employé au doublage des navires. Mais c'est sous forme d'alliages qu'il a le plus d'emplois.

Outre les alliages avec l'argent et l'or dont il sera parlé dans un des chapitres suivants, les plus employés des alliages du cuivre sont ceux qu'il forme avec le zinc, c'est-à-dire le **laiton,** et ceux qu'il donne avec l'*étain* et l'*aluminium* et qu'on nomme **bronzes.**

281. Laiton. — Le *laiton* ou *cuivre jaune*, formé de cuivre et de zinc fondus ensemble au four à réverbère ou au creuset, et coulé en plaque entre des masses de fonte ou de granit, présente la couleur jaune de l'or quand il est fraîchement décapé.

Il est plus dur que le cuivre, et il se laisse laminer, marteler et travailler facilement, quand on lui a ajouté un peu de plomb et d'étain : aussi ses usages sont très nombreux ; il sert à la fabrication des boutons, des épingles, de mille ustensiles tels que lampes, flambeaux, etc. Il est susceptible d'un beau poli, et il garde longtemps un bel aspect quand il a été verni ; c'est la raison qui le fait employer pour les instruments de physique. On le dore avec facilité, et il sert à fabriquer les bijoux de bas prix.

Quand on lui donne l'aspect de l'argent, il prend le nom de *maillechort.*

282. Bronzes. — L'alliage de cuivre et d'étain, connu sous le nom de *bronze*, présente une composition variable avec les usages auxquels on le destine, et des propriétés différentes suivant les cas. D'une manière générale, il est plus dur et plus fusible, quoique aussi tenace que le cuivre. Il peut devenir très sonore et très cassant. La trempe produit sur lui un effet tout opposé à celui qu'elle exerce sur l'acier : les bronzes deviennent malléables quand on les plonge incandescents dans l'eau et le recuit les durcit à nouveau. Pendant le refroidissement, le bronze a une grande tendance à se liquater. Cette propriété est un obstacle au coulage des grosses pièces, qu'on ne réussit bien qu'en surmontant l'objet d'une assez grande masse d'alliage à en séparer plus tard, et dont l'effet est de rendre le refroidissement de toute la masse plus lent.

Voici la composition des principaux bronzes employés :

		Cuivre.	Étain.
Bronze des canons.............		90	10
— *des cloches*.............		78	22
— *des tam-tam*..........		80	20
— *des médailles*.........		95	5

On donne aux bronzes d'art un vernis qui les protège et en rend le ton plus agréable en les soumettant à l'action d'un liquide formé d'acétate de cuivre et de sel ammoniac ; ils prennent le ton sombre du bronze florentin.

Le bronze d'aluminium, formé de 90 de cuivre et 10 d'aluminium, est éminemment utile par sa ténacité plus grande que celle du fer et sa dureté qui le rend précieux pour les coussinets de machines.

283. Sulfate de cuivre, $CuSO^4, 5H^2O$. — Le sulfate de cuivre, le plus important de tous les sels de ce métal, porte le nom vulgaire de **vitriol bleu** ou encore de **couperose bleue.** Solide, il se présente en cristaux bleus formés de parallélipipèdes doublement obliques. Il est soluble dans 4 parties d'eau froide et dans 2 parties d'eau bouillante, et insoluble dans l'alcool. Sa saveur est métallique et très désagréable ; il est vénéneux comme tous les sels de cuivre.

À l'air sec, vers 15 ou 20°, ses cristaux s'effleurissent en perdant 2 molécules d'eau. Chauffé à 100°, il perd 4 molécules d'eau de cristallisation ; la cinquième ne disparait qu'à 240° ; le sel est alors devenu une poudre blanche amorphe, très hygrométrique, prenant rapidement l'humidité et à laquelle on rend, en l'humectant, sa couleur bleue d'abord et, avec elle, la propriété de cristalliser.

On prépare ce sel pour les besoins de l'industrie.

Le premier moyen consiste à traiter à chaud par

l'acide sulfurique concentré les rognures et planures des ateliers de cuivre ; il se dégage de l'anhydride sulfureux que l'on emploie à faire du sulfite de soude ; le liquide contient le sulfate de cuivre qu'on fait cristalliser par évaporation.

Un second procédé utilise les plaques de cuivre qui ont servi au doublage des navires. On les mouille ; on les saupoudre de soufre en fleur et on les soumet à l'action de la chaleur et de l'air dans un four. Pendant ce traitement, le cuivre est partiellement transformé en sulfate. Les lames encore chaudes, plongées dans de l'eau, abandonnent le sulfate qui cristallise dans sa solution ; elles peuvent servir à une nouvelle opération analogue.

Le grillage des pyrites cuivreuses disposées par couches alternatives avec du combustible, et le lessivage du produit, donnent un liquide qui dépose du sulfate de cuivre. Mais le sel est impur ; il contient notamment du sulfate de fer. Pour l'en débarrasser, on le met en dissolution ; on ajoute un peu d'acide azotique et on évapore pour peroxyder le fer et le rendre insoluble.

Le résidu n'abandonne plus à l'eau que du sulfate de cuivre pur.

Les usages de ce sel sont nombreux. Il sert à chauler les blés, à teindre en noir et marron, à préparer les autres sels de cuivre.

Résumé. — Le cuivre est un des premiers métaux que l'homme ait employés pour ses instruments. On le trouvait à l'état natif avec sa couleur rouge, et il suffisait de le fondre. On en rencontre encore de beaux échantillons près des grands lacs salés de l'Amérique.

Les minerais actuellement exploités sont des sulfures simples ou *pyrites cuivreuses*, ou des sulfures complexes de plusieurs métaux. La métallurgie du cuivre est laborieuse ; il faut faire subir à la pyrite une succession de grillages et de fusions pour arriver à la transformer en oxyde, puis en cuivre *rosette*, un peu oxydé à la surface, et enfin en métal.

On applique l'électrolyse pour obtenir le cuivre pur.

Le cuivre rouge peut être laminé et étiré en fils, mais moins facilement que son alliage, le *laiton*, et les fils de cuivre rouge entrent dans la fabrication des conducteurs électriques.

Le métal se recouvre à l'air d'une couche verdâtre que l'on appelle vulgairement *vert-de-gris*.

Outre les alliages monétaires où le cuivre donne de la dureté aux métaux précieux, les principaux alliages du cuivre sont le *laiton* et les *bronzes*.

Le *laiton* est formé de cuivre rouge et de zinc; il est jaune, facile à travailler, à couler, à laminer en feuilles minces. Ses usages sont très nombreux.

Les *bronzes* sont des alliages de cuivre et d'étain, ou de cuivre et d'aluminium. Ils ont plus de dureté et plus de résistance que leurs métaux générateurs. On en fait des cloches, des timbres, des statues, des coussinets de machines, des médailles. Ils gardent le poli qui leur a été donné, surtout quand ils sont protégés par un vernis.

Le *sulfate de cuivre* $CuSO^4,5H^2O$ porte le nom de *vitriol bleu* ou de *couperose bleue*; il est en cristaux solubles dans l'eau, un peu efflorescents à l'air. On l'obtient en attaquant des lames de cuivre par l'acide sulfurique qui a servi à l'épuration des huiles, ou encore par le lessivage des pyrites cuivreuses préalablement grillées.

Il sert à chauler le blé, à teindre en marron et en noir, dans les bains galvanoplastiques, à la préparation du cuivre pur par électrolyse et des autres sels de cuivre.

CHAPITRE XXX

LE PLOMB

284. État naturel du plomb. — Le plomb est connu depuis les temps historiques; les Romains le tiraient des Gaules et de l'Espagne et n'ignoraient pas qu'en général il renferme un peu d'argent. Les anciens alchimistes lui avaient donné le nom de **Saturne**, en raison de son avidité pour les autres métaux; on retrouve encore ce nom usité dans la dénomination de certains de ses sels.

Le plomb se rencontre dans la nature à l'état de sulfure, de sulfate et de carbonate. Le sulfure est le minerai le plus répandu et le plus important ; c'est la **galène**, qui présente un aspect métallique, d'un gris brillant, à faces cristallines. La galène se rencontre surtout dans les terrains anciens, associée à d'autres sulfures et souvent recouverte de sulfate ou de carbonate. Elle renferme presque toujours un peu d'argent qui ajoute à sa valeur. Les gisements les plus considérables sont en *Angleterre* et en *Allemagne;* la *France* n'en possède que peu en *Bretagne.*

Les *minerais oxydés* sont chauffés avec du charbon dans un petit four à manche muni de tuyère; on recueille le plomb fondu dans un creuset.

Les *galènes riches* sont grillées sans addition d'aucun corps étranger; les deux éléments s'oxydent, réagissent l'un sur l'autre; le plomb est mis en liberté et coule liquide dans la partie déclive du four.

285. Propriétés du plomb. — Le plomb est d'un gris bleuâtre quand il vient d'être coupé ou coulé, mais il se ternit rapidement à l'air. Sa densité est de 11,4.

C'est le plus mou des métaux usuels ; on le raye avec l'ongle; on le plie sous le doigt; on le coupe au couteau; il laisse une trace grise sur le papier. Il peut être laminé; mais on ne peut l'étirer en fils très fins; il est le moins tenace des métaux.

Il fond à 330° et se volatilise au rouge.

Le plomb se ternit rapidement à l'air, mais l'altération s'arrête à la surface, car l'oxyde formé est un vernis imperméable qui recouvre et protège les couches profondes.

Si l'on fond le métal à l'air, l'oxydation est plus rapide, et, si l'on enlève l'oxyde à mesure qu'il se forme, on peut transformer en très peu de temps une assez grande masse de plomb en oxyde.

L'eau distillée et l'eau de pluie, au contact de l'air, altèrent le plomb et le recouvrent d'une couche blanche d'hydrocarbonate. L'eau ordinaire de source, qui contient quelques sels en dissolution, n'a au contraire aucune action sur le plomb. Il faut éviter de recueillir les eaux pluviales dans des récipients de plomb, car elles y acquièrent des propriétés toxiques. Les tuyaux de plomb peuvent être employés sans danger à la conduite de la plupart des eaux courantes, toujours chargées de petites quantités de calcaire dissous; leur surface interne se recouvre d'un léger dépôt qui forme enduit et préserve l'eau du contact du métal.

286. Usages du plomb. — La facilité du plomb à se plier sans cassure ni gerçure le fait employer en feuilles pour tapisser les cuves pneumatiques des laboratoires et l'intérieur des réservoirs. Les fils, très souples et peu altérables, servent aux jardiniers pour fixer les plantes à leurs tuteurs. La grande mollesse du métal est utilisée pour relier des pièces d'autres

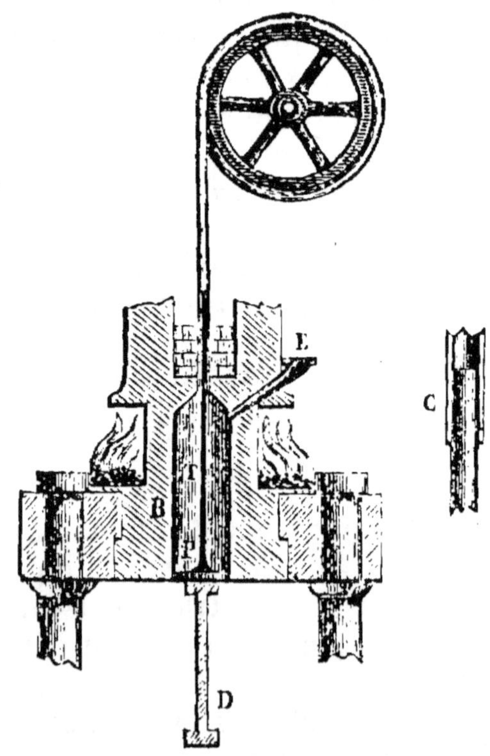

Fig. 14. — Appareil à fabriquer les tuyaux de plomb. — B, bassin contenant le plomb en fusion; — P, piston muni de sa tige T et qu'un organe D fait monter; — C, tube dans lequel est envoyé le plomb fondu, et où la tige du piston ne laisse qu'un espace annulaire.

métaux, et obtenir, par pression, des fermetures hermétiques. L'industrie de l'acide sulfurique emploie des quantités considérables de plomb pour les chambres et les premières chaudières évaporatoires. Enfin, le plomb sert en tuyaux pour la conduite des eaux et du gaz; la souplesse du métal permet de faire suivre aux tuyaux les courbures les plus accidentées.

Tuyaux de plomb. — Pour fabriquer les tuyaux, on fait venir le plomb fondu dans un réservoir où un piston muni d'une longue tige peut se mouvoir (*fig.* 161) ; cette tige s'engage dans une ouverture cylindrique qu'elle ne remplit pas complètement : le mouvement du piston pousse le plomb fondu dans l'espace annulaire compris entre la tige et le cylindre ; le plomb se fige hors du récipient en un cylindre creux que l'on enroule sur un tambour. On peut, avec cet appareil, faire des tuyaux d'une très grande longueur.

Plomb de chasse. — Pour obtenir les grains sphériques du plomb, il faut laisser tomber de haut, dans un bassin d'eau, des gouttes de plomb liquide. L'expérience a appris qu'on n'obtiendrait que des grains en larmes avec le plomb seul, et que la forme sphérique est obtenue quand on ajoute au plomb fondu de 5 à 8 millièmes d'arsenic. On fond le plomb dans de grandes bassines au-dessous d'une couche de cendres ; on y ajoute du sulfure d'arsenic en quantité convenable ; on enlève les crasses, et on coule le métal fondu dans des *passoires* chauffées, c'est-à-dire dans des demi-sphères en tôle percées de trous parfaitement ronds. Il faut que la hauteur de chute soit d'au moins 50 mètres ; aussi ne peut-on faire cette opération que dans les vieilles tours ou dans les puits de mines. On crible les grains pour les assortir, et on les lisse en les faisant tourner dans un tonneau avec un peu de plombagine.

287. Alliages du plomb. — Le plomb peut s'allier avec tous les métaux ; ses alliages les plus importants sont ceux qu'il donne avec l'antimoine et l'étain, et aussi avec le fer.

L'antimoine donne de la dureté au plomb, et l'on se sert de cet alliage pour la fabrication des caractères d'imprimerie. Il fond facilement, devient parfaitement liquide et peut reproduire les moules avec précision. De plus, il est assez dur pour ne pas se déformer sous l'action des presses.

L'étain s'allie au plomb en toutes proportions, et donne des alliages dont le point de fusion est toujours plus faible que celui des deux métaux constitutifs. Le plus employé est la *soudure des plombiers*.

Le plus oxydable est formé de 4 parties de plomb pour 1 partie d'étain; il brûle comme de l'amadou et sert à préparer la *potée d'étain*, qu'on emploie pour émailler les faïences.

Tôle plombée. — On peut recouvrir de plomb la tôle de fer dans le but de la faire servir aux toitures; elle est moins lourde que le plomb et dure plus que le zinc.

Le procédé pour l'obtenir consiste à plonger le fer décapé dans un bain de plomb qu'on préserve de l'oxydation par un mélange de chlorure de zinc et de sel ammoniac (on ne peut employer les graisses parce qu'elles se décomposent à la température de fusion du plomb).

288. Oxydes de plomb. — Le *protoxyde de plomb* PbO est le produit de la calcination du plomb à l'air; si la température ne s'est pas élevée jusqu'à le fondre, c'est une poudre jaune que l'on appelle **massicot;** s'il a été fondu, il porte le nom de **litharge;** il se présente alors sous des aspects variés, en petites lamelles cristallines blanches, jaunes ou rouges.

Le massicot se prépare dans l'industrie par la calcination du plomb sur des soles horizontales; on enlève la pellicule d'oxyde à mesure qu'elle se forme; on le broie et on le débarrasse par lévigation du plomb métallique qui l'accompagne.

La **litharge** est produite dans le traitement du plomb pour en retirer l'or et l'argent ; l'oxyde en fusion est reçu dans de grands creusets où il se refroidit lentement pour donner la litharge rouge.

L'oxyde de plomb hydraté s'obtient en précipitant un sel de plomb par l'ammoniaque.

Le *bioxyde de plomb* PbO^2, qu'on nomme souvent *oxyde puce* à cause de sa couleur, est une poudre d'un rouge brun foncé. C'est un oxydant énergique. Ainsi, lorsqu'on le broie dans un mortier un peu chaud avec 1/6 de son poids de fleur de soufre, le mélange prend feu.

Si on le projette humide dans un flacon d'anhydride sulfureux, il le transforme en acide sulfurique, qui forme avec l'oxyde restant une poudre blanche de sulfate de plomb.

On l'obtient en attaquant le minium par l'acide azotique étendu et chaud ; il reste comme résidu, après qu'un lavage a enlevé l'azotate de plomb formé. Il n'a d'usage que dans les laboratoires.

Le **minium** Pb^3O^4 est une poudre rouge brillante dont la composition n'est pas constante, mais qu'on s'accorde à considérer comme du plombate de plomb $(2PbO,PbO^2)$. L'acide azotique lui enlève, en effet, le protoxyde PbO en laissant le bioxyde.

Le produit commercial est obtenu par la calcination du massicot dans des fours ordinairement à deux étages. On convertit dans l'un le plomb fondu en massicot, en évitant de fondre l'oxyde formé. Le massicot est lavé, tamisé, desséché, puis soumis à une seconde calcination ménagée qui en change la couleur ; il absorbe de l'oxygène et se convertit en minium. Il ne faut pas dépasser la température de 300°, car le minium, par une chaleur trop forte, se décompose et abandonne de l'oxygène.

Le minium le plus estimé est la **mine orange**, obtenue en Angleterre par la calcination de la céruse.

Le minium sert à la fabrication du strass, du flint-glass et du cristal, qui lui doivent leur limpidité et leur pouvoir réfringent ; on le préfère à la litharge, parce qu'il est ordinairement plus pur (il doit être complètement exempt de cuivre) et qu'il abandonne, en se transformant en silicate, de l'oxygène capable de détruire les traces des matières organiques qui accompagnent la potasse. Il sert à faire des mastics pour luter les jointures des machines. On l'emploie pour colorer les papiers de tenture, la cire à cacheter, etc. On l'applique en peinture sur le fer pour préserver ce dernier de l'oxydation.

Il est souvent falsifié avec de l'oxyde de fer ou de la brique pilée ; mais cette fraude est facile à découvrir, car le minium pur, calciné au rouge, laisse un résidu jaune, tandis que le colcotar et la brique conservent leur couleur. Le minium pur se dissout rapidement et complètement quand on le fait bouillir avec de l'eau sucrée aiguisée d'acide azotique.

289. Carbonate de plomb ou céruse. — On emploie deux procédés pour préparer la *céruse* ; le plus ancien porte le nom de procédé *hollandais* ; l'autre, imaginé par Thénard en 1801, est dit procédé de *Clichy*, du nom de la localité où il fut d'abord pratiqué.

Procédé de Clichy. — Le procédé de Clichy est fondé sur ce fait qu'un courant d'anhydride carbonique, dirigé dans une solution d'acétate tribasique de plomb, $Pb(C^2H^3O^2)^2 Pb^2H^4O^4$, précipite du carbonate de plomb, CO^3Pb, et régénère l'acétate neutre, $Pb(C^2H^3O^2)^2$, susceptible de dissoudre de nouveau de l'oxyde de plomb et de reproduire de l'acétate basique.

On commence donc par faire de l'acétate basique en ajoutant peu à peu de la litharge en poudre à de l'acide acétique étendu jusqu'à ce que le liquide marque 17 à 18° Baumé. On dirige ensuite à travers le liquide éclairci un courant de gaz carbonique produit soit par la combustion du coke, soit, comme l'a proposé M. Dumas, par un four à chaux. Le dépôt de céruse s'effectue ; on décante le liquide clair pour lui faire redigérer de la litharge, le ramener à l'état d'acétate basique, pour recommencer la précipitation. De sorte que la dépense ne réside que dans la litharge et dans l'acide carbonique ; toutefois, une addition d'acide

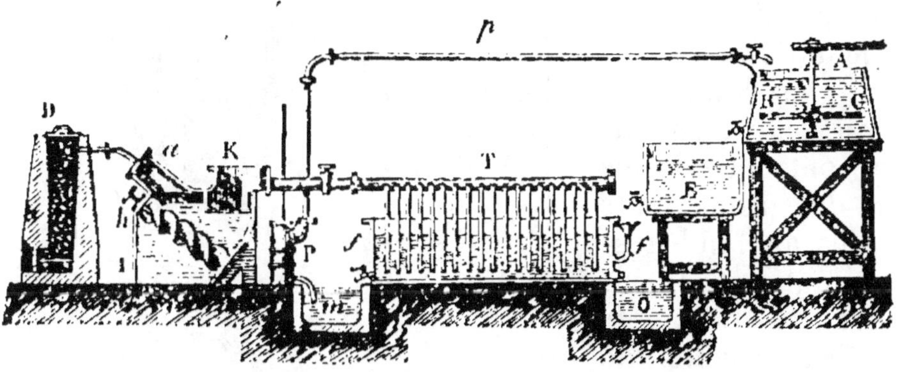

Fig. 162. — Appareil à fabrication continue de la céruse par le procédé de Clichy. — A, vase à fabriquer l'acétate tribasique ; — BC, agitateur ; — E, vase de dépôt pour l'acétate liquide ; — D, four à chaux pour produire l'acide carbonique ; — T, tube à dégagement du gaz carbonique dans la cuve où l'acétate a été amené ; — m, cuve où l'on décante l'acétate pour le renvoyer par la pompe P et le tube p dans le vase A ; — O, vase où la céruse formée dans chaque précipitation se dépose.

acétique est de temps en temps nécessaire pour compenser les pertes inévitables.

La figure 162 représente une coupe de l'ensemble des appareils.

La céruse obtenue est lavée, puis séchée dans des pots en terre ; elle est très blanche, en poudre très fine et se combine très intimement à l'huile dans le broyage.

M. Ozouf, à Saint-Denis, a perfectionné cette méthode en employant de l'anhydride carbonique pur pour la précipitation et en faisant opérer le séchage et l'embarillage par un appareil dans une chambre close, ce qui met les ouvriers à l'abri de toutes les poussières pernicieuses du produit.

Procédé hollandais. — Dans ce procédé, on expose des lames de plomb, sous l'influence d'une température de 35 à 40°, à l'action de l'air, de l'acide carbonique et des vapeurs de vinaigre. L'air oxyde le métal ; les vapeurs de vinaigre y font de l'acétate basique que l'acide carbonique convertit en carbonate. L'acide carbonique et la chaleur sont fournis par la fermentation du fumier. Des lames de plomb roulées en spirale sont introduites dans de grands pots en grès au fond desquels on met du vinaigre (*fig.* 163). Sur une forte couche de fumier, on dispose une série de ces pots ; on les couvre avec des plaques ou lames de plomb peu épaisses

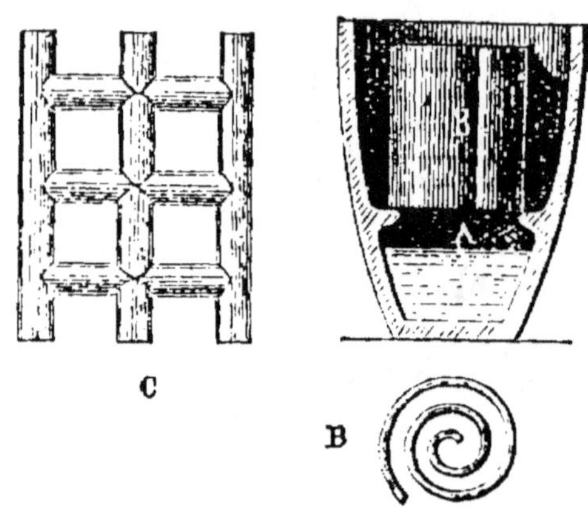

Fig. 163. — Céruse par le procédé hollandais. — A, pot contenant du vinaigre ; — B, B, lame de plomb enroulée ; — C, treillis de plomb.

coulées en grilles ; par-dessus on met un plancher en bois sur lequel on dispose une seconde série de pots entourés de fumier. On accumule ainsi plusieurs étages dans une même fosse. Au bout de quatre à six semaines, les lames de plomb sont plus ou moins profondément converties en céruse. On les bat pour en détacher la poudre blanche de carbonate de plomb. Autrefois ce travail était une des manipulations les plus dangereuses pour les ouvriers ; on effectuait le battage et le brossage à la main dans une atmosphère constamment chargée de poussières pernicieuses de céruse. Aujourd'hui il est fait mécaniquement dans des appareils clos, ainsi que la dessiccation qui succède au lavage de la poudre.

La céruse des fosses est plus opaque et moins blanche que la céruse de *Clichy* : elle peut contenir parfois un peu de sulfure de plomb, s'il s'est dégagé de l'acide sulfhydrique du fumier; elle est généralement préférée par les peintres.

La céruse n'est pas seulement dangereuse à fabriquer, mais elle donne lieu parmi les ouvriers peintres qui la broient et l'emploient à des accidents connus sous le nom de **coliques saturnines**. On a réalisé un progrès important en opérant mécaniquement la trituration de la céruse avec l'huile et en la vendant toute broyée.

290. Usages de la céruse. — La céruse est le blanc le plus fréquemment employé en peinture ; elle donne un vernis très opaque et qui *couvre* bien, mais elle a l'inconvénient grave de noircir aux émanations sulfureuses et de perdre assez promptement son éclat. Le blanc de zinc n'a point ce défaut. On la joint souvent aux autres couleurs, parce qu'elle détermine la dessiccation de l'huile. Broyée avec une petite quantité d'huile de manière à donner un corps presque solide, elle constitue le *mastic des vitriers*.

Elle est souvent mélangée à d'autres blancs, comme le sulfate de plomb ou de baryte ; pure, elle se dissout intégralement dans l'acide azotique.

Résumé. — Le plomb, que les anciens nommaient *Saturne*, parce qu'il s'incorpore bien avec la plupart des autres métaux fondus, se rencontre dans la nature surtout à l'état de sulfure ; son minerai porte le nom de *galène* et se présente constamment cristallisé.

Pour retirer le plomb de la galène, si celle-ci est mélangée de peu de gangue, on la grille ; il s'y forme de l'oxyde et du sulfate : et ces deux corps, réagissant sur la galène non encore oxydée, lui enlèvent le soufre et mettent en liberté le plomb qui coule liquide dans la partie déclive du four.

Si la galène est fortement mélangée de gangue, on la chauffe avec de la ferraille qui lui prend le soufre et rend le plomb libre.

Le plomb est un métal mou, facilement fusible, devenant liquide à 328°. Il se ternit rapidement à l'air ; mais l'oxydation s'arrête à la surface. A l'air chaud, l'oxydation est rapide, surtout si l'on enlève l'oxyde à mesure qu'il se forme pour remettre à l'air la couche du métal fondu.

Les eaux courantes déposent sur le plomb un enduit blanc qui reste fixé au métal et qui est probablement dû au carbonate de chaux qu'elles contiennent. Les eaux de pluie n'ont pas cette propriété, et elles s'altèrent par leur contact prolongé avec le plomb.

La souplesse du plomb le fait employer en feuilles pour les réservoirs d'eau, pour les chambres à fabriquer l'acide sulfurique.

Les tuyaux de plomb sont d'un usage très répandu. Le plomb de chasse est une autre forme d'emploi du métal.

Le **carbonate de plomb** fabriqué artificiellement porte le nom de *céruse* ou de blanc de plomb. C'est une poudre blanche qui s'incorpore bien à l'huile pour donner une pâte qui se fixe bien aux corps sur lesquels on l'étale au pinceau.

On fait la *céruse* par deux procédés.

Dans le *procédé de Clichy*, la matière première est la litharge, dont on fait d'abord de l'acétate de plomb, puis de l'acétate basique en la faisant bouillir avec de l'acide acétique. Un courant d'acide carbonique précipite la céruse de ce liquide.

Dans le *procédé hollandais*, la matière première est le plomb en lames minces qui, dans une caisse garnie de fumier, au-dessus de vinaigre placé dans des pots, se couvrent d'une poussière de carbonate de plomb ou céruse.

La céruse sert dans la peinture. Son maniement ne donne plus les *coliques saturnines*, parce que l'industrie la vend déjà incorporée à l'huile et que les peintres, n'ayant plus à la broyer, ne respirent plus ses poussières.

Les oxydes de plomb sont au nombre de trois : la litharge, PbO; l'oxyde puce, PbO^2, et le minium, Pb^3O^4. Ce dernier sert dans la peinture et dans la fabrication du cristal.

CHAPITRE XXXI

LE ZINC

291. Minerais de zinc. — Le zinc était connu des anciens, qui savaient fabriquer le laiton ; mais c'est seulement de ce siècle que date son usage vulgaire. On l'extrait de deux minerais : la *calamine* et la *blende*. La calamine est un carbonate de zinc associé à de l'oxyde de fer et à de la gangue ; elle fournit la majeure partie du zinc du commerce ; ses principaux gisements sont en *Silésie*, en *Belgique* et aux environs d'*Aix-la-Chapelle*, où se trouvent les mines de la *Vieille-Montagne*. La blende est un sulfure de zinc mêlé ordinairement de sulfure de fer ou accompagnant les gîtes de galène ou sulfure de plomb.

Fig. 164. — Un cylindre à réduire le minerai de zinc, avec son tube à panse et son allonge.

Malgré leur différence de composition chimique, ces deux minerais sont soumis au même traitement pour en extraire le métal. On les lave pour les séparer de l'argile ocreuse qui forme la gangue, puis on les grille, c'est-à-dire qu'on les soumet à l'oxydation. La blende perd son soufre et s'oxyde ; la calamine perd son acide carbonique ; toutes deux laissent pour résidu de l'oxyde de zinc. Cet oxyde est traité par du charbon qui le réduit à chaud. A la température où l'on opère, le zinc se volatilise, distille et vient se condenser dans des récipients où il est recueilli.

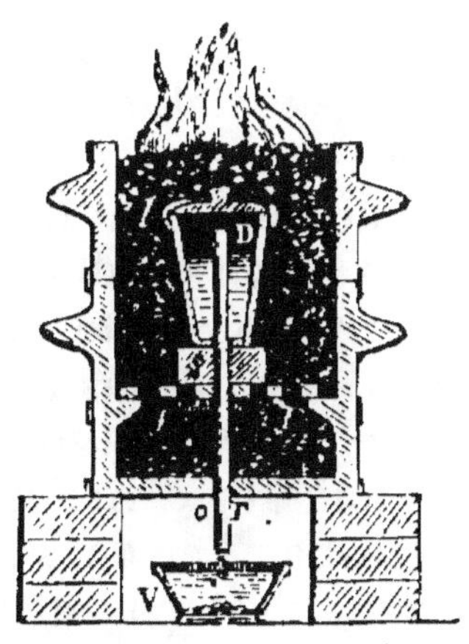

Fig. 165. — Creuset à purifier le zinc. — D, creuset luté, traversé par le tube T, qui débouche au-dessus d'un vase V plein d'eau, où le métal se rassemble.

La figure 164 représente un cylindre où l'on chauffe le minerai de zinc avec l'allonge où le métal se rassemble. La figure 165 représente un dispositif pour purifier le zinc par distillation.

292. Propriétés physiques du zinc. — Le zinc est d'un blanc bleuâtre, assez mou, mais peu flexible. Il adhère aux limes d'acier avec lesquelles on le travaille : on dit qu'il les *graisse*. Sa densité varie de 6,8 à 7,2. Quand il est pur, il est très malléable ; mais, s'il contient, comme celui du commerce, des traces d'autres métaux, il est cassant à froid. Cependant, à 100°, il redevient malléable, peut être laminé et étiré en fils ; mais, chauffé davantage, il redevient très cassant, à tel point qu'à 200° il peut être facilement pulvérisé dans un mortier. C'est le plus dilatable de tous les métaux ; une feuille de zinc clouée sur tout son pourtour se tuile et se déchire par les variations de température. Le zinc entre en fusion vers 500° ; on le grenaille facilement en le versant lentement dans de l'eau froide. Au rouge, il se volatilise.

293. Propriétés chimiques. — L'air sec est sans action sur le zinc solide. L'air humide le recouvre d'une mince couche d'oxyde qui se carbonate et qui protège le métal d'une altération plus profonde, comme un vernis imperméable. Le zinc fondu, chauffé au-dessus de son point de fusion, s'oxyde rapidement : le métal brûle en produisant une belle lumière d'un blanc bleuâtre ; l'oxyde formé est une poudre blanche d'où s'élèvent des flocons très légers et très blancs.

Le zinc pur n'est que très faiblement attaqué par les acides minéraux. Si l'on plonge, en effet, dans de l'eau acidulée par l'acide sulfurique une lame de zinc très pur, elle n'est pas attaquée ; tout au plus se couvre-t-elle de quelques petites bulles gazeuses d'hydrogène. Si l'on plonge alors une lame de cuivre dans le même liquide et qu'on la réunisse à la lame de zinc, aussitôt l'action chimique commence, et l'on peut constater de l'électricité dans le fil qui réunit extérieurement les deux lames (*fig.* 166). Dans ce cas, l'hydrogène, dont le zinc a pris peu à peu la place, se dégage contre la lame de cuivre ; les deux lames et le liquide forment un couple voltaïque, un élément de pile électrique :

$$Zn + SO^4H^2 = SO^4Zn + H^2.$$

Le zinc du commerce est immédiatement attaqué par l'eau acidulée et les autres acides. On pense que les métaux étrangers qu'il contient forment avec lui des couples électriques qui éveillent pour ainsi dire l'action chimique. Nous avons vu que le zinc sert à préparer l'hydrogène, qu'il fait dégager abondamment de l'eau acidulée ou de l'acide chlorhydrique.

Les acides organiques attaquent le zinc et donnent avec lui des composés vénéneux ; le vin qui a séjourné quelques secondes

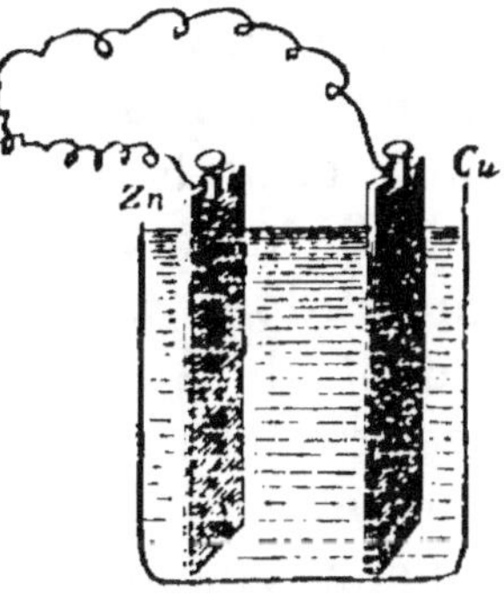

Fig. 165. — Pile simple pour l'action chimique de l'eau acidulée sur le zinc pur.

dans un vase de zinc a acquis une amertume caractéristique.

Le zinc peut décomposer l'eau à l'ébullition, en présence de la potasse et de la soude ; il la décompose seule, comme le fer, à une température élevée.

294. Usages du zinc. — En feuilles épaisses, le zinc est employé pour les toitures, les gouttières, les tuyaux, les vases à contenir l'eau, arrosoirs, baignoires. C'est le métal attaquable des piles électriques. Il sert aussi à confectionner par estampage des ornements repoussés. Il est exclu des ustensiles de cuisine.

Quelques-uns de ses alliages présentent un haut intérêt : tel est le laiton ou cuivre jaune dont nous avons parlé en traitant du cuivre ; tel est aussi le **fer galvanisé**.

295. Fer galvanisé. — On désigne sous ce nom le fer recouvert d'une mince couche de zinc destinée à proléger le métal altérable de l'oxydation. Si l'on expose à l'air humide un clou, un fil ou une lame de fer galvanisé, c'est la couche de zinc qui s'oxyde légèrement et se recouvre d'une couche d'hydrocarbonate protégeant le tout comme un vernis imperméable.

Pour recouvrir le fer de zinc, on le décape d'abord en le laissant séjourner quelque temps dans une eau contenant 1/100 d'acide sulfurique ; on le sèche rapidement et on le plonge dans un bain de zinc fondu sur lequel flotte une couche de sel ammoniac qui préserve le métal de l'oxydation et achève de décaper le fer au moment de son immersion. Au sortir du bain, les pièces de fer sont plongées dans une solution étendue de sel ammoniac où le zinc non adhérent se détache ; elles sont ensuite séchées.

On a reproché à ce mode d'opérer un inconvénient dû à l'inégale dilatabilité des deux métaux sous l'action de la chaleur, qui finit par faire détacher le zinc du fer. On emploie le zincage par la pile, qui est plus solide.

296. Oxyde de zinc. — Prenons du zinc, remplissons-en un creuset que nous chaufferons dans un foyer ardent. Le métal commence par fondre ; puis, quand le creuset est rouge, il en sort une belle flamme d'un blanc bleuâtre et des fumées qui s'envolent et voltigent en flocons, comme la neige ou de minces parcelles de laine. Le creuset s'emplit d'une matière floconneuse blanche et légère comme une ouate ; c'est là le corps formé de l'union intime du zinc avec l'oxygène ; les anciens chimistes l'appelaient la *laine philosophique*, pour rappeler l'aspect qu'il présente au moment de sa formation. C'est le *blanc de zinc* ou *oxyde de zinc*.

297. Fabrication industrielle. — L'industrie prépare le blanc de zinc en chauffant le métal dans des cornues disposées pour que la vapeur de zinc qui en sort rencontre de l'air et brûle en produisant l'oxyde (*fig.* 167). Le tuyau où se rendent les vapeurs qui sortent de la cornue a une prise d'air dont on règle le tirage; il communique à une série de chambres successives sur les parois desquelles l'oxyde de zinc se dépose en poussière. L'oxyde est recueilli dans des trémies d'où on le fait tomber dans des tonneaux.

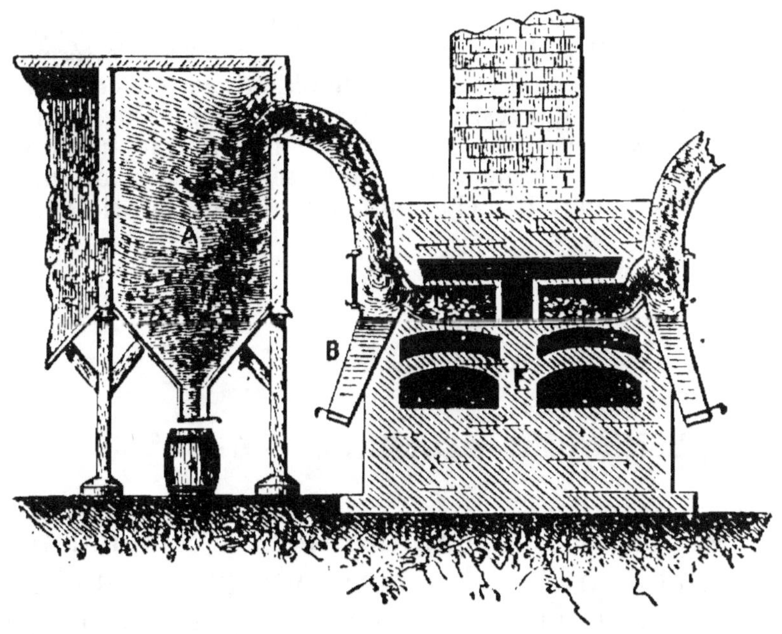

Fig. 167. — Appareil à fabriquer l'oxyde de zinc. — B, prise d'air; — C, cornues; — A, grandes chambres où se dépose l'oxyde formé.

L'oxyde de zinc est employé dans la peinture sous le nom de **blanc de zinc**. Il remplace avec avantage le *blanc de plomb* ou *céruse*. Celui-ci est très vénéneux, ses poussières exercent une action funeste sur la santé des ouvriers, et, de plus, il noircit à l'air sous l'influence des émanations sulfureuses. Le blanc de zinc est inoffensif; son maniement n'offre aucun danger et il ne noircit pas par l'hydrogène sulfuré. Il serait très employé depuis longtemps si les peintres comprenaient bien leur intérêt.

Résumé. — Le zinc est extrait de deux minerais, la *calamine*, qui est un carbonate, et la *blende*, qui est un sulfure et que l'on trouve en Silésie, en Belgique et près d'Aix-la-Chapelle, aux mines de la Vieille-Montagne. On grille la blende pour l'oxyder, et on réduit l'oxyde par le charbon; à la température du four, le zinc se volatilise, et ses vapeurs vont se condenser dans des récipients où le métal est recueilli.

Le zinc commercial se présente en saumons et en feuilles. Il peut être laminé à 100° et fondu vers 500°.

Il sert en feuilles pour les toitures, les gouttières, les vases à eau. Il est très dilatable. Il sert beaucoup pour les piles électriques.

Il se recouvre à l'air d'une couche grise; mais il ne s'altère que lentement. On en recouvre le fer pour obtenir la *tôle galvanisée* et le fil de fer zingué, qui résistent assez longtemps à l'air humide.

L'oxyde de zinc, ou blanc de zinc, la laine philosophique des anciens chimistes, est obtenu en volatilisant du zinc fondu. Le produit est une poudre blanche. On l'emploie dans la peinture.

CHAPITRE XXXII

ALUMINIUM. — ALUMINE. — Al = 27

298. Propriétés de l'aluminium. — L'aluminium est un métal d'un blanc bleuâtre, susceptible d'un beau poli. Il est aussi malléable que l'or et l'argent; on peut l'amener par le battage en feuilles d'une épaisseur très faible. On l'obtient très facilement en fils très fins, tenaces comme ceux de l'argent; mais il faut pour cela les recuire souvent à une douce chaleur. Il est le plus léger de tous les métaux usuels; sa densité est 2,5; c'est là une de ses propriétés les plus remarquables et qui le rend particulièrement propre à tous les usages où le poids considérable des autres métaux est un inconvénient; on fait, en effet, avec 1 kilogramme d'aluminium, un objet de même volume qu'avec 7^{kg},5 d'or et 4 kilogrammes d'argent.

L'aluminium est très sonore; un lingot, suspendu à un fil, rend par le choc un son prolongé comparable à celui du cristal.

Son point de fusion est intermédiaire entre celui du zinc et celui de l'argent ; c'est donc un métal facilement fusible ; mais il n'est pas volatil.

L'air humide ou sec est sans action sur l'aluminium ; le métal pur ne s'oxyde pas quand on le chauffe ; mais il brûle avec facilité au chalumeau, quand il contient du silicium.

Il n'est pas altéré par l'hydrogène sulfuré, qui noircit si rapidement l'argent. L'acide sulfurique et l'acide azotique ne l'attaquent pas à froid et le dissolvent à peine quand ils sont concentrés et bouillants. Mais l'acide chlorhydrique le dissout rapidement, et d'autant mieux qu'il est plus concentré.

Les dissolutions de potasse et de soude attaquent l'aluminium avec dégagement d'hydrogène et production d'aluminates alcalins.

Les acides organiques, tels que l'acide acétique ou vinaigre, l'acide tartrique ou le tartre des vins, n'altèrent pas sensiblement l'aluminium. Mais, si l'on ajoute du sel marin au vinaigre, le métal est attaqué comme il le serait par un acide chlorhydrique dilué.

299. Usages de l'aluminium. — L'aluminium peut remplacer l'argent, le cuivre, l'étain pour les usages domestiques et industriels, dans la confection d'objets de luxe (bijouterie, marqueterie, coutellerie). Il remplace l'acier dans la fabrication des instruments de physique et de chirurgie, à cause de son inaltérabilité.

Allié au cuivre dans la proportion de $\frac{1}{10}$, il donne un bronze d'une belle couleur jaune, moins altérable que le bronze ordinaire et capable d'être facilement fondu et forgé.

300. Préparation de l'aluminium. — C'est M. *Wœhler* qui, en 1827, obtint le premier l'aluminium en réduisant son chlorure par le potassium. Mais c'est

aux patientes recherches de M. *Deville* que l'on doit le
procédé chimique qui consiste à réduire le chlorure
double d'aluminium et de sodium par le sodium en présence d'un fon-
dant approprié
qui rassemble le
métal et permet
de l'obtenir en
lingots.

L'opération in-
dustrielle com-
prenait trois
phases : 1° la pré-
paration d'alu-
mine aussi pure
que possible et
exempte de fer ;
2° sa transforma-
tion en chlorure
double (plus facile
à manier que le
chlorure simple) ;
3° la réduction de
ce chlorure et la
coulée du métal
obtenu.

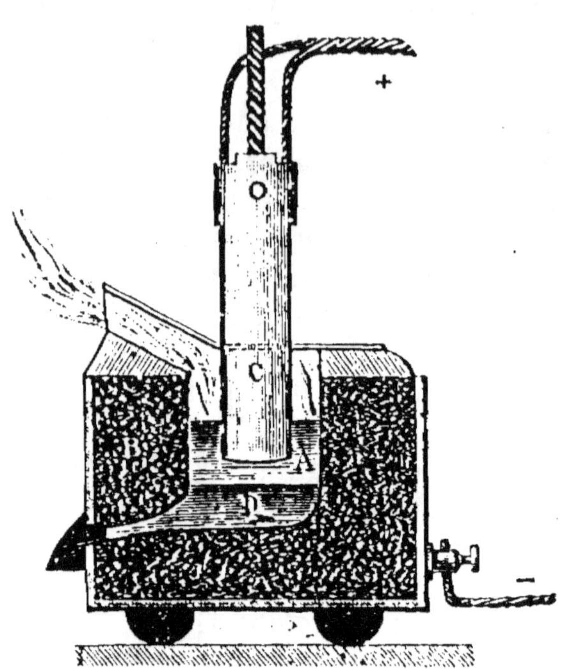

Fig. 168. — Four électrique à aluminium.
B, couche de charbon tassé en rapport avec la
paroi métallique ; — C, cathode en charbon ;
— A, alumine électrolysée ; — D, bain métallique fondu.

Comme cette réduction se faisait par le sodium, le
prix de l'aluminium dépendait du prix du sodium.

Aujourd'hui, c'est par électrolyse qu'on prépare le
métal. On décompose l'alumine en présence de cryolithe.
Un courant de grande intensité est amené par une électrode positive en charbon dans un creuset où un revêtement de charbon fait fonction d'électrode négative.
Le métal fondu est facilement coulé du four.

Ce même four permet d'obtenir les alliages en modi-
fiant l'électrode négative. Le métal est ainsi produit à
très bas prix.

301. L'alumine. — L'alumine est très répandue dans la nature, puisqu'elle est la base des argiles. Quand elle est pure, cristallisée et incolore, elle constitue la pierre précieuse connue sous le nom de *corindon*, qui a le brillant du cristal et une dureté qui se rapproche de celle du diamant. Le corindon, coloré par des traces d'oxydes métalliques, mais resté transparent, constitue les pierres précieuses suivantes : le *rubis* d'une belle teinte rouge, le *saphir* bleu, la *topaze* jaune, l'*émeraude* d'une belle teinte verte et l'*améthyste* violette.

Le corindon grossier, mélangé d'oxyde de fer et réduit en poudre, constitue l'*émeri*, que l'on recherche à cause de sa dureté pour polir les corps durs, les cristaux naturels, le fer, l'acier, les glaces, le verre.

Dans les laboratoires, on prépare l'alumine anhydre en calcinant l'alun ammoniacal, et l'alumine hydratée en précipitant une solution d'alun par l'ammoniaque ; cette dernière est de consistance gélatineuse.

Les chimistes ont donné pour symbole à l'alumine Al^2O^3, bien que ce soit le seul oxyde de l'aluminium : c'est parce que l'alumine est isomorphe avec le sesquioxyde de fer, dont le symbole est Fe^2O^3.

La propriété la plus saillante de l'alumine hydratée, c'est son affinité pour les matières organiques. On la met en évidence en chauffant de l'alumine en gelée avec une décoction de cochenille et en laissant refroidir le tout dans une grande éprouvette (*fig.* 169) ; l'alumine se rassemble peu à peu et se dépose, en entraînant avec elle toute la matière colorante ; le liquide surnageant reste incolore. On donne une autre forme à l'expérience : on chauffe à l'ébullition de la cochenille ou de la garance avec une solution d'alun ; le liquide se colore en rouge ; on filtre, et dans le liquide clair on verse du carbonate de soude. L'alumine

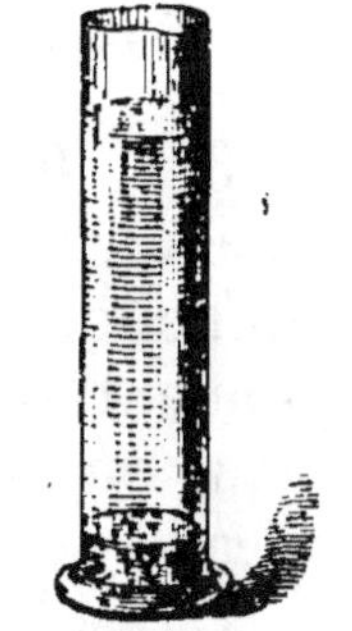

Fig. 169. L'alumine absorbe les matières colorantes.

se précipite et entraîne au fond du vase tout le principe colorant.

On donne le nom de **laques** aux composés insolubles d'alumine et de matières colorantes. Les laques sont utilisées dans la peinture et l'impression des papiers de tentures, et c'est à l'état de laques formées dans les tissus que certaines matières colorantes entrent dans la teinture.

Un tissu de coton ne se teint pas dans une solution chaude de garance, mais il prend et retient la couleur s'il a été au préalable imprégné d'alumine; dans ce cas, l'alumine est ce qu'en teinture on appelle un *mordant*.

L'alumine calcinée au-delà du rouge sombre est absolument insoluble dans l'eau et sans aucune affinité pour ce liquide; simplement desséchée, elle peut absorber jusqu'à 15 0/0 de son poids d'eau qu'elle retient ensuite avec énergie. Cette propriété, qu'elle communique aux terres argileuses, leur permet de mieux résister à la sécheresse de l'air et de conserver longtemps l'eau nécessaire à la végétation.

302. Sulfate d'aluminium. — Le sulfate d'aluminium répond à la formule $(SO^4)^3 Al^2$. Il cristallise très difficilement en retenant 18 molécules d'eau. Ordinairement il se présente en blocs rectangulaires blancs, plus ou moins durs, déliquescents et très solubles dans l'eau.

Sa solution concentrée fait déposer de l'alun sous forme de précipité blanc quand on la mélange à un sel de potassium; elle constitue ainsi un bon réactif de la potasse.

Le sulfate d'aluminium sert pour l'encollage de la pâte des papiers communs et même du papier fin.

On en fabrique aujourd'hui de grandes quantités en attaquant des kaolins aussi exempts de fer que possible par l'acide sulfurique. Le kaolin pulvérisé et tamisé est d'abord calciné sur la sole d'un four à réverbère ; cette opération a pour but de peroxyder le fer pour le rendre insoluble et en même temps de favoriser l'action de l'acide. Le mélange d'acide et de kaolin a lieu dans de grandes chaudières de plomb chauffées ; après l'attaque, le liquide est versé dans de grands bassins, où il abandonne l'argile non attaquée et la silice, puis décanté dans d'autres vases, où il dépose de l'alun (Voir ci-dessous), et enfin évaporé ; la masse se fige par le refroidissement ; elle est livrée au commerce sous forme de blocs rectangulaires ou de fragments concassés.

Ce produit n'est pas toujours exempt d'une petite quantité de fer qui en limite l'emploi. On obtient un sulfate sans trace de fer en traitant par l'acide sulfurique l'alumine de l'aluminate de soude et évaporant la liqueur. Cette opération se fait surtout dans les usines à aluminium de *Salyndres* et de *Newcastle*.

En Angleterre, on prépare un sulfate d'aluminium qui retient de la silice en traitant des argiles blanches par de l'acide sulfurique des chambres de plomb (c'est-à-dire à 50° B.) chauffé à 100°. On obtient une masse que l'on emploie avantageusement pour le collage des papiers, car la silice qui s'y trouve disséminée, loin d'être un inconvénient, est au contraire la cause d'un durcissement rapide et régulier.

Aluns

303. Le sulfate d'aluminium ne cristallise pas ; mais, si on mélange à sa dissolution une solution d'un sulfate alcalin, on obtient par évaporation un beau produit cristallisé ; c'est ce sulfate double qui porte le nom d'alun. Le plus anciennement connu est l'*alun de potasse*, autrement dit le sulfate double d'aluminium et de potassium, qui répond à la formule $(SO^4)^3Al^2$, $SO^4K^2,24H^2O$.

L'alun est un sel blanc d'une saveur amère; il est très soluble dans l'eau, qui, à 10°, en dissout un dixième de son poids, et, à 100°, trois fois et demie son poids. La solution d'alun peut être sursaturée comme celle du sulfate de sodium; et, si on descend dans une dissolution sursaturée un petit cristal d'alun suspendu à un fil, on voit le plus souvent le liquide se remplir de petits cristaux séparés; et quelquefois, quand la solution est basique, le cristal plongé s'accroît rapidement tout en conservant sa forme primitive.

L'alun ordinaire cristallise en octaèdres; quand il est complètement exempt de composés solubles du fer et que, de plus, il contient un petit excès d'alumine, il cristallise en cubes (*fig.* 170); l'*alun de Rome* est dans

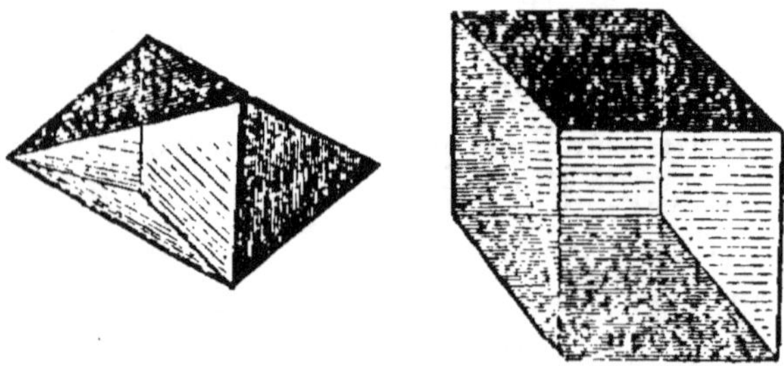

Fig. 170. — Cube et octaèdre d'alun.

ce dernier cas. Pour faire cristalliser en cubes l'alun ordinaire, il suffit d'ajouter à sa dissolution, chauffée vers 40°, un peu d'ammoniaque qui précipite le fer et forme un peu de sous-sulfate d'alumine qui paraît nécessaire pour obtenir la forme cubique.

L'alun fond quand on le chauffe vers 90°; il se dissout dans ses 24 molécules d'eau de cristallisation, et, si on le laisse refroidir en cet état, il prend un aspect vitreux qui lui a fait donner le nom d'*alun de roche*. Chauffé davantage, il perd peu à peu son eau de cristallisation, il se boursoufle, augmente de volume, et forme au-dessus du creuset une espèce de champignon qui s'élève notablement. C'est l'alun anhydre ou calciné, employé comme caustique pour ronger les chairs. Au rouge vif, l'alun se décompose, de l'anhydride sulfureux, de l'oxygène se dégagent, il reste un mélange d'alumine et de sulfate de potasse.

304. Principaux aluns. — Si on ajoute au sulfate d'aluminium, au lieu de sulfate de potassium, le sulfate de sodium ou le sulfate d'ammonium, on produit deux autres aluns, l'*alun de soude* et l'*alun d'ammoniaque*, qui partagent les propriétés de l'alun de potasse.

Ces trois aluns ont des formules identiques.

Tous les trois sont blancs, cristallisés en cubes ou en octaèdres, très solubles dans l'eau.

Si dans l'un de ces aluns on remplace l'alumine Al^2O^3 par une autre base de même formule chimique, comme le sexquioxyde de fer, Fe^2O^3, le sesquioxyde de chrome, Cr^2O^3, on obtient de nouveaux sels à base de potasse ou d'ammoniaque qui conservent encore 24 molécules d'eau de cristallisation et dont les cristaux ont encore la forme cubique : on les désigne aussi sous le nom d'aluns. Ainsi on a :

L'alun de fer à base de potasse.... $(SO^4)^3 Fe^2, SO^4K^2, 24H^2O$.
L'alun de chrome à base de potasse. $(SO^4)^3 Cr^2, SO^4K^2, 24H^2O$.

La série des aluns contient donc neuf corps. Ce mot **d'alun,** qui ne désigne pour le vulgaire que le sel blanc à base de potasse et d'alumine dont nous avons étudié les propriétés, désigne pour le chimiste une combinaison de deux sulfates, l'un à base d'oxyde de la forme MO, l'autre à base d'oxyde de la forme M^2O^3, le tout soudé en forme cristalline par 24 molécules d'eau de cristallisation.

305. Isomorphisme des aluns. — Tous ces corps présentent un très remarquable exemple d'*isomorphisme*. Non seulement ils prennent tous la même forme cristallisée, le cube ou l'octaèdre du premier système, mais un cristal de l'un, placé dans une dissolution saturée d'un des autres (*fig.* 171), s'y accroît sans modifier en rien sa forme primitive. Ainsi, quand on place un cristal d'alun de chrome, qui est en cube d'une belle couleur violette, dans une solution saturée d'alun de Rome,

Fig. 171. — Cristaux d'alun.

le cube violet se recouvre d'un cube incolore qui en continue exactement la forme.

306. Usages des aluns. — On emploie les aluns comme mordants dans la teinture et dans les impressions sur tissus, et pour la fabrication des laques employées dans les papiers peints. On s'en sert comme *antiseptique*, pour conserver la colle forte et les peaux avec leurs poils. L'encollage du papier en utilise de grandes quantités. L'alun sert pour clarifier les suifs; on l'a recommandé à très petite dose pour la clarification des eaux troubles; on pense que le carbonate de chaux des eaux détermine la formation d'un sous-sel d'alumine qui, en se ressemblant, entraîne avec lui les matières en suspension dans le liquide. La médecine emploie la solution d'alun comme astringent, et l'alun calciné comme caustique.

307. Fabrication industrielle des aluns. — Les deux aluns les plus employés sont l'alun de potasse et l'alun d'ammoniaque : ce sont les deux seuls qu'on fabrique industriellement.

1° **Alun de potasse.** — On retire l'alun de potasse

de l'alunite, du traitement des argiles, de la calcination des schistes alumineux-pyriteux.

a) L'*alunite* est un minéral abondant à la *Tolfa*, près de Rome, dans quelques localités de la *Hongrie* et dans le *Levant*. Elle peut être considérée comme une combinaison d'alun ordinaire anhydre et d'alumine hydratée. Chauffée, elle perd son eau et se transforme effectivement en alun calciné soluble dans l'eau et en alumine devenue insoluble. C'est sur cette propriété que repose la fabrication de l'alun de Rome. On calcine modérément l'alunite en fragments dans les fours analogues aux fours à plâtre; on entasse la matière refroidie dans des citernes en béton où on l'humecte pour la déliter; on la lessive ensuite; on évapore le liquide, et on obtient une masse de cristaux cubiques légèrement colorés en rose par des traces de sesquioxyde de fer insoluble, et par conséquent sans aucune influence nuisible dans les applications.

Cet *alun de Rome* est très pur, ou du moins complètement exempt de composés solubles du fer; c'est à cette qualité qu'il doit la faveur dont il jouit dans la teinture. On comprend en effet que les laques formées par l'alumine de l'alun avec les matières colorantes ont une nuance pure quand l'alumine est pure elle-même et des nuances diverses quand l'alumine est souillée d'autres oxydes.

b) Les *argiles* sont des combinaisons d'alumine et de silice mélangées plus ou moins d'oxyde de fer. Quand elles sont pures et qu'on les attaque par l'acide sulfurique, on obtient une dissolution de sulfate d'alumine à laquelle il suffit d'ajouter un sulfate alcalin pour obtenir l'alun. Mais les argiles pures sont rares; celles qu'on emploie d'ordinaire à la fabrication de l'alun contiennent toujours des oxydes de fer. On les calcine pour suroxyder le fer et les rendre plus attaquables par l'acide. Le mélange d'argile et d'acide des chambres de plomb est tenu plusieurs jours à une température d'environ 70°, puis soumis à l'action lente de l'eau qui dissout l'alumine combinée, pendant que la silice et le fer insolubles se déposent. La liqueur décantée contient du sulfate d'alumine en grande partie, un peu d'alun tout formé, parce que l'argile contenait un peu de potasse que l'acide sulfurique a transformée en sulfate, et un peu de sels solubles de fer. On concentre ce liquide ; l'alun se dépose ; on le sépare et on ajoute au reste la quantité nécessaire de chlorure de potassium ou de sulfate de cette base et on fait cristalliser ; on obtient l'alun ordinaire sous forme d'octaèdres.

L'emploi du chlorure de potassium permet d'obtenir de l'alun exempt de fer, parce que celui-ci passe à l'état de chlorure de fer soluble qui reste en dissolution.

Ce procédé a été introduit en France par *Chaptal*.

c) Les *schistes* sont des pierres de nature feuilletée, de la même composition que les argiles et renfermant en plus des substances bitumineuses charbonnées ainsi que de la pyrite ou sulfure de fer. On les trouve à presque tous les étages géologiques, dans plusieurs localités de la France et de l'Angleterre. Pour les employer à la fabrication de l'alun, on les grille, avec ou sans combustible, suivant qu'ils contiennent plus ou moins de matières charbonneuses ; par cette oxydation, la pyrite se transforme en sulfate de fer et en acide sulfurique qui attaque l'alumine. La masse est soumise à un lessivage méthodique qui en enlève les produits solubles. Le liquide obtenu contient un peu d'alun tout formé, du sulfate de fer et du sulfate d'alumine. On le concentre jusqu'à 36° Baumé ; on l'abandonne au repos ; il laisse déposer un sel de fer insoluble ; on le décante ensuite dans des cristallisoirs où il dépose l'alun.

2° **Alun d'ammoniaque.** — L'alun d'ammoniaque est devenu, depuis quelques années, le véritable alun commercial. Il a le même aspect, les mêmes propriétés générales que l'alun de potasse ; on ne peut l'en distinguer qu'en le broyant avec un peu d'eau et de chaux ; il dégage alors des vapeurs ammoniacales.

Il peut être obtenu comme l'alun de potasse, si l'on substitue au sulfate de potasse du sulfate d'ammoniaque. Le procédé qui en produit la plus grande quantité consiste à traiter le résidu de l'oxydation des schistes par de l'acide sulfurique et un mélange de chaux et d'eaux ammoniacales provenant du gaz ; il se forme du bisulfate d'ammoniaque qui attaque l'alumine. La liqueur qu'on extrait de ce traitement est concentrée dans des cristallisoirs où on l'agite constamment. L'alun se dépose en petits cristaux qu'on lave, qu'on sèche et qu'on purifie par de nouvelles cristallisations.

Résumé. — L'aluminium est un métal brillant, résistant, très léger, facile à travailler. Sa densité est 2,5. Il est à peu près inaltérable à l'air. Il serait dissous par l'acide chlorhydrique et les chlorures.

On l'obtient par électrolyse et à très bas prix. Aussi est-il très employé ainsi que ses alliages, dont le bronze d'aluminium.

L'alumine ou oxyde d'aluminium est très répandue, puisqu'elle est la base des argiles et de toutes les terres fortes. Pure et cristallisée, elle donne les corindons, rubis, saphir, pierres précieuses très estimées ; mélangée de sables, elle donne les *émeris et les grès*. Produite à l'état de précipité, dans les laboratoires, elle est d'aspect gélatineux.

Elle a deux propriétés intéressantes ; elle retient l'eau et elle donne des laques avec les matières colorantes. La première explique le rôle des argiles dans les terres et dans les couches du sol ; les couches argileuses retiennent l'eau à leur surface et ne s'en laissent pas traverser. La seconde a son rôle dans la teinture.

CHAPITRE XXXIII

LES POTERIES. — LES VERRES

308. Propriétés des argiles. — Toutes les argiles exposées à l'air donnent une matière blanche ou grise, quelquefois colorée par des corps étrangers. Elles sont douces au toucher et happent à la langue quand elles sont sèches.

Pétries avec l'eau, elles forment une pâte plus ou moins liante qui, en se desséchant, se fendille et se contracte, mais qui ne perd toute son eau que vers 300°; alors elle n'a plus la propriété de former pâte avec l'eau par un nouveau pétrissage.

Les argiles pures, qui ne contiennent ni oxyde de fer, ni chaux, sont infusibles aux plus hautes températures; elles donnent par la cuisson des produits réfractaires, mais elles subissent un *retrait* qui varie de 10 à 20 0/0. Ce n'est presque que du silicate d'alumine hydraté qui donne une pâte très liante et longue; aussi appelle-t-on ces corps des argiles *plastiques*.

Celles qui contiennent du fer et de la chaux peuvent former des silicates multiples moins infusibles que les silicates simples, et prennent à la cuisson un ton rouge ou brun; elles ont moins de plasticité et d'onctuosité; elles forment une pâte moins longue : on les appelle argiles *figulines;* elles servent à la fabrication des poteries communes.

Les *marnes*, très répandues dans le sol, où elles jouent un rôle important en retenant les eaux, sont des mélanges divers de carbonate de chaux, de sable et d'argiles plus ou moins colorées.

Poteries

309. On donne le nom générique de *poteries* à tous les objets en terre cuite, quels qu'en soient d'ailleurs la composition, la couleur et l'aspect. Les poteries sont nombreuses et très différentes, depuis la brique ordinaire jusqu'à la porcelaine fine. L'examen de leur cassure permet de les distinguer en *poteries simples*, homogènes dans toute leur masse, et en *poteries composées*, dont la pâte colorée est masquée par un vernis ou une *couverte*, incolore et opaque comme dans les faïences, ou dont la pâte blanche est néanmoins recouverte d'un vernis blanc lui-même, imperméable et vitreux comme dans les porcelaines.

Elles se composent toutes d'argile qui en constitue l'élément *plastique* et d'une substance siliceuse qui lui est intimement mélangée, qu'on appelle l'élément *dégraissant* et dont il est facile de comprendre le rôle. L'argile pure pétrie avec l'eau donne une pâte qui se laisse étendre en plaques minces, façonner en tous sens et mouler sans se déchirer. Mais, lorsqu'on la cuit pour lui donner de la dureté, elle subit un retrait considérable, se fendille et se crevasse. Il n'en est plus de même si on ajoute à l'argile du sable, qui ne fait pas pâte avec l'eau et ne se contracte pas au feu ; le mélange se moule comme l'argile et ne subit aucun retrait à la cuisson. Ainsi, dans la pâte des poteries, il entre donc toujours avec l'argile une matière étrangère ; et si, pour quelques espèces, on emploie de l'argile seule, c'est qu'elle contient la substance siliceuse nécessaire parmi les produits qui l'accompagnent.

On peut diviser les poteries en trois classes :

1° Les objets à pâte tendre, c'est-à-dire rayables par le fer, fusibles à haute température ; ce sont les *terres cuites*, briques, tuyaux, fourneaux ; les *poteries lustrées* et *vernissées*, et les poteries communes, recouvertes d'un vernis opaque et blanc, qui forment la *faïence ordinaire* ;

2° Les poteries à pâte dure et opaque, non rayables par l'acier et infusibles ; ce sont la *faïence fine* et les *grès* ;

3° Les poteries à pâte dure et translucide, qui forment les différentes *porcelaines tendres* et *dures*.

310. Terres cuites. — On désigne sous ce nom les produits céramiques ordinaires qui ne sont pas recouverts de vernis : tels sont les briques, les tuiles, les tuyaux de conduite ou de drainage, les pots à fleurs, etc. Leur pâte est composée d'argile figuline ou de marne argileuse que l'on pétrit avec l'eau et à laquelle on ajoute comme dégraissant du sable ou des escarbilles et scories de forges, ou encore du ciment, comme c'est le cas pour les briques réfractaires.

On moule à la main ou dans des appareils mécaniques. On dessèche longtemps à l'air et on cuit à une température peu élevée.

Les objets cuits présentent une couleur plus ou moins rouge, suivant la composition de l'argile ; ils sont peu sonores.

311. Poteries communes. — Les poteries ordinaires ont une pâte homogène et colorée, composée d'argile brune, comme celle de *Vaugirard* ou d'*Arcueil*, et de sable. Elles sont façonnées au tour. Le tour du potier se compose d'un axe vertical que l'ouvrier fait tourner à l'aide d'une meule horizontale suspendue à l'axe et qui communique un mouvement de rotation à une petite table horizontale sur laquelle l'ouvrier pose la terre. La terre tourne autour des doigts de l'ouvrier et forme un objet à contours courbes.

Les pièces faites, séchées à l'air, puis lentement par la chaleur perdue des fours, sont ensuite cuites. On les recouvre d'un vernis habituellement plombifère, d'al-

quifoux par exemple, et on les repasse au four pour fondre le vernis.

Le mérite de ces poteries, c'est d'être d'un prix très modique et de pouvoir aller au feu sans se casser. Le vernis se raie facilement et, de plus, il est attaquable par les acides ; il peut être nuisible s'il contient des sels de plomb ; aussi renonce-t-on à ce genre d'objets dans certains usages culinaires.

312. Faïences. — On désigne sous le nom de *faïences* des poteries à pâte homogène, recouvertes ou émaillées d'un vernis opaque brun ou blanc, dont on fait, sous le nom de faïences communes, des tasses, des assiettes, etc. Elles sont plus anciennes en Europe que les produits vitrifiés, grès et porcelaines. On en fabriquait en Italie au XIVe siècle. Deux siècles plus tard, *Bernard Palissy* fit revivre avec éclat cette fabrication, qui avait été abandonnée ; mais il emporta ses procédés dans la tombe, et cette industrie dégénéra de nouveau. Aujourd'hui, on ne fait plus en faïence que des vases de cuisine destinés à aller au feu et des plaques pour cheminées, fourneaux et poêles.

La pâte est composée d'argile d'Arcueil et de marne ou de sable marneux. L'émail est à base d'oxyde d'étain et de plomb ; on le colore souvent par d'autres oxydes.

313. Faïence fine. — La faïence fine, dite aussi faïence anglaise, est une poterie à pâte dure, blanche et très homogène ; elle porte en France le nom de **terre de pipe ;** elle est composée d'argile plastique mêlée de silice prise dans le silex pyromaque ou pierre à fusil. Les deux éléments sont broyés, malaxés, lavés et tamisés avec soin ; on les amène à l'état de bouillie dite *barbotine,* puis en pâte assez dure pour le moulage et le travail au tour. Le vernis, posé sur les pièces déjà cuites, est composé de sable feldspathique, de minium et de borax ; il prend au feu un aspect vitrifié incolore.

et il est susceptible de recevoir des décorations très variées.

314. Grès. — Les grès sont en pâte dure, sonore, homogène, imperméable à l'eau, demi-vitrifiée, mais non translucide. On les divise en deux catégories : les grès-cérames communs et les grès fins.

Les *grès-cérames communs*, dont on fait les touries, les jarres, les vases de chimie, sont composés d'argile plastique *dégraissée* par du sable quartzeux. Les pâtes sont moulées ou travaillées au tour, puis desséchées lentement, sans autre précaution que de les soustraire à la pluie. La cuisson se fait dans un four à sole légèrement inclinée, chauffé par l'avant, et où les pièces sont libres

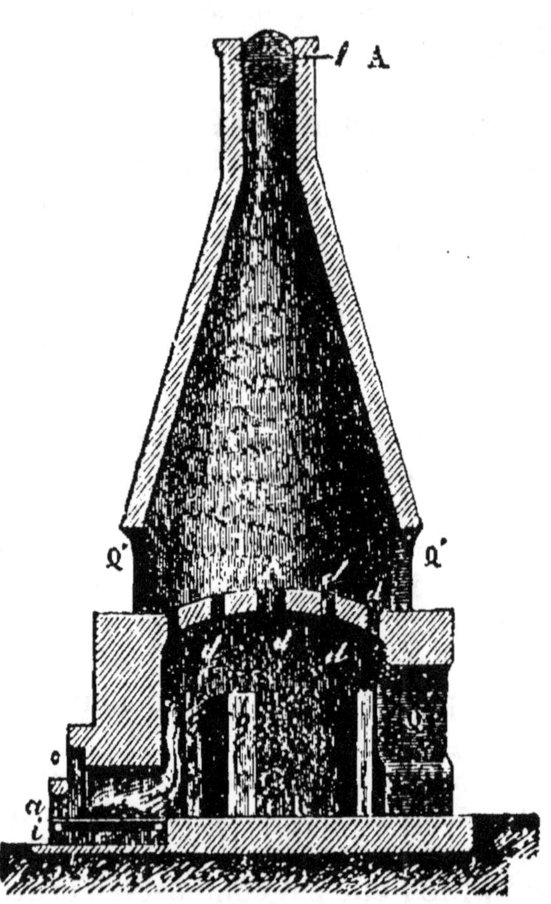

Fig. 172. — Four à grès fin. — A, registre de la cheminée; — A', voûte avec ses carneaux *b*, *d*; — *g*, cheminées particulières à chaque foyer; — Q', porte du cône de la cheminée; — C, foyer.

ou encastrées, c'est-à-dire enfermées et protégées dans des cazettes qui sont de même matière que le grès lui-même.

Pour cuire le grès, il faut une température élevée grâce à laquelle il se forme sur les pièces à cuire une couche vitrifiée par un commencement de fusion qui les rend imperméables et leur sert de glaçure. Le four est représenté par la figure 172.

On facilite la formation de ce vernis en projetant du sel marin dans le four vers la fin de la cuisson. Le sel se volatilise; ses vapeurs sont décomposées au contact de la vapeur d'eau et de la silice, et cette dernière forme un enduit de silicate de soude et d'alumine qui donne le lustre vitrifié des grès cuits.

315. Porcelaines. — Les porcelaines sont des produits céramiques à pâte dure, non rayable par l'acier et translucide. Ce sont de tous les plus estimés et les plus soignés dans leur fabrication.

On les divise en trois catégories : la *porcelaine dure* ou *vraie*, la *porcelaine tendre naturelle* ou *anglaise* et la *porcelaine artificielle*, dite *française*. La porcelaine dure est fabriquée par les *Chinois* depuis plus de vingt siècles. Son invention en *Europe* date seulement du XVIIIe siècle; c'est en *Saxe* que *Boettger* créa la première fabrique de porcelaine à pâte dure, analogue à la porcelaine de Chine, après avoir découvert par hasard le *kaolin* dans une poudre à perruque employée à cette époque. Soixante ans plus tard, on découvrait le kaolin dans les environs de *Limoges*, et on commençait à *Sèvres* la fabrication de la porcelaine, qui a depuis été grandissant et qui est aujourd'hui une de nos plus belles industries.

Pour se faire une idée claire de la fabrication de la porcelaine, il est nécessaire d'examiner séparément la nature des matières premières qui entrent dans sa composition, la manipulation qu'on leur fait subir pour obtenir la pâte, le façonnage des objets, leur cuisson, la nature des vernis ou couvertes dont ils sont revêtus.

L'élément argileux et plastique de la porcelaine est le *kaolin* ; l'élément dégraissant consiste en feldspath et en sable siliceux.

Les matières très divisées par lévigation ou broyage, et convenablement dosées après analyse, sont mélangées à l'état d'une bouillie claire dans des cuves munies d'agitateurs ; elles se déposent en un limon sous le nom de *barbotine*, que l'on dessèche pour l'amener à consistance convenable. On les pétrit nombre de fois pour les rendre bien homogènes.

On façonne les objets au tour, ou par moulage, ou par coulage, suivant les formes des pièces.

Les objets sortant des mains de l'ouvrier sont séchés lentement dans des espaces couverts.

Avant de cuire les pièces, on les place dans des cazettes en argile réfractaire de première qualité, qui les protègent contre les poussières et permettent de les superposer.

Une première cuisson a pour but de durcir la pièce sans lui enlever toute sa perméabilité ; c'est le *dégourdi*. La seconde cuisson, destinée à fixer la glaçure, durcit complètement l'objet. La figure 173 représente un four à cuire les porcelaines.

On donne le nom de *couverte* au vernis brillant qui recouvre la plupart des porcelaines du commerce. Les objets sans glaçure sont dits en *biscuit*.

Les verres

316. Nature des verres. — Les verres sont des combinaisons de l'acide silicique avec des bases variables dont les unes sont la potasse ou la soude et les autres la chaux ou l'oxyde de plomb, auxquelles se joignent l'alumine et l'oxyde de fer. Ainsi le cristal est un silicate double de potassium et de plomb ; le verre à vitres, un silicate de soude et de chaux ; le verre à

Fig. 173. — Four à porcelaine. — M, M', M", laboratoire où l'on dispose
les pièces à cuire et où la flamme des foyers y. g, arrive par des ouvertures h, h; — l, l', haut du four en forme de cheminée; —
Q, Q', Q", porte des trois étages; — b, c, d, e, f, parties principales de
chacun des foyers.

bouteilles, un mélange de silicates de soude, de potasse,
de chaux, d'alumine et d'oxyde de fer. Le caractère
général de ces produits, c'est d'être fusibles et de donner en se refroidissant des corps transparents avec un
éclat particulier qu'on a appelé l'éclat vitreux.

317. Propriétés du verre. — Le verre est trans-

parent et fragile ; il est assez dur pour n'être rayé que
par le diamant, qui sert à le couper en feuilles, et par
l'acier trempé, qui permet d'obtenir sur les tubes une
cassure nette. Sa densité varie avec sa composition ; le
plus dense est le cristal à base d'oxyde de plomb.

Chauffé lentement, il commence par se ramollir et
possède alors une plasticité que l'on met à profit pour
lui donner telle forme que l'on veut.

À une température plus élevée, il subit la fusion
visqueuse.

Soumis quelque temps à une chaleur voisine de celle
qui peut le fondre, il perd sa transparence et sa fusibilité, il devient plus dur et moins fragile, il se *dévitrifie*
et présente l'aspect d'une mince plaque de porcelaine.
Ce phénomène est assez fréquent, dans le travail du
verre au chalumeau des laboratoires, entre les mains
des commençants.

Refroidi brusquement quand il a été fondu, le verre
se *trempe*, c'est-à-dire qu'il subit un nouvel arrangement moléculaire qui peut lui permettre de résister à
un choc, mais non à une rayure ; il est devenu si cassant qu'il suffit de le rayer pour le réduire immédiatement en minces fragments. Les *larmes bataviques* obtenues en laissant tomber dans l'eau des gouttes de verre
fondu permettent de constater ce phénomène ; on peut
frapper leur portion ovoïde avec un marteau sans les
briser et, si on casse leur extrémité effilée, toute la
masse se réduit en poussière.

Le verre devient donc cassant quand il subit un
brusque et notable changement de température ; il suffit

en effet de verser de l'eau froide sur un morceau de verre fortement chauffé pour le casser.

Les objets en verre, fabriqués rapidement avec du verre fondu qui passe brusquement de la température de 500 ou 600° à une température de 20 ou 30°, éprouvent une trempe qui nuit à leur solidité. On corrige ce défaut par le *recuit*, qui consiste à les chauffer graduellement pour les laisser refroidir ensuite aussi graduellement et avec lenteur. C'est à un recuit insuffisant que l'on peut souvent rapporter la rupture sans cause matérielle apparente d'un certain nombre d'objets en verre.

318. Classification des verres. — On divise les verres en deux classes :

1° Les *verres proprement dits*, à base alcalino-terreuse, qui forment deux subdivisions et comprennent les *verres à base de potasse*, le verre de Bohême et le crown-glass, et les *verres à base de soude*, le verre à vitres et à glaces et le verre à bouteilles ;

2° Les *cristaux*, dont la base est alcalino-plombeuse ; ce sont le cristal, le flint-glass, le strass et l'émail.

Verre de Bohême. — Ce verre est remarquable par sa limpidité et sa faible densité. C'est un silicate de potasse et de chaux fait de matières choisies avec un soin extrême. On ajoute au quartz, à la potasse et à la chaux qui le forment un peu d'acide arsénieux dont on ne retrouve pas trace dans le verre. Cet acide sert de corps oxydant pour les traces de protoxyde de fer contenues dans les matériaux employés et qui donneraient au verre une teinte verdâtre ; de plus, en se volatilisant, il facilite l'affinage du verre.

Le verre de Bohême est difficilement fusible et résiste bien à la plupart des agents chimiques.

Crown-glass. — Le crown-glass est moins siliceux ; mais il doit être aussi soigné dans sa fabrication et obtenu exempt de bulles et de stries, et autant que possible incolore. Il sert à la confection des lentilles pour les instruments d'optique, et on l'associe au *flint-glass* pour former les objectifs achromatiques.

Verre à glaces et à vitres. — Le verre à glaces est le plus beau des verres à base de soude; il contient moins de chaux que le verre à vitres ; il est, par suite, plus fusible, mais moins dévitrifiable. Il doit avoir une grande transparence et ne présenter ni bulles, ni nœuds, ni stries.

Le verre à vitres est le plus commun, celui dont la consommation est la plus grande. On fait entrer dans sa composition du sable siliceux, du carbonate ou du sulfate de soude sec, du calcaire et des débris de verre concassés qui facilitent la fusion.

Verre à bouteilles. — Le verre à bouteilles est de tous le plus complexe ; il entre dans sa composition du sable ocreux et une argile ocreuse, des soudes de varechs, des cendres et des charrées ou cendres lavées. Toutes ces matières contiennent de l'oxyde de fer auquel est due la *couleur* verte particulière de ce verre. Il se dévitrifie avec facilité, parce qu'il est peu alcalin et qu'il contient une assez forte proportion d'alumine.

Cristal. — Le cristal, le plus sonore de tous les verres et l'un des plus limpides, est obtenu en fondant ensemble du sable très pur avec du carbonate de potasse cristallisé et du minium, c'est-à-dire des matières choisies avec le plus grand soin. On n'opère la fusion dans les creusets ouverts que si

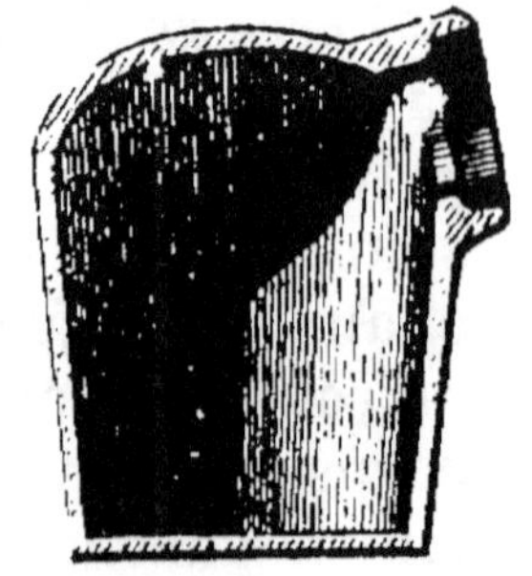

Fig. 174. — Creuset à fabriquer le cristal.

l'on chauffe au bois. Quand le chauffage a lieu à la houille, on emploie des creusets à dôme et ouverture latérale (*fig.* 174), pour éviter que les escarbilles ou des corps étrangers ne se mélangent avec les matières en fusion.

Flint-glass. — Le flint-glass est une variété de cristal employée avec le crown dans les instruments d'optique. Sa fabrication doit être tout particulièrement

Fig. 175. — Four et creuset à flint. — *ngj*, agitateur destiné à remuer la masse du verre en fusion.

soignée, pour que le produit soit d'une parfaite homogénéité et ne présente dans sa masse ni bulles ni stries. On l'obtient ainsi, depuis les travaux de Guinand, en brassant la masse avec un outil de même nature que le creuset, pour faciliter le dégagement des bulles gazeuses (*fig*. 175).

Strass. — Le strass est un cristal dont la préparation réclame autant de soin que celle du flint : c'est le plus dense de tous les verres. Il est aussi le plus réfringent et sert surtout, à cause de cette propriété, pour la fabrication des pierres précieuses artificielles.

Email. — L'émail est un cristal rendu opaque par de l'oxyde d'étain ou du phosphate de chaux des os calcinés. Il est habituellement blanc ; mais il peut recevoir différentes couleurs par l'addition d'oxydes métalliques colorés.

319. Travail du verre. — On faisait autrefois tous les objets par soufflage, comme on fait encore les bouteilles. L'ouvrier trempe l'extrémité de la canne, long cylindre métallique creux, dans le creuset ; il en rapporte une masse de verre fondu et pâteux à laquelle il donne diverses formes en soufflant dans la canne, en l'animant d'un mouvement de rotation ou en appuyant l'objet en partie fait contre un moule dont il prend exactement le contour.

Aujourd'hui, on ne façonne plus ainsi que les petits objets. Les glaces sont coulées sur une table horizontale, au lieu d'être faites, comme jadis, d'un cylindre soufflé, coupé à ses deux extrémités, fendu suivant une de ses génératrices et étendu ensuite horizontalement.

Tous les objets, quels qu'ils soient, sont recuits avec soin dans des fours qui les réchauffent très lentement et d'où on les retire peu à peu pour les soumettre à un refroidissement lent et progressif.

Le reste du travail diffère suivant les objets : les glaces sont polies avec des sables de plus en plus fins et ensuite avec du colcotar ; les verres sont taillés par usure sur des meules diverses.

320. Décoration des produits vitreux. — La

décoration du verre et celle de la porcelaine ont beaucoup de points communs ; on comprend en effet que, dans le cas des matières terreuses, c'est encore un verre que l'on décore, puisque c'est la couverte, c'est-à-dire une matière vitreuse, qui porte les couleurs.

On applique les couleurs sur la surface du verre, ou bien on les fixe dans toute sa masse. Dans le premier cas, les verres sont *peints;* dans le second, ils sont *teints.*

On obtient les verres teints en fondant avec le verre blanc des oxydes métalliques colorants qui n'en altèrent pas la transparence : l'oxyde de chrome ou de cuivre donne le *vert;* l'oxyde de cobalt, le *bleu;* l'oxyde de manganèse, le *violet;* le protoxyde de cuivre ou le pourpre de Cassius, le *rouge;* le sulfure d'argent, le *jaune.*

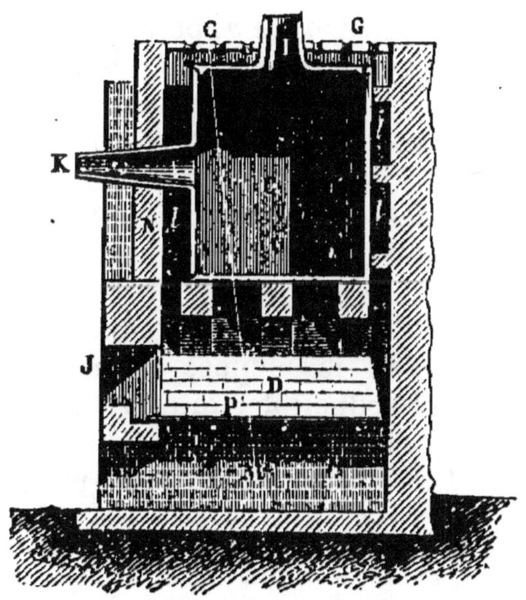

Fig. 176. — Moufle pour décoration des verres. — C, moufle; — K, ouverture pour y regarder de l'extérieur; — I, tuyau pour l'échappement des vapeurs; — JPD, foyer; — N, cloison en briques réfractaires; — l, cavité où passe la flamme pour chauffer la cavité centrale.

Si l'on plonge dans un de ces verres colorés fondus une canne de verrier à l'extrémité de laquelle est déjà du verre blanc et qu'on souffle, on fait un objet dont la surface seule est teinte sous une faible épaisseur ; c'est le *verre doublé,* qui permet de produire des dessins blancs sur fond de couleur, si l'on enlève par places la pellicule colorée.

Pour peindre le verre, on dépose à sa surface les oxydes colorants mélangés de fondants incolores, comme le quartz, le borax, le salpêtre, destinés à les fixer. Il faut que ces matières fondent et se glacent avant le ramollissement du verre ou l'altération de la glaçure de la porcelaine. Il faut donc les soumettre à une température inférieure à celle qui a amené la fusion de l'objet. On les appelle pour cette raison *couleurs de petit feu* ou de *moufle*, du nom du fourneau où on les fixe et que représente la figure 176, par opposition aux couleurs de la masse, qu'on appelle *couleurs de grand feu.*

Quant aux appliques de métaux, on les fixe à leur état naturel après les avoir mêlées d'un fondant qui leur sert de véhicule, et on leur donne le brillant par le brunissage; ou bien, comme c'est le cas pour la porcelaine, on les dépose en combinaison chimique facilement réductible, qui les laisse sur l'objet en mince épaisseur avec toutes leurs qualités ; ce sont les *lustres*, dont la décoration fait un grand emploi.

Résumé. — Les argiles pétries avec l'eau forment une pâte qui peut garder la forme qu'on lui a donnée, si l'on a pris soin d'y mêler un sable fin. Elles sont la base de toutes les terres cuites depuis les briques jusqu'à la porcelaine.

Les argiles pures, qui ne contiennent ni oxyde de fer ni chaux, sont dites *argiles plastiques;* elles sont infusibles, mais elles subissent un retrait assez grand.

Les argiles qui contiennent du fer et de la chaux prennent à la cuisson un ton rouge brun; elles sont la base des poteries communes.

On donne le nom de *poteries* à tous les objets en terre cuite. Les unes sont simples, homogènes dans toute leur masse; les autres ont une pâte colorée ou noire, et un vernis qu'on appelle *couverte*, qui joue le double rôle de masquer la couleur de la pâte, comme dans les faïences, et d'être imperméable.

Toutes les poteries contiennent de l'argile rendue plastique par un mélange avec l'eau et du sable qui doit empêcher le retrait de l'argile.

Les *terres cuites* ordinaires, briques, tuyaux, plaques de carrelage pots à fleurs, etc., sont en argile ordinaire et sans couverte.

Les *poteries communes* ont, en outre, une glaçure le plus souvent faite de galène porphyrisée que les potiers appellent *alquifoux* et qui y a été posée après la première cuisson.

Les *faïences* peuvent avoir leur pâte générale faite d'argile que la cuisson colore; mais elles ont un vernis, un émail blanc à base d'étain, qui est susceptible d'être décoré par des oxydes métalliques.

Les *grès* sont formés de pâte argileuse et de sable qui donne à la cuisson une masse très compacte; on les vernit par du sel marin qui y forme à la surface une glaçure brillante.

La *porcelaine* est le plus homogène des produits céramiques: l'élément argileux de la pâte est le *kaolin*; le dégraissant est un sable siliceux blanc et pur; la couverte est formée de pegmatite en couche fine, translucide et imperméable.

La première cuisson donne le *biscuit*, la seconde incorpore le vernis à la surface de la pâte cuite. Les matières façonnées au tour ou par coulage sont très protégées pendant leur cuisson: elles peuvent recevoir une décoration très brillante et très fine.

Le **verre** est formé de silicates fondus qui, par refroidissement, donnent une masse homogène et transparente. Chauffé lentement, il se ramollit, et l'on peut le travailler. Chauffé longtemps à une température voisine de son point de fusion, il se dévitrifie et perd sa transparence. Refroidi brusquement, il se trempe.

Pour éviter les effets de la trempe qui rendent le verre cassant, on le recuit.

Les verres se classent en deux groupes : les verres proprement dits et les cristaux.

Les verres sont à *base de potasse*, comme le verre de Bohême et le crown-glass pour lentilles, ou bien à *base de soude*, comme le verre à glaces et à vitres et le verre à bouteilles. Les deux premiers exigent des produits purs : sable siliceux, chaux et carbonate de potasse. Les autres sont différents de couleur, suivant la nature du sable qui y entre; c'est le sulfate de soude qui en est l'élément important.

Les **cristaux** sont presque tous à base de potasse et d'oxyde de plomb ou d'étain. Le cristal ordinaire, limpide et sonore, se fait avec du sable bien lavé, du carbonate de potasse et du minium: on brasse le mélange pour l'avoir homogène.

Les autres cristaux sont le *flint-glass* des instruments d'optique, le *strass* et les *divers émaux*.

On décore tous ces produits vitreux en y déposant des oxydes colorés que la fusion y incorpore. On chauffe soit au grand feu du four, soit dans un moufle à une température inférieure à celle où l'objet fondrait. Et la couleur déposée avec un silicate fusible devient un verre coloré qui s'incorpore au premier.

CHAPITRE XXXIV

L'ARGENT ET L'OR

321. Propriétés de l'argent. — L'argent, usité comme métal précieux depuis une haute antiquité, existe dans la nature à l'état natif, à l'état de sulfures simples et complexes, de chlorure, bromure et iodure. Il se trouve mélangé en faible proportion dans d'autres minerais, comme la galène et les cuivres gris, d'où on le retire à cause de sa grande valeur. C'est ce qui fait appeler mines d'argent des mines de plomb et de cuivre, qui fournissent accessoirement une certaine quantité de ce métal précieux.

Le traitement des minerais d'argent repose sur l'emploi du mercure, qui dissout l'argent avec facilité ; de là le nom d'**amalgamation** donné à la méthode en usage depuis 1560 au Pérou et au Mexique.

L'argent est le plus blanc des métaux : il est susceptible d'un poli brillant qui n'a de supérieur que celui de l'acier. On pense qu'il doit sa belle couleur blanche à son grand pouvoir réfléchissant ; sa couleur propre est jaunâtre ; quand il est divisé, comme celui qu'on obtient par la réduction à froid du chlorure, il est gris ; mais il devient brillant par le frottement. Après l'or, c'est le plus malléable et le plus ductile des métaux ; on a pu le réduire en feuilles de $0^{mm},003$ d'épaisseur, et, avec 1 gramme, faire un fil de 2.640 mètres de longueur. Sa densité est 10,47.

L'argent fond vers 1.000° et se volatilise à une température peu supérieure. Lors donc que de l'argent fondu est longtemps chauffé, comme dans les ateliers d'affinage, il peut y avoir une perte par volatilisation ;

pour l'éviter, on fait communiquer les fourneaux de fusion avec de grandes chambres de condensation où les gaz déposent des poussières d'argent entraînées, avant de se rendre à la cheminée.

L'argent est inoxydable dans l'air à toute température; c'est cette qualité qui en fait un métal précieux. De tous les acides, c'est l'acide azotique, même étendu, qui l'attaque le plus facilement; il se dégage du bioxyde d'azote, qui se transforme à l'air immédiatement en vapeurs nitreuses, et il se forme une solution d'azotate d'argent.

L'acide sulfhydrique noircit l'argent en formant à sa surface un sulfure noir adhérent. Il faut attribuer à cette cause la teinte noire que prend l'argenterie au contact des œufs peu frais ou aux émanations d'une fuite de gaz d'éclairage, ou encore à celles qui s'échappent des fosses d'aisances.

L'acide chlorhydrique concentré et chaud attaque superficiellement l'argent en formant un chlorure insoluble qui masque et protège le reste du métal. Le sel marin agit de même; il ternit l'argent par la formation d'une pellicule de chlorure; aussi dore-t-on toujours l'intérieur des salières en argent pour les préserver de cette altération.

Les alcalis caustiques n'attaquent pas l'argent; c'est pourquoi on emploie des capsules de ce métal pour concentrer la potasse et la soude.

322. Alliages d'argent. — L'argent, dont les usages sont connus de tout le monde, n'est pas employé seul; il n'est pas assez dur; il s'userait vite et perdrait par le frottement la finesse de ses empreintes. On lui allie du cuivre, qui lui donne de la dureté, et parfois même un peu de zinc. Ce sont des alliages de cuivre et d'argent qui constituent les pièces d'orfèvrerie et les monnaies. Le cuivre n'altère pas d'une manière appréciable la blancheur de l'argent tant qu'il ne lui est pas allié en proportion forte. On peut toujours **blanchir** les alliages d'argent et de cuivre en les plongeant dans une eau légèrement acidulée après les avoir fortement chauffés ; la couche superficielle de cuivre s'est oxydée, et l'oxyde se dissout dans l'eau acidulée, mettant à nu l'argent pur, auquel on donne le blanc mat par un frottement convenable.

Les alliages qui ont cours en France sont les suivants :

	Argent.	Cuivre.	Zinc.	Tolérance.
Médailles	950	50	»	0,002
Vaisselle...............	950	50	»	0,002
Monnaies (de 5 fr.)	900	100	»	0,002
— *petites pièces*..	835	93	72	0,002
Bijouterie	800	200	»	0,005

Les deux premiers, qui contiennent 950 d'argent, sont dits *au premier titre;* le dernier, 800, est dit au second titre.

Leur fabrication est soumise au contrôle de l'Etat et leur composition est vérifiée dans les bureaux de *garantie* et ne doit pas s'écarter en plus ou en moins de la fraction indiquée dans le tableau précédent, sous le nom de *tolérance.*

323. Argenture. — L'argent sert aussi à recouvrir la surface d'autres métaux d'un vernis brillant et inaltérable. L'ancien procédé, qui consistait à recouvrir la surface à argenter d'un amalgame d'argent et à chauffer l'objet pour volatiliser le mercure et fixer l'argent, n'est plus guère pratiqué.

Le procédé le plus employé est l'**argenture galvanique.** Les objets décapés sont plongés dans un bain ordinairement du *cyanure d'argent* dissous dans le *cyanure de potassium*) et mis en communication avec le pôle négatif d'une pile, tandis qu'au pôle positif est fixée une lame d'argent qui se dissout à mesure dans le liquide et en maintient la composition. L'argent se dépose avec sa couleur; on lui donne le brillant par le frottement.

Les petits objets qu'on ne galvanise pas sont argentés avec des poudres au chlorure ou au cyanure d'argent mélangés de craie et de crème de tartre ; mais l'argenture est légère et dure peu.

On argente les glaces à l'aide d'une dissolution alcaline de nitrate d'argent qu'on fait réduire par le sucre interverti, le glucose ou l'aldéhyde.

L'or

324. État naturel. — L'or, se rencontrant généralement à l'état natif, est de tous les métaux celui qui a le premier attiré l'attention de l'homme. Son éclat et son inaltérabilité en ont fait une matière précieuse. Il est connu et apprécié depuis la plus haute antiquité comme le roi des métaux. Les alchimistes le comparaient au soleil et lui attribuaient les plus grandes vertus ; aussi tous leurs efforts tendaient-ils à transformer les autres métaux en or.

L'or natif existe en filons dans les terrains anciens, où il a pour gangue le quartz blanc. On l'y trouve disséminé en petits cristaux cubiques ou en filaments ou grains irréguliers, en minces lamelles et en paillettes. On donne le nom de **pépites** aux fragments d'un certain volume ; d'ordinaire, le poids est de quelques grammes ; exceptionnellement, on en a trouvé de plus de 20 kilogrammes.

L'or natif se trouve également dans des alluvions anciennes provenant de la destruction de filons ou de roches quartzeuses aurifères ; il s'y présente en paillettes disséminées dans des sables, et c'est dans ces sables que se fait habituellement la recherche du métal précieux.

L'or est très répandu, mais il n'existe le plus souvent qu'en très faible quantité aux endroits où l'on peut cependant constater sa présence. Ainsi certains fleuves de France, le *Rhône*, le *Rhin*, la *Garonne*, l'*Ariège*, roulent dans leurs sables granitiques des paillettes d'or que l'on ne peut guère exploiter, car il faudrait laver plus de 3 millions de kilogrammes de sables pour obtenir 1 kilogramme d'or. Les gisements aurifères les plus riches sont ceux de l'*Australie*, de la *Californie*, du *Brésil*, de la *Sibérie* et du *Cap*.

325. Extraction de l'or. — La méthode la plus ancienne et la plus simple consiste à laver les sables aurifères ou les roches concassées et pulvérisées dans une *sébille* de bois ou de tôle (*fig.* 177). On met dans ce vase quelques poignées de sable et on le plonge dans l'eau en lui imprimant un rapide mouvement de rotation ; les matières se

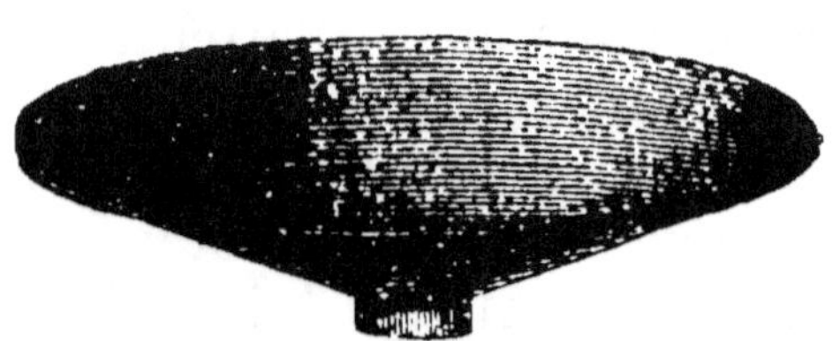

Fig. 177.
Sébille à laver les sables aurifères.

séparent et se déposent à peu près par ordre de densité ; les paillettes d'or, plus lourdes, gagnent le fond du vase, tandis que les matières plus légères restent en dessus et peuvent être rejetées. L'or lavé est encore accompagné de beaucoup de matières étrangères.

Cet appareil primitif a fait place à de plus complexes, d'abord à la table à secousses avec des arrêts sur son fond incliné, puis ensuite au *sluice* australien, long canal de plus de 1.000 mètres, à fond raboteux et garni d'aspérités, au sommet duquel on jette le minerai d'or entraîné par un fort courant d'eau et où l'on retrouve les paillettes aurifères rassemblées contre les obstacles du fond.

On épure la poudre d'or encore sableuse par l'amalgamation. L'or se dissout dans le mercure avec le-

quel il est pétri, et l'amalgame formé se sépare facilement des impuretés. On exprime cet amalgame
liquide pour séparer l'excès du mercure, et la partie
solide qui reste est soumise à la distillation, soit dans
des appareils analogues à ceux qu'on emploie pour
l'argent, soit dans des cornues en fonte dont le tube de
dégagement est refroidi pour condenser le mercure.
L'or est obtenu spongieux; on le refond avec un peu
de borax pour le couler ensuite en lingots.

326. Affinage de l'or. — L'or commercial est allié
à une faible quantité d'argent et même à un peu de

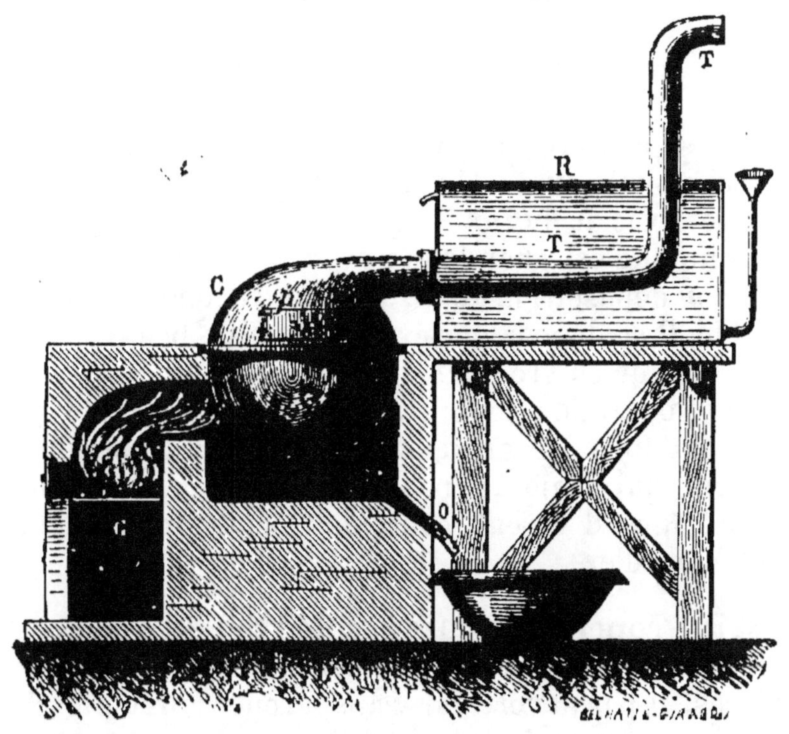

Fig. 178. — Appareil pour l'affinage de l'or. — C, cornue munie d'une
porte (*p*); — T, tube de la cornue refroidi par le récipient R; — G, foyer.

cuivre. On le sépare de ces deux métaux par l'**affinage.**
L'expérience a démontré que la séparation de l'argent
et de l'or ne s'effectue bien que quand la proportion

des deux métaux est de 25 à 10. On commence par réaliser cette proportion sur l'alliage à affiner que l'on fond au creuset pour le grenailler. On introduit le métal grenaillé dans la chaudière (*fig.* 178), dont le tube T est refroidi par l'eau du bassin R. On ajoute par la porte *p* de l'acide sulfurique concentré et on chauffe. Le foyer est latéral et le support de la cornue est en cuve ; pour le cas où il s'y manifesterait des fuites, le liquide écoulé de la cornue ne serait pas perdu, il serait conduit dans une terrine par le tube O.

L'acide sulfurique est sans action sur l'or ; il dissout l'argent et le cuivre qu'il transforme en sulfates :

$$2Ag + 2SO^4H^2 = SO^4Ag^2 + 2H^2O + SO^2.$$

L'or se retrouve en poudre au fond de la cornue. On le sèche après avoir décanté le liquide et on le fond au creuset avec du borax.

Le liquide est abandonné avec des lames de cuivre qui font déposer l'argent, que l'on re fond. Du dernier liquide, il se dépose par évaporation de beaux cristaux de sulfate de cuivre pur.

Cette opération se pratique aujourd'hui avec avantage sur tous les anciens alliages d'or contenant de l'argent qui n'ajoute pas à leur valeur, et même sur les alliages d'argent contenant seulement quelques millièmes d'or.

327. Propriétés et usages de l'or. — L'or possède une belle couleur jaune, très brillante ; réduit en feuilles minces, il paraît vert par transparence ; précipité d'une solution dans un état de division extrême, il forme une poudre d'un noir violacé.

C'est le plus malléable et le plus ductile de tous les métaux. On peut le réduire en feuilles de moins d'un dix-millième de millimètre d'épaisseur et on a pu étirer 1 gramme d'or en un fil de 3 kilomètres.

L'or fond vers 1.200°, et, en fusion, il paraît vert, probablement par une petite quantité de vapeur qu'il émet. Il peut se souder à lui-même sans fusion préalable ; ainsi l'or précipité se transforme en une masse cohérente quand on le comprime, et il prend sous le brunissoir l'éclat métallique.

La densité de l'or est de 19,2.

L'or est un des métaux les plus inaltérables ; il résiste à l'action de l'eau, de l'air, de l'oxygène dans toutes les conditions. Il n'est pas dissous par les acides ; l'eau régale seule l'amène en solution. Le mercure l'amalgame à toute température.

L'or est employé en alliages pour les monnaies et la bijouterie ; en feuilles pour dorer le bois, le plâtre, etc. ; en peinture, sous le nom d'*or en coquilles*, mélange de feuilles d'or et de miel. En dissolution, il sert à la dorure des objets métalliques et en photographie.

328. Dorure. — La dorure consiste à recouvrir d'une mince couche d'or des objets d'une valeur relativement faible pour leur donner l'aspect et l'inaltérabilité du métal précieux. Elle se pratique par trois procédés : la *dorure au mercure*, la *dorure galvanique* et la dorure par immersion ou *au trempé*.

La **dorure au mercure**, connue déjà des anciens, consiste à appliquer sur le métal à dorer une couche d'amalgame d'or qu'on décompose ensuite par la chaleur pour chasser le mercure. Elle ne peut s'appliquer qu'aux métaux attaquables eux-mêmes par le mercure, comme l'argent, le cuivre, le bronze. Elle a le grave inconvénient d'être très insalubre par suite des vapeurs de mercure qui se dégagent de l'amalgame chauffé, et elle a été en partie abandonnée depuis la découverte des deux autres procédés.

La **dorure galvanique** se fait en plongeant les objets métalliques ou métallisés, fixés au pôle négatif d'une pile faible, dans un bain formé de cyanure d'or dissous dans le cyanure de potassium. Le dépôt est noirâtre ; on lui donne le brillant de l'or par un frottement contre un corps dur qui porte le nom de brunissoir.

La dorure **par immersion ou au trempé,** que l'on applique aux bijoux ordinaires et à une foule de petits objets, a lieu en plongeant les corps, parfaitement décapés, environ une minute dans un bain de chlorure d'or rendu alcalin par un mélange convenable de bicarbonate de potasse.

Le dépôt est d'une faible épaisseur ; mais il se conserve bien et peut même résister quelque temps au frottement.

Résumé. — L'argent a été trouvé à l'état natif dès la plus haute antiquité ; mais on l'extrait actuellement de minerais qui le contiennent en sulfures et en chlorure mélangés avec d'autres sulfures de plomb, d'antimoine ou d'arsenic. Le traitement de ces minerais est un peu long ; on les concasse ; on les mélange avec du sel marin pour transformer l'argent en chlorure : on agite la boue de chlorure avec du fer qui précipite l'argent, et on amalgame celui-ci avec du mercure pour le séparer facilement de tous les corps étrangers ; en chauffant l'amalgame, on volatilise le mercure et l'argent reste.

L'argent est blanc, susceptible d'un beau poli. Il ne s'altère pas à l'air ; cependant, il y brunit aux émanations sulfureuses et s'attaque par les chlorures.

On lui allie du cuivre dans la proportion d'un dixième pour augmenter sa résistance au frottement. Les alliages d'argent pour l'orfèvrerie et pour les monnaies sont soumis au contrôle de l'Etat, et la composition en est vérifiée dans les bureaux de *garantie.*

L'argenture est un dépôt en couche mince que l'on réalise ordinairement par le courant électrique pour recouvrir les objets métalliques d'une surface brillante et inoxydable.

L'or est le premier des métaux précieux par l'éclat brillant et l'inaltérabilité. Il est connu et apprécié depuis la plus haute antiquité. On ne le rencontre qu'à l'état natif dans des filons de terrains anciens. On donne le nom de *pépites* aux morceaux d'une certaine grosseur et de *sables aurifères* aux paillettes d'or semées dans des sables quartzeux qu'on exploite pour avoir le métal. La Californie et l'Australie sont les deux contrées où l'on a trouvé le plus de ces sables aurifères.

On concasse les roches ; on lave les sables pour rassembler autant que possible les paillettes d'or, et on amalgame avec du mercure. En séparant l'amalgame et en le chauffant, le mercure se volatilise et l'or reste.

L'or est le plus malléable des métaux, on le réduit par le battage en feuilles d'une très grande finesse qui servent à la dorure des objets non métalliques.

Les alliages d'or forment les monnaies et les belles pièces d'orfèvrerie.

CHIMIE ORGANIQUE

CHAPITRE XXXV

GÉNÉRALITÉS SUR LES SUBSTANCES ORGANIQUES LEUR ANALYSE

329. But de la chimie organique. — La chimie organique étudie toutes les substances que l'on rencontre dans les organes des végétaux et des animaux, celles que l'on en peut dériver et aussi tous les produits artificiels que l'on a pu obtenir en faisant réagir les éléments minéraux sur les produits du règne organique.

Elle n'est différente qu'en apparence de la chimie minérale dans son but et dans ses procédés ; car la matière vivante et la matière brute ont les mêmes éléments. Ce qui est aujourd'hui acide carbonique, ammoniaque, vapeur d'eau, substance minérale en un mot, peut devenir, par la végétation, substance vivante, feuille, fleur ou fruit ; et l'animal comme la plante, en cessant de vivre, rendent au règne minéral les éléments dont ils sont formés.

330. Substances organisées et substances organiques. — Les végétaux et les animaux sont formés d'un amas de *cellules*, de *fibres*, de *vaisseaux*, autrement dit de *tissus* et de *liquides* qui se développent sous l'influence de la vie et s'altèrent plus ou moins rapidement après la mort de l'être. Ainsi une feuille, la matière farineuse d'une graine, les fibres du bois, la sève, un morceau de chair, un os, le sang, le lait, voilà des parties constitutives d'êtres vivants ; on les nomme des **substances organisées.** Elles sont toujours insolubles et ne présentent jamais la forme cristalline.

De chacune d'elles on peut retirer des corps qui ont fréquemment la structure cristalline, une composition constante, qui fondent et se volatilisent à une température fixe comme les composés minéraux, qui ont tous les caractères des espèces chimiques et qui, une fois isolés, n'ont plus rien de la forme cellulaire que la vie leur avait donnée. On les appelle **substances organiques.** Ainsi on extrait le sucre cristallisé de la pulpe de la betterave, l'acide citrique solide du jus de citron, l'amidon de la farine de blé, la fécule du tubercule de la pomme de terre, la gélatine des os, l'albumine de l'œuf. L'albumine, la gélatine, la fécule, l'amidon, l'acide citrique et le sucre sont des **substances organiques.**

On appelle aussi substances organiques les corps formés artificiellement avec des éléments qui ne proviennent pas tous de la nature vivante, soit parce qu'on en trouve d'identiques dans l'organisme, soit parce que la mobilité de leurs éléments ou leur constitution les rapprochent des produits organiques naturels.

Cette dernière catégorie est particulièrement intéressante ; elle comprend un grand nombre de produits que les chimistes savent préparer en partant des substances organiques offertes par la nature.

331. Composition des substances organiques. — Quatre corps simples constituent, à peu de chose près, l'ensemble des corps organiques. Ce sont : le **carbone, l'hydrogène, l'oxygène** et **l'azote.**

1° *Le carbone.* — Toute substance organique soumise à l'action de la chaleur laisse du charbon pour résidu. Si elle est combustible, elle dégage en brûlant de l'anhydride carbonique, preuve évidente que le carbone est l'un des éléments essentiels de la nature vivante;

2° *L'hydrogène.* — Le gaz des marais, qui se dégage des matières végétales en décomposition dans l'eau, et le grisou des houillères sont des carbures d'hydrogène. Tels sont aussi les pétroles et la benzine. Tous ces corps, en brûlant, produisent de l'eau;

3° *L'oxygène.* — Le sucre, l'amidon, le bois, les matières grasses contiennent de l'oxygène uni au carbone et à l'hydrogène;

4° *L'azote.* — Enfin, l'azote se rencontre dans le blanc d'œuf, dans le lait et dans la chair musculaire.

Certains produits naturels contiennent aussi en petite quantité du soufre et du phosphore.

Les produits artificiels ont souvent du chlore, du brome, de l'iode, des métaux, même de l'arsenic. Mais la plus grande partie des substances naturelles provenant de la matière vivante ne contiennent que deux, trois ou quatre des éléments cités plus haut et que l'on a pu appeler les *éléments organiques.*

Malgré cette simplicité de matériaux, les produits organiques sont très nombreux, parce que les corps simples s'y groupent de mille et une manières, s'associent en des proportions très multiples que l'on ne rencontre pas au même degré dans les espèces minérales.

332. Analyse des corps organiques. — L'opération qui conduit à la connaissance directe des éléments d'un corps s'appelle **analyse élémentaire**; on ne peut l'appliquer qu'aux substances très pures et bien caractérisées, et jamais aux mélanges. Or tout corps organisé est un mélange; il entre dans sa structure diverses espèces chimiques que l'on désigne sous le nom de **principes immédiats** et que l'on sépare les unes des autres par un traitement spécial. Ce traitement, où, si l'on veut, cette sorte d'analyse était appelée **analyse**

immédiate; on l'appelle aussi **analyse qualitative.**

Ainsi, dans une orange, on distingue à première vue trois portions différentes : l'écorce, le jus sucré et les cellules qui le contiennent, sans y comprendre les graines dont chacune est elle-même un corps composé. De l'écorce, on peut extraire une essence aromatique et combustible et un produit colorant ; du jus, on retire du sucre et un acide. Chacune de ces dernières substances est une espèce chimique, un *principe immédiat* du corps organisé. En opérer la séparation, c'est faire l'analyse qualitative de l'orange.

Reprendre chaque espèce chimique obtenue pure, et chercher les corps simples dont elle est formée, c'est faire l'analyse élémentaire.

333. Procédés de l'analyse qualitative. — Il est difficile de préciser les procédés employés dans l'analyse qualitative, parce qu'il faut les modifier dans chaque cas particulier. Tantôt on a recours au triage mécanique ou à la pression, comme s'il s'agit d'extraire les jus sucrés et les huiles des cellules qui les contiennent. Dans d'autres cas, on utilise l'action de la chaleur, comme s'il s'agit de séparer deux liquides inégalement volatils ou deux solides dont les points de fusion sont très différents. Le plus souvent, on a recours aux dissolvants convenablement choisis et dont les principaux sont l'eau, l'alcool, l'éther, le chloroforme et le sulfure de carbone. Enfin, on peut avoir recours à une solution faiblement alcaline s'il faut enlever un acide à un mélange, ou à une solution acide pour fixer une base organique.

Un des exemples les plus simples est celui qu'offre l'analyse qualitative de la pomme de terre. Le tubercule, lavé, est râpé et réduit en une bouillie que l'on reçoit sur un linge et que l'on presse au-dessus d'une terrine sous un filet d'eau. On opère ainsi une première séparation ; dans le linge restent les débris des cellules déchirées, autrement dit la **cellulose.**

L'eau de lavage laisse déposer par le repos une poudre blanche en petits grains que l'on sépare par décantation ; c'est un deuxième principe, la **fécule.**

Si l'on porte le liquide à l'ébullition, il y apparaît des filaments solides ; c'est un troisième principe, l'**albumine,** que la chaleur a coagulée.

Enfin, dans ce liquide débarrassé de l'albumine et évaporé, on peut constater la présence d'un **acide** et d'un **principe sucré.** C'est donc cinq espèces chimiques que l'eau et la chaleur ont permis de retirer du tubercule de la pomme de terre.

Chacune d'elles est pure si elle a un point de fusion ou d'ébullition constant, ou bien, quand elle cristallise, lorsque ses cristaux affectent tous la même forme.

334. Les moyens d'étude de la chimie organique. — Méthodes analytiques et méthodes synthétiques. — Quand les chimistes ont commencé d'étudier les corps d'origine organique, ils y ont trouvé un champ d'une richesse inouïe. Leurs efforts n'ont d'abord eu qu'un but, séparer les uns des autres les produits divers mélangés dans les organes des animaux et des végétaux. C'est ainsi qu'ils ont extrait les essences et les parfums des fleurs et des feuilles de certaines plantes, les corps gras des graines oléagineuses et de certains tissus animaux, l'amidon de la farine de blé, le glucose du suc des raisins, les résines des conifères, la quinine de l'écorce des quinquinas.

Après avoir séparé ces différents corps, on les a décrits dans toutes leurs propriétés ; on a ainsi défini un certain nombre d'espèces chimiques, de principes immédiats que l'on pouvait extraire, purifier et retrouver, dans les mêmes conditions, avec les mêmes caractères.

Ce premier pas fait, on a soumis chacun des principes immédiats aux réactions physiques et chimiques capables de les dédoubler, de les modifier ; on est arrivé à les réduire en leurs éléments, à fixer la formule chimique de chacun d'eux.

On a donc procédé d'abord par les **méthodes analytiques**, en allant du composé au simple, comme le minéralogiste qui dédouble une roche complexe en sels métalliques, ceux-ci en acides et bases et enfin en corps simples, métalloïdes et métaux.

Longtemps le chimiste s'est borné à prendre les corps organiques comme ils sont fournis par les êtres vivants qui les contiennent tout formés, à les transformer par une série de réactions ménagées, ignorant les voies à suivre pour les reproduire en dehors de l'influence de la vie.

Aujourd'hui, la chimie possède un ensemble de méthodes sûres et précises, conduisant à la construction de la plupart des corps organiques à l'aide de leurs éléments. Ce sont les **méthodes synthétiques,** qui, depuis vingt-cinq ans, ont fait tant progresser la chimie.

Ces méthodes tirent parti des affinités des éléments : carbone, hydrogène, oxygène et azote, et permettent de former de toutes pièces des composés de plus en plus complexes.

On réunit le carbone à l'hydrogène et on fait l'acétylène, l'un des nombreux carbures d'hydrogène. Cet acétylène, convenablement chauffé, se soude à lui-même et engendre la benzine, autre carbure plus complexe.

L'action du sulfure de carbone sur l'hydrogène sulfuré et le cuivre permet d'obtenir l'éthylène, que l'on transforme à son tour en alcool.

Cet alcool, obtenu par synthèse à l'aide d'éléments minéraux, peut engendrer tous les composés que l'on peut obtenir avec l'alcool formé sous l'influence de la vie par la fermentation des jus sucrés.

Ainsi la synthèse vient apporter son appui à l'analyse dans l'étude de tous les composés de la nature vivante. Et la chimie organique est devenue réellement la chimie du carbone et de ses combinaisons.

335. Classification des corps organiques. — Les corps organiques sont si nombreux qu'on a tout intérêt à les grouper pour pouvoir les étudier plus facilement.

On s'est borné longtemps à en faire trois classes : les **corps neutres,** les **acides** et les **bases ;** on se fondait ainsi sur l'action des réactifs colorés et sur le phénomène de la neutralisation qui a joué un si grand rôle dans l'étude des sels minéraux.

Aujourd'hui que les propriétés des corps organiques sont mieux connues, que les méthodes de synthèse permettent d'en reproduire un certain nombre, on renonce à l'ancienne classification et on groupe les corps d'après les réactions principales qu'on leur connaît. La connaissance des formules a permis des rapprochements intéressants, et elle a même parfois fait prévoir l'existence et la composition de corps nouveaux ; il s'en est dégagé l'idée des **fonctions chimiques,** c'est-à-dire d'un ensemble de propriétés communes à toute une catégorie de corps. Et c'est sur la similitude des propriétés et des réactions que repose la classification actuelle.

On fait huit classes :

1. Les **carbures d'hydrogène,** composés seulement de deux éléments, comme le gaz des marais, l'acétylène, le gaz oléfiant, etc. ;

2. Les **alcools,** dont un des types est l'alcool ordinaire et qui peuvent engendrer des acides et des sels ;

3. Les **aldéhydes,** qui sont le premier degré d'oxydation des alcools ;

4. Les **acides,** produits par une oxydation plus avancée des alcools ;

5. Les **éthers,** résultant de l'union des alcools avec les acides ou avec les alcools eux-mêmes,

Ces quatre derniers groupes renferment du carbone, de l'hydrogène et de l'oxygène ;

6. Les **alcalis,** qui contiennent les corps résultant de

l'action de l'ammoniaque sur les alcools et les alcalis naturels qui s'y rattachent;

7. Les **amides,** qui sont produits par l'action de l'ammoniaque sur les éthers et dont on rapproche les composés albuminoïdes;

8. Les **phénols,** sorte de composés alcooliques de la série aromatique.

Cette classification a l'avantage d'offrir des cadres bien caractérisés; elle simplifie l'enseignement en fixant des points de repère dans l'étude des composés si divers et si nombreux du monde organique.

336. Formules et notation. — Lorsqu'on représente les corps en écrivant pour chacun, l'un à la suite de l'autre, les symboles de ses éléments avec le nombre d'atomes que l'analyse a fait trouver, c'est une **formule brute** qui figure chaque corps. C'est ainsi qu'on représente l'acide acétique par $C^2H^4O^2$, l'alcool ordinaire par C^2H^6O, l'éther par $C^4H^{10}O$.

Lorsque, au contraire, on donne à chaque corps la fonction qui répond le mieux à ses propriétés principales ou à ses transformations, on emploie des **formules symboliques.** C'est ainsi qu'on représente l'alcool par $\overset{C^2H^5}{\underset{H}{}} O$ quand on en fait un oxyde hydraté comparable aux hydrates métalliques, la potasse $\overset{K}{\underset{H}{}} O$ ou la soude $\overset{Na}{\underset{H}{}} O$. Si l'on veut marquer, au contraire, qu'il procède de la soudure du gaz oléfiant C^2H^4 avec l'eau H^2O, on l'écrit C^2H^4,H^2O.

Enfin, quand on aura remarqué que tous les alcools primaires auxquels appartient l'alcool ordinaire ont pour caractéristique CH^2OH, on représentera aussi cet alcool par la formule CH^3,CH^2OH.

Dans le même ordre d'idées, l'acide acétique, dont la formule brute est $C^2H^4O^2$, peut être rapproché de l'acide azotique AzO^3H, parce qu'il a comme lui un atome de H à échanger contre les métaux monoatomiques. On l'écrira donc $C^2H^3O^2H$.

Tandis que, si l'on remarque que les acides organiques ont pour caractéristique le groupement CO^2H, on l'écrira alors CH^3,CO^2H.

En outre de ces formules symboliques, on en emploie parfois d'autres qui sont dites FORMULES DE CONSTITUTION, parce qu'on y veut marquer par la place que l'on donne aux éléments la génération même du composé. La formule de la benzine (Voir paragraphe 371) nous en donnera un exemple.

Résumé. — La chimie organique étudie toutes les substances que l'on rencontre dans les organes des végétaux et des animaux. Elle ne diffère pas de la chimie minérale pour les procédés qu'elle met en œuvre; la matière vivante et la matière brute ont les mêmes éléments, et ce sont toujours les mêmes lois qui régissent les réactions.

On nomme *substances organisées* celles qui ont gardé la forme de cellules ou de fibres que la vie leur avait donnée. Et on appelle *substances organiques* les corps que l'on en tire et qui ont tous les caractères des espèces chimiques, une composition constante, la possibilité de cristalliser; ainsi une graine, un os, un œuf, voilà des substances organisées, tandis que l'amidon, la gélatine, l'albumine sont des substances organiques.

Malgré leur grand nombre, les corps organiques n'ont pas beaucoup d'éléments; ils sont presque tous formés de *carbone*, d'*hydrogène*, d'*oxygène* et d'*azote*. Les plus simples sont formés de carbone et d'hydrogène; beaucoup ont en plus de l'oxygène, donnent de l'eau en brûlant et laissent du charbon pour résidu de leur combustion incomplète. Quant à ceux qui ont de l'azote, on leur fait produire de l'ammoniaque.

On fait l'*analyse qualitative* d'un corps organique quand on en sépare les unes des autres les espèces chimiques caractérisées dont la réunion constitue le corps. On n'a généralement recours, pour cette opération, qu'à des moyens physiques tels que l'action de la chaleur ou des dissolvants. Ainsi de la farine du grain de blé, malaxée sous un filet d'eau, on sépare le gluten élastique qui reste, l'amidon en poudre fine que l'eau a déposée, un peu d'albumine et de matière sucrée que l'eau a entraînées. Séparer ces quatre espèces chimiques, c'est faire l'analyse immédiate de la farine des céréales.

Dans l'étude des corps organiques, on a longtemps procédé *par analyse*, c'est-à-dire en dédoublant les corps complexes en corps plus simples et finalement en éléments. Mais on procède aussi *par synthèse*, en partant des éléments et en les combinant par le seul jeu des réactions chimiques pour obtenir des composés analogues ou identiques à ceux que fournissent les corps naturels. Ces synthèses ont fait considérer la chimie organique comme l'étude du carbone et de ses nombreuses combinaisons.

On avait d'abord groupé les corps organiques en *acides*, *bases* et *corps neutres*. Mais on les groupe aujourd'hui d'après un ensemble de propriétés qui constitue ce qu'on appelle les *fonctions chimiques*. C'est ainsi que l'on étudie successivement :

Les *carbures*, formés de deux éléments, le carbone et l'hydrogène ;

Les *alcools*, dont l'alcool ordinaire est le type ;

Les *aldéhydes*, ou alcools déshydrogénés ;

Les *acides*, produits par oxydation des alcools ;

Les *éthers*, ou combinaisons des alcools et des acides ;

Les *phénols*, ou alcools de la série aromatique ;

Les *alcalis* naturels ou artificiels, comparables à l'ammoniaque par leur constitution et beaucoup de leurs propriétés.

On représente les corps par des formules en écrivant l'un à la suite de l'autre les symboles des corps simples avec un exposant qui marque le nombre des atomes. Et, au lieu de la *formule brute* qui n'exprime que les résultats donnés par l'analyse, on écrit souvent des *formules symboliques*, auxquelles on fait exprimer implicitement l'une des caractéristiques du corps ou même quelquefois la manière dont on y suppose les éléments groupés.

CHAPITRE XXXVI

CARBURES D'HYDROGÈNE

337. Propriétés générales des carbures. — L'hydrogène, en s'unissant au carbone, donne une série de composés binaires qu'on désigne sous le nom de **carbures d'hydrogène.** Avec les autres métalloïdes, le chlore, le soufre, le phosphore, l'hydrogène ne produit qu'un très petit nombre de composés; mais, avec le carbone, il donne une infinité de corps différents.

Les carbures d'hydrogène sont les plus simples des composés organiques, car ils ne renferment que deux éléments. Ils sont très variés dans leurs propriétés. Il y en a de gazeux à la température ordinaire, comme l'*acétylène*, le *gaz des marais* et le *bicarbure* ; d'autres sont des liquides très volatils, comme la *benzine* et l'*essence de térébenthine*; enfin, quelques-uns sont solides, comme la *paraffine*, l'*anthracène*, la *naphtaline*, le *caoutchouc* et la *gutta-percha*.

Ils ont une propriété commune : formés de deux corps combustibles, ils brûlent tous facilement et avec flamme. Cette flamme est peu brillante quand l'hydrogène domine de beaucoup et qu'un afflux suffisant d'air brûle assez complètement le carbone. Elle est très brillante quand le carbone entre dans le carbure en plus grande quantité; elle peut même devenir fuligineuse s'il y est dominant.

Un seul carbure a pu être formé par l'union directe du carbone avec l'hydrogène, c'est l'**acétylène**. Les autres sont extraits de produits naturels plus complexes. Ils peuvent être considérés comme la base de tous les composés organiques.

338. Classification des carbures. — Les carbures d'hydrogène sont si nombreux qu'il a fallu les grouper en familles pour en faciliter l'étude. On les a réunis en séries dont chacune renferme les carbures qui ont des propriétés communes et un mode de synthèse analogue. Chaque série diffère de la précédente par 2 atomes d'hydrogène en moins (H^2) pour le même nombre d'atomes de carbone. Et, dans chaque série, les termes successifs diffèrent entre eux par CH^2 [1] : on les appelle des **corps homologues**.

[1] C $=$ 12 grammes, H $=$ 1 gramme.

PREMIÈRE SÉRIE. — **Carbures forméniques.**

Formule générale......................... C^nH^{2n+2}
Le premier terme est le gaz des marais ou *formène* CH^4
avec les homologues suivants................. C^2H^6
—   —   —   .... C^3H^8
—   —   —   .... C^4H^{10}
—   —   —   ....   etc.

DEUXIÈME SÉRIE. — **Carbures éthyléniques**

Formule générale......................... C^nH^{2n}
Le premier terme est le bicarbure ou *éthylène*... C^2H^4
et les homologues, le   —   *propylène* . C^3H^6
—   —   —   *butylène* .. C^4H^8
—   —   —   *amylène* ... C^5H^{10}

TROISIÈME SÉRIE. — **Carbures acétyléniques.**

Formule générale......................... C^nH^{2n-2}
Le premier terme, le plus important, est l'*acétylène*. C^2H^2

QUATRIÈME SÉRIE. — **Carbures camphéniques.**

Formule générale......................... C^nH^{2n-4}
Le type principal est le camphène ou le térében-
thène formant la portion principale de l'essence
de térébenthine. .... $C^{10}H^{16}$

CINQUIÈME SÉRIE. — **Carbures benzéniques.**

Formule générale......................... C^nH^{2n-6}
On y trouve tout d'abord la *benzine*........... C^6H^6
—   —   et le *toluène*........... C^7H^8
....   etc.

On pourrait continuer cette classification ; mais nous nous bornerons à citer, dans les séries supérieures, la **naphtaline** $C^{10}H^8$ et l'anthracène $C^{14}H^{10}$.

Gaz des marais ou méthane

339. Propriétés du gaz des marais. — Le *gaz des marais*, que l'on appelle aussi *formène*, est le plus répandu des composés hydrogénés du carbone.

C'est un gaz inflammable, qui brûle avec une flamme jaune éclairante ; mélangé avec l'air, il détone violemment au contact des flammes et amène dans les houillères, où il est répandu en grandes masses sous le nom de **grisou**, de terribles accidents.

Il monte en bulles à la surface des eaux stagnantes dont on remue le fond (*fig.* 179) ; il sort spontanément du sol en divers endroits, comme autour de la mer Caspienne ; il forme la majeure partie des gaz

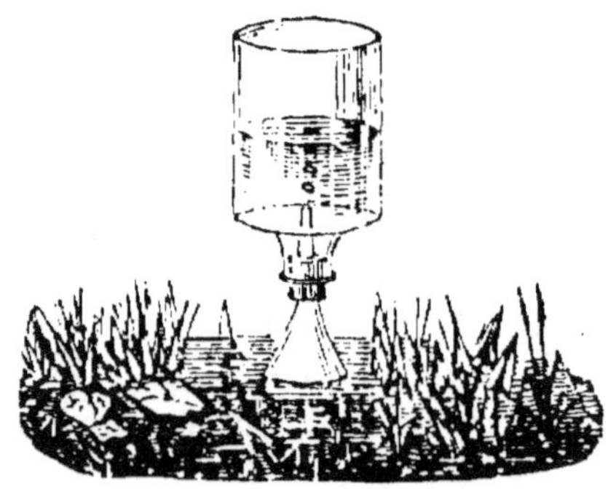

Fig. 179. — Moyen de recueillir le gaz des marais.

qu'émettent les pétroles d'Amérique et du Canada ; il entre pour près de moitié dans le gaz d'éclairage de la houille.

L'analyse du gaz des marais, faite à l'aide de l'*eudiomètre*, montre que, mélangé avec un volume double d'oxygène, le formène brûle complètement en produisant de l'eau et de l'anhydride carbonique :

$$CH^4 + O^4 = CO^2 + 2(H^2O).$$

Cette expérience assigne au formène la formule CH^4,

c'est-à-dire que ce corps contient 4 volumes d'hydrogène pour 1 volume de carbone. On dit alors que c'est un produit *saturé*. Il n'est possible de souder d'autres éléments au carbone que par substitution, c'est-à-dire en échange d'hydrogène.

On le produit dans les laboratoires en décomposant par la chaleur de l'acétate de soude sec en présence de chaux sodée.

340. Composés forméniques. — L'action du chlore sur le formène donne naissance aux composés suivants :

$$
\begin{aligned}
&\text{\textit{Formène} monochloré} \ldots\ldots\ldots\ldots\ldots && CH^3Cl \\
&\text{—} \quad \textit{dichloré} \ldots\ldots\ldots\ldots\ldots && CH^2Cl^2 \\
&\text{—} \quad \textit{trichloré} \ldots\ldots\ldots\ldots\ldots && CHCl^3 \\
&\text{—} \quad \textit{quadrichloré} \ldots\ldots\ldots\ldots && CCl^4.
\end{aligned}
$$

On obtient une série analogue de formènes bromés et de formènes iodés, tous formés par la substitution à l'hydrogène du brome ou de l'iode, comme les précédents sont formés par la substitution du chlore.

Le *formène monochloré* est tout particulièrement intéressant. Il se produit quand on mélange des volumes égaux de *chlore* et de *formène* et qu'on expose le flacon à la lumière solaire réfléchie irrégulièrement par la surface d'un mur blanc :

$$ CH^4 + Cl^2 = CHl + CH^3Cl. $$

On ouvre sur le mercure le flacon contenant les gaz ; on absorbe l'acide chlorhydrique par un morceau de potasse humide ; le gaz restant est le formène monochloré.

Ce composé est un gaz incolore, doué d'une odeur éthérée. Il a pu être liquéfié ; le liquide qu'il produit bout à — **23°** et peut être avantageusement employé pour obtenir de basses températures, car il se refroidit beaucoup en repassant à l'état de gaz sous l'influence d'un courant d'air. L'industrie l'utilise pour reproduire du froid.

La réaction la plus remarquable du formène monochloré est celle qui produit l'alcool de bois ou alcool méthylique ; elle a lieu quand on chauffe à 100° le gaz en présence de la potasse dans un ballon scellé :

$$CH^3Cl + KHO = CH^3HO + KCl.$$

On produit ainsi l'alcool de bois par synthèse.

L'alcool de bois CH^4O peut donc être considéré comme du gaz des marais ou du formène oxydé. Cette propriété du gaz des marais se retrouve dans tous ses homologues ; le carbure C^2H^6 peut engendrer un chlorure C^2H^3Cl et un alcool C^4H^3HO ou C^2H^6O, qui est l'alcool ordinaire, et ainsi des autres.

341. Formène trichloré ou chloroforme. — Le formène trichloré $CHCl^3$ a pu être obtenu par l'action directe du chlore sur le gaz des marais, à la lumière solaire :

$$CH^4 + 3Cl^2 = 3HCl + CHCl^3.$$

On l'obtient en plus grande quantité en faisant agir du chlore naissant sur l'alcool lorsque celui-ci peut se transformer en acide acétique sous une influence oxydante. On mêle 3 parties d'alcool avec 20 de chlorure de chaux, 10 de chaux et 80 d'eau. On chauffe le tout dans une cornue spacieuse, car la masse boursoufle beaucoup ; on distille ; on recueille un mélange de chloroforme, d'alcool et d'eau. On le rectifie de manière à séparer grossièrement l'alcool et l'eau ; on dessèche sur le chlorure de calcium le chloroforme impur et on le rectifie de nouveau.

Le chloroforme est un liquide incolore, d'une odeur suave et pénétrante ; il bout à 60° ; il est insoluble dans l'eau ; il brûle avec une flamme bordée de vert.

Il est fréquemment utilisé en médecine comme anesthésique.

342. Iodoforme CHI^3, dérivé triodé du CH^4, prend naissance par I sur beaucoup de substances organiques comme l'alcool, l'éther, la gomme, l'albumine en présence d'un alcali ou d'un carbonate alcalin.

PRÉPARATION. — Chauffer vers 70° 50 grammes $NaCO^3$ dissous en 55 centimètres cubes d'alcool à 90° dans 200 d'eau à laquelle on ajoute par petites portions 25 grammes d'Iode.

PROPRIÉTÉS. — Corps jaune cristallisé, fondant à 119°, insoluble dans l'eau, soluble dans beaucoup de liquides organiques, antiseptique puissant, en même temps anesthésique local, poison à dose élevée, cicatrisant des plaies où d'autres n'avaient pas réussi.

343. Propriétés générales des carbures saturés. — Les carbures de la première série, dont le gaz de marais ou formène est le premier terme, sont appelés *carbures saturés*, parce qu'ils ne peuvent se modifier que par substitution, qu'on ne peut leur souder un corps simple ou composé qu'en remplacement d'un ou plusieurs atomes d'hydrogène.

Si l'on considère les composés monochlorés de chacun d'eux, formés par la substitution de 1 de chlore à 1 d'hydrogène, on est tenté de les comparer aux chlorures métalliques, avec cette différence qu'au lieu d'un métal on a un groupement composé qui paraît se comporter comme un corps simple; on donne alors des noms spéciaux à ces groupements :

Avec les *carbures*,	CH^4	C^2H^6	C^3H^8	C^4H^{10}
on forme les corps,	CH^3Cl	C^2H^5Cl	C^3H^7Cl	C^4H^9Cl.
et on les désigne par les noms de :	*Chlorure de méthyle*	*d'éthyle*	*de propyle*	*de butyle*

Chacun de ces chlorures peut engendrer un alcool par l'action de la potasse en remplaçant Cl par OH. On a alors les alcools :

Alcools :	CH^3OH	C^2H^5OH	C^3H^7OH	C^4H^9OH.
	Méthylique	*Éthylique*	*Propylique*	*Butylique*

Ces alcools, écrits en formules brutes et rapprochés des carbures correspondants, représentent ces carbures oxydés par une réaction indirecte :

Carbures :	CH^4	C^2H^6	C^3H^8	C^4H^{10}
Alcools :	CH^4O	C^2H^6O	C^3H^8O	$C^4H^{10}O$.

A la série des carbures saturés correspond donc une série d'alcools.

On peut concevoir tous ces carbures comme dérivés les uns des autres par la substitution à l'hydrogène du groupement CH^3, qui n'a qu'une existence théorique, mais que l'on retrouve dans presque tous les composés du formène.

Le formène CH^4 peut se figurer par CH^3H ou par $C\begin{Bmatrix} H \\ H \\ H \\ H \end{Bmatrix}$

et la substitution de CH^3 à un ou plusieurs H de la dernière formule amène les corps :

$$C \left\{ \begin{array}{l} CH^3 \\ H \\ H \\ H \end{array} \right. \qquad C \left\{ \begin{array}{l} CH^3 \\ CH^3 \\ H \\ H \end{array} \right. \qquad C \left\{ \begin{array}{l} CH^3 \\ CH^3 \\ CH^3 \\ H \end{array} \right.$$

ou $\qquad\qquad C^2H^6 \qquad\qquad\qquad C^3H^8 \qquad\qquad\qquad C^4H^{10}$

c'est-à-dire les homologues successifs du formène.

Les premiers carbures de la série sont gazeux ; après eux viennent des liquides dont le point d'ébullition va en s'élevant à mesure que croît le nombre d'atomes de carbone et d'hydrogène ; les derniers sont des corps solides.

La plupart sont contenus dans les pétroles et ont pu en être extraits par des distillations fractionnées.

Pétroles

344. État naturel et extraction. — Les pétroles sont des liquides huileux, jaunes, d'une odeur désagréable, qui brûlent avec un grand éclat et que l'on emploie depuis plusieurs années à l'éclairage, sous le nom général **d'huiles minérales.**

On les trouve en grande quantité dans certaines contrées de l'*Amérique*, comme la *Pensylvanie*, où ils sont exploités dans des puits variant de 20 à 200 mètres de profondeur. Certains de ces puits sont jaillissants et versent par leur ouverture des gaz inflammables, puis du pétrole et de l'eau salée ; la plupart sont munis de pompes destinées à faire monter le liquide combustible.

Le pétrole brut extrait des puits est de couleur foncée. Il est trop inflammable pour être employé tel et même pour être transporté sans danger. On le distille dans de grandes cornues, placées dans des bâtiments en fer, loin des foyers, et chauffées par un courant de vapeur.

Le premier produit qui passe à la distillation, entre 45° et 70°, est très léger, très inflammable, et produit avec l'air des mélanges explosifs dangereux; c'est l'*éther du pétrole*.

Le second liquide, recueilli entre 75 et 120°, est inflammable à la température ordinaire; il porte le nom de *naphte* ou d'*essence minérale*.

Le troisième, que l'on recueille de 150 à 280°, est le *photogène* ou *huile d'éclairage*, qui servira dans les lampes après avoir été raffiné.

Enfin, vers 300°, il distille des huiles lourdes que l'on peut utiliser pour lubréfier les machines ou pour le chauffage. Elles contiennent beaucoup de paraffine que l'on en peut extraire avec profit.

Le dernier produit qui reste dans la cornue est un coke plus dense que celui de la houille, mais qui brûle bien sur les grilles.

La composition des pétroles est très complexe; on y a constaté l'existence de quatorze hydrocarbures, qui sont tous de la série du gaz des marais.

345. Utilisation des parties volatiles. — L'éther de pétrole est un liquide à forte tension de vapeur, qui prend feu au contact d'un corps enflammé. Sa vapeur, mêlée à l'air, forme un gaz d'éclairage appelé *gaz Mille*.

L'essence de pétrole remplace la benzine comme dissolvant des résines et des corps gras employés pour les vernis. Elle est encore employée dans les *lampes à éponge*, aujourd'hui très répandues. Le réservoir de ces lampes est occupé par des éponges que l'on imbibe d'essence et qui la cèdent à la mèche peu à peu, par capillarité. C'est l'essence qui sert dans les moteurs.

346. Pétrole pour lampes. — L'huile pour l'éclairage est traitée par l'acide sulfurique, lavée à l'eau, soumise à l'action de la soude caustique et à un lavage;

elle devient ainsi très fluide, incolore, un peu opalescente par réflexion. C'est le pétrole *rectifié*. Il ne doit pas contenir de matières très volatiles, pour n'être pas d'un maniement dangereux. Si, chauffé à 35°, il prenait feu à l'approche d'un corps enflammé, c'est qu'il serait mélangé d'essence; il faudrait le redistiller.

Il est employé dans des lampes à réservoir où plongent des mèches plates. La mèche n'a pas besoin, à cause de la volatilité du produit, d'occuper toute la partie inférieure de la flamme, comme dans les lampes à huiles végétales. Mais, comme l'huile de pétrole contient moins d'oxygène que ces dernières, il faut pour la combustion un courant d'air plus actif que l'on obtient par le rétrécissement du verre de lampe ou par un double courant d'air autour de la mèche. La lumière produite est bien blanche, d'un grand éclat et présente une assez grande économie sur les autres sources lumineuses.

347. Paraffine. — La paraffine est un corps solide incolore, à texture cristalline, assez semblable au blanc de baleine, sans saveur ni odeur et translucide. Elle fond de 45° à 60°. Elle est insoluble dans l'eau et l'alcool froid, soluble dans l'éther et les huiles grasses.

Elle n'est pas attaquée à froid par les acides. Son indifférence aux réactifs chimiques la rapproche des carbures de la première série. Comme eux, elle est attaquée par le chlore et le brome. On pense que c'est un mélange d'hydrocarbures rapprochés par leur composition.

On l'emploie, en dissolution dans une huile volatile, pour protéger les surfaces métalliques. Mais son principal usage, c'est de servir avec un peu de stéarine à la fabrication des bougies; elle brûle, en effet, facilement avec une flamme blanche très éclairante.

On la retire du goudron de bois, du goudron de houille, mais surtout des huiles lourdes des pétroles.

Ces huiles lourdes, sorties assez chaudes du serpentin où elles se sont condensées, sont dirigées dans de vastes caves disposées en glacières souterraines. La paraffine se fige. On la comprime sous la presse hydraulique. Et, pour la blanchir et la purifier, on la reprend par des huiles légères que l'on exprime et qui laissent la paraffine blanche en pains.

C'est également des huiles lourdes que l'on extrait la **vaseline** corps onctueux très employé en pharmacie.

348. Bitumes. — Les bitumes sont des matières solides de consistance variable, qui peuvent brûler comme les pétroles avec une flamme plus ou moins éclairante. On les considère comme formés de la réunion de plusieurs carbures.

L'**asphalte** est un bitume noir mélangé à du sable et à du calcaire ; on fait avec lui des mastics tenaces.

Le **bitume de Judée,** noir et luisant, a la propriété d'être sensible à l'action de la lumière lorsqu'il est en solution dans la benzine ; il est soluble dans l'essence de térébenthine, mais il devient insoluble quand il a été soumis aux rayons lumineux.

Résumé. — Les *carbures d'hydrogène* sont nombreux et variés. Il y en a de gazeux, comme le gaz des marais, l'acétylène ; d'autres sont liquides, comme les pétroles, la benzine, l'essence de térébenthine ; enfin quelques-uns sont solides, comme la paraffine, la naphtaline, le caoutchouc.

Ils ont une propriété commune, c'est de brûler avec flamme ; ils sont, en effet, formés de deux corps combustibles, l'hydrogène et le carbone. La flamme est peu brillante, mais très chaude, quand l'hydrogène domine, et que le carbone est complètement brûlé ; elle est brillante quand le carbone est porté à l'incandescence ; elle reste fuligineuse ou fumeuse quand le carbone y est dominant.

Un seul carbure a pu être obtenu par synthèse ; les autres sont formés dans la nature par des réactions encore inconnues.

Pour étudier les carbures d'hydrogène, il a fallu les classer. On en a fait des *séries* qui diffèrent l'une de l'autre par deux atomes d'hydrogène en moins. On a pris pour point de départ

le gaz des marais qui est le premier terme de la première série.
Dans chaque série se trouvent des corps homologues, ayant des
propriétés assez analogues, et ne différant l'un de l'autre que
par CH^2.

Les trois premières séries, dont les types sont le *gaz des marais
ou formène* CH^4, l'*éthylène* C^2H^4, l'*acétylène* C^2H^2, sont parfois
groupées en une seule sous le nom de *série grasse*, à cause de
certains acides entrant dans la constitution des corps gras.

La série de la *benzine* C^6H^6 et des carbures qui en dérivent
porte le nom de *série aromatique*.

Le *gaz des marais ou formène* se dégage des eaux stagnantes
dont on remue le fond; il sort spontanément du sol de certaines contrées, il forme la majeure partie des gaz émis par
les pétroles bruts d'Amérique ou de Russie.

Il brûle avec une flamme brillante. Sa combustion complète a
lieu avec détonation. En mélange avec l'air, il détone violemment; sous le nom de *grisou*, il existe en grandes masses dans
certaines houillères, où il produit parfois des accidents terribles.

Son analyse dans l'eudiomètre lui assigne la formule CH^4. On
le dit *saturé;* on ne peut, en effet, y ajouter un corps comme le
chlore qu'en y enlevant une quantité proportionnelle d'hydrogène.

L'action du chlore Cl sur le formène CH^4 est particulièrement
intéressante. En mélangeant les deux gaz à volumes égaux, on
obtient le *formène monochloré* CH^3Cl; on peut obtenir aussi par
une substitution plus avancée le *formène trichloré* ou *chloroforme* $CHCl^3$.

Le formène monochloré, appelé encore chlorure de méthyle ou
même de méthane, a pu être liquéfié et, sous cette forme, constituer un réfrigérant utilisable pour l'industrie.

Il n'est pas moins intéressant au point de vue théorique, car, si
on le traite par la potasse, il engendre l'*alcool de bois*.

Le **chloroforme** obtenu par l'action du chlorure de chaux sur
l'alcool ordinaire est un liquide très volatil, utilisé fréquemment
en médecine comme anesthésique.

Les carbures dont le gaz des marais est le chef de file sont
comme lui appelés *carbures saturés*. Ils ont, comme lui, la propriété d'engendrer un alcool en prenant 1 atome d'oxygène, par
l'entremise du chlore d'abord, puis de la potasse.

On peut même les considérer théoriquement comme dérivés du
formène par substitution à H du groupement CH^3. C'est ainsi que
le second, dont la formule brute est C^2H^6, peut encore s'écrire
CH^3,CH^3, comme si, dans le formène CH^4 ou CH^3H, un groupement CH^3 s'était substitué à H.

Les **pétroles** sont des liquides huileux, jaunes, d'une forte
odeur, brûlant avec une flamme brillante, et employés sous le

nom d'*huiles minérales*. On les trouve en grande quantité aux Etats-Unis et en Russie.

Leur composition est très complexe; on y a trouvé quatorze carbures de la série du formène.

Le pétrole brut est trop inflammable pour être employé tel. On le distille dans des raffineries et on en sépare divers produits qui reçoivent une utilisation différente.

C'est d'abord un produit très volatil, très inflammable, qu'on emploie sous le nom d'*éther* ou d'*essence* de pétrole comme dissolvant des corps gras ou encore comme source de benzine, ou enfin, avec de grandes précautions, à l'éclairage dans de petites lampes où l'on ne laisse pas de liquide.

L'*huile minérale* restée de la première distillation est lavée à l'acide sulfurique, puis à la potasse, et elle est vendue soit pour l'éclairage dans des lampes à réservoirs, soit aussi pour le graissage des organes mobiles des machines.

Les huiles lourdes, qui ne distillent que vers 300°, laissent déposer de la *paraffine* ou de la *vaseline* par refroidissement.

Le dernier résidu est un coke plus dense que celui de la houille, mais qui peut brûler sur grilles.

Les **bitumes** sont considérés comme des produits analogues des pétroles qui se seraient solidifiés.

CHAPITRE XXXVII

BICARBURE D'HYDROGÈNE ET HOMOLOGUES
PRODUITS DE LA DISTILLATION DE LA HOUILLE

349. Préparation et propriétés du bicarbure d'hydrogène. — Le bicarbure d'hydrogène C^2H^4, appelé encore **éthylène**, est retiré de la déshydratation de l'alcool par l'acide sulfurique. On chauffe dans un ballon un mélange d'alcool et d'acide sulfurique auquel on a ajouté du sable pour rendre la décomposition régulière. Quand la température atteint 160°, le gaz se dégage; on le fait laver dans un flacon contenant de la potasse, dans un autre contenant de l'acide sulfurique, et on le recueille sur l'eau.

L'alcool peut être considéré comme formé de bicarbure d'hydrogène et d'eau :

$$C^2H^6O = C^2H^4 + H^2O.$$
$$Alcool \qquad Bicarbure$$

L'acide sulfurique retient cette eau, et le gaz se dégage.

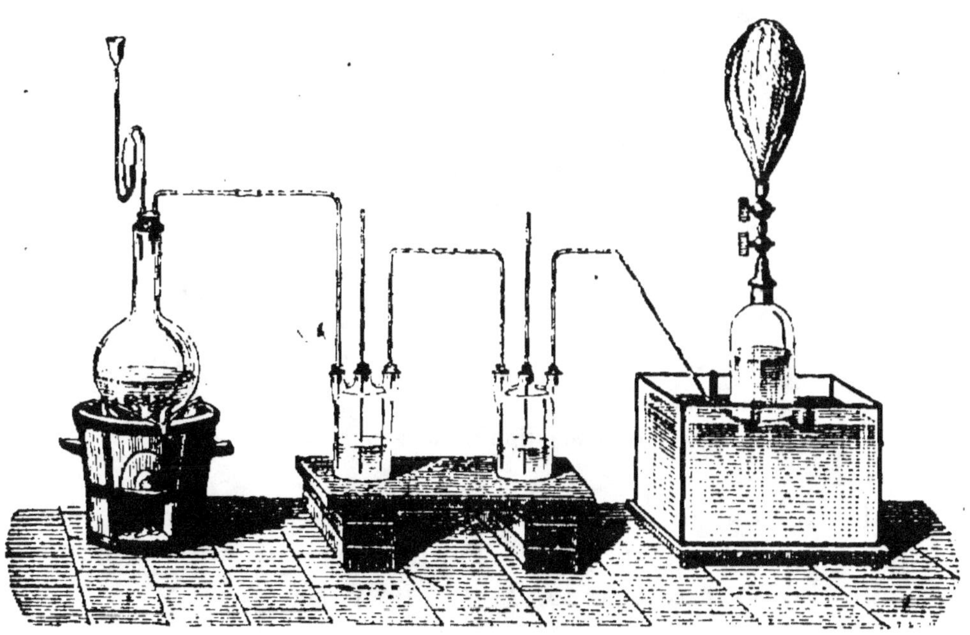

Fig. 180. — Préparation du bicarbure d'hydrogène.

C'est un gaz incolore, d'une légère odeur éthérée, très peu soluble dans l'eau, plus soluble dans l'alcool et l'éther. Il brûle avec une longue flamme éclairante (*fig.* 181). Mélangé à l'air ou à l'oxygène, il donne un mélange détonant et produit par sa combustion de l'anhydride carbonique et de l'eau. Si l'air n'arrive pas en assez grande abondance, il se dépose du charbon sous forme de noir de fumée sur les parois de l'éprouvette :

$$C^2H^4 + O^4 = 2(H^2O) + CO^2 + C.$$

Il détone très violemment par sa combustion complète, quand on le mélange de 3 fois son volume d'oxygène et qu'on l'enflamme :

$$C^2H^4 + O^6 = 2\,(H^2O) + 2\,(CO)^2.$$

Fig. 181. — Inflammation du bicarbure d'hydrogène.

Le flacon où l'on fait produire l'explosion est toujours brisé; aussi faut-il l'entourer d'un linge épais mouillé, pour retenir les éclats de verre.

Action du chlore et du brome. — Si l'on remplit de bicarbure d'hydrogène le tiers d'une grande éprouvette à pied, qu'on achève de la remplir avec du chlore, qu'on retourne l'éprouvette et qu'on la ferme, les deux gaz se mélangent.

Si l'on y met le feu et qu'on referme, une lueur vive se produit et un nuage épais de charbon remplit l'éprouvette. C'est un exemple frappant d'une combustion où l'oxygène n'a joué aucun rôle et où un corps combustible, le charbon, a été déposé sans brûler pendant que l'hydrogène se combinait au chlore :

$$C^2H^4 + Cl^4 = 4\,(HCl) + 2C.$$

Le bicarbure s'unit directement au chlore et au brome, et les deux corps simples viennent non pas se substituer, mais s'ajouter aux éléments du carbure. A la lumière diffuse, des volumes égaux de chlore et de bicarbure se combinent pour donner le composé huileux et liquide appelé *liqueur des Hollandais* :

$$C^2H^4 + 2Cl = C^2H^4Cl^2.$$

Ce composé $C^2H^4Cl^2$ est un chlorure organique, le *chlorure d'éthylène*.

Traité par le chlore sous l'influence de la lumière solaire, ce chlorure perd successivement son hydrogène et prend une quantité équivalente de chlore, et on obtient les composés :

$$C^2H^3ClCl^2 \quad C^2H^2Cl^2Cl^2 \quad C^2HCl^3Cl^2 \quad C^2Cl^4Cl^2.$$

Le chlorure d'éthylène ne précipite pas immédiatement par le nitrate d'argent; mais, si on l'enflamme, le chlore y reparaît sous la forme d'acide chlorhydrique.

Le brome agit sur l'éthylène comme le chlore, et il donne des produits analogues. Le bromure d'éthylène $C^2H^4Br^2$ se forme facilement : on introduit un petit tube renfermant du brome liquide dans un flacon de gaz éthylène; on ferme et on agite; le gaz est aussitôt absorbé par le brome et, si l'on ouvre le flacon sur l'eau, il se remplit.

Le bromure d'éthylène subit un grand nombre de transformations. Si l'on fait agir sur lui de l'acide iodhydrique à 275°, autrement dit de l'hydrogène naissant, il se change en C^2H^6, le second des carbures saturés.

350. Propriétés des carbures de la 2e série. — Les carbures de la 2e série, qu'on appelle encore **carbures éthyléniques** parce qu'ils ont l'éthylène pour type, sont tous des produits artificiels. On peut les

obtenir en déshydratant les alcools par l'acide sulfurique, et c'est ainsi qu'on obtient l'éthylène.

Agités avec de l'acide sulfurique, ils s'y combinent et,
par l'action de l'eau sur le produit formé, l'alcool est
régénéré. C'est ainsi que M. Berthelot a pu réaliser la
synthèse de l'alcool à l'aide de l'éthylène.

Les principaux de ces carbures sont :

$$
\begin{aligned}
&\textit{l'éthylène ou gaz oléfiant}\ldots\ldots\ldots\ldots\quad C^2H^4 \\
&\textit{le propylène}\ldots\ldots\ldots\ldots\ldots\ldots\quad C^3H^6 \\
&\textit{le butylène}\ldots\ldots\ldots\ldots\ldots\ldots\quad C^4H^8 \\
&\textit{l'amylène}\ldots\ldots\ldots\ldots\ldots\ldots\quad C^5H^{10}
\end{aligned}
$$

La réaction la plus caractéristique de ces composés,
c'est de s'unir à $Cl^2 - Br^2 - I^2$, ou bien encore à HCl
$- HBr - HI$; dans ce dernier cas, il y a formation de
composés analogues aux composés forméniques; tandis
que, dans le premier cas, les corps formés sont analogues à la liqueur des Hollandais :

$$
\begin{aligned}
C^2H^4 + HI &= C^2H^4HI & \text{ou} \quad & C^2H^5I. \\
C^2H^4 + HCl &= C^2H^4HCl & \text{ou} \quad & C^2H^5Cl.
\end{aligned}
$$

Ces chlorures, bromures et iodures, traités par la
potasse, engendrent des alcools qui ont reçu le nom de
glycols et où l'hydroxyle OH vient remplacer le chlore :

$$
C^2H^4Cl^2 + (KHO)^2 = 2KCl + C^2H^4 \left\{ \begin{array}{l} OH \\ OH \end{array} \right.
$$

Chlorure   *Glycol*
d'éthylène   *éthylénique*

Le bicarbure existe dans le gaz d'éclairage. C'est
pourquoi nous étudions ici la distillation de la houille
et les produits divers qu'on en tire, bien qu'ils ne
rentrent pas tous dans les carbures d'hydrogène.

Produits de la distillation de la houille

351. Variétés de houilles. — La houille est un charbon noir, en fragments plus ou moins volumineux, d'une texture en feuillets ou schisteuse, que l'on retire de la terre. Elle n'est pas placée indistinctement dans tous les terrains ; les plus anciens ni les plus nouveaux n'en renferment pas.

Elle présente diverses variétés que l'on distingue d'après leur apparence extérieure, la manière dont elles se conduisent au feu et la nature du coke qu'elles laissent.

Le premier groupe comprend les *houilles bitumineuses, grasses, à longue flamme*, que l'on subdivise :

1° En *houilles grasses maréchales*, se ramollissant beaucoup au feu, donnant un coke poreux et convenant particulièrement au chauffage des forges et à la fabrication du gaz ;

2° En *houilles sèches et dures*, qui ne gonflent pas, donnent un coke dense et sont particulièrement réservées au chauffage des foyers à grilles.

Le deuxième groupe comprend les *houilles maigres* ou *anthraciteuses*, qui se réduisent en petits fragments et ne donnent pas une température très élevée.

Toutes les variétés sont plus ou moins mélangées de pyrite de fer qui peut nuire à leur qualité.

352. Distillation de la houille. — La carbonisation complète de la houille, sur les forges ou les grilles des foyers, dans le but d'en obtenir de la chaleur, ne laisse comme résidu que des cendres, quand l'air afflue convenablement. Les carbures dégagés forment la flamme en brûlant.

La carbonisation incomplète peut se faire en gros tas couverts (comme pour le charbon de bois par le procédé des forêts), ou en cylindres, avec une quantité d'air limitée ; les carbures dégagés ne brûlent pas, et le résidu poreux, caverneux et léger, porte le nom de **coke**.

Aux abords des usines métallurgiques où l'on a besoin de grandes quantités de coke, c'était le premier procédé qui était employé ; il est modifié aujourd'hui de manière à permettre de recueillir par condensation les carbures dégagés qui ont de la valeur. Dans les villes, où l'on veut surtout obtenir les gaz combustibles de la houille et où le coke n'est plus qu'un accessoire, c'est la distillation sèche en cylindres que l'on pratique sur des houilles à longue flamme. Réalisée dans les laboratoires (*fig.* 182), cette distillation donne un gaz à longue flamme très éclairante, que l'on peut allumer à l'extrémité du tube effilé qui le dégage.

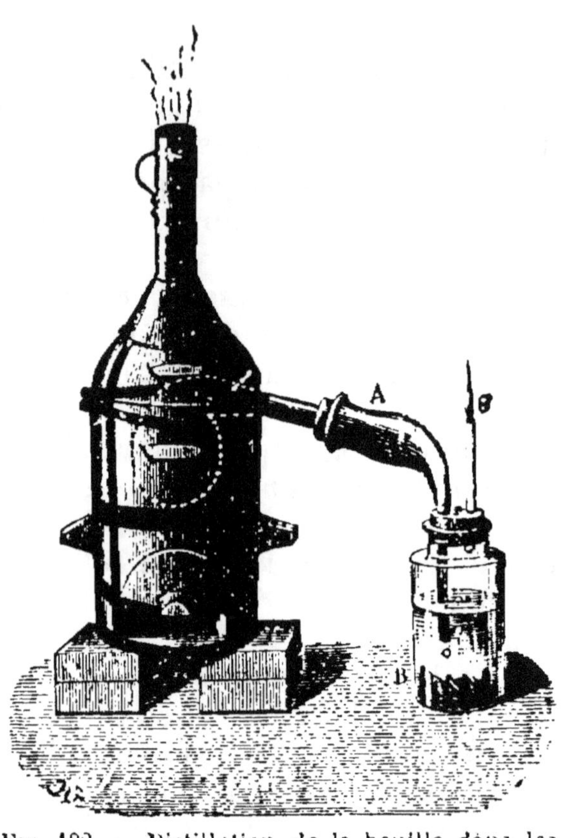

Fig. 182. — Distillation de la houille dans les laboratoires. — A, allonge recourbée fixée à la cornue ; — B, flacon laveur destiné à recueillir les liquides condensés ; — *d*, tube effilé où le gaz se dégage et brûle.

353. Produits de la distillation de la houille. — Les houilles, soumises à la distillation sèche, donnent des produits dont la quantité et la qualité varient avec la rapidité et la température de la combustion ; pour n'en citer qu'un exemple, avec la température la moins élevée, on obtient plus de goudron ; à haute température, plus de gaz. Voici ces produits :

1° Gaz	Protocarbure, bicarbure, acétylène et carbures divers. Hydrogène, azote. Oxyde de carbone, acide carbonique, hydrogène sulfuré. Sulfure de carbone, vapeurs de sels ammoniacaux.
2° Liquides entraînés par les gaz.	Eau ammoniacale. Goudron.
3° Résidus	Charbon de cornue (fixé aux parois de la cornue). Coke.

Il faut indiquer brièvement les emplois de ces différents produits.

D'abord les résidus. Le **coke**, retiré incandescent des cornues, est éteint, puis concassé pour être livré à la consommation comme matière de chauffage.

Le *charbon de cornue* s'accumule peu à peu et finit par acquérir une épaisseur de plusieurs centimètres. On l'enlève des cornues hors de service ; on le taille pour en faire des charbons de pile : il conduit, en effet, assez bien l'électricité.

354. Gaz d'éclairage. -- Quand on veut faire servir à l'éclairage les gaz provenant de la distillation de la houille, il faut choisir les houilles à longue flamme, celles qui présentent à l'analyse le plus d'hydrogène en excès par rapport à l'oxygène. En France, on emploie les houilles grasses de *Mons*, d'*Anzin* et de *Commentry*, qui donnent environ 24 mètres cubes de gaz à brûler par 100 kilogrammes de houille distillée. En *Angleterre*, on emploie le **cannel-coal**, qui donne un gaz très éclairant, et le **boghead**, sorte de charbon bitumineux qui produit le *gaz portatif*, mais dont le coke n'a pas les propriétés du coke de houille.

L'appareil complet comprend les *cornues* et les *fours*, le *barillet* qui fait fonction de *flacon de Wolff*, l'*aspirateur*, le *réfrigérant* ou *épurateur physique*, l'*épurateur chimique* et enfin les *gazomètres*.

Cornues et fours. — Les cornues ont la forme d'un demi-cylindre surbaissé et très long ; elles sont en terre réfractaire avec une tête en fonte portant le tube à dégagement des gaz ; une fois chargées, elles sont fermées par une plaque de fonte formant tampon et lutée à l'argile (*fig.* 183). On en assemble cinq ou sept dans le même

Fig. 183. — Cornue d'usine à gaz avec sa plaque de fermeture ; — A, demi-cylindre en terre ; — B, portion en fonte ; — C, plaque de fermeture avec sa clef ; — T, tube allant jusqu'au barillet.

four, chauffées par le même foyer et dont les tubes vont se rendre dans le même récipient.

Barillet. — Le récipient, appelé *barillet*, est un long cylindre placé au-dessus du four ; il contient de l'eau, dans laquelle plongent, de 2 ou 3 centimètres, les tubes amenant les gaz. De cette manière, chaque cornue se trouve isolée des autres par une fermeture hydraulique, et les fuites qui peuvent s'y produire n'ont pas grande influence sur l'ensemble de la production. Il s'opère dans le barillet une première condensation d'eau et de goudron ; il est muni d'un trop-plein pour maintenir le liquide à un niveau constant.

Aspirateur. — Au sortir du barillet, les gaz doivent traverser une série d'appareils. Pour éviter que par cette marche il n'y ait une pression trop forte dans les

cornues, on aspire le gaz à mesure de sa production
pour le refouler ensuite dans les appareils qu'il traver-
sera jusqu'au gazomètre.

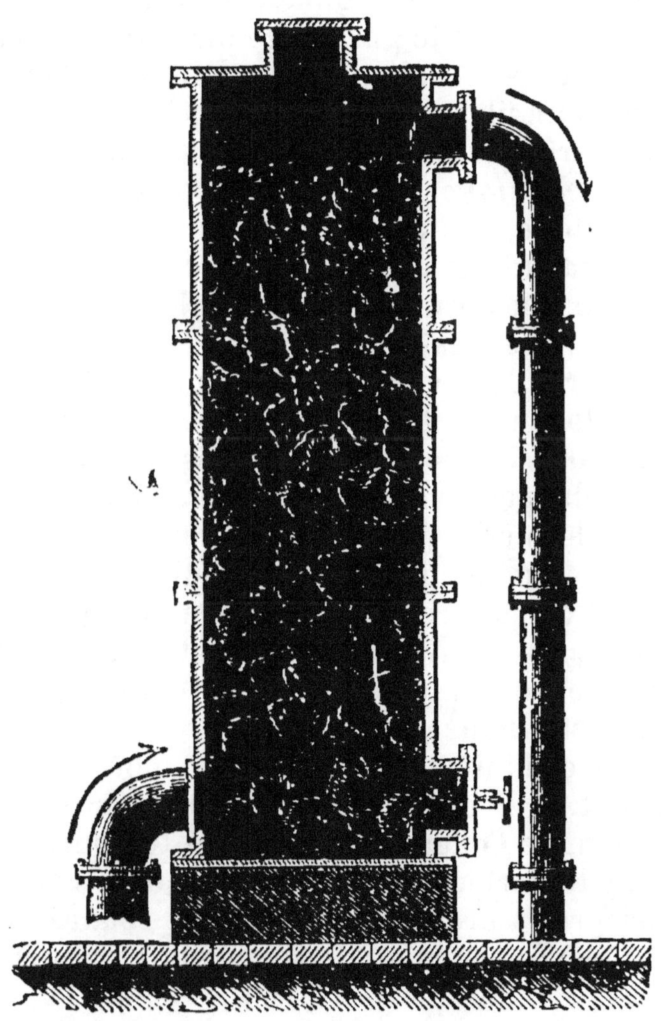

Fig. 184. — Colonne à coke.

Réfrigérant ou épurateur physique. — Le gaz passe
de l'aspirateur ou extracteur dans une série de tuyaux
verticaux qui communiquent entre eux par leurs extrémités recourbées; les courbures inférieures ont un

prolongement qui plonge dans l'eau par où s'écoulent les liquides (goudron et eau ammoniacale) que le gaz a abandonnés en se refroidissant par sa longue circulation dans des tuyaux en contact avec l'air ambiant. Pour achever de priver le gaz du goudron qui le souille, on le fait passer au travers d'une longue colonne de coke où tombe un filet d'eau (*fig.* 184); il trouve là une très grande surface où il dépose le goudron.

Épurateur chimique. — Reste à enlever au gaz l'acide carbonique, l'acide sulfhydrique et les sels volatils d'ammoniaque, comme le sulfhydrate, qui diminuent le pouvoir éclairant : c'est là le rôle de l'*épuration chimique*. On la réalisait autrefois en faisant traverser au gaz une série de couches de chaux séparées par du foin. On emploie un mélange de chaux et de sulfate de fer, qui, d'abord oxydé à l'air, représente du sulfate de chaux et du peroxyde de fer au moment où il est employé. Ce dernier corps s'empare des sulfures d'hydrogène et d'ammoniaque, qu'il détruit pour fixer le soufre à l'état de sulfure de fer. La matière épuratrice, après service, est revivifiée à l'air, et mélangée avec de la sciure de bois qui la divise et la rend plus poreuse, elle sert à nouveau.

Le gaz est conduit aux *gazomètres*, d'où on le distribue partout où il doit servir. Son pouvoir éclairant paraît dû, comme l'odeur qui lui reste toujours, à des vapeurs d'hydrocarbures riches en carbone, comme la benzine, propres à produire une flamme éclairante par le charbon incandescent très divisé qu'elles y apportent.

355. Eaux ammoniacales. — Les liquides condensés dans les épurateurs physiques contiennent le goudron et les produits ammoniacaux. On les rassemble dans des puits où le goudron, plus lourd, gagne le fond.

On en sépare facilement, après repos, les eaux ammoniacales que l'on appelle des **eaux de condensation.**

Ces eaux sont une des sources des sels ammoniacaux et de l'ammoniaque. Si c'est l'alcali qu'on en veut retirer, on les distille dans des appareils complexes à plusieurs chaudières disposées pour que les vapeurs échappées de la première viennent élever la température de la seconde en s'y condensant en partie. Finalement l'ammoniaque traverse une série de serpentins, et vient sortir dans un vase contenant de l'eau acidulée qui la retient et d'où une distillation avec de la chaux en fera sortir l'alcali pur.

356. Goudron. — Le goudron est un liquide noir, visqueux ou huileux, insoluble dans l'eau, d'une odeur forte, qui se produit non seulement dans la distillation de la houille à l'abri de l'air, mais aussi dans celle de tous les combustibles que nous offre la nature. Il a été longtemps sans valeur; mais c'est aujourd'hui une source d'une multitude de produits utiles, que l'on s'applique avec soin à en retirer.

Il représente 5 à 7 0/0 seulement du poids de la houille distillée. Mais, si l'on songe aux grandes quantités de houille que l'on emploie pour obtenir le gaz d'éclairage, aux quantités bien plus grandes encore que l'on transforme en coke par le procédé des meules modifié pour recueillir toutes les matières qui peuvent se condenser, on comprendra que l'industrie dispose de masses considérables de goudron qu'elle sait aujourd'hui utiliser.

Le goudron est une matière des plus complexes. On a signalé, outre l'eau et le sulfure de carbone, vingt carbures d'hydrogène divers, parmi lesquels la **benzine**, le **toluène**, la **naphtaline** et l'**anthracène** sont les plus importants, et quinze composés azotés, où nous ne retiendrons que l'**aniline**.

357. Distillation du goudron. — Le traitement des goudrons diffère notablement, suivant les produits que l'on veut surtout en retirer. Mais, dans tous les cas, on procède d'abord à une *distillation*. Les goudrons bien déposés sont conduits dans des chaudières cylindriques en tôle forte ou en fonte, d'une contenance de 10.000 à 20.000 litres, chauffées à feu nu. Ces chaudières sont munies d'un serpentin avec son réfrigérant. Au commencement, il faut refroidir sans cesse le serpentin conducteur; mais, à la fin, on le laisse s'échauffer pour éviter que des produits solides ne s'y condensent et ne l'obstruent. Ce serpentin doit être disposé le plus loin possible du foyer, car les produits qui passent d'abord à la distillation sont éminemment inflammables.

Les premiers produits qui passent constituent l'*essence légère de houille* ou ce que l'on appelle ordinairement les *huiles légères;* on considère comme tel tout ce qui distille entre 70° et 200°; on en obtient environ 6 0/0 du poids du goudron.

En continuant à chauffer, on recueille des produits appelés *huiles lourdes*, qui passent au-dessus de 200°; le goudron en donne 20 à 25 0/0 de son poids.

Le résidu porte le nom de *brai*.

358. Utilisation du brai. — On peut obtenir, suivant le point où l'on arrête la distillation :

Le *brai liquide*, visqueux, pâteux à froid, renfermant des huiles lourdes. On le reçoit dans des tonnes de fer pour l'expédier aux fabricants d'*agglomérés;*

Le *brai gras*, solide à la température ordinaire, renfermant peu d'huiles lourdes. On l'emploie en mélange avec le sable pour les asphaltes artificiels;

Le *brai sec* et dur, qui ne contient plus d'huiles lourdes; il ne peut servir qu'en poudre à la fabrication des briquettes.

359. Utilisation des huiles lourdes. — Les huiles lourdes recueillies au-dessus de 200° ne contiennent, comme produits utilisables, que la **naphtaline** et l'**anthracène**. On peut les employer directement à la conservation des bois. On a aussi proposé de les décomposer en les faisant tomber en filet dans une cornue chauffée au rouge. On les transforme ainsi en gaz d'éclairage, et on recueille une notable proportion d'huiles légères qui ont plus de valeur et que l'on peut utiliser comme il est dit ci-dessous.

360. Utilisation des huiles légères. — Quand on recueille sous le nom d'*huiles légères* tous les produits de la distillation du goudron qui passent de 40° à 200°, on leur fait subir une rectification qui les fractionne en deux parts :

Des huiles ayant distillé à 120°, *qui servent à la préparation de la benzine;*

Des huiles ayant distillé de 120° *à* 190°.

On trouve dans ces huiles légères des hydrocarbures de diverses séries, de la première et de la seconde en petite quantité, de la série de la benzine et notamment la **benzine** C^6H^6 et le **toluène**, son homologue, C^7H^8; on y trouve encore des composés oxygénés comme le **phénol** C^6H^6O, et enfin des alcaloïdes ou composés azotés dont l'aniline C^6H^7Az est le plus recherché. Ces deux derniers corps existent aussi bien dans l'une que dans l'autre des deux catégories d'huiles citées ci-dessus; la première seule contient les autres.

Résumé. — Le *bicarbure d'hydrogène*, appelé encore *éthylène*, n'existe pas à l'état naturel; on l'obtient dans les laboratoires en déshydratant l'alcool par l'acide sulfurique.

Le gaz obtenu, recueilli sur l'eau, est incolore. Il brûle avec une longue flamme très éclairante en produisant de la vapeur d'eau et de l'anhydride carbonique, parfois même un léger dépôt de charbon.

Mélangé à l'oxygène ou à l'air dans des proportions qui assurent sa combustion complète, il détone violemment quand on met le feu au mélange. Il faut, pour *un* volume de bicarbure, *trois* volumes d'oxygène.

Il peut se combiner au chlore de plusieurs manières : si on mélange *un* volume de bicarbure avec *deux* volumes de gaz chlore et qu'on présente une flamme au mélange, la réaction a lieu et un abondant dépôt de charbon se produit; le chlore s'empare de tout l'hydrogène.

A *volumes égaux* de bicarbure et de gaz chloré ou de vapeurs de brome, il y a soudure de 2 atomes de chacun de ces deux derniers corps avec 1 molécule de bicarbure. Le produit qui en résulte est liquide, huileux et porte, dans le cas du chlore, le nom de *liqueur des Hollandais*.

Ce chlorure et ce bromure d'éthylène sont deux corps intéressants, non seulement par leur mode de formation, mais aussi par leurs propriétés : traités par la potasse, ils engendrent un *dialcool* ou *glycol*.

Ils peuvent se souder aussi, au lieu de 2 atomes de Cl ou de Br, 1 molécule telle que HCl, HBr, HI, et cette réaction les relie ainsi aux carbures forméniques.

Le bicarbure est produit dans la distillation de la houille, et se trouve dans le gaz d'éclairage auquel il donne sa belle flamme.

La houille, charbon noir, à texture feuilletée, retirée de la terre, présente plusieurs variétés. Sa combustion complète dans les forges ou sur les grilles des foyers ne laisse, comme résidu, que des cendres quand l'air afflue en quantité suffisante; les carbures dégagés en gaz forment la flamme.

La carbonisation incomplète faite en gros tas couverts, comme pour le charbon de bois, laisse le *coke*. Faite en cylindres clos, elle permet de recueillir et d'utiliser tous les gaz ou les liquides en vapeur qui forment d'ordinaire la flamme et la fumée. Pour ce dernier objet, on brûle surtout des houilles grasses à longue flamme.

Les produits de la distillation peuvent se grouper en *gaz*, en *liquides* entraînés avec les gaz et ensuite condensés et en *résidus* restant dans la cornue.

Les résidus sont du *coke* que l'on éteint à la fin de chaque opération et du *charbon de cornue* très dense que l'on détache quand l'appareil est hors d'usage.

Les liquides sont des **eaux ammoniacales** et du goudron; les unes que l'on transforme en *sulfate d'ammoniaque* pour engrais ; l'autre dont on peut retirer nombre de produits.

Les gaz sont des *carbures* divers mélangés de gaz non combustibles, comme l'anhydride carbonique, et de produits sulfurés divers.

La préparation du **gaz d'éclairage** exige des appareils à distillation, *fours* et *cornues*, des tubes pour conduire les gaz, des appareils pour l'*épuration physique*, c'est-à-dire pour forcer les liquides entraînés à se condenser, *barillet, colonnes à coke, réfrigérant en jeu d'orgue;* des caisses pour l'*épuration chimique* et enfin des *gazomètres* où les gaz épurés se rendent avant de servir à la consommation.

L'épuration physique consiste surtout à faire passer les gaz au contact de très grandes surfaces refroidies par de l'eau, et disposées pour recueillir les eaux-ammoniacales et le goudron.

L'épuration chimique a pour objet d'arrêter les gaz non combustibles, comme l'acide carbonique et les composés sulfurés, qui seraient gênants; on la réalise par un mélange de chaux et de sulfate de fer.

Le gaz épuré peut servir à l'éclairage dans des becs de forme convenable, ou encore au chauffage quand on s'arrange pour qu'un afflux suffisant d'air rende sa combustion complète. Il est surtout formé des trois carbures précédemment étudiés.

Le **goudron**, liquide noir, visqueux, huileux, à odeur forte, peut servir de combustible, et on le brûle pendant la saison d'été dans toutes les petites usines à gaz. Dans les grandes usines, on le traite par distillation.

Après déshydratation du goudron, la distillation peut donner suivant la température à laquelle elle est pratiquée :

1° Des *huiles légères* qui serviront surtout à la préparation de la *benzine* ;

2° Des *huiles lourdes* où l'on pourra, par un traitement convenable, trouver, dans les parties les plus volatiles, de l'*aniline* et du *phénol* et, dans les parties les plus denses, de la *naphtaline* et de l'*anthracène*;

3° Un *brai* ou résidu plus ou moins visqueux ou plus ou moins ce qu'on emploie aux *asphaltes* artificiels et aux agglomérés.

CHAPITRE XXXVIII

ACÉTYLÈNE

361. Préparation par l'union directe des deux corps. — Pour réaliser la synthèse de l'acétylène, c'est-à-dire le produire avec ses deux éléments, on dispose dans un ellipsoïde en verre, comme l'a fait M. Berthelot, les deux crayons de charbon terminant

les deux pôles d'une pile de 50 éléments ; on fait passer
de l'hydrogène pur et sec dans l'ellipsoïde, après quoi
l'on y fait jaillir la lumière électrique (*fig.* 185). La combinaison de l'hydrogène et du carbone a lieu à la haute

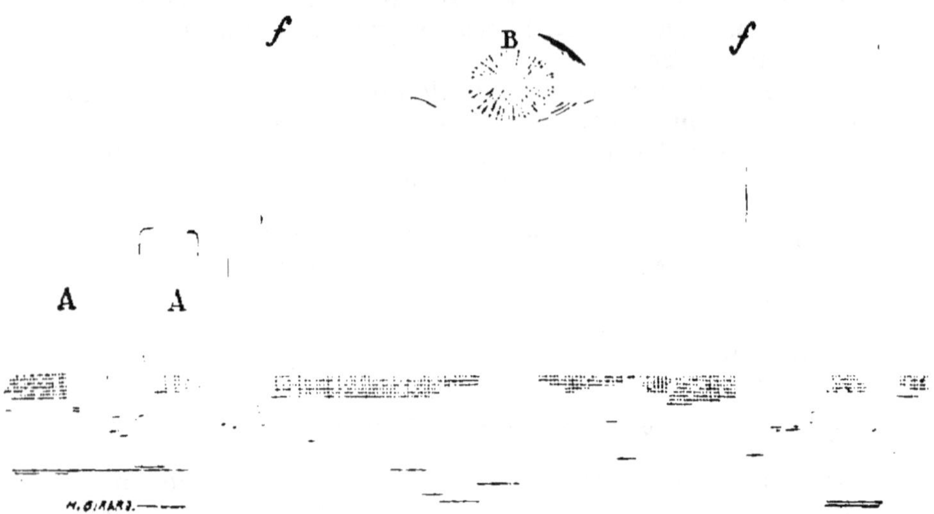

Fig. 185. — Synthèse de l'acétylène. — A, flacons laveurs contenant de
l'acide sulfurique ; — B, ballon ovoïde où l'on produit l'arc électrique ; —
f, f, fils amenant le courant ; — C, flacon contenant du chlorure de cuivre
ammoniacal.

température de l'arc voltaïque. On fait passer le gaz
qui se forme dans un flacon contenant une solution
ammoniacale de chlorure cuivreux ; l'acétylène se combine avec le cuivre sous la forme d'un précipité rouge
d'**acétylure de cuivre.** On recueille ce précipité, on le
lave. On le décompose ensuite par l'acide chlorhydrique
dans un petit ballon et on recueille sur le mercure le
gaz acétylène qui s'en dégage.

**362. Préparation par les combustions incom-
plètes.** — Toutes les fois qu'un composé organique
brûle au contact de l'air avec production de noir de
fumée, il se produit de l'acétylène. Ainsi la vapeur
d'éther, le gaz des marais, sont dans ce cas. On obtient

des quantités notables d'acétylène en faisant passer dans un tube de porcelaine chauffé au rouge des vapeurs d'alcool, de pétrole ou d'éther ou de bicarbure d'hydrogène.

On montre facilement que la combustion de l'éther produit de l'acétylène.

On met dans le fond d'une éprouvette du chlorure cuivreux ammoniacal et par-dessus un peu d'éther que l'on allume; il se dépose sur les parois de l'éprouvette un précipité rouge d'acétylure cuivreux (*fig*. 186).

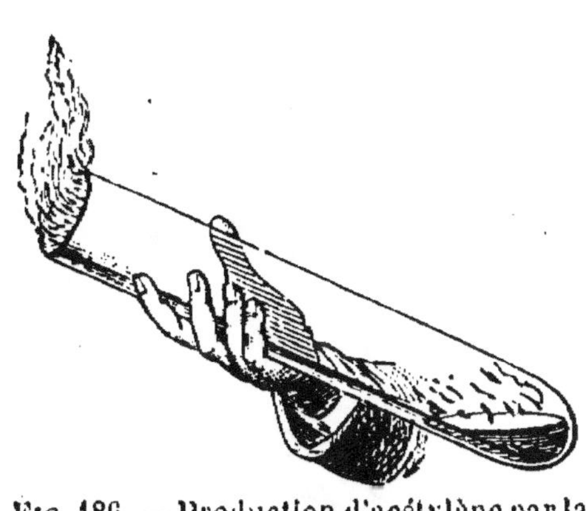

Fig. 186. — Production d'acétylène par la combustion incomplète de l'éther.

Dans les laboratoires, on prépare l'acétylène par la combustion incomplète du gaz d'éclairage dans un bec Bunsen ; on dispose l'appareil de manière que le gaz brûle incomplètement dans l'intérieur du bec et on appelle les produits de la combustion dans une série de flacons laveurs dont un contient du protochlorure cuivreux où l'acétylène s'arrête sous forme d'acétylure de cuivre.

363. Propriétés de l'acétylène. — L'acétylène est un gaz incolore d'une odeur désagréable; il est soluble dans l'eau.

Si on le fait passer dans un tube de porcelaine chauffé au rouge, il se décompose en carbone et en hydrogène; l'étincelle d'induction produit le même effet.

Chauffé dans une cloche courbe à la température de ramollissement du verre (*fig*. 187), le gaz se condense, se soude à lui-même, et on trouve dans le tube de la benzine :

$$3 (C^2H^2) = C^6H^6.$$

Cette **synthèse de la benzine** est particulièrement
intéressante : c'est la formation d'un carbure condensé
par un carbure plus simple sous l'influence de la chaleur ; elle montre, de plus, que l'acétylène peut être

Fig. 187. — Synthèse de la benzine par l'acétylène, — A, cloche courbe
contenant l'acétylène ; — M, toile métallique entourant le tube ; — B,
bec Bunsen.

considéré comme le générateur de tous les composés
qui dérivent de la benzine.

L'acétylène, sous la pression ordinaire, brûle à l'air
avec une flamme éclairante et fuligineuse, parce que
l'oxygène est en quantité insuffisante ; il y a formation
d'eau, d'un peu d'acide carbonique et dépôt de
beaucoup de charbon :

$$C^2H^2 + O^3 = H^2O + CO^2 + C.$$

La combustion complète exige 5 volumes d'oxygène pour 2 volumes du gaz acétylène ; elle a lieu alors avec détonation :

$$C^2H^2 + O^5 = H^2O + C^2O^4.$$

L'acétylène peut fixer directement l'oxygène en présence de la potasse et donner naissance à de l'acide acétique :

$$C^2H^2 + O + H^2O = C^2H^4O^2.$$

Le permanganate de potasse le convertit en acide oxalique en lui cédant de l'oxygène :

$$C^2H^2 + O^4 = C^2H^2O^4.$$
Acide oxalique

L'hydrogène peut se souder à l'acétylène quand on chauffe les deux gaz dans une cloche courbe : le produit formé est le gaz oléfiant ou éthylène :

$$C^2H^2 + H^2 = C^2H^4.$$

On peut opérer cette réaction en mettant en présence l'acétylène et l'hydrogène, tous deux à l'état naissant. On fait réagir l'acétylure cuivreux sur le zinc et l'eau en présence de l'ammoniaque ; ce dernier corps attaque le zinc pour dégager l'hydrogène qui change l'acétylène en éthylène.

L'azote s'unit directement à l'acétylène sous l'influence de l'étincelle électrique pour donner l'acide cyanhydrique :

$$C^2H^2 + Az^2 = 2 (HCAz).$$

Cette union peut être réalisée en faisant passer une série d'étincelles d'induction dans le mélange des deux gaz dilué par sept ou huit fois son volume d'hydrogène ; le gaz acquiert l'odeur de l'acide prussique.

364. Préparation industrielle de l'acétylène. — On prépare l'acétylène par la réaction de l'eau sur le carbure de calcium CaC^2, obtenu au four électrique :

$$CaC^2 + 2H^2O = CaOH^2O + C^2H^2 ;$$

il se forme de la chaux qui s'hydrate à mesure de sa production. Bien des appareils peuvent être employés suivant la manière dont on veut recueillir ou utiliser le gaz. L'un est un appareil de laboratoire comme l'appareil continu à produire l'hydrogène (*fig.* 188).

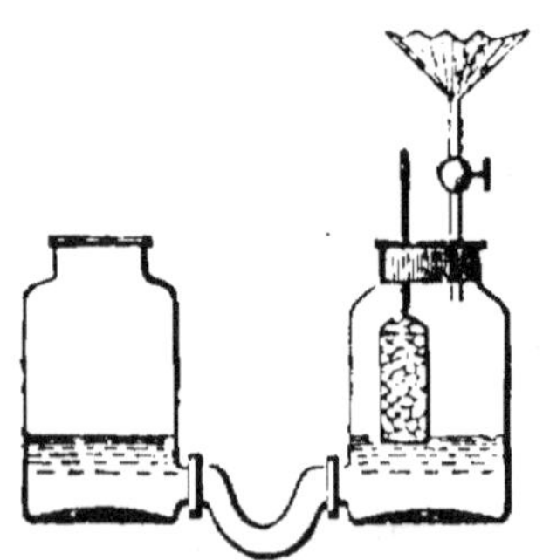

Fig. 188. — Appareil à produire l'acétylène avec le carbure de calcium et l'eau.

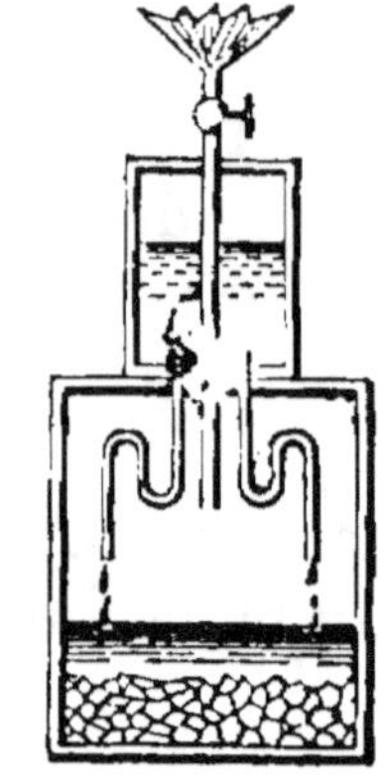

Fig. 189. — Principe de la lampe Gossart. L'eau du vase supérieur tombe goutte à goutte sur le carbure par des tubes capillaires.

Le grand flacon bouché contient dans un panier métallique du carbure de calcium ; l'autre flacon contient de l'eau. Le gaz acétylène se produit aussitôt que l'eau atteint le carbure.

Un autre est indiqué (*fig.* 189) comme un schéma de la lampe Gossart. L'eau d'un vase supérieur tombe goutte à goutte sur le carbure et le gaz peut se dégager par le brûleur supérieur.

Fig. 190. — Bec Bullier. A droite, coupe montrant le tube à gaz et l'arrivée de l'air.

365. Emploi de l'acétylène à l'éclairage. — Le gaz acétylène sortant sous une pression de 8 ou 10 centimètres d'eau brûle avec une flamme très éclairante que l'on utilise dans des becs

spéciaux dont le bec Bullier est un exemple (*fig*. 190).
Il faut que le gaz sorte suivant un jet très mince, qu'il
se mélange convenablement d'air. Alors il donne une
très belle lumière.

Résumé. — L'acétylène C^2H^2 a été considéré par M. Berthelot
comme le carbure type, non seulement parce qu'on peut l'obtenir
par synthèse, mais encore parce qu'on peut le considérer comme
pouvant former les autres carbures.

La synthèse de l'acétylène se réalise en faisant jaillir un arc
électrique dans du gaz hydrogène ; le carbone, volatilisé par la
haute température de l'arc, se combine au gaz hydrogène. L'acétylène formé se révèle par son odeur. Mais, pour l'obtenir, il
faut l'engager dans une combinaison ; on le fait absorber par du
sous-chlorure de cuivre ammoniacal, et on l'extrait ensuite de
l'acétylure cuivreux qu'il a formé.

Il prend aussi naissance dans les combustions incomplètes
de beaucoup de corps organiques comme le gaz d'éclairage ou
l'éther.

Chauffé dans une cloche courbe, il se soude à lui-même et
engendre un peu de benzine.

Il brûle à l'air. Son oxydation complète le transforme en eau
et anhydride carbonique. Mais, quand elle est ménagée, elle peut
donner de l'acide acétique, même de l'acide oxalique.

En y soudant de l'hydrogène par la chaleur, on peut remonter
au bicarbure C^2H^4 et même au formène CH^4.

L'union de l'azote à l'acétylène donne de l'acide cyanhydrique.

La préparation est devenue industrielle par la propriété du
carbure de calcium de se décomposer par l'eau.

Le gaz acétylène, sous une pression de 10 centimètres d'eau
brûle avec une flamme très brillante ; il est utilisé aujourd'hui à
l'éclairage.

CHAPITRE XXXIX

BENZINE ET CARBURES PYROGÉNÉS

Benzine C^6H^6

366. Préparation de la benzine. — La benzine, découverte en 1825 par Faraday, a été d'abord préparée par Péligot en distillant un mélange d'acide benzoïque et de chaux. On la retire aujourd'hui des huiles légères du goudron de houille.

La benzine du commerce, que l'on appelle encore *benzol*, obtenue des huiles légères de houille, n'est pas pure : c'est le mélange d'hydrocarbures qui ont passé à la distillation de 80° à 100°; elle possède surtout une odeur assez forte qu'elle paraît devoir à son homologue supérieur C^7H^8, le **toluène**.

Pour l'obtenir pure avec les huiles de houille, il faut employer un appareil distillatoire qui permette de ne recueillir que les produits qui passent à 80°, ou bien recueillir les produits qui distillent de 80° à 100° dans l'appareil de la figure 191. Ils constituent un bon benzol pour aniline; on les soumet ensuite au froid; la benzine seule se congèle et peut être ainsi séparée des hydrocarbures qui l'accompagnent et qui n'ont pas la même propriété.

367. Propriétés de la benzine. — La benzine est un liquide limpide et incolore, d'une odeur agréable quand elle est pure. Elle bout à 81°. Soumise à l'action du froid, elle se prend en masse cristalline ou en lames groupées comme des feuilles de fougères. Elle est insoluble dans l'eau et flotte sur ce liquide. Elle est soluble dans l'alcool et dans l'éther. Elle est très inflammable et brûle avec une flamme brillante (on s'en sert pour rendre éclairante la flamme de l'hydrogène). Sa vapeur

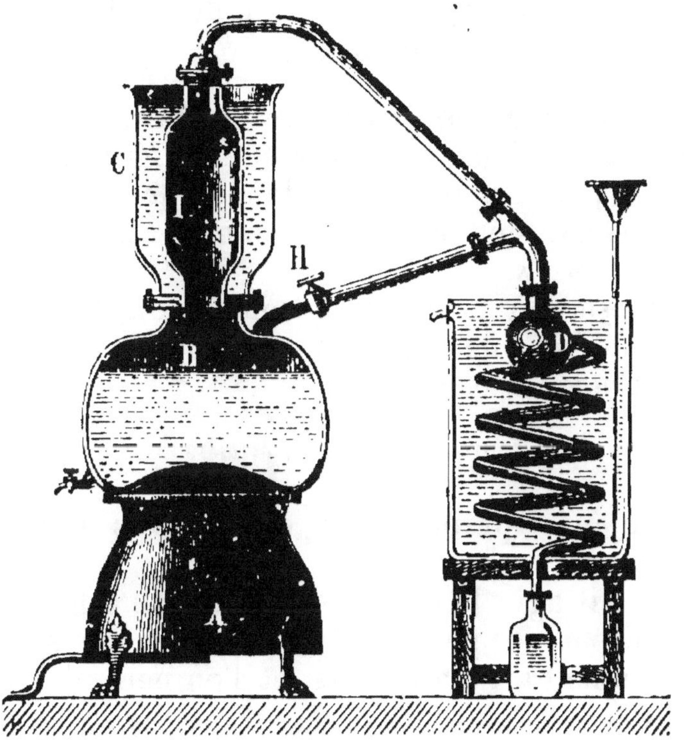

Fig. 191 — Préparation de la benzine. — A, fourneau à gaz; — B, chaudière surmontée du tube élargi I; — C, réfrigérant contenant de l'eau qui s'échauffe en condensant les vapeurs; — D-E, serpentins; — H, robinet à ouvrir pour faire passer à la distillation les vapeurs les plus lourdes.

donne avec l'air un mélange explosif; aussi ne doit-on pas manier la benzine sans précaution, surtout près d'un foyer.

Elle dissout un grand nombre de substances, l'iode, le soufre, le caoutchouc, la gomme laque, les corps gras; c'est la raison de ses usages dans les laboratoires et aussi dans l'économie domestique où elle sert à enlever les taches de graisse sans se résinifier, comme le fait l'essence de térébenthine.

La benzine est un corps stable; elle n'est pas altérée

par les métaux alcalins ni par l'acide sulfurique concentré et froid quand le contact ne dure que quelques instants. Mais l'acide nitrique la dissout sans dégager de vapeurs nitreuses, si l'on a soin de tenir le mélange à une température constante.

368. Action du chlore sur la benzine. — Le chlore agit de deux manières très différentes sur la benzine ; il peut s'y ajouter et donner des *chlorures* ou bien s'y substituer à l'hydrogène et engendrer les *benzines chlorées*.

En exposant à la lumière solaire un mélange de chlore et de benzine, on obtient un chlorure cristallisé, l'*hexachlorure de benzine* :

$$C^6H^6 + 3Cl^2 = C^6H^6Cl^6.$$

On a pu aussi préparer les deux corps $C^6H^6Cl^2$ et $C^6H^6Cl^4$.

Si l'on fait agir le chlore sur la benzine bouillante, en présence d'un peu d'iode, le chlore se substitue successivement à l'hydrogène, et l'on peut obtenir les benzines :

monochlorée....	C^6H^5Cl	*dichlorée*......	$C^6H^4Cl^2$
trichlorée......	$C^6H^3Cl^3$	*tétrachlorée* ...	$C^6H^2Cl^4$
pentachlorée ...	C^6HCl^5	*perchlorée*.....	$C^6Cl^6.$

Chacun de ces corps peut s'ajouter du chlore sous l'influence de la lumière solaire et donner des chlorures, comme en donne la benzine elle-même.

Le brome agit comme le chlore et donne des composés analogues ; aussi le nombre des dérivés chlorés et bromés de la benzine est-il considérable.

369. Action de l'acide sulfurique. — L'acide sulfurique ordinaire n'attaque la benzine que lentement et à chaud. Mais l'acide fumant dissout le carbure à froid en donnant l'*acide phénylsulfureux* $C^6H^5SO^3H$:

$$C^6H^6 + SO^4H^2 = H^2O + C^6H^5SO^3H.$$

Pour obtenir cet acide, on étend d'eau la dissolution de benzine dans l'acide sulfurique; on sature par le carbonate de chaux, on filtre et on évapore pour faire cristalliser le phénylsulfite de chaux, que l'on décomposera ensuite par l'acide oxalique.

Cet acide représente bien de l'acide sulfureux hydraté dans lequel 1H est remplacé par le groupement C^6H^5. En effet, l'acide sulfureux hydraté, figuré en équivalents, doit être représenté par la formule SO^2H^2O si l'on veut expliquer la génération des sulfites et bisulfites. En notation atomique, sa formule est H,HSO^3, celle de l'*acide phénylsulfureux* C^6H^5,HSO^3.

Ce dernier acide est très intéressant, parce qu'il a permis de produire le phénol C^6H^6O en partant de la benzine. Il suffit, en effet, de chauffer vers 280° l'acide phénylsulfureux avec de la potasse pour produire un sel de potasse dont on peut retirer le phénol.

Le phénol .... C^6H^6O est une sorte d'alcool lié à la benzine, C^6H^6
comme l'alcool de bois.... CH^4O est lié au gaz des marais ... CH^4
comme l'alcool ordinaire.. C^2H^6O est lié au carbure .... C^2H^6,

370. Action de l'acide nitrique. — Nitrobenzine. — L'action de l'acide nitrique sur la benzine est très intéressante, d'abord parce qu'elle est le type de l'action du même acide sur un grand nombre de carbures, ensuite parce qu'elle donne lieu à des applications industrielles.

La benzine versée sur l'acide nitrique fumant développe une vive réaction accompagnée d'un dégagement de chaleur. Versée peu à peu dans 3 parties d'acide, elle se dissout entièrement; et, si les produits sont purs et si l'on refroidit convenablement le vase où l'on fait le mélange, il ne se dégage pas de vapeurs nitreuses. La dissolution, étendue d'eau, laisse déposer une couche huileuse jaunâtre qu'on lave à l'eau, puis au carbonate de soude, et qui possède une forte odeur d'amandes amères. C'est la *nitrobenzine*, que l'on peut figurer par de la benzine dans laquelle H a été remplacé par AzO^2 :

$$C^6H^6 \ + \ HAzO^3 \ = \ H^2O \ + \ C^6H^5AzO^2.$$
$$\text{Benzine} \qquad \text{Acide azotique} \qquad \qquad \text{Nitrobenzine}$$

On prépare industriellement ce produit en versant peu à peu un mélange de 2 parties d'acide nitrique et de 1 partie d'acide sulfurique dans de grands pots contenant 2 parties de benzine convenablement refroidie, munis d'agitateurs pour mêler les liquides.

La nitrobenzine est un liquide jaune plus lourd que l'eau, qui peut cristalliser par le froid. Son odeur d'amandes amères la fait employer en parfumerie sous le nom d'*essence de mirbane*. On la prépare pour en tirer l'**aniline**. Sous l'influence de l'hydrogène naissant, la nitrobenzine perd son oxygène et prend de l'hydrogène :

$$C^6H^5AzO^2 + 6H = 2\,(H^2O) + C^6H^5AzH^2.$$

L'aniline ainsi engendrée par la métamorphose d'un carbure d'hydrogène est une base alcaline dont on tire d'importantes matières colorantes.

On peut obtenir la *benzine dinitrée* $C^6H^1(AzO^2)^2$ et même des benzines chloro, bromo, iodo-nitrées en faisant agir l'acide azotique sur la nitrobenzine ou sur les composés halogènes de la benzine.

371. Constitution de la benzine. — La benzine peut être considérée comme formée par l'union de 3 molécules d'acétylène :

$$C^6H^6 = C^2H^2C^2H^2C^2H^2.$$

Cela résulte, en effet, de la synthèse réalisée par M. Berthelot en chauffant l'acétylène.

Mais pour expliquer commodément les produits formés par la substitution à l'hydrogène de la benzine d'éléments ou de groupes d'éléments, il est plus simple d'adopter l'hypothèse de Kékulé et de représenter la benzine par la formule ci-contre :

Chaque atome de carbone tétratomique étant lié à 1 atome d'hydrogène, échange avec les atomes voisins ses trois atomicités libres.

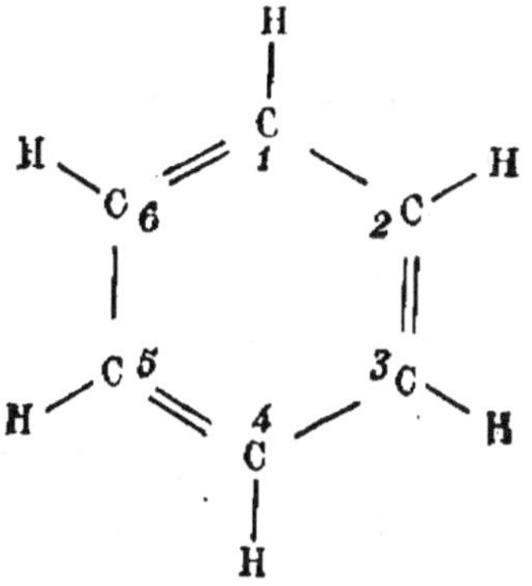

Dans le cas où un seul élément comme le chlore ou le brome, ou un groupe d'éléments comme AzO^2, se substitue à 1 atome d'hydrogène, il n'y a qu'un seul dérivé possible, parce que tous les atomes d'hydrogène ont un rôle identique.

Formule de la benzine.

Mais, si deux éléments ou deux groupes d'éléments se substituent à 2H, il y a trois corps possibles. Ainsi l'on a trois benzines dichlorées, trois dinitrobenzines isomères. On comprend, en effet, que la substitution puisse être opérée sur les atomes d'hydrogène 1 et 2, ou bien 1 et 3, ou bien 1 et 4.

Pour désigner ces corps isomères, on fait précéder leur nom des particules *ortho*, *méta*, *para*. On peut donc avoir sous la même formule brute et avec des propriétés quelque peu différentes l'*orthodichlorobenzine* (1.2), la *métadichlorobenzine* (1.3), la *paradichlorobenzine* (1.4). Et ainsi pour les autres dérivés.

372. Carbures benzéniques. — La benzine est le type d'une série de carbures d'hydrogène, dont voici les premiers termes :

Benzine	C^6H^6	ou C^6H^5H	bouillant à	80°
Toluène ou méthylbenzine	C^7H^8	ou $C^6H^5CH^3$	—	110°
Xylène ou diméthylbenzine	C^8H^{10}	ou $C^6H^4(CH^3)^2$	—	135°
Cumène ou tétraméthylbenzine	$C^{10}H^{14}$	ou $C^6H^2(CH^3)^4$	—	180°

C'est la série dite *aromatique*, ainsi appelée parce que ces carbures ont des rapports de composition avec certains acides aromatiques, comme la benzine en a avec l'acide benzoïque.

On les extrait presque tous des huiles provenant de la distillation des goudrons.

Le **toluène** C^7H^8 est particulièrement intéressant, parce qu'il accompagne le plus souvent la benzine dans les benzols du commerce et qu'il donne une série de réactions et de dérivés parallèles aux réactions et aux dérivés de la benzine.

373. Carbures polyacétyléniques. — M. Berthelot a désigné sous ce nom des carbures que l'on peut considérer comme formés par la réunion de plusieurs molécules d'acétylène. Il les a obtenus par des synthèses régulières et directes, opérées sous l'influence de la chaleur, en partant de l'acétylène et de la benzine ; aussi les a-t-il encore appelés, comme d'ailleurs ceux de la série aromatique, des *carbures pyrogénés*.

Les deux plus intéressants par leur utilité sont la **naphtaline** $C^{10}H^8$ [dérivé du pentacétylène $(C^2H^2)^5$ par perte de H^2] et l'**anthracène** $C^{14}H^{10}$ [dérivé de l'heptacétylène $(C^2H^2)^7$ par perte de H^4].

Naphtaline $(C^{10}H^8)$. — La naphtaline se dépose des huiles lourdes du goudron, comme aussi, en moins grande quantité, du gaz d'éclairage dans ses tuyaux de condensation. On la purifie par sublimation. Pour cela, on la chauffe lentement dans une chaudière au-dessus de laquelle on dispose un tonneau dont le fond inférieur est percé d'une ouverture égale à la section de la chaudière. On retrouve le produit sublimé sur les parois de ce tonneau. La sublimation de la naphtaline peut être facilement opérée dans les laboratoires. On place une certaine quantité de la naphtaline brute dans une large capsule ; on recouvre la capsule d'une feuille de papier à filtre, que l'on colle aux bords du vase ; et sur cette feuille on place un cône en carton, puis on chauffe au bain de sable. La vapeur de naphtaline traverse le papier et va se condenser en belles lamelles dans le cône de carton.

La naphtaline est solide, en lamelles nacrées transparentes, d'une odeur empyreumatique. Elle est très soluble dans l'alcool et l'éther. On l'emploie pour préserver les pelleteries de l'invasion des insectes parasites qui les détruisent.

Elle répond à la formule $C^{10}H^8$; elle brûle avec une flamme fuligineuse. Traitée par les différents réactifs chimiques, elle donne un grand nombre de produits dont la plupart sont colorés.

Le chlore et le brome attaquent vivement la naphtaline et donnent des produits de substitution :

$$C^{10}H^7Cl \qquad C^{10}H^7Br$$
$$C^{10}H^6Cl^2 \qquad C^{10}H^6Br^2.$$

L'acide azotique donne les produits nitrés :

$$C^{10}H^7AzO^2$$
$$C^{10}H^6(AzO^2)^2, \text{ etc.}$$

Le premier peut être converti en naphtylamine $C^{10}H^7AzH^2$ analogue à l'aniline. On en dérive des matières colorantes.

Ces produits de transformation sont très curieux au point de vue théorique. Ils ont jusqu'ici reçu peu d'applications.

Anthracène ($C^{14}H^{10}$). — L'anthracène s'obtient par la distillation jusqu'à 350° des huiles de goudron. Ce qui reste dans la cornue est dissous dans de l'huile légère bouillante qui, par le refroidissement, laisse déposer des cristaux. Ce sont ces cristaux exprimés à la presse qui forment l'anthracène brut, que l'on peut purifier par cristallisation dans l'alcool.

L'anthracène est solide, sans odeur. Il est soluble

dans l'alcool bouillant et insoluble dans l'alcool froid.

Il donne des dérivés par substitution, comme les carbures précédents.

Il a une grande importance industrielle parce qu'il peut donner l'**alizarine**, produit artificiel qui a remplacé la matière colorante de la garance et qui sera étudié plus loin.

Résumé. — La *benzine* a d'abord été préparée en distillant un mélange de chaux et de benjoin. Mais on l'obtient en redistillant, vers 80°, les huiles légères de goudron de houille. On la purifie par une redistillation, ou bien en la faisant congeler par refroidissement.

C'est un liquide d'une odeur agréable qui brûle avec une flamme brillante et qui dissout beaucoup de substances, notamment les corps gras; de là son emploi pour nettoyer les étoffes.

L'action du chlore sur la benzine donne naissance à des produits d'addition où le chlore s'est soudé à la molécule de la benzine, tel est le chlorure $C^6H^6Cl^6$. Mais on peut aussi obtenir des produits de substitution qu'on appelle les *benzines chlorées* et qui présentent des isomères.

L'acide sulfurique fumant dissout la benzine et engendre un corps qui ne peut plus être rapporté à l'acide sulfurique, mais bien à l'acide sulfureux ; ce corps est l'acide phénylsulfureux. Il est intéressant encore à un autre point de vue; il est le terme de passage entre la benzine C^6H^6 et le phénol C^6H^6O, et il permet de réaliser la synthèse du phénol en partant de la benzine.

L'acide nitrique soude son radical AzO^2 à la benzine aux lieu et place d'hydrogène et donne les *nitrobenzines*, dont l'une, $C^6H^5AzO^2$, porte le nom d'*essence de mirbane*, a la même odeur que l'essence d'amandes amères et peut servir aussi à préparer l'aniline.

La benzine est le chef de file des carbures aromatiques. On a pu la considérer comme formée par la soudure de 3 molécules d'acétylène. Pour expliquer ses produits de substitution, on adopte l'hypothèse de Kékulé, qui considère les atomes de carbone comme échangeant les uns sur les autres les atomicités qui y restent libres en dehors de celles qu'a prises l'hydrogène; on figure les 6 atomes de carbure aux six sommets d'un hexagone, et par cette représentation graphique on se rend compte qu'un élément comme le chlore Cl ou un groupement comme AzO^2, substitué deux fois, doit engendrer trois isomères, identiques de composition centésimale, mais différents de propriétés.

Ces trois isomères sont désignés par les particules *ortho*, *méta* et *para*, ajoutées à leur nom commun.

Le *toluène* C⁷H⁸, le premier homologue de la benzine, pouvant être considéré comme une benzine méthylée C⁶H⁵CH³, une seule substitution à l'hydrogène du toluène engendrera trois isomères, parce qu'en réalité on se trouvera en présence de deux substitutions rapportées au noyau de la benzine.

La *série aromatique*, dont la benzine est le principal terme, est très riche en produits dérivés. Les deux autres carbures les plus intéressants sont la naphtaline C¹⁰H⁸ et l'anthracène C¹⁴H¹⁰, tous deux extraits des huiles lourdes du goudron.

La *naphtaline* se présente en feuillets nacrés, très légers, avec une forte odeur. Elle donne les *naphtols* et leurs dérivés.

L'*anthracène* est un solide gris, qui est dans l'industrie la matière première de l'*alizarine* artificielle.

———

CHAPITRE XL

FERMENTATIONS. — FERMENTATION ALCOOLIQUE BOISSONS FERMENTÉES

374. Ferments. — Une fermentation est une réaction chimique dans laquelle un composé organique, la **substance fermentescible**, se modifie sous l'influence d'un autre composé organique, le **ferment**, qui ne fournit rien de sa propre substance, dont, par suite, une quantité relativement petite peut opérer la transformation d'une quantité considérable du premier corps.

Dans certains cas, comme dans la transformation du sucre en alcool, de l'alcool en acide acétique, le ferment est un être organisé qui ne naît et ne se développe que dans certains liquides, et dont le développement entraîne fatalement la modification de la substance fermentescible.

Dans d'autres, le ferment est un principe azoté

soluble, capable d'exercer son action sur tels ou tels groupes de corps, à une température variable, mais toujours inférieure à 100°. Parmi ces *ferments solubles* se trouvent la **diastase** de l'orge germée, qui transforme l'amidon en dextrine et glucose ; la **ptyaline** de la salive ou diastase animale, qui joue le même rôle ; le suc **pancréatique** et la **pepsine,** qui portent leur action, l'un sur les corps gras, l'autre sur les aliments albuminoïdes.

Les fermentations diffèrent donc avec la nature du ferment et avec la nature de la substance fermentescible. Nous ne décrirons que la *fermentation alcoolique,* comme la plus importante et le type de ces phénomènes chimiques qui semblent liés aux fonctions physiologiques des organismes vivants sous l'influence desquels ils se produisent.

375. Fermentation alcoolique. — Du jus de raisin abandonné à l'air ne tarde pas à subir une profonde métamorphose ; la liqueur s'échauffe, des bulles de gaz acide carbonique se dégagent en faisant mousser la masse ; la saveur sucrée disparaît ; il s'est formé de l'alcool dans le liquide. Ce phénomène, connu depuis longtemps, analysé seulement depuis Lavoisier, peut se produire entièrement sur une solution de glucose additionnée de levure de bière, qui produit de l'alcool et dégage de l'anhydride carbonique.

On met la solution de glucose avec de la levure de bière dans un ballon (*fig.* 192). Le ballon est muni d'un tube abducteur se rendant sous une éprouvette à gaz ou dans de l'eau de chaux. Quand la fermentation marche, la masse liquide se trouble, mousse légèrement, et il sort par le tube du gaz carbonique.

Cette transformation de la substance sucrée en alcool peut donc se définir par la nature du liquide fermentescible, par les produits qui en dérivent et par le ferment qui est l'agent de la transformation.

Les substances capables de subir la fermentation alcoolique, c'est le glucose et le lévulose ; le sucre, quand il a été d'abord interverti, soit par les acides étendus, soit par le ferment soluble contenu dans la

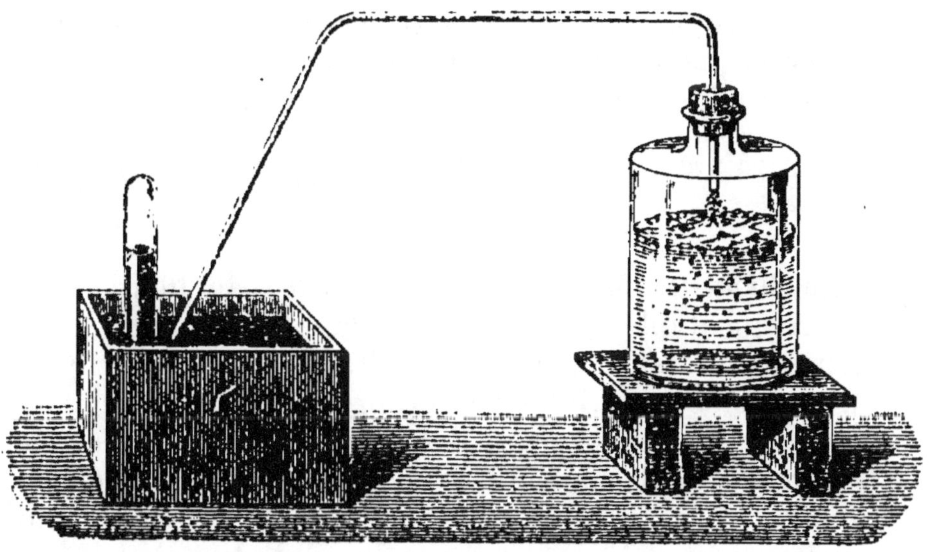

Fig. 192. — Appareil pour la fermentation d'un liquide sucré.

levure ; l'amidon, quand il a été d'abord transformé en glucose.

Les produits de la fermentation sont l'alcool et l'acide carbonique que l'on a longtemps cru les seuls, la glycérine et l'acide succinique signalés par M. Pasteur. D'après ce savant, 100 parties de sucre, équivalant à 105,36 de glucose, produisent par fermentation :

Alcool..........................	51,11
Anhydride carbonique......	49,42
Acide succinique............	0,67
Glycérine....................	3,16
Cellulose	1,00

105,36.

En négligeant, pour la réaction simple, les trois derniers produits, le glucose se dédouble en parties égales d'alcool et d'anhydride carbonique, d'après l'équation :

$$C^6H^{12}O^6 = 2(C^2H^6O) + 2CO^2.$$

Le sucre, pour subir cette transformation, doit s'être interverti, avoir pris l'eau qui lui manque et s'être d'abord dédoublé en glucose et lévulose :

$$C^{12}H^{22}O^{11} + H^2O = C^{12}H^{24}O^{12} \text{ ou } \begin{cases} C^6H^{12}O^6 \text{ glucose,} \\ C^6H^{12}O^6 \text{ lévulose,} \end{cases} \text{donn. } 4(C^2H^6O) + 4CO^2.$$
Sucre · · · · · · · · · · · · Sucre interverti

Le *ferment alcoolique* est la levure de bière, substance insoluble qui se dépose dans le moût de bière fermenté : c'est une série de petits globules sphériques ou ovoïdes susceptibles de se reproduire par bourgeonnement. Placée dans une décoction d'orge germée, la levure augmente par multiplication de ses globules ; le globule-mère présente d'abord une proéminence qui augmente jusqu'à la grosseur du globule primitif, et, au bout d'un certain temps, l'ensemble forme des paquets rameux de globules en chapelets.

Il faut à la levure, pour cette multiplication pendant laquelle s'accomplit l'acte chimique de la transformation du sucre en alcool, une matière azotée comme aliment. Quand la substance fermentescible ne contient pas du tout de matière azotée, la levure se développe quelque temps aux dépens de sa propre substance, et la fermentation s'arrête. M. Pasteur, qui a fait de ces phénomènes une étude très complète, pense que la fermentation alcoolique est la conséquence du développement de la vie de ces cellules végétales qui forment la levure, que la décomposition du sucre commence avec les manifestations de la vie dans les globules, se ralentit et s'arrête avec elles, et que les sucs végétaux sucrés fermentent spontanément, au contact de l'air, parce que l'air leur apporte les germes du ferment qui trouvent un liquide favorable à leur multiplication.

Boissons fermentées

376. Vin. — Le vin est le produit de la fermentation du jus sucré des raisins. Les grappes de raisin foulées ou cylindrées donnent une pulpe qui, abandonnée à elle-même, fermente, pourvu que la température soit supérieure à 15°. Pendant cette fermentation, qui s'opère dans de grands cuviers, les matières solides soulevées par le dégagement du gaz anhydride carbonique montent à la surface et forment une croûte ou *chapeau* qui préserve le liquide de l'action de l'air. Après cinq à huit jours, la fermentation est terminée; le liquide soutiré forme le *vin de première goutte;* les marcs portés au pressoir laissent sortir un *vin de pressurage* que l'on mêle parfois au premier.

Le vin mis en tonneaux continue encore à fermenter quelque temps et à dégager de l'acide carbonique, puis il dépose les matières étrangères qui le rendaient trouble et qui forment la *lie.* On le soutire pour l'enlever à l'influence de ce dépôt ; et, pour éliminer un principe albuminoïde qu'il tient en suspension, on le *colle,* c'est-à-dire qu'on le clarifie avec du blanc d'œuf, du sang ou de la gélatine. On peut alors le mettre en bouteilles.

C'est ainsi que se prépare le vin rouge ou rosé, suivant qu'il provient de raisins noirs ou blancs.

Pour préparer les *vins blancs* avec des raisins noirs, on pressure la pulpe fraîche de manière à en extraire le jus, qu'on laisse fermenter et qu'on traite alors pour le reste comme le vin rouge. La matière colorante se trouve dans la pellicule de la graine; elle ne peut se dissoudre que dans un liquide alcoolique; si donc le jus a été séparé des pulpes, il ne pourra pas y avoir de coloration après fermentation, puisque la matière colorante sera restée sur le pressoir.

Le plus estimé des vins blancs est le **champagne.**

Pour lui donner sa saveur particulièrement sucrée et le gaz qui le rend mousseux, on met dans chaque bouteille 3 à 5 0/0 de sucre candi. Ce sucre subit la fermentation ; le gaz qu'il développe, ne pouvant s'échapper, reste dans le vin, qu'il faut tenir solidement bouché pour qu'il conserve ses qualités.

377. Cidre. — Le cidre, qui remplace le vin dans les contrées où le climat ne permet pas la culture de la vigne, est le produit de la fermentation du jus des pommes. Les pommes sont conservées cinq à six semaines après leur récolte ; pendant ce temps, elles subissent un complément de maturation qui augmente la quantité du sucre. On les broie habituellement entre des cylindres cannelés.

Pour extraire le jus, on peut placer la pulpe dans des tonneaux debout où l'eau sépare le jus en vertu de déplacements osmotiques. Le plus souvent, on met la pulpe à macérer avec l'eau vingt-quatre heures et on en extrait le jus par compression. Le liquide trouble recueilli est mis en fût où il fermente et se clarifie par suite du dépôt des substances lourdes et de l'ascension des matières légères, qui, avec l'acide carbonique, forment une écume à la surface. La fermentation est lente ; aussi le cidre conserve-t-il assez longtemps sa saveur sucrée.

Un vieille habitude fait laisser le cidre sur la lie qu'il dépose ; c'est le laisser en contact avec des causes nombreuses d'altération. Il vaudrait bien mieux le soutirer comme on le fait pour le vin.

378. Bière. — La *bière*, boisson habituelle des pays du Nord, est le résultat de la fermentation alcoolique des matières amylacées, avec une infusion de houblon qui lui donne ses qualités aromatiques.

C'est d'ordinaire l'orge, céréale peu coûteuse, qui sert à la fabrication de la bière ; cette graine développe en germant de la **diastase**, ferment soluble qui saccharifie très bien l'amidon; l'orge germée ou *malt* est la matière première de la dissolution sucrée qui donnera la bière en fermentant.

La germination de l'orge ou **maltage** est la première opération de la fabrication. L'orge humectée, qui est tombée au fond de l'eau d'une cuve et qui s'y est gonflée, est mise en couche de 30 à 40 centimètres d'épaisseur sur des aires où la température est au moins de 15°. Dès que sa germination commence, on diminue successivement l'épaisseur de la couche et on arrête l'opération quand la gemmule a atteint une longueur des deux tiers du grain; on porte alors les graines dans une étuve que l'on chauffe progressivement, de manière à chasser l'humidité d'abord, à arrêter complètement la germi-

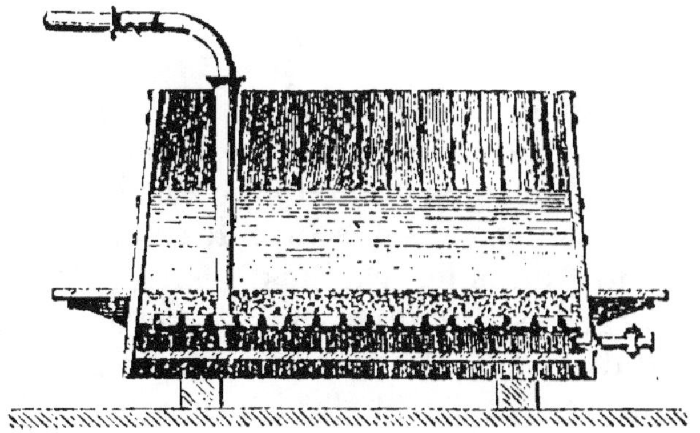

Fig. 103. — Cuve-matière pour le brassage de la bière.

nation et à rendre ensuite les radicelles cassantes. Pendant la germination, la diastase s'est peu à peu formée, et, au moment où cette germination est interrompue, cette diastase n'a pas encore transformé l'amidon de la graine en un produit soluble destiné à servir d'aliment au germe. Le **malt** est le grain concassé débarrassé de ses radicelles.

Ce malt est brassé ou **saccharifié** dans de grandes cuves où l'on amène de l'eau à 60° et où se meuvent des agitateurs (*fig.* 193). Le liquide que l'on en soutire est le **moût de bière,** c'est-à-dire une dissolution de glucose, provenant de l'action sur l'amidon de la diastase contenue dans le malt.

On fait bouillir ce moût avec du **houblon** qui lui cède son huile volatile, et le liquide *houblonné* et refroidi est porté dans des cuves à *fermentation* où il se transforme peu à peu en alcool avec dégagement de gaz carbonique et d'écumes qui, exprimées, forment la levure de bière. Les conditions de température dans lesquelles s'effectue cette fermentation influent beaucoup sur la qualité de la bière.

Préparation industrielle de l'alcool

379. Matières premières. — Pendant longtemps l'alcool n'a été obtenu que par la distillation des boissons fermentées et principalement du vin. On l'a retiré ensuite de presque tous les liquides sucrés que la nature nous offre dans les racines, les tiges ou les fruits des végétaux; ces liqueurs sont, en effet, susceptibles de fermentation alcoolique dans les conditions convenables de température et de dilution avec l'eau; l'alcool qui s'y forme s'y trouve délayé dans une grande quantité d'eau, et, pour l'en isoler, il faut avoir recours à la distillation.

Mais l'industrie de l'alcool n'est pas réduite à utiliser simplement comme matières premières les jus sucrés naturels. L'amidon, la fécule, la cellulose peuvent être convertis en glucose; il en résulte que la plupart des matières amylacées servent aujourd'hui à la fabrication de l'alcool.

On demande donc aujourd'hui l'alcool à trois sources principales :

1º *Les vins et les liquides qui le contiennent très dilué;*

2° *Le glucose, le sucre, les mélasses, les betteraves, les plantes sucrées en général;*

3° *Les céréales, les pommes de terre, certaines légumineuses, la cellulose.*

Ces dernières doivent d'abord être transformées en une substance fermentescible par l'action des acides minéraux étendus ou de la diastase; et la liqueur fermentescible, mise en fermentation avec la levure de bière, doit enfin donner un *moût* alcoolique. Il faut donc, pour obtenir ce moût, une saccharification et une fermentation.

La fermentation doit également être provoquée ou aidée dans les substances sucrées naturelles.

Après ces opérations préliminaires, on procède à la *séparation de l'alcool par la distillation.*

380. Distillation des liqueurs fermentées. — Les moûts fermentés ne renferment que 3 à 15 0/0 d'alcool. Quand on les porte à l'ébullition, il se forme des vapeurs de tous les principes volatils en présence; l'alcool se vaporise proportionnellement en plus grande quantité que l'eau, de sorte qu'en condensant les vapeurs on obtient un liquide plus riche en alcool que le moût primitif.

Quand on n'opère que sur de petites quantités, on emploie les appareils distillatoires les plus simples, l'alambic ordinaire, ou, dans les laboratoires, soit une cornue dont le col est emmanché dans une allonge (*fig.* 194) fixée à un ballon, soit un appareil à distillations fractionnées de la figure 191. Mais la première opération ne donne qu'un alcool aqueux.

On est donc obligé de recourir à des distillations répétées pour obtenir un liquide plus riche en alcool. C'est le mode encore adopté pour la préparation des diverses *eaux-de-vie* de raisins, de marcs et de fruits, bien que les redistillations exigent une grande dépense de temps, de combustible et de main-d'œuvre.

Dans l'industrie, quand on opère sur de grandes quantités et qu'on veut avoir un alcool fort, un esprit marquant 90° à l'alcoomètre de Gay-Lussac, on emploie d'autres appareils plus complexes, mais qui ont l'avantage de fournir l'alcool à 90° en une seule opération.

Ces appareils peuvent différer les uns des autres par la disposition, mais ils ont tous le même principe : enrichir les vapeurs en alcool par des **déflegmateurs**

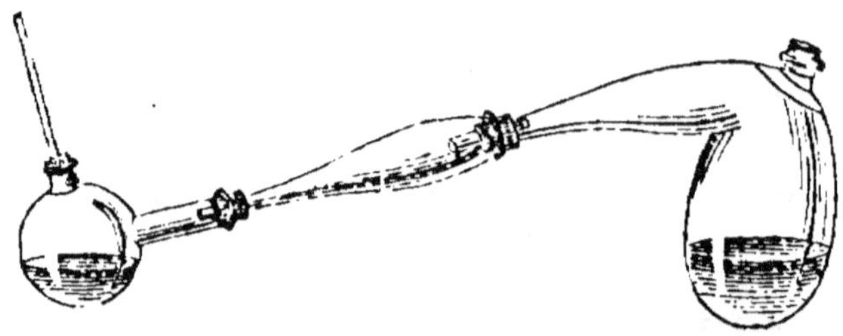

Fig. 194. — Appareil simple à distillation.

et des **rectificateurs** avant de les envoyer aux appareils qui les condensent.

Les déflegmateurs reposent sur les principes suivants : les vapeurs qui s'élèvent d'un liquide alcoolique bouillant sont toujours plus riches en alcool que le liquide, et elles sont d'autant plus riches que le point d'ébullition est moins élevé. En les refroidissant, mais sans produire une condensation complète, on en réalise l'analyse ; il se condense une partie plus aqueuse, tandis que celle qui est restée en vapeur est plus riche en alcool. Et, si les choses sont arrangées de manière à ce que cette dernière portion se rende seule à l'appareil condensateur, on obtient un produit plus riche en alcool que ne le seraient les vapeurs dégagées directement par l'ébullition du liquide.

La forme des déflegmateurs varie beaucoup : le plus simple, c'est le haut d'une cornue, le chapiteau de l'alambic, quand ils sont disposés pour que le liquide

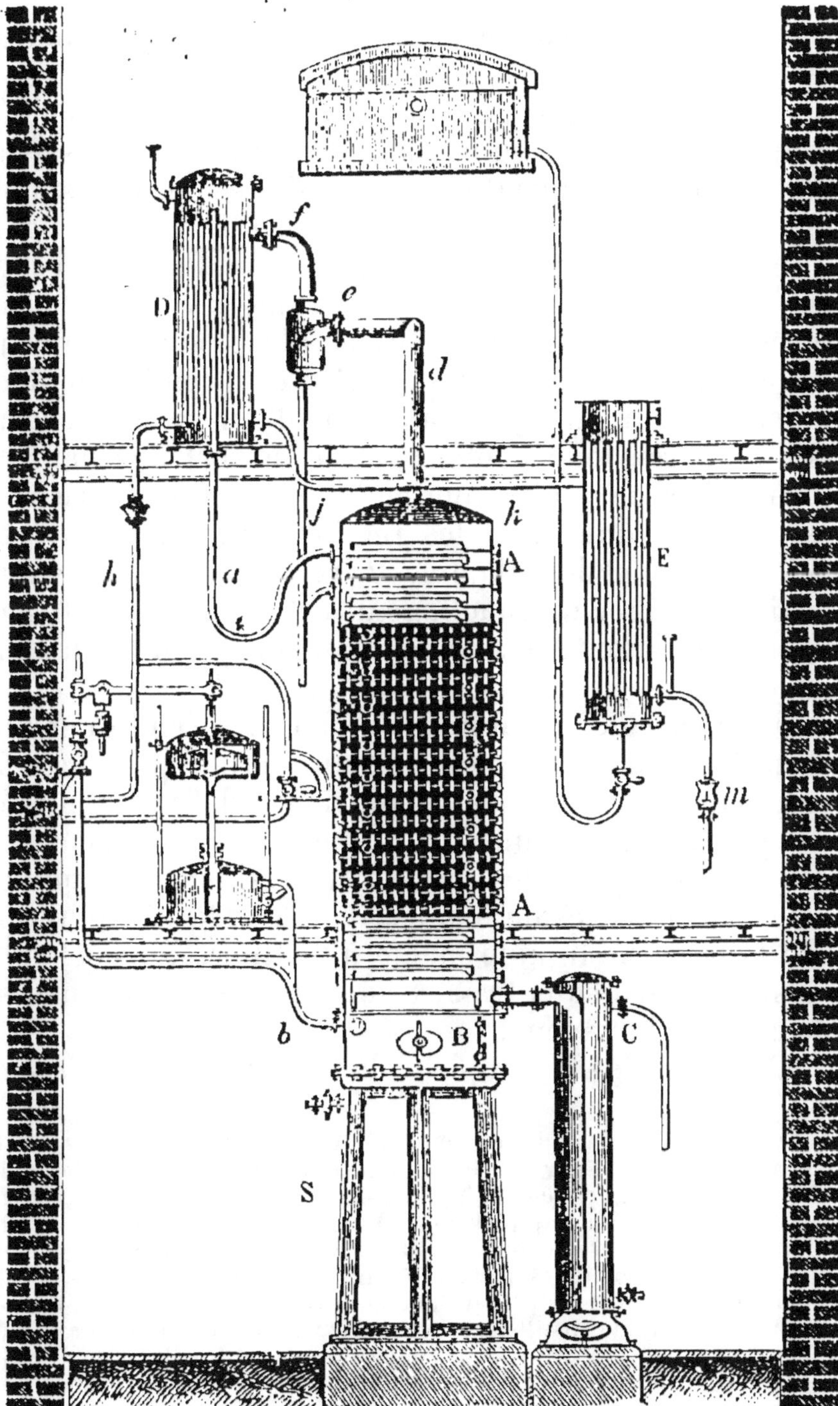

Fig. 195. — l'éflegmateur (système Savalle).

qui s'y condense par le refroidissement de l'air retourne à la chaudière.

Les **rectificateurs** contiennent la liqueur alcoolique à distiller, comme substance destinée à condenser les vapeurs qui y arrivent de la chaudière. Le plus simple est une deuxième chaudière placée à la suite de la première et où se rendent les vapeurs dégagées de celle-ci. Ces vapeurs, en y arrivant, s'y condensent, forment un liquide plus riche en alcool et dont le point d'ébullition est plus bas que celui du premier liquide ; la chaleur qu'elles y abandonnent en se condensant fait évaporer leur contenu, et il en sort des vapeurs plus riches en alcool que celles qui y sont entrées. Il est à remarquer que les rectificateurs ne sont, en définitive, que des alambics à redistillation, mais qui, au lieu d'exiger un chauffage direct et spécial, utilisent la chaleur latente des vapeurs dégagées de l'alambic principal.

Un appareil distillatoire complet comprend donc une première chaudière suivie d'un certain nombre de rectificateurs, puis un ou plusieurs déflegmateurs et enfin les réfrigérants ou serpentins condensant les vapeurs et donnant le liquide distillé. Habituellement on dispose les choses de manière à ce que la réfrigération soit faite par le liquide même à distiller, qui s'échauffe ainsi peu à peu sans frais en suivant une marche inverse de celle de la vapeur.

L'appareil le plus employé dans l'industrie est l'*appa-*

AA, colonne à plateaux où montent les vapeurs alcooliques ; — B, chaudière chauffée par un jet de vapeur arrivant par le tube *b* ; — C, colonne où se rendent les liquides de la chaudière et d'où s'écoulent les vinasses par un trop-plein ; — *a*, tube amenant la liqueur à distiller sur le premier plateau supérieur de la colonne ; — *d*, tube qui conduit les vapeurs alcooliques par *e* et *f* dans un réfrigérant D ; — *h*, tube amenant le liquide à distiller dans le réfrigérant D ; — *jk*, tube conduisant le liquide distillé, condensé dans le premier réfrigérant à un deuxième réfrigérant E ; — *m*, ouverture par laquelle s'écoulent les flegmes produits dans cette opération ; — S, support de fonte de la chaudière et de la colonne.

reil Savalle, qui comprend un déflegmateur à colonne dont on retire les flegmes contenant, avec l'alcool, de l'eau et un certain nombre de produits volatils (alcools supérieurs et éthers divers), puis un rectificateur d'une disposition analogue où l'on repasse les flegmes pour obtenir l'alcool pur à 90° de l'alcoomètre.

La figure 195 indique le dispositif du déflegmateur; la chaudière B est de petit volume; elle est surmontée d'une colonne à plateaux dont la figure 196 donne le détail. Les vapeurs sortant de la chaudière rencontrent le liquide à distiller, qui descend de plateau en plateau et qui s'est peu à peu échauffé dans sa marche. La partie qui reste en va-

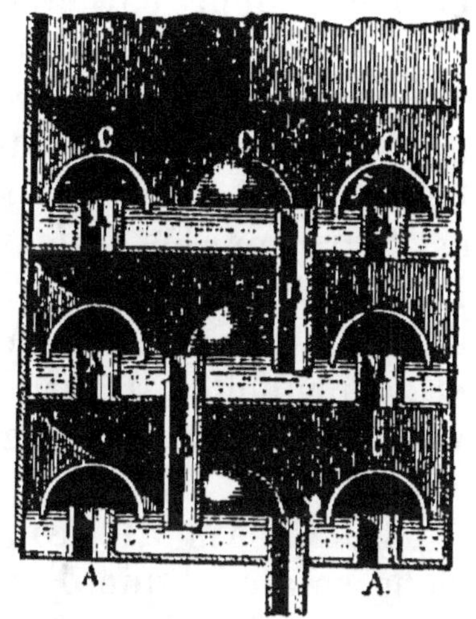

Fig. 196. — Plateaux d'un appareil distillatoire à colonne (coupe). — AA, tubes par lesquels les vapeurs provenant de la chaudière s'élèvent jusqu'au premier plateau, du premier plateau au second, etc. ; — BB, tubes par lesquels le liquide à distiller descend de plateau en plateau jusqu'à la chaudière ; — CC, cloches forçant les vapeurs qui s'élèvent à traverser une légère couche du liquide à distiller.

peurs et que le liquide n'a pas condensée passe à l'état liquide dans un premier réfrigérant D, puis dans un second E. C'est de là que les flegmes sont repris pour être envoyés au *rectificateur*.

Le rectificateur a une chaudière beaucoup plus grande que celle du déflegmateur, une colonne à plateaux analogue et une série de condenseurs qui laissent écouler l'alcool produit.

381. Liqueurs alcooliques. — Le produit des distilleries prend le nom d'**eau-de-vie** lorsqu'il ne contient que 50 à 55 centièmes d'alcool; il est appelé **esprit-de-vin** s'il en contient davantage.

Les diverses liqueurs alcooliques doivent leur saveur et leur odeur caractéristiques à différents produits volatils, qui ont passé à la distillation avec l'alcool.

Le **cognac** est le produit de la distillation des vins des Charentes ou du Midi. Le **rhum** s'extrait des mélasses et des écumes du suc de canne à sucre. Le **kirsch** est fourni par les cerises fermentées avec leurs noyaux. Le **genièvre** vient des baies du genévrier. Le **whisky** de l'*Écosse* s'obtient d'un mélange de seigle, de fécule et de prunelles. L'**agua-ardiente** des Mexicains provient de la sève d'un agave.

382. Essais alcoométriques. — Pour évaluer la richesse alcoolique d'un liquide, on se sert de l'alcoomètre de *Gay-Lussac*, gradué à 15° de température et dont il faut corriger les indications pour les autres

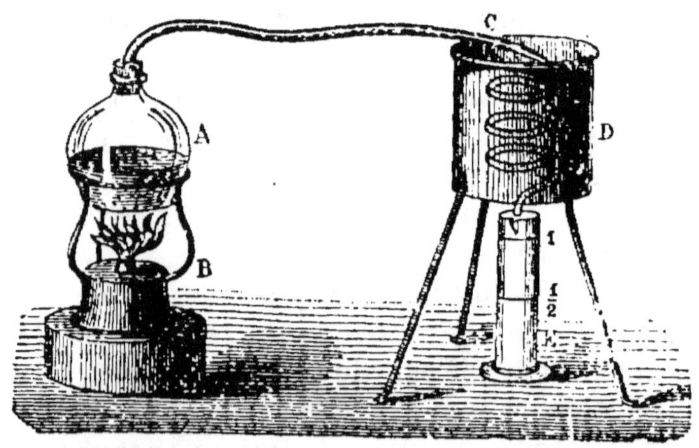

Fig. 197. — Appareil de Salleron pour l'essai des vins. — A, bouilloire; — B, lampe à alcool; — C, tube du serpentin; — D, vase réfrigérant; — E, éprouvette graduée.

températures, au moyen d'une table à double entrée qui accompagne l'appareil.

L'emploi de cet alcoomètre n'est applicable qu'aux mélanges d'alcool et d'eau. Pour ceux qui renferment autre chose, comme le vin par exemple, il faut au préalable en avoir opéré la distillation. Pour l'essai des vins, on vend un petit **alambic de Salleron** (*fig.* 197), muni de son réfrigérant, d'une éprouvette graduée, d'un alcoomètre et d'un thermomètre. On mesure le vin à essayer dans l'éprouvette jusqu'au trait 1 ; on le verse dans la bouillotte que l'on ferme et que l'on chauffe après avoir mis de l'eau dans le réfrigérant et posé sous le serpentin l'éprouvette. On arrête la distillation quand le liquide distillé est arrivé au trait $\frac{1}{2}$; tout l'alcool a distillé. On ajoute de l'eau distillée dans l'éprouvette pour compléter le volume primitif au trait 1, et on essaie le liquide en y plongeant l'alcoomètre et le thermomètre. On tire le degré alcoolique de leurs indications.

Les vins ordinaires varient de 9 à 15 0/0 d'alcool ; le malaga et le madère vont de 15 à 20 ; le cidre marque de 4 à 9 et les bières de 2 à 6.

Résumé. — Une *fermentation* est un changement chimique opéré dans une substance organique par un petit être organisé ou par un principe azoté soluble dont une quantité relativement petite peut se multiplier, se développer et opérer la transformation d'une quantité considérable du premier corps.

Le *ferment*, dans le premier cas, est un petit végétal s'accroissant en chapelets comme la *levure de bière ;* dans le second cas, on lui donne le nom général de *diastase* et on prend l'exemple de l'orge germée.

Parmi les fermentations, c'est la *fermentation alcoolique* qui est la plus commune. Le ferment est la levure de bière, le liquide fermentescible est une dissolution de glucose ou de sucre interverti, et les produits formés sont l'alcool, le gaz carbonique avec un peu d'acide succinique et de glycérine. Réduite à ses éléments les plus importants, on peut la traduire en disant que la substance sucrée s'est dédoublée, sans perte ni emprunt, en alcool et en anhydride carbonique. Le ferment s'est développé comme s'il avait pris comme aliment la substance sucrée, et qu'il ait rendu comme produits d'excrétion l'alcool et le gaz carbonique.

Les **boissons fermentées** ont été connues de tout temps, parce que plusieurs jus sucrés naturels, comme le jus de raisins, fermentent spontanément. Les plus communément employées sont, dans les pays tempérés, le vin, le cidre, la bière, et, dans les pays chauds, le vin de palmier.

Le **vin** est le produit de la fermentation du jus de raisins. Il suffit d'égrapper les graines mûres, d'abandonner la pulpe dans un cuvier à une température supérieure à 15° pour que la fermentation commence et qu'on y puisse constater le dégagement du gaz carbonique. Le premier alcool formé dissout la matière colorante de la peau du raisin. Aussi faut-il ne garder que le jus des grappes si l'on veut faire du *vin blanc*.

Le premier temps de la fermentation est terminé au bout de huit jours, et le vin peut être soutiré et mis en fûts; mais la fermentation continue encore, bien que plus lente, dans ce liquide; lorsqu'elle est finie, diverses matières se sont déposées; on soutire pour séparer le vin de cette *lie;* on colle le liquide pour l'avoir limpide et on le met en bouteilles.

Le **cidre** est le produit de la fermentation du jus des pommes. Ce jus est habituellement extrait par pression; il pourrait l'être aussi par diffusion, comme le sucre de la betterave. Mis dans des fûts incomplètement remplis, il fermente lentement et donne un liquide qui reste quelque temps sucré et mousseux. Le cidre ne se conserve longtemps qu'en bouteilles.

La **bière** est une dissolution d'orge germée, mélangée de houblon et fermentée à basse température. On commence par faire germer l'orge; on dessèche le grain pour arrêter à temps la germination; on sépare les germes; on fait infuser le grain concassé dans de l'eau à 60°; la diastase transforme l'amidon en sucre. On ajoute le houblon et on laisse fermenter dans des caves fraîches.

L'**alcool industriel** peut être extrait de toutes les boissons fermentées. Mais l'industrie s'adresse plutôt aux matières amylacées des graines de céréales et des tubercules de pommes de terre.

La première opération est la transformation de l'amidon en sucre; elle a lieu soit par l'ébullition avec une eau acidulée, soit par addition de malt ou orge germée, suivant l'utilisation possible des résidus.

Le liquide sucré refroidi est mis en fermentation dans de grandes cuves, où il devient un moût alcoolique.

La distillation de ce moût donne l'alcool. Cette opération est faite dans de grands appareils disposés pour donner de l'alcool fort en une seule opération. L'alcool est ensuite rectifié dans un appareil semblable, privé des alcools de mauvais goût qu'il contenait, et il est livré au commerce marquant au moins 90° à l'alcoomètre de Gay-Lussac.

CHAPITRE XLI

ALCOOL ÉTHYLIQUE ET ALCOOL MÉTHYLIQUE

383. Alcool ordinaire. — L'alcool de vin a été longtemps le seul connu : signalé au moyen âge par les Arabes sous le nom d'esprit-de-vin, il a été décrit au XIIe siècle par Arnaud de Villeneuve. On l'appelle *alcool vinique* à cause de sa provenance, ou *alcool éthylique* pour marquer sa relation avec l'éthylène C^2H^4 ou avec l'hydrure d'éthyle C^2H^3H. Il est le type d'une classe nombreuse de composés organiques qui ont les mêmes propriétés générales que lui, et que l'on désigne sous le nom générique d'**alcools**. Il y occupe la première place par ses nombreux usages, avec l'esprit-de-bois que l'on appelle l'*alcool méthylique*.

La source la plus ancienne de l'alcool ordinaire, ce sont les liqueurs fermentées provenant des jus sucrés de fruits, notamment du raisin, qui laissent passer à la distillation un mélange d'alcool et d'eau. Les jus sucrés comme le jus de raisin fermentent naturellement; ils se dédoublent en alcool et acide carbonique et, quand on distille les liquides ayant subi la fermentation, on obtient l'alcool plus ou moins mélangé d'eau.

384. Alcool absolu. — Pour enlever à l'alcool ses dernières traces d'eau et l'obtenir *anhydride* ou absolu, il faut le redistiller après l'avoir mis en contact avec des substances plus avides d'eau que l'alcool lui-même. On emploie le carbonate de potassium calciné, ou mieux encore la chaux. On laisse digérer plusieurs heures l'alcool à 90°, que l'on veut rectifier, avec de la chaux en petits fragments, puis on distille au bain-marie. En répétant cette opération une seconde fois sur le produit obtenu, on arrive à avoir l'alcool absolu.

On reconnaît facilement que l'alcool est anhydre en le mettant en contact avec un fragment de sulfate de cuivre desséché par la chaleur. Ce sel doit y rester incolore; il reprend sa coloration bleue pour peu que l'alcool renferme de l'eau.

385. Propriétés physiques de l'alcool. — L'alcool pur est un liquide limpide, très mobile, d'une odeur agréable et d'une saveur brûlante. Sa densité à 15° est 0,795.

Celle de sa vapeur rapportée à l'hydrogène est 23, c'est-à-dire la moitié de son poids moléculaire ($C^2H^6O = 46$).

Il bout à 78° sous la pression normale. Il devient visqueux quand il est exposé à la température du mélange d'éther et d'acide carbonique en neige[1].

Il a une grande tendance à s'unir à l'eau; l'alcool absolu exposé à l'air en attire l'humidité. Lorsqu'on mélange l'alcool ordinaire avec l'eau, il se produit une contraction du volume qui est maximum quand on ajoute à 100 volumes d'eau 112 volumes d'alcool; le tout n'occupe que 200 volumes. On fait l'expérience en superposant les deux liquides dans un long tube; on bouche celui-ci avec le doigt; on le retourne plusieurs fois, et l'on constate une diminution du volume en même temps que le dégagement de l'air qui était dissous dans les deux liquides.

L'alcool est le principal dissolvant des résines, des corps gras, des essences, des matières colorantes et des alcaloïdes.

386. Propriétés chimiques. Action de l'oxygène. — L'alcool est très inflammable; il brûle à l'air avec

[1] Il apparaît comme solide à — 200°.

une flamme bleuâtre très peu éclairante. Mélangé en vapeur avec l'oxygène, il détone en présence d'un corps incandescent. Dans les deux cas, sa combustion est complète ; il se produit de l'eau et de l'anhydride carbonique :

$$C^2H^6O + O^6 = 2CO^2 + 3H^2O.$$

Sa combustion incomplète donne beaucoup d'autres produits.

A froid, l'air n'agit sur l'alcool que si le liquide se trouve en présence de quelques corps capables de condenser l'oxygène et de le lui transmettre. Tel est le noir de platine, tels sont aussi les végétaux microscopiques, agents de l'acétification. Il y a alors deux phases dans l'oxydation de l'alcool :

1° L'alcool perd d'abord 2 atomes d'hydrogène et se change en **aldéhyde** :

$$C^2H^6O + O = H^2O + C^2H^4O.$$
Aldéhyde

2° L'alcool gagne en outre 1 atome d'oxygène et donne l'**acide acétique** :

$$C^2H^4O + O = C^2H^4O^2.$$
Acide acétique

La réaction complète s'écrit :

$$C^2H^6O + O^2 = C^2H^4O^2 + H^2O.$$

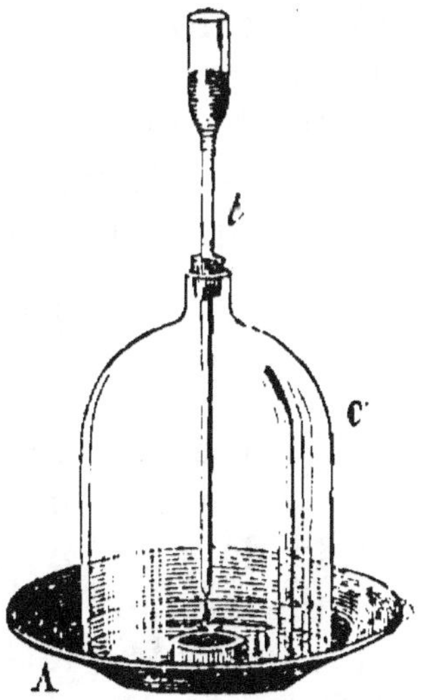

Fig. 198. — Oxydation de l'alcool. — A, assiette ; — B, godet à noir de platine ; — C, cloche ; — t, tube à entonnoir laissant écouler l'alcool goutte à goutte.

On constate ces faits en laissant tomber goutte à goutte, par un tube effilé, de l'alcool sur du noir de platine reposant sur une assiette couverte d'une cloche (*fig.* 198) ; il apparaît des vapeurs qui se condensent sous la cloche et qui ont l'odeur de l'aldéhyde ; on constate dans le liquide l'acide acétique.

La combustion lente des vapeurs d'alcool au contact d'un fil de platine rougi suffit à le maintenir quelque temps incandescent. On le prouve en suspendant un fil de platine en spirale dans la flamme d'une lampe à alcool ; on souffle la lampe quand le fil est rouge, et le fil reste rouge quelque temps.

Tous les corps oxydants, en agissant sur l'alcool, produiront un résultat analogue ; il y aura formation d'*aldéhyde*, puis d'*acide acétique*.

387. Action des corps halogènes.

— Le chlore sec attaque énergiquement l'alcool absolu sous l'influence de la lumière solaire. Il y a d'abord formation d'aldéhyde. Mais, l'action continuant, il se forme de l'aldéhyde trichloré qui porte le nom de *chloral* :

$$C^2H^6O + Cl^2 = C^2H^4O + 2HCl$$
$$C^2H^4O + 6Cl = 3HCl + C^2HCl^3O.$$
Chloral

Le brome agit à la façon du chlore.

L'iode se dissout dans l'alcool pour donner la **teinture d'iode**, employée en pharmacie et en chimie ; mais cette dissolution s'altère à la longue en produisant de l'acide iodhydrique.

388. Action des métaux alcalins et des alcalis.

— Le potassium et le sodium se dissolvent dans l'alcool avec dégagement de chaleur et mise en liberté d'hydrogène dont le métal a pris la place.

Il se forme par le refroidissement une masse cristalline qui ne diffère de l'alcool que parce que 1 atome d'hydrogène (H) y est remplacé par 1 atome de potassium ou de sodium (K ou Na). Le produit prend le nom d'*alcool potassé* ou *sodé*, ou encore celui d'alcoolat de potassium ou de sodium :

$$C^2H^6O + K = C^2H^5KO + H$$

Les *alcalis*, à chaud, agissent comme des oxydants : ils forment de l'acide acétique qui se combine à l'alcali pour donner un acétate alcalin :

$$C^2H^6O + NaHO = C^2H^3O^2Na + H'.$$
$$\text{\textit{Acétate de sodium}}$$

Pour effectuer cette réaction, on n'emploie pas l'hydrate de soude ou de potasse, qui attaquerait le verre ; on les remplace par la *chaux sodée* ou *potassée*.

389. Action des acides.

— Les acides, en agissant sur l'alcool, donnent lieu à des réactions très intéressantes ; il y a, dans chaque cas, formation d'eau et d'un composé nouveau appelé **éther**, qui contient l'alcool et l'acide, moins l'eau éliminée.

Pour classer ces réactions, il convient de distinguer les acides halogènes (chlorhydrique, bromhydrique, iodhydrique), les acides minéraux monobasiques, les acides organiques monobasiques, les acides pluribasiques, minéraux et organiques.

1. *Acides halogènes.* — L'*acide chlorhydrique* gazeux se dissout dans l'alcool ; la solution portée à l'ébullition dégage un chlorure organique, le *chlorure d'éthyle*, pouvant faire échange avec les sels, comme le font les chlorures métalliques. Ce même chlorure d'éthyle prend naissance quand on distille un mélange d'alcool et d'acide chlorhydrique concentré.

La réaction peut s'exprimer en formules brutes de la manière suivante :

$$C^2H^6O + HCl = H^2O + C^2H^5Cl.$$

Mais, si l'on cherche dans les réactions de la chimie minérale celle de laquelle on peut rapprocher la précédente, on trouve que l'action des acides sur les oxydes hydratés, comme la potasse KHO, est analogue à leur action sur l'alcool :

$$KHO + HCl = H^2O + KCl.$$
Potasse   *Eau*   *Chlorure de potassium*

$$C^2H^5HO + HCl = H^2O + C^2H^5Cl.$$
Alcool   *Eau*   *Chlorure d'éthyle ou Éther chlorhydrique*

On est donc conduit à donner à l'alcool la forme d'un oxyde hydraté C^2H^5HO, dans lequel un groupement composé C^2H^3 joue un rôle analogue à celui du métal dans la potasse ou dans la soude.

Les acides bromhydrique et iodhydrique agissent comme l'acide chlorhydrique en donnant chacun un éther, le bromure ou l'iodure d'éthyle, appelés encore éther bromhydrique ou éther iodhydrique :

$$C^2H^5HO + HBr = H^2O + C^2H^3Br.$$
Alcool   *Bromure d'éthyle ou Éther bromhydrique*

$$C^2H^5HO + HI = H^2O + C^2H^5I.$$
Iodure d'éthyle ou Éther iodhydrique

2. *Acides monobasiques.* — Un acide monobasique, qui n'a qu'un atome d'hydrogène à échanger contre un métal dans ses combinaisons métalliques, donne en agissant sur l'alcool un éther, sorte de sel où le radical de l'alcool tient lieu du métal.

Ainsi l'acide azotique AzO^3H donne la réaction suivante :

$$C^2H^5HO + AzO^3H = C^2H^5AzO^3 + H^2O.$$
Alcool   *Acide azotique*   *Azotate d'éthyle ou Éther azotique*

Les acides organiques monobasiques, comme l'acide acétique $C^2H^4O^2$, agissent de même :

$$C^2H^5HO + C^2H^3O^2H = C^2H^5C^2H^3O^2 + H^2O.$$
Alcool   *Acide acétique*   *Acétate d'éthyle ou Éther acétique*

Le même acide, en agissant sur la potasse, donnerait :

$$KOH + C^2H^3O^2H = KC^2H^3O^2 + H^2O.$$

Acétate
de potasse

3. *Acides polybasiques.* — *Acide sulfurique.* — L'acide sulfurique donne trois réactions successives avec l'alcool, suivant la température à laquelle on opère.

a) Si l'on verse peu à peu de l'alcool absolu dans de l'acide sulfurique concentré, l'acide et l'alcool se mélangent avec un dégagement de chaleur ; et, si l'on évite que la température ne s'élève au-dessus de 70°, il se forme un composé acide appelé *acide sulfovinique* à cause de sa formation, *acide éthylsulfurique* ou encore *bisulfate* ou *sulfate acide d'éthyle*, à cause de sa composition. Il est l'analogue du bisulfate ou sulfate acide de potassium.

Voici la réaction avec l'acide sulfurique SO^4H^2 :

$$C^2H^5HO + H^2SO^4 = \left.\begin{array}{c} H \\ C^2H^3 \end{array}\right\} SO^4 + H^2O.$$

Alcool   Acide éthylsulfurique

b) Si l'on distille à 140° un mélange de 1 partie d'alcool avec 2 parties d'acide sulfurique, on recueille de l'*éther ordinaire;* et la formation de ce produit est continue, quand on renouvelle l'alcool à mesure de sa transformation.

La réaction est double : dans la première partie, il se forme de l'acide éthylsulfurique, et, dans la seconde, cet acide se détruit au contact de l'alcool en régénérant l'acide sulfurique, qui peut ainsi recommencer son action sur une nouvelle portion d'alcool.

Voici cette seconde réaction :

$$\left.\begin{array}{c} H \\ C^2H^3 \end{array}\right\} SO^4 + C^2H^5HO = \left.\begin{array}{c} H \\ H \end{array}\right\} SO^4 + \left.\begin{array}{c} C^2H^3 \\ C^2H^3 \end{array}\right\} O.$$

Acide   Alcool   Acide   Éther
éthylsulfurique   sulfurique   ordinaire

c) Si l'on porte la température du mélange d'alcool et d'acide à plus de 160°, la déshydratation de l'alcool s'opère, et il se dégage du bicarbure d'hydrogène ou gaz oléfiant C^2H^4. C'est le mode de préparation de ce gaz.

$$C^2H^6O - H^2O = C^2H^4.$$

Alcool   Bicarbure
ou éthylène

L'alcool se change donc en un carbure qui renferme le même nombre d'atomes de carbone que lui.

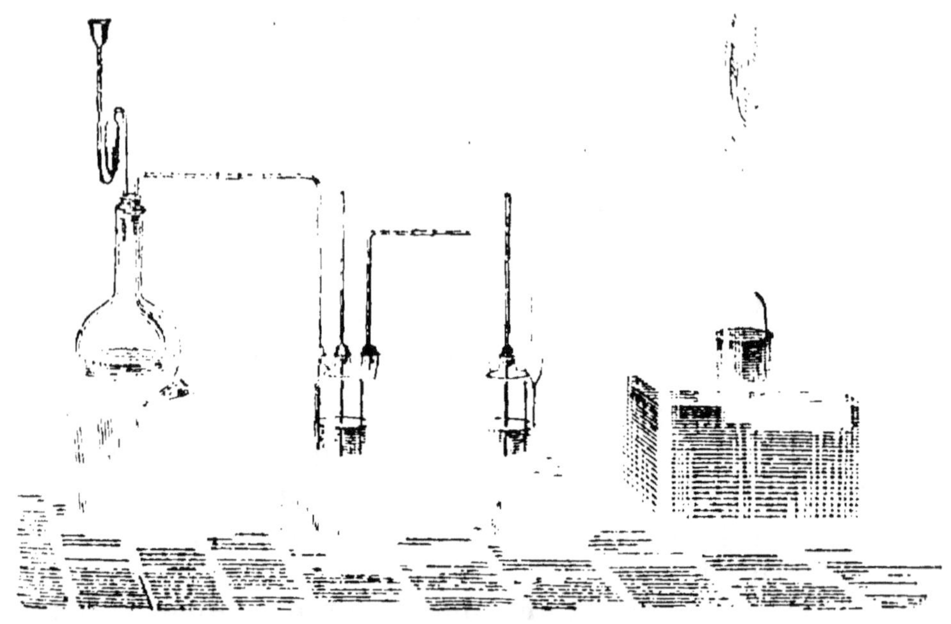

Fig. 199. — Appareil à préparer le bicarbure d'hydrogène.

Acides dibasiques en général. — Les acides dibasiques peuvent échanger contre les métaux un ou deux atomes d'hydrogène et donner deux séries de sels.

Ainsi l'acide sulfurique H^2SO^4 donne avec la potasse :

$$\genfrac{}{}{0pt}{}{H}{K}\Big\}SO^4 \qquad\qquad \genfrac{}{}{0pt}{}{K}{K}\Big\}SO^4.$$

Le bisulfate   et   Le sulfate neutre

Théoriquement, il devrait donner avec l'alcool deux éthers :

$$\begin{matrix} H \\ C^2H^5 \end{matrix} SO^4 \qquad\qquad \begin{matrix} C^2H^5 \\ C^2H^5 \end{matrix} SO^4.$$

Le bisulfate d'éthyle   et   *Le sulfate neutre d'éthyle*

Le premier seul se forme par l'action directe de l'acide sur l'alcool.

Mais, si l'acide sulfurique ne donne directement qu'un éther avec l'alcool, les autres acides dibasiques peuvent donner les deux que la théorie prévoit.

C'est ainsi que l'acide oxalique $H^2C^4O^4$ ou $\begin{matrix} H \\ H \end{matrix} C^2O^4$

donne les deux éthers suivants :

$$\begin{matrix} H \\ C^2H^5 \end{matrix} C^2O^4 \qquad\qquad \begin{matrix} C^2H^5 \\ C^2H^5 \end{matrix} C^2O^4.$$

Oxalate acide d'éthyle   et   *Oxalate neutre d'éthyle*

L'acide phosphorique, qui donne trois catégories de sels métalliques, peut engendrer avec l'alcool trois phosphates.

Toutes ces réactions ont lieu non seulement sur l'alcool ordinaire, mais aussi sur tous les corps homologues.

390. Usages de l'alcool ordinaire. — Les applications de l'alcool sont nombreuses et variées. Etendu de plus ou moins d'eau, il sert, dans l'économie domestique, sous les noms d'*eaux-de-vie* diverses qui diffèrent par leur provenance, leur odeur et leur saveur particulières. Concentré, il entre dans la fabrication des liqueurs, des produits de parfumerie, des vernis, du vinaigre.

Alcool de bois

391. Préparation de l'alcool de bois. — *L'esprit-de-bois* CH^3HO, appelé encore **alcool méthylique,** est un liquide qui fait partie des produits de la distillation du bois en vase clos. Il s'y trouve associé à l'acide pyroligneux, avec lequel il forme une partie aqueuse mélangée à du goudron ; on sépare cette portion aqueuse du goudron après repos par décantation, et on obtient l'esprit-de-bois impur par une distillation où l'on ne recueille que le premier dixième des produits qui passent.

Pour avoir l'alcool de bois pur, on mélange l'esprit-de-bois ordinaire avec le double de son poids de chlorure de calcium fondu et pulvérisé. Les deux corps forment une combinaison cristallisée qui résiste à une température de 100° sans se décomposer. On chauffe cette combinaison au bain-marie pour chasser en vapeurs les produits étrangers à l'alcool de bois. On reprend par l'eau le résidu et on distille ; l'alcool qui passe n'est plus mélangé que d'eau dont on le débarrasse par la chaux vive.

392. Propriétés. — L'alcool de bois est un liquide incolore, d'une odeur éthérée et alcoolique, d'une saveur brûlante. Il bout à 60° et brûle avec une flamme bordée de bleu.

Il dissout les mêmes corps que l'alcool ordinaire ; aussi peut-il remplacer ce dernier dans la plupart de ses usages industriels, notamment pour la fabrication des vernis ; mais il ne peut pas le suppléer comme boisson.

Son analyse lui assigne la formule CH^4O, que l'on écrit CH^3HO, pour en faire l'oxyde hydraté du méthyle, et on l'appelle **alcool méthylique.**

Soumis à l'oxydation, il donne un acide homologue de l'acide acétique : c'est l'**acide formique** :

$$Alcool\ ordinaire \qquad\qquad Acide\ acétique$$
$$C^2H^6O + O^2 = H^2O + C^2H^4O^2.$$
$$CH^4O + O^2 = H^2O + CH^2O^2.$$
$$Alcool\ de\ bois \qquad\qquad Acide\ formique$$

Sous l'action des acides, il donne des *éthers* homologues de ceux de l'alcool ordinaire. Il suffit, pour trouver leurs formules, de remplacer, dans les réactions de l'alcool ordinaire, le radical *éthyle* C^2H^5 par le radical *méthyle* CH^3.

On a :

$$L'éther\ méthylique. \qquad Le\ chlorure\ de\ méthyle. \qquad L'azotate\ de\ méthyle.$$
$$\left.{CH^3 \atop CH^3}\right\}O \qquad\qquad CH^3Cl \qquad\qquad CH^3AzO^3$$

comme

$$L'éther\ éthylique. \qquad Le\ chlorure\ d'éthyle. \qquad L'azotate\ d'éthyle.$$
$$\left.{C^2H^5 \atop C^2H^5}\right\}O \qquad\qquad C^2H^5Cl \qquad\qquad C^2H^5AzO^3$$

Et, si l'on considère ces alcools comme formés des carbures d'hydrogène de la première série auxquels est ajouté 1 atome d'oxygène,

L'*alcool méthylique* CH^4O dérive du 1er carbure CH^4 ;
Et l'*alcool éthylique* C^2H^6O dérive du 2e carbure C^2H^6.

A ce titre, l'alcool méthylique est le premier terme de la série d'alcools dont l'alcool ordinaire, qui a été le premier connu, n'est que le second terme.

Résumé. — Parmi les composés organiques renfermant du carbone, de l'hydrogène et de l'oxygène, les *alcools* se présentent en première ligne à cause de leurs propriétés générales d'engendrer des aldéhydes et des acides par oxydation, et surtout de neutraliser les acides en produisant une sorte de sels qui ont reçu le nom d'*éthers*.

L'alcool de vin a été longtemps le seul connu ; il appartient à une série dont l'*alcool de bois* ou *esprit-de-bois* est le premier terme.

La source la plus ancienne de l'alcool ordinaire, c'est la distillation des liqueurs fermentées provenant des jus sucrés de fruits et notamment du raisin : les jus sucrés, comme le jus de raisin, fermentent spontanément ; le sucre s'y transforme en alcool avec dégagement de gaz carbonique. Et, quand on fait subir deux distillations successives au liquide alcoolique, on obtient une *eau-de-vie*, c'est-à-dire un alcool étendu d'eau qui marque 55° à l'alcoomètre de Gay-Lussac. L'*esprit-de-vin* est un alcool plus concentré n'ayant plus que 5 à 10 0/0 d'eau. L'*alcool absolu* est entièrement privé d'eau.

On prépare encore aujourd'hui l'alcool avec le vin ou le marc de raisins, dans les pays vignobles. Mais la plus grande partie de l'alcool industriel est retiré des graines telles que le riz ou le maïs : on transforme la fécule ou l'amidon en matière sucrée ; on fait fermenter celle-ci et on distille le moût devenu alcoolique.

L'alcool pur est un liquide limpide, volatil, d'une odeur agréable et d'une saveur brûlante. Il est miscible à l'eau en toutes proportions et se contracte par ce mélange. Il bout à 78°. Il dissout un grand nombre de corps.

Son oxydation présente plusieurs degrés. A froid, au contact du noir de platine qui lui fournit de l'oxygène, il se change en *aldéhyde* en perdant 2 atomes d'hydrogène.

Avec des oxydants plus énergiques, après la première phase de l'oxydation, il se fixe 1 atome d'oxygène et devient de l'*acide acétique.*

Enfin, sa combustion complète le transforme en eau et anhydride carbonique ; il brûle avec une flamme peu éclairante, mais très chaude.

En présence des acides, l'alcool engendre les *éthers*. Il peut être comparé alors à une base alcaline comme la potasse ou la soude, et ses réactions sont parallèles à celles de ces deux bases.

Au lieu d'écrire sa formule brute C^2H^6O, si on l'écrit C^2H^5OH, le groupement C^2H^5 devient l'analogue d'un métal comme K et Na. Les réactions des acides minéraux ou organiques s'écrivent alors très commodément.

Ainsi, avec les acides halogènes, l'alcool donne des chlorure, bromure ou iodure d'éthyle (en donnant le nom d'éthyle au groupement C^2H^5). Ce sont les éthers chlorhydrique, bromhydrique, iodhydrique de l'alcool ordinaire.

Avec les acides azotique AzO^3H ou acétique $C^2H^3O^2H$, il donne l'azotate d'éthyle $AzO^3C^2H^5$ et l'acétate $C^2H^3O^2C^2H^5$, appelés éthers azotique et acétique.

Avec les acides polybasiques, il donne plusieurs sels ou éthers.

On extrait du liquide condensé recueilli dans la distillation du bois en vase clos un corps qu'on a appelé **esprit-de-bois** ou encore **alcool méthylique.**

C'est un liquide incolore qui bout à 60° et qui brûle avec une flamme bordée de bleu en produisant de la chaleur.

Il dissout les mêmes corps que l'alcool ordinaire, aussi le remplace-t-il dans la plupart de ses usages industriels, mais non dans les boissons alcooliques.

Son analyse lui donne la formule CH^4O; il dérive donc du méthane ou protocarbure d'hydrogène.

Oxydé, il engendre l'*acide formique*, comme l'alcool ordinaire engendre l'acide acétique.

Avec les acides, il donne des éthers analogues de composition et de propriétés avec les éthers de l'alcool ordinaire, tel est le *chlorure de méthyle* CH^3Cl, ou *éther chlorhydrique de l'alcool de bois*. Tel est aussi l'*oxalate de méthyle*, que l'on prépare avec l'esprit-de-bois brut pour obtenir l'alcool de bois pur en saponifiant cet éther.

CHAPITRE XLII

ALCOOLS

393. Caractères généraux des alcools. — Le nom d'*alcool* n'est plus comme autrefois donné seulement au produit volatil que l'on retire de la fermentation des jus sucrés; il est appliqué aujourd'hui à une nombreuse famille de composés organiques reliés les uns aux autres par un ensemble de propriétés chimiques communes et de réactions qui, en se répétant d'un terme à l'autre, donnent naissance à des dérivés multiples.

1° Un *alcool* est un corps neutre formé de carbone, d'hydrogène et d'oxygène et dont la propriété essentielle est de s'unir aux acides pour former de l'eau et un composé appelé *éther* :

$$\text{Alcool} + \text{acide} = \text{Eau} + \text{éther salin.}$$

L'étude de l'alcool ordinaire et de l'alcool de bois nous a fourni des exemples de cette réaction.

L'alcool ordinaire ou éthylique, avec l'acide acétique, donne de l'eau et de l'*éther acétique* :

$$C^2H^6O + C^2H^4O^2 = H^2O + C^2H^5C^2H^3O^2.$$

Avec l'acide chlorhydrique, il donne de l'eau et de l'éther chlorhydrique :

$$C^2H^6O + HCl = H^2O + C^2H^5Cl.$$

Inversement, ces deux éthers reproduisent l'alcool quand on les met en contact avec une base forte ou même avec l'eau :

Ether acétique
$$C^2H^5C^2H^3O^2 + H^2O = C^2H^6O + C^2H^4O^2$$

Alcool

$$C^2H^5Cl \quad + H^2O = C^2H^6O + HCl.$$
Ether chlorhydrique

2° Sous l'influence des oxydants, un grand nombre d'alcools perdent d'abord 2 atomes d'hydrogène qui se convertissent en eau et se changent en composés connus sous les noms d'*aldéhydes* ; et, par une action oxydante plus profonde, ils se fixent 1 atome d'oxygène pour former un acide.

L'alcool éthylique donne l'aldéhyde ordinaire et l'acide acétique :

$$C^2H^6O + O = H^2O + C^2H^4O... \quad \textit{aldéhyde.}$$
$$C^2H^6O + O^2 = H^2O + C^2H^4O^2.. \quad \textit{acide acétique.}$$

L'alcool amylique donne de même l'aldéhyde et l'acide valériques :

$$C^5H^{12}O + O = H^2O + C^5H^{10}O.. \quad \textit{aldéhyde valérique.}$$
$$C^5H^{12}O + O^2 = H^2O + C^5H^{10}O^2. \quad \textit{acide valérique.}$$

L'alcool de bois ou alcool méthylique ou formónique donne :

$$CH^4O + O^2 = H^2O + CH^2O^3.... \quad \textit{acide formique.}$$

394. Les divers genres d'alcools. — 1° *Alcools monoatomiques.* — L'alcool de bois et l'alcool ordinaire peuvent être considérés comme dérivés des deux premiers carbures de la première série :

Formène ou *hydrure de méthyle* ou *méthane.* CH^4
Alcool méthylique .... CH^4O ou CH^3HO
Hydrure d'éthyle ou *éthane* .... C^2H^6
Alcool éthylique .... C^2H^6O ou C^2H^5HO.

Cette dérivation peut être réalisée par l'intermédiaire du composé chloré.

Ainsi le formène CH^4 et le chlore donnent le composé CH^3Cl.
　　l'hydrure d'éthyle C^2H^6 — — — C^2H^5Cl.

Ces deux derniers corps peuvent, en agissant sur l'eau, régénérer l'acide et engendrer les deux premiers alcools :

$$CH^3Cl + H^2O = HCl + CH^3HO... \quad \textit{alcool méthylique.}$$
$$C^2H^5Cl + H^2O = HCl + C^2H^5HO.. \quad — \quad \textit{éthylique.}$$

En comparant les formules de ces alcools à celles des carbures correspondants, on est amené à considérer l'alcool comme résultant de la substitution à 1 H du carbure d'abord de 1 Cl, et ensuite à la place de Cl du résidu HO de l'eau ($H^2O - H$) que l'on appelle *hydroxyle :*

L'alcool méthylique est du formène CH^4 où H est remplacé par HO.
　　— éthylique est de l'éthane C^2H^6 — —

Ces alcools sont *monoatomiques*, c'est-à-dire qu'une seule molécule d'un acide monobasique s'y combine

pour donner un seul éther, comme une seule molécule
d'un acide monobasique réagit sur une seule molécule
d'hydrate de potasse pour donner une seule espèce de
sels.

Ainsi l'acide acétique monobasique $C^2H^4O^2$ ou
$HC^2H^3O^2$ donne avec la potasse un seul acétate neutre :

$$HC^2H^3O^2 + KHO = KC^2H^3O^2 + H^2O.$$

De même l'alcool éthylique, monoatomique, réagit
sur une seule molécule d'acide monobasique pour donner un éther neutre :

$$HC^2H^3O^2 + C^2H^5HO = C^2H^5C^2H^3O^2 + H^2O.$$

Acide   *Alcool*   *Acétate*
acétique   *d'éthyle*

Lorsqu'un acide bibasique réagit sur une base, il
donne deux sels, l'un acide, l'autre neutre ; ainsi l'acide
oxalique bibasique $H^2C^2O^4$ donne avec la potasse

l'*oxalate acide* $\frac{H}{K}C^2O^4$ et l'*oxalate neutre* $\frac{K}{K}C^2O^4$.

De même 1 ou 2 molécules d'un alcool mo noato-
mique peuvent réagir sur un acide bibasique et donner
un éther acide et un éther neutre. Ainsi l'on peut réaliser les deux réactions suivantes :

$$C^2H^5HO + \frac{H}{H}C^2O^4 = H^2O + \frac{C^2H^5}{H}C^2O^4 \qquad \textit{acide}$$

Alcool   *Acide*   *Éthers*
éthylique   *oxalique*   *oxaliques :*

$$2(C^2H^5HO) + H^2C^2O^4 = H^2O + (C^2H^5)^2C^2O^4 \qquad \textit{neutre.}$$

Mais, de même qu'il existe des acides di et polybasiques,
il y a aussi des alcools di et polyatomiques.

2° *Alcools polyatomiques.* — On comprend qu'à un
carbure d'hydrogène de la première série comme
l'hydrure de propyle C^3H^8 par exemple, on puisse subs-

tituer Cl^2 à H^2, puis substituer $2\,(HO)$ à Cl^2; on engendrera ainsi un alcool de la forme $C^3H^6 \genfrac{}{}{0pt}{}{HO}{HO}$ qui pourra se combiner avec *deux* molécules d'un acide monobasique : c'est un alcool *diatomique* que l'on appelle le glycol propylique.

Si la substitution est encore plus complète, d'abord de 3 Cl, puis ensuite de 3 hydroxyles (HO), l'alcool sera *triatomique*, de la forme $C^3H^5(HO)^3$: c'est la *glycérine*. Un tel alcool pourra réagir sur *trois* molécules d'un acide et donner trois éthers.

En général, un alcool *polyatomique* pourra réagir sur autant de molécules d'un acide qu'il contiendra de fois le groupe (HO); nous trouverons plus loin des alcools pentatomiques et des alcools hexatomiques.

395. Alcools monoatomiques. — Les alcools monoatomiques se divisent en plusieurs familles, suivant le rapport du carbone à l'hydrogène.

La première et la plus intéressante est celle des alcools éthyléniques, dont l'alcool ordinaire et l'alcool de bois sont les deux premiers ; la formule générale est $C^nH^{2n+2}O$. Voici les principaux :

Alcool *méthylique* (esprit-de-bois).	CH^3HO	Alcool *œnanthylique* (heptylique)	$C^7H^{15}HO$
— *éthylique* (ordinaire)....	C^2H^5HO	— *caprylique* (octylique)...	$C^8H^{17}HO$
— *propylique*	C^3H^7HO	....	
— *butylique*...............	C^4H^9HO	Alcool *éthalique* (éthal)......	$C^{16}H^{33}HO$
— *amylique*...............	$C^5H^{11}HO$	....	
— *caproïque* (hexylique)..	$C^6H^{13}HO$	Alcool *cérylique*.............	$C^{27}H^{55}HO$

Les premiers sont des liquides volatils dont les points d'ébullition vont en s'élevant de l'un à l'autre d'environ 19° ; l'alcool de bois bout à 60° ; l'alcool ordinaire, à 79° ; l'alcool propylique, à 98°.

Les derniers de la série sont des corps solides, cristallisés, insolubles dans l'eau et peu solubles dans l'alcool ordinaire.

Tous ces alcools procèdent des carbures saturés ; on

ne peut leur fixer des corps nouveaux que par substitution ; ils sont dits alcools complets.

Nous citerons seulement quelques types dans les autres familles d'alcools monoatomiques : l'alcool *allylique* C^3H^5HO, dont dérive l'essence de moutarde ; les alcools *camphéniques*, dont le bornéol $C^{10}H^{17}HO$ est le type ;

Les alcools *benzylique* C^7H^7HO, *toluylique* C^8H^9HO, *cuminique* $C^{10}H^{13}HO$, produits par les transformations du toluène ;

L'alcool *cinnamique* C^9H^9HO ; et la *cholestérine* $C^{26}H^{43}HO$, qui provient de la désassimilation de la matière nerveuse, cerveau et nerfs, et qui se trouve dans les calculs biliaires.

396. Isomérie des alcools. — Il existe plusieurs alcools qui ont même formule, mais qui diffèrent entre eux par des propriétés distinctes tout en conservant la fonction essentielle de donner des éthers avec les acides. Ainsi l'on connaît deux alcools propyliques C^3H^7HO, l'alcool propylique normal et l'alcool isopropylique. On peut supposer l'existence de trois alcools butyliques ayant la même formule C^4H^9HO.

On désigne ces corps isomères par les noms d'alcools *primaires, secondaires, tertiaires.*

Les *alcools primaires* donnent par oxydation un aldéhyde et un acide contenant le même nombre d'atomes de carbone que l'alcool.

Les *alcools secondaires*, dans les mêmes conditions, donnent un corps isomère de l'aldéhyde, appelé *acétone*, mais une oxydation ultérieure engendre un acide moins riche en carbone que l'alcool initial.

Les *alcools tertiaires* ne fournissent à l'oxydation que des acides qui sont moins riches en carbone que l'alcool.

On a cherché à expliquer ces isoméries par la constitution des carbures et la place que l'on peut donner

au groupe hydroxyle (HO) en le substituant à l'hydrogène.

Ainsi le deuxième carbure C^2H^6 peut être considéré
comme formé du premier CH^3H où H a été remplacé
par (CH^3) :

1ᵉʳ *carbure*..........	CH^3H.
2ᵉ *carbure*..........	$CH^3 (CH^3)$.
3ᵉ *carbure*..........	$CH^3CH^2 (CH^3)$ ou C^3H^8.

Si l'on substitue HO à 1 d'hydrogène dans le groupe
CH^3 on a un alcool primaire; si on substitue HO à
1 d'hydrogène dans le groupe CH^2, on a un alcool
secondaire :

L'alcool *propylique* normal ou primaire est donc	CH^3,CH^2CH^2HO.
— *isopropylique* ou secondaire............	CH^3,CH,CH^3HO.

En étudiant la constitution du quatrième carbure,
on trouve les groupes CH^3, CH^2, CH, C; un alcool tertiaire est censé provenir de la substitution du groupe
(HO) à 1H pris dans un groupe CH du composé.

397. Alcools polyatomiques. — Un alcool polyatomique peut s'unir aux acides suivant plusieurs rapports pour donner plusieurs éthers. Cette notion a été
introduite en 1854 par M. Berthelot à l'occasion des
corps gras qui sont des éthers de la glycérine, ce dernier corps étant un alcool triatomique; elle a été ensuite
étendue aux principes sucrés, dont quelques-uns,
comme la mannite, sont des alcools hexatomiques, et
les autres, comme les glucoses, des dérivés d'alcools
pentatomiques.

Depuis, M. Wurtz a découvert les alcools diatomiques,
auxquels il a donné le nom de **glycols.**

Un glycol fonctionne vis-à-vis des acides comme
2 molécules d'un alcool monoatomique. Voici quelques

glycols, en regard des alcools monoatomiques correspondants :

Alcool
ordinaire. C^2H^6O ou $C^2H^5(HO)$ — *glycol ordinaire.* $C^2H^6O^2$ ou $C^2H^4(HO)^2$
propylique C^3H^8O ou $C^3H^7(HO)$ — *propyl-glycol....* $C^3H^8O^2$ ou $C^3H^6(HO)^2$
butylique. $C^4H^{10}O$ ou $C^4H^9(HO)$ — *butyl-glycol.......* $C^4H^{10}O^2$ ou $C^4H^8(HO)^2$

La **glycérine** s'unit à 1, 2, 3 molécules d'un acide
monobasique, comme l'acide acétique, pour donner
trois éthers acétiques : 1 molécule de glycérine peut
jouer dans les réactions le même rôle que 3 molécules
d'alcool ordinaire : c'est le type des alcools tria-to-
miques.

Sa formule brute $C^3H^8O^3$ doit être écrite $C^3H^5(HO)^3$
pour indiquer cette propriété.

L'étude en est faite dans un des chapitres suivants.

Résumé. — Le nom d'*alcool* n'est pas seulement donné aux trois
corps étudiés dans les deux chapitres précédents, c'est-à-dire à
l'alcool de vin, à l'alcool de bois, à l'alcool amylique. Il est appliqué à une nombreuse famille de composés organiques capables
tous d'engendrer avec les acides des éthers que l'eau décompose
ou saponifie en régénérant l'alcool et l'acide.

Tous les alcools paraissent pouvoir être dérivés directement
des carbures d'hydrogène; il y en a donc autant de groupes que de
séries de carbures. Le groupe qui dépend du méthane CH^4 porte
le nom d'*alcools monoatomiques;* le premier est l'alcool de bois
CH^4O, le deuxième l'alcool ordinaire C^2H^6O, le troisième l'alcool
propylique C^3H^8O, et ainsi de suite en augmentant de CH^2.

On a appelé, dans le langage courant de la distillerie, *alcools
supérieurs,* non pas les meilleurs, mais ceux dont la formule a un
plus grand nombre d'atomes de carbone et d'hydrogène : c'est
ainsi qu'on donne ce nom à l'alcool amylique $C^5H^{12}O$ et à ses
homologues, tout en sachant bien qu'ils donnent à l'alcool ordinaire des qualités très nuisibles.

L'exemple de l'action de la potasse sur le chlorure d'éthylène
$C^2H^4Cl^2$ engendrant un alcool de la forme C^2H^4OH,OH, autrement
dit le *glycol,* montre bien la génération des *dialcools* ou *alcools
diatomiques.*

CHAPITRE XLIII

ACIDES ORGANIQUES

398. Acides organiques. — Les acides organiques sont des corps formés de carbone, d'hydrogène et d'oxygène, qui s'unissent aux bases pour donner des sels, ayant les mêmes propriétés générales que les sels donnés par les acides minéraux.

Les acides résultent de l'oxydation des alcools ou encore de celle des aldéhydes ; mais ils peuvent prendre naissance dans bien d'autres réactions. Beaucoup existent tout formés, soit à l'état libre, soit à l'état de sels dans différents produits des végétaux et des animaux.

Chaque alcool monoatomique engendre un acide avec formation d'eau. Ainsi l'alcool ordinaire produit l'acide acétique qui a H^2 de moins et O de plus que l'alcool :

$$C^2H^6O + 2O = H^2O + C^2H^4O^2.$$

Un alcool diatomique peut donner deux acides, l'un qui a H^2 de moins et O de plus que l'alcool, l'autre qui a H^4 de moins et O^2 de plus que l'alcool générateur. Ainsi le glycol $C^2H^6O^2$ engendre les deux acides $C^2H^4O^3$ (acide glycolique) et $C^2H^2O^4$ (acide oxalique).

Il y a donc lieu de séparer les acides monobasiques et les acides pluribasiques.

Les premiers échangent H contre un métal monoatomique, les autres peuvent échanger deux ou plusieurs atomes d'hydrogène.

I. — ACIDES MONOBASIQUES

399. Propriétés générales des acides de la série grasse. — A chaque alcool de la première série correspond un acide monobasique de la formule générale $(C^nH^{2n}O^2)$. Ces acides forment une série dont l'acide formique est le premier terme, l'acide acétique, le second, les acides gras (margarique et stéarique les derniers. Le point d'ébullition s'élève de 18° environ en passant de l'un d'eux au suivant :

		Point d'ébullition.			Point du fusion.
Acide formique......	CH^2O^2	99°	....		
— acétique.......	$C^2H^4O^2$	120°	Acide palmitique....	$C^{16}H^{32}O^2$	62°
— propionique...	$C^3H^6O^2$	142°	— stéarique	$C^{18}H^{36}O^2$	68°
— butyrique.....	$C^4H^8O^2$	163°	....		
— valérique......	$C^5H^{10}O^2$	175°	....		

Nous n'étudierons que les principaux.

Acide formique, CH^2O^2 ou $HCHO^2$.

400. Propriétés. — L'acide formique pur est liquide, incolore, fumant à l'air, d'une odeur pénétrante; il est très corrosif et détermine sur la peau de fortes brûlures. Refroidi au-dessous de zéro, il cristallise en belles lames micacées. Il bout à 100°, s'enflamme à une température un peu plus élevée et brûle avec une flamme bleue.

Chauffé avec l'acide sulfurique, il se dédouble en eau que l'acide absorbe et en

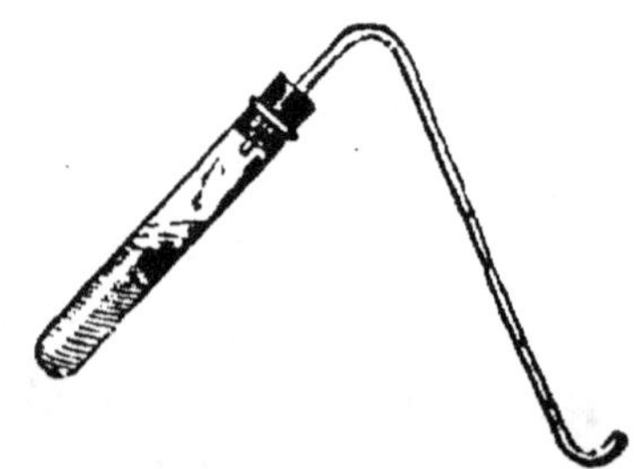

Fig. 200. — Tube à décomposer l'acide formique pour obtenir l'oxyde de carbone.

oxyde de carbone pur qui se dégage (c'est le moyen le plus commode d'obtenir ce dernier gaz, *fig.* 200) :

$$CH^2O^2 - H^2O = CO.$$

M. Berthelot a pu produire la réaction inverse, c'est-à-dire souder de l'eau à l'oxyde de carbone :

$$CO + H^2O = CH^2O^2.$$

Il a ainsi réalisé la synthèse de l'acide formique. Cette synthèse a été obtenue en chauffant pendant plusieurs jours, dans un ballon scellé à la lampe, l'oxyde de carbone avec de la potasse humectée ; il s'est produit du formiate de potasse $KCHO_2$, dont on a ensuite tiré l'acide formique.

L'acide formique réduit à chaud plusieurs oxydes métalliques, comme l'oxyde d'argent et l'oxyde de mercure ; il y a formation de gaz carbonique :

$$HgO + CH_2O_2 = CO_2 + H_2O + Hg.$$

Lorsqu'il se combine aux métaux, il donne les *formiates* métalliques, dont la formule est M,CHO_2 comparée à celle de l'acide H,CHO_2.

Les formiates alcalins chauffés avec un excès d'alcali donnent un carbonate avec dégagement d'hydrogène :

$$\underset{\substack{\text{Formiate} \\ \text{de potasse}}}{KCHO_2} + KHO = \underset{\substack{\text{Carbonate} \\ \text{de potasse}}}{K_2CO_3} + H_2.$$

C'est la réaction qui a été utilisée par M. Pictet lorsqu'il a voulu liquéfier l'hydrogène.

401. Préparation. — L'acide formique était préparé autrefois par la distillation des fourmis rouges, et c'est de là que lui est venu son nom. On l'obtient aujourd'hui de beaucoup de réactions où des molécules organiques complexes se dédoublent pour donner ces deux corps plus simples, l'eau et l'oxyde de carbone, dont l'assemblage forme l'acide formique. Ainsi on l'obtient par l'action à une douce chaleur de la glycérine sur l'acide oxalique et la distillation du mélange. Il se produit également par l'oxydation du sucre au moyen d'un mélange d'acide sulfurique et d'oxyde de manganèse. Pour purifier l'acide obtenu par la distillation, on le combine à un oxyde (l'oxyde de plomb) avec lequel il donne le formiate de plomb que l'on décompose par l'hydrogène sulfuré. Le liquide séparé du sulfure de plomb et bouilli donne l'acide formique.

Acide acétique, $C^2H^4O^2$ ou $HC^2H^3O^2$

402. Propriétés. — L'acide acétique étendu d'eau constitue le *vinaigre*, connu et employé depuis très longtemps dans l'alimentation. L'acide acétique chimiquement pur n'est connu que depuis le siècle dernier. C'est un solide d'une odeur piquante, cristallisé en belles lames au-dessous de 16°. Au-dessus de cette température, c'est un liquide incolore et limpide, d'une odeur forte, d'une saveur acide. Mis sur la peau, il détruit l'épiderme ou produit des ampoules.

Il attire l'humidité de l'air et se mêle en toutes proportions à l'alcool et à l'eau. Dans son mélange avec l'eau, sa densité augmente par suite de la contraction qu'il éprouve.

Il dissout beaucoup de substances organiques, comme le camphre, la fibrine, l'albumine, les résines, etc.

Soumis à l'action du chlore, sous l'influence de la lumière solaire, l'acide acétique perd successivement 1, 2, 3 atomes d'hydrogène qui sont remplacés par du chlore, et donne les composés :

$$\left. \begin{array}{l} C^2H^3Cl\,O^2 \\ C^2H^2Cl^2O^2 \\ C^2H\,Cl^3O^2 \end{array} \right\} \text{acides} \left\{ \begin{array}{l} \textit{monochloracétique,} \\ \textit{dichloracétique,} \\ \textit{trichloracétique,} \end{array} \right.$$

dont les propriétés fondamentales sont les mêmes que celles de l'acide générateur. Un corps combustible, l'hydrogène, y est remplacé par du chlore sans que la molécule elle-même soit sensiblement modifiée.

Le dernier de ces trois acides, $C^2HCl^3O^2$, donne le **chloral** C^2HCl^3O, liquide employé en médecine comme calmant des excitations nerveuses.

L'acide acétique échange 1 atome d'hydrogène

contre les métaux monoatomiques pour donner les *acétates*, dont la formule générale est $MC^2H^3O^2$, comme celle de l'acide est $HC^2H^3O^2$.

L'acide acétique cristallisable a peu d'usages ; en revanche, l'acide étendu d'eau ou le *vinaigre* en a de nombreux : il sert dans l'alimentation et dans la préparation des acétates.

403. Préparation du vinaigre. — Le vinaigre proprement dit est le produit de la fermentation acide de certaines liqueurs alcooliques dont l'alcool s'est transformé en acide acétique en absorbant de l'oxygène. Mais on désigne aussi sous ce nom l'acide pyroligneux étendu d'eau.

La préparation industrielle du vinaigre est donc réalisée, pour l'économie domestique, *par l'oxydation de l'alcool* ou des liquides qui en contiennent et, pour l'industrie, *par la distillation du bois*.

1° *Procédé d'Orléans.* — Dans un cellier où l'on maintient une température de 30°, on dispose sur trois rangées, par étages, des tonneaux dont les fonds portent aux deux tiers de leur diamètre un trou de bonde. On remplit chaque tonneau au tiers avec du vinaigre, et tous les huit jours on y ajoute 10 litres de vin; après cinq semaines, on retire de chaque tonneau 40 litres de vinaigre et on recommence l'opération. L'acétification est lente et souvent irrégulière; les vins d'un an sont ceux qui conviennent le mieux ; leur teneur en alcool ne doit pas être de plus de 10 0/0. La transformation du vin en vinaigre s'opère par le développement d'un végétal microscopique, le *mycoderme*, appelé vulgairement *mère* ou *fleur de vinaigre*, qui se développe sur le liquide comme les moisissures sur les corps organiques en décomposition, et dont le rôle est de porter l'oxygène de l'air sur l'alcool du liquide.

2° *Procédé allemand.* — Au lieu d'oxyder l'alcool du vin, on réalise l'oxydation de l'alcool lui-même étendu de 5 parties d'eau; on peut obtenir ainsi de grandes quantités de vinaigre en peu de temps. L'appareil est un long tonneau de 3 à 4 mètres posé debout. Au-dessus de son fond inférieur est un fond percillé sur lequel on pose les uns sur les autres des copeaux de hêtre jusqu'à 25 centimètres du fond supérieur. Un peu au-dessous de celui-ci est un fond percé de trous dans chacun desquels passent des ficelles retenues par des nœuds.

Enfin, le fond supérieur porte deux tubes, l'un pour verser le liquide, l'autre pour livrer passage à l'air (*fig.* 201). Dans un appareil dont les copeaux et les parois sont imprégnés déjà de vinaigre, on verse le liquide à acétifier; ce liquide coule lentement le long des ficelles sur les copeaux; il se répand sur une grande surface de contact avec l'air qui remonte des ouvertures *a*; il est bientôt convenablement oxydé. Quand il arrive au fond inférieur, d'où il peut

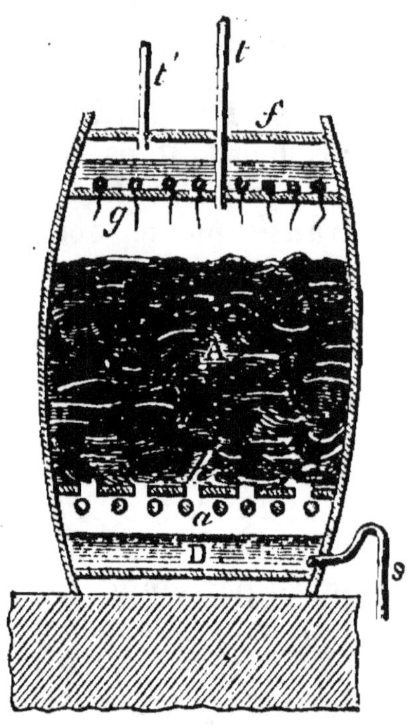

Fig. 201. — Fabrication du vinaigre. — Procédé allemand. — Coupe d'un tonneau. — A, copeaux de hêtre reposant sur le fond *h*; — *a*, ouvertures d'entrée de l'air; — *g*, fond percillé avec ficelles; — *t*, tube à écoulement des gaz; — *t'*, tube à introduire l'alcool; — *s*, siphon à écouler le vinaigre formé et rassemblé en D.

s'écouler lentement par un siphon, s'il n'est pas du vinaigre assez fort, on le repasse sur un deuxième et même sur un troisième tonneau.

Ce genre de fabrication est rapide; mais il implique une perte d'alcool ou de vinaigre par l'évaporation au contact de la grande quantité d'air qui traverse l'appareil.

3° *Procédé Pasteur.* — M. *Pasteur* a démontré que le *mycoderme* est l'agent de la transformation de l'alcool en acide acétique ; que, si l'on cultive ce petit végétal à la surface d'une liqueur alcoolique, par son intermédiaire, l'oxygène puisé dans l'air se porte sur l'alcool et le convertit en vinaigre. Il a alors indiqué un nouveau procédé d'acétification. Dans des cuves peu profondes, munies de couvercles, percées d'ouvertures à la partie supérieure pour permettre le mouvement de l'air, on met le liquide à acétifier (de l'eau contenant 2 0/0 d'alcool et 1 0/0 de vinaigre); on y ajoute une petite quantité de phosphates alcalins et terreux destinés à être les aliments minéraux du cryptogame. On sème sur le liquide le mycoderme, qui s'y développe, couvre bientôt la surface et opère son travail oxydant. Quand l'opération marche, on ajoute chaque jour de petites portions d'alcool ou de vin, et on soutire finalement le vinaigre formé.

Ce procédé est plus rapide que celui d'Orléans ; il ne donne pas lieu, comme ce dernier, au développement des *anguillules* du vinaigre, petits infusoires qui ralentissent l'acétification en contribuant par leurs mouvement à noyer la *mère de vinaigre*, qui ne peut plus jouer son rôle d'oxydant lorsqu'elle est immergée.

404. Distillation du bois. — Acide pyroligneux. —
Le bois, soumis à la distillation en vase clos, donne des gaz inflammables, des liquides que l'on peut condenser, qui contiennent de l'acide acétique, de l'alcool méthylique et du goudron ; il reste comme résidu du charbon. On dispose l'opération de manière à recueillir les produits liquides qui se condensent par le refroidissement et à renvoyer dans le foyer les gaz non condensés ; il n'est besoin alors de combustible qu'au commencement. La figure 202 représente un des appareils les plus employés. Le réfrigérant est une série de manchons de tôle entourant le tube à dégagement et recevant l'eau

d'un réservoir supérieur. On place dans la chaudière des bûchettes de bois. L'opération terminée et l'appareil refroidi, on en retire le charbon. Le liquide condensé porte le nom d'*acide pyroligneux* brut.

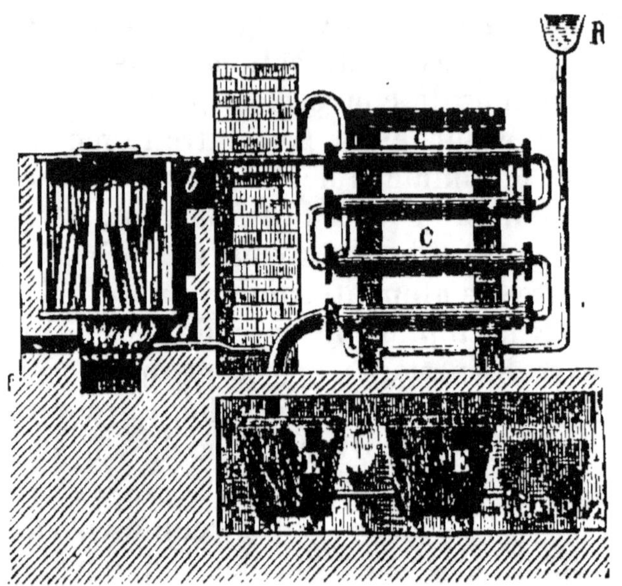

Fig. 202. — Distillation du bois pour acide pyroligneux. — A, chaudière où l'on met les bûchettes de bois ; — b, tube à dégagement des produits gazeux ; — C, serpentin réfrigérant où l'eau suit une marche inverse au gaz ; — d, tube conduisant au foyer les gaz combustibles ; — E, vases à recueillir les produits liquides condensés ; — R, réservoir d'eau du réfrigérant.

Chaque stère de bois produit 38 kilogrammes pour cent d'acide brut et laisse un charbon qui a toutes les qualités du charbon de bois ordinaire.

405. Purification de l'acide pyroligneux. — L'acide brut est d'une couleur brune ; il tient, en effet, en dissolution des matières empyreumatiques et du goudron.

Si on se contente de le redistiller après un repos et une décantation, on recueille, au commencement, de l'alcool de bois ; le reste du liquide qui passe à la distillation est l'acide pyroligneux ordinaire, coloré en jaune et pouvant être employé tel à la fabrication des pyrolignites.

Pour obtenir l'acide acétique, on sature l'acide pyroligneux brut par la chaux ou la craie. L'ébullition du liquide, suivie d'un repos, sépare du goudron sous forme d'écumes et permet d'obtenir une liqueur claire que l'on concentre et qui est de l'acétate de chaux brut ou du pyrolignite de calcium. On le transforme en acétate de sodium à l'aide d'une solution saturée de sulfate de sodium. L'évaporation du liquide donne l'acétate de sodium en cristaux colorés. Pour le blanchir, on le torréfie dans des chaudières plates en évitant sa décomposition. La masse reprise par l'eau laisse cristalliser le sel incolore. On en retire l'acide acétique en le décomposant par l'acide sulfurique en quantité convenable dans un appareil distillatoire où l'acide acétique vient se condenser.

L'acide pyroligneux sert dans les ateliers d'impressions sur étoffes pour fabriquer les acétates devant fonctionner comme mordants.

406. Acide cristallisable. — L'acide acétique du commerce est plus ou moins étendu d'eau. Pour l'obtenir pur et cristallisable, on le soumet à un mélange réfrigérant; il se forme des cristaux d'acide pur, que l'on sépare, que l'on égoutte et que l'on conserve dans un flacon bouché.

407. Acétates. — L'acide acétique peut se combiner avec les oxydes métalliques pour donner des acétates métalliques, presque tous solubles dans l'eau. Puisqu'il est monobasique, il ne prend en échange de H qu'un atome des métaux monoatomiques comme K, Na, Ag; et, dans sa combinaison avec les métaux diatomiques, il entre 2 molécules d'acide pour 1 atome de métal. C'est ainsi que l'on formule :

$$\text{L'acétate de potasse} \ldots\ldots\ldots\ldots \quad KC^2H^3O^2.$$
$$\text{— de cuivre} \ldots\ldots\ldots\ldots \quad Cu \left\{ \begin{array}{l} C^2H^3O^2 \\ C^2H^3O^2. \end{array} \right.$$

Acide benzoïque, $C^7H^6O^2$

408. — L'acide benzoïque se trouve dans le benjoin (résine provenant du styrax-benjoin des îles Sumatra et Java) et dans le bois de gaïac.

Pour l'obtenir, on met du benjoin concassé en poudre grossière dans un têt en terre : on tend au-dessus une feuille de papier que l'on colle sur les bords et on pose sur cette feuille un cône de carton (*fig.* 203). On chauffe lentement pendant plusieurs heures. Et, après refroidissement, on trouve sur le diaphragme et sur les parois du cône des lamelles cristallines d'acide benzoïque.

On peut aussi l'obtenir en faisant bouillir avec de l'acide] chlorhydrique l'urine concentrée des

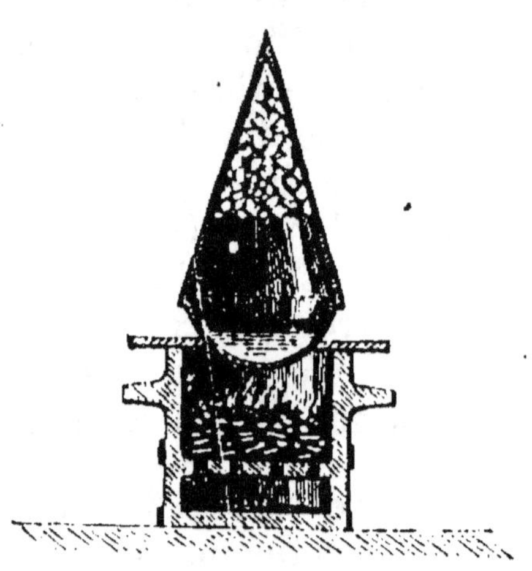
Fig. 203.
Préparation de l'acide benzoïque.

herbivores. Cette urine contient de l'acide hippurique $C^9H^9AzO^3$ qui se dédouble au contact de l'eau H^2O en glycocolle $C^2H^3AzH^3O^2$ et en acide benzoïque $C^7H^6O^2$.

L'acide benzoïque chauffé fond et brûle avec une flamme éclairante. Lorsqu'on fait passer sa vapeur dans un tube de porcelaine chauffé, il se dédouble en benzine et en anhydride carbonique :

$$C^7H^6O^2 = C^6H^6 + CO^2.$$
Benzine

II. — ACIDES POLYBASIQUES

409. Acides des glycols. — Un glycol ou alcool diatomique peut donner deux acides, l'un qui a H^2 de moins et O de plus que le glycol, l'autre qui a H^1 de moins et O^2 de plus que le glycol générateur :

Le glycol ordinaire $C^2H^6O^2$ engendre : $C^2H^4O^3$ et $C^2H^2O^4$
Acide glycolique   *Acide oxalique*

Le propyl-glycol $C^3H^8O^2$ engendre : $C^3H^6O^3$ et $C^3H^4O^4$
Acide lactique   *Acide malonique*

Le butyl-glycol $C^4H^{10}O^2$ produit : $C^4H^8O^3$ et $C^4H^6O^4$
Acide acétonique   *Acide succinique*

Les acides de la première série sont monobasiques et gardent en partie la fonction alcoolique, ceux de la seconde série sont dibasiques; le plus important de ces derniers est l'acide oxalique.

Acide oxalique, $C^2H^2O^4$ ou $H^2C^2O^4$ ou $\begin{matrix} HCO^2 \\ HCO^2 \end{matrix}$

410. Propriétés. — L'acide oxalique est solide, incolore, en cristaux prismatiques, sans odeur, d'une saveur aiguë et piquante. Il se dissout dans 8 parties d'eau froide, dans son poids d'eau bouillante ; il est également soluble dans l'alcool. Il cristallise avec $2\,(H^2O)$ qu'il perd vers 100°.

Il se sublime vers 120° et se décompose si on le chauffe davantage en dégageant de l'oxyde de carbone, de l'anhydride carbonique, en même temps qu'il se fait un peu d'acide formique.

Chauffé avec l'acide sulfurique, qui peut lui enlever son eau, il donne des volumes égaux d'oxyde de carbone et d'anhydride carbonique (c'est un des moyens employés pour obtenir le premier de ces deux gaz) :

$$C^2H^2O^4 = H^2O + CO + CO^2.$$

Il peut aussi se scinder en anhydride carbonique et en acide formique :

$$C^2H^2O^4 = CO^2 + CH^2O^2 ;$$

cette réaction se produit quand on chauffe l'acide à 100° avec la glycérine.

Il s'oxyde facilement quand on le chauffe avec des corps oxydants et se transforme en acide carbonique. Si on triture 4 parties d'acide oxalique sec avec 21 parties d'oxyde puce de plomb, l'oxydation est tellement vive que la masse s'échauffe jusqu'au rouge.

L'acide oxalique est un réducteur; en dissolution, il réduit le chlorure d'or et dépose l'or métallique.

411. Usages. — L'acide oxalique est employé en teinture comme *rongeant*, c'est-à-dire pour enlever le mordant sur les portions de l'étoffe où l'on veut que la couleur ne se fixe pas. On l'emploi en dissolution sous le nom d'*eau de cuivre* pour nettoyer les objets en laiton ou en cuivre rouge, parce qu'il forme des sels de cuivre solubles. C'est une raison analogue qui le fait employer pour enlever les taches d'encre sur les étoffes. Il est vénéneux.

412. État naturel et préparation. — Sous forme de sels, l'acide oxalique est très répandu dans le règne végétal; l'oseille lui doit sa saveur aigre. Les cellules d'un grand nombre de plantes contiennent de l'oxalate de chaux sous forme de fines

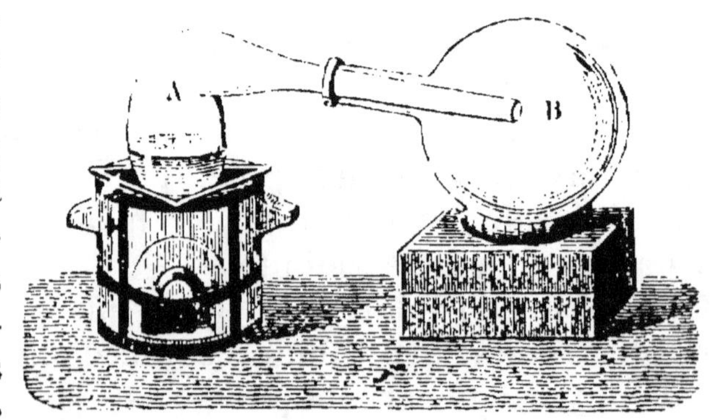

Fig. 204. — Appareil à préparer l'acide oxalique. — A, cornue contenant le mélange chauffé d'amidon et d'acide azotique; — B, ballon à condenser les vapeurs qui se dégagent.

aiguilles cristallisées. Son nom lui vient des *oxalis*, genre de plantes d'où l'on pouvait le retirer.

On le prépare dans les laboratoires en oxydant par

l'acide azotique l'amidon ou le sucre. On met dans une cornue (*fig.* 204) 1 partie de sucre et 8 parties d'acide azotique étendu d'eau ; on enfonce le col de la cornue dans un grand ballon que l'on refroidit, et on chauffe. Il se dégage d'abord des vapeurs rutilantes qui se condensent en partie. On maintient longtemps l'ébullition et le liquide de la cornue, concentré par évaporation, donne de beaux cristaux d'acide oxalique.

L'un des modes de *préparation industrielle* utilise la même réaction en prenant des mélasses comme matière première et en opérant dans de grands bacs en bois doublés de plomb chauffés par un serpentin traversé par la vapeur.

Le *nouveau procédé*, employé surtout en Angleterre, repose sur l'oxydation du bois en présence d'un alcali caustique. On fait une pâte de sciure de bois et de soude que l'on calcine dans un four tournant, vers 250°. La masse poreuse calcinée est reprise par l'eau qui laisse l'oxalate de sodium formé et entraîne les alcalis que l'on caustifie pour une nouvelle opération. L'oxalate de sodium est décomposé à l'ébullition avec un lait de chaux ; on régénère ainsi la soude et on forme de l'oxalate de calcium insoluble qu'on lave et qu'on décompose par l'acide sulfurique. Il ne reste plus qu'à faire cristalliser l'acide oxalique contenu dans la liqueur.

Si l'on veut l'*acide oxalique pur*, on fait cristalliser plusieurs fois l'acide du commerce en n'employant chaque fois qu'une quantité d'eau insuffisante pour dissoudre tout le produit solide sur lequel on opère.

413. Oxalates. — L'acide oxalique peut donner deux séries de sels, comme l'acide sulfurique :

$$\left.\begin{matrix} M \\ H \end{matrix}\right\} C^2O^4 \qquad ou \qquad \left.\begin{matrix} MCO^2 \\ HCO^2 \end{matrix}\right\}$$

Oxalates acides ou bioxalates

$$M^2C^2O^4 \qquad ou \qquad \left.\begin{matrix} MCO^2 \\ MCO^2 \end{matrix}\right\{$$

Oxalates neutres

On peut même trouver des *quadroxalates*, combinaisons d'oxalates acides avec l'acide oxalique.

Les oxalates alcalins seuls sont solubles. Tous les oxalates, même ces derniers, sont décomposés par la chaleur avec dégagement d'oxyde de carbone et d'acide carbonique ou formation de carbonates si la base est alcaline. Avec l'acide sulfurique, la production des deux composés oxygénés du carbone est constante et, par suite, caractéristique des oxalates.

Les oxalates solubles sont précipités entièrement par les sels de chaux à l'état d'oxalates de chaux insolubles.

414. Bioxalate de potassium. — Le bioxalate de potasse KHC^2O^4, porte le nom vulgaire de *sel d'oseille*. On le retire en effet du jus des oseilles que l'on clarifie en l'agitant avec de la terre glaise et que l'on fait ensuite cristalliser.

Le sel cristallise en prismes obliques, d'une saveur acide, solubles dans l'eau froide et beaucoup plus dans l'eau chaude. Il sert aux mêmes usages que l'acide oxalique.

415. Oxalate neutre d'ammoniaque $(AzH^4)^2C^2O^4$. — On le prépare en saturant une dissolution d'acide oxalique par l'ammoniaque et en faisant cristalliser la liqueur. Le sel obtenu est en longs prismes incolores, d'une saveur piquante.

Il est employé dans les laboratoires comme réactif des sels de chaux. Il donne en effet avec ces sels de l'*oxalate de calcium* insoluble dans l'eau, mais soluble sans effervescence dans l'acide azotique ou l'acide chlorhydrique.

La décomposition par la chaleur de l'oxalate neutre d'ammoniaque engendre l'*oxamide;* celle de l'oxalate acide engendre l'*acide oxamique*, produits azotés qui seront étudiés plus loin.

Acide lactique, $C^3H^6O^3$

416. L'acide lactique, qui est l'acide du lait aigri, peut être considéré comme le premier terme de l'oxydation du propyl-glycol. C'est à ce titre qu'on le classe dans les acides diatomiques.

On le trouve dans beaucoup de produits animaux ; il prend naissance par l'oxydation lente du lait, du sucre, de l'empois d'amidon.

Pour le préparer, on laisse fermenter, à une température de 30°, un mélange de 2 litres de lait écrémé, de 250 grammes d'amidon en empois et de 200 grammes de craie. Au bout de dix à douze jours, le mélange est une bouillie épaisse. La craie a saturé l'acide lactique à mesure de sa formation et produit du lactate de calcium. On étend la masse d'eau et on la fait bouillir, puis on filtre : la liqueur abandonne du lactate de chaux en cristaux. On les sépare pour les traiter par l'acide oxalique, qui précipite de l'oxalate de calcium et laisse l'acide lactique dans la liqueur.

L'acide lactique ne cristallise pas. Quand il a été amené par le vide à son plus grand état de concentration, c'est un liquide incolore, sirupeux, très acide et très soluble.

Il forme avec les métaux des **lactates** dont plusieurs sont employés en médecine. Tel est le lactate de fer, qui se forme directement par la digestion de la limaille de fer dans l'acide lactique.

Résumé. — Les **acides organiques** procèdent pour la plupart de l'oxydation des alcools ou de leurs aldéhydes.

A la série des alcools correspondant aux carbures forméniques correspondent des acides monoatomiques comme leurs alcools générateurs, dont les deux premiers termes sont l'*acide formique* CH^2O^2 et l'*acide acétique* $C^2H^4O^2$; les derniers termes sont les acides margarique ou palmitique et l'acide stéarique ; leurs propriétés ont fait donner à toute la série le nom d'*acides gras*.

L'acide formique CH^2O^2 est un liquide incolore, d'une odeur forte, qui réduit plusieurs oxydes, comme ceux d'argent et de mercure, et qui engendre des sels, les formiates, avec les bases.

Chauffé avec l'acide sulfurique, il se scinde en eau H²O que l'acide retient et en oxyde de carbone CO qui se dégage. Cette réaction a donné à M. Berthelot l'idée de réaliser la synthèse de l'acide formique, et il y est parvenu en agitant ensemble assez longtemps de l'oxyde de carbone et de la potasse, qui ont donné du formiate de potasse, dont on a ensuite extrait l'acide formique.

L'acide formique était préparé autrefois par la distillation des fourmis rouges. On l'obtient aujourd'hui d'un certain nombre de réactions, comme de l'oxydation du sucre ou de l'amidon, de l'action de l'acide oxalique sur la glycérine.

L'acide acétique C⁴H⁴O² est le produit de l'oxydation de l'alcool. Lorsqu'il est pur, c'est un liquide incolore qui se prend en belles aiguilles au-dessous de la température de 16° : on l'appelle alors *cristallisable*. Dans cet état, il blanchit la peau en détruisant peu à peu l'épiderme.

Soumis à l'action du chlore à la lumière solaire, il échange tout ou partie de son hydrogène contre du chlore; il donne les acides chloracétiques.

Combiné aux bases, il donne les *acétates*.

Mélangé d'eau, sous le nom de *vinaigre*, il sert dans l'alimentation.

Le **vinaigre** est préparé par l'oxydation de l'alcool étendu, sous l'influence d'un petit être qu'on nomme le *mycoderma aceti* et qui jouit de la propriété de porter sur l'alcool l'oxygène emprunté à l'air.

Dans le *procédé d'Orléans*, c'est l'alcool de vin qu'on oxyde lentement en provoquant le développement du mycoderme dans un mélange de vin et de vinaigre qui s'acétifie complètement et où l'on renouvelle le vin à mesure que l'on tire du vinaigre.

Dans le *procédé allemand*, c'est de l'alcool étendu d'eau que l'on soumet à l'acétification en le faisant tomber goutte à goutte dans un long tonneau sur des copeaux de hêtre présentant une grande surface à l'air et sur lesquels le mycoderme se développe bien.

Dans le *procédé Pasteur*, en sème le mycoderme à la surface d'un liquide alcoolique étendu ou d'un vin légèrement vinaigré et, au bout de peu de temps, la transformation en vinaigre est complète.

L'acide acétique employé dans l'industrie chimique est tiré de la distillation du bois en vases clos. Le produit condensé dans cette distillation s'appelle de l'acide pyroligneux brut; il est mélangé de goudron. Une première redistillation donne l'alcool de bois. On transforme ensuite l'acide pyroligneux en sel de chaux, puis en sel de soude que l'on torréfie. On le décompose ensuite par un acide qui met en liberté l'acide acétique. Et celui-ci peut servir à la préparation des acétates.

Les **acétates** sont produits par l'action de l'acide acétique sur les métaux ou sur les oxydes; l'acétate de cuivre et celui de plomb sont ainsi préparés; les autres sont obtenus par double échange de deux dissolutions.

Dans les acides polybasiques qui ne se rattachent pas directement aux glycols, on étudie *l'acide tartrique*, *l'acide citrique*, *l'acide salicylique* et *l'acide tannique*.

L'acide oxalique $C^2H^2O^4$ existe dans le jus d'oseille et lui donne sa saveur. Pur, il se présente en petits cristaux solubles dans l'eau. Sa dissolution réduit le chlorure d'or.

Ce corps est décomposé par l'acide sulfurique en eau H^2O que l'acide retient, en oxyde de carbone CO et en anhydride carbonique CO^2 qui se dégagent.

Il est employé comme mordant en teinture.

On le tirait autrefois exclusivement du jus d'oseille. On le prépare aujourd'hui par plusieurs réactions, l'oxydation ménagée de l'amidon par l'acide azotique ou bien l'action d'un alcali caustique sur le bois.

Avec les métaux ou les bases, il donne les **oxalates**; et il y a deux oxalates alcalins, comme il y a deux sulfates ou deux carbonates.

Le *bioxalate de potasse* porte le nom vulgaire de *sel d'oseille* et il est souvent employé au lieu de l'acide oxalique.

L'acide lactique $C^3H^6O^3$ est l'acide du lait aigri. Il est le produit d'une fermentation qui continue si on sature l'acide par une base à mesure de sa formation. Il ne cristallise pas. Il forme quelques *lactates*.

CHAPITRE XLIV

ÉTHERS-SELS. ACIDES GRAS. CORPS GRAS

417. Propriétés générales. — Les *éthers salins* peuvent être considérés, par analogie avec les sels minéraux, comme des acides dont l'hydrogène a été remplacé par un groupe alcoolique; tels sont :

C^2H^5Cl	$C^2H^5AzO^3$	$C^2H^5C^2H^3O^2$
Chlorure d'éthyle	*Azotate*	*Acétate d'éthyle*

que l'on appelle *éthers chlorhydrique, azotique, acétique*, et qui sont comparables au chlorure, à l'azotate, à l'acétate de potassium.

Ils peuvent être partagés en classes comme les acides ;
on en fait d'habitude deux principales :

1° Les *éthers simples*, qui dérivent des hydracides ;

2° Les *éthers composés*, qui dérivent des acides
oxygénés.

Ces derniers présentent entre eux des différences,
suivant que les acides qui les ont produits sont monobasiques comme l'acide azotique ou l'acide acétique,
ou bibasiques comme l'acide sulfurique et l'acide oxalique, ou encore tribasiques comme l'acide phosphorique. Et, de même que les sels minéraux des acides
sulfurique et oxalique sont neutres ou acides, de
même il y a des éthers acides ou neutres qui leur sont
comparables.

Saponification des éthers. — Tous les éthers salins
se décomposent facilement. Les alcalis, la baryte et la
chaux, l'eau elle-même à une température élevée, les
scindent, en prenant l'acide et en régénérant l'alcool.
On dit, dans ce cas, que l'éther est **saponifié**, sans
doute parce que cette réaction est identique à celle
qui donne naissance au savon. Ainsi l'eau, en agissant
sur un éther simple ou composé, régénère l'alcool et
l'acide :

$$C^2H^5Cl \quad + \quad H^2O \quad = \quad HCl \quad + \quad C^2H^5HO.$$
Chlorure d'éthyle — *Alcool*

$$C^2H^5C^2H^3O^2 \quad + \quad H^2O \quad = \quad HC^2H^3O^2 \quad + \quad C^2H^5HO.$$
Acétate d'éthyle — *Acide acétique*

De même la potasse, en agissant sur le chlorure, l'azotate, l'acétate d'éthyle, c'est-à-dire sur l'éther chlorhydrique, l'éther azotique ou l'éther acétique, régénère
l'alcool et produit un chlorure, un azotate, un acétate
de potassium :

$$C^2H^5Cl \quad + \quad KHO \quad = \quad C^2H^5HO \quad + \quad KCl$$
Chlorure d'éthyle — *Potasse* — *Alcool* — *Chlorure de potassium*

$$C^2H^5C^2H^3O^2 \quad + \quad KHO \quad = \quad C^2H^5HO \quad + \quad KC^2H^3O^2$$
Acétate d'éthyle — *Acétate de potassium*

Préparation des éthers salins. — Tous les éthers salins ont les mêmes modes de préparation. On les obtient :

1° Par l'action de l'acide sur l'alcool :

$$C^2H^5HO + HCl = H^2O + C^2H^5Cl$$

Alcool   Acide   Éther
chlorhydrique   chlorhydrique

2° Par l'action de l'acide sulfurique sur un mélange de l'alcool et de l'acide qui doit se combiner, ou sur un sel contenant cet acide : ainsi le mélange d'acétate de potasse, d'alcool et d'acide sulfurique donne l'éther acétique :

$$2 (KC^2H^3O^2) + {}^H_H SO^4 + (C^2H^5HO)^2 = H^2O + {}^K_K SO^4 + 2 (C^2H^5,C^2H^3O^2).$$

Acétate
de potasse   Éther acétique

Le même éther distille d'un mélange d'acide acétique, d'alcool et d'acide sulfurique. Dans le premier cas, on a mis en présence de l'alcool les générateurs de l'acide naissant. Dans le second cas, l'acide sulfurique a pour but d'empêcher que l'éther formé ne se dédouble en acide et en eau par la réaction contraire à celle de sa production ;

3° Par double échange entre les iodures ou bromures alcooliques et les sels d'argent des divers acides :

$$C^2H^5I + AgC^2H^3O^2 = AgI + C^2H^5C^2H^3O^2.$$

Iodure   Acétate   Acétate
d'éthyle   d'argent   d'éthyle

418. Éthers simples. — Les éthers simples sont les chlorures, bromures, iodures des radicaux alcooliques. Chaque alcool peut les former ; leur nombre est donc très grand. Nous n'étudierons que le *chlorure et l'iodure d'éthyle*, le premier comme type de série, le second à cause de l'intérêt de ses transformations.

419. Éther chlorhydrique C^2H^5Cl. — L'éther chlorhydrique ou **chlorure d'éthyle** est un liquide incolore, analogue à l'éther ordinaire, mais insoluble dans l'eau. Il bout à 11°, ce qui oblige à le conserver dans des flacons fermés à la lampe; il brûle avec une flamme bordée de vert.

On le prépare en distillant au bain-marie de l'alcool que l'on a au préalable saturé d'acide chlorhydrique. Le récipient où l'on recueille le liquide distillé doit être refroidi avec de la glace.

L'éther chlorhydrique peut être employé en médecine comme l'éther ordinaire. Mais il est surtout intéressant parce qu'il résulte de l'action directe de l'acide sur l'alcool et qu'il est le type des chlorures alcooliques.

L'éther chlorhydrique est sans action sur l'azotate d'argent; les propriétés du chlore sont ici masquées dans ce corps, comme elles le sont presque toujours dans les produits organiques où le chlore s'est substitué à l'hydrogène.

420. Iodure d'éthyle C^2H^5I. — On produit l'iodure d'éthyle par l'action sur l'alcool des corps capables de donner naissance à l'acide iodhydrique, c'est-à-dire par un mélange de phosphore et d'iode (donnant d'abord de l'iodure de phosphore que l'eau décompose ensuite). On introduit dans un ballon 100 parties d'alcool et 100 parties d'iode, et l'on y ajoute par petites portions 6 parties de phosphore rouge. On laisse plusieurs heures en contact et on distille. On lave à l'eau le produit distillé, on le dessèche et on le rectifie.

L'iodure d'éthyle est un liquide incolore, mais qui se teinte facilement à l'air. L'eau à 150° et l'oxyde d'argent le décomposent avec facilité en régénérant l'alcool.

Chauffé avec des métaux, dans des tubes scellés, il

donne naissance aux radicaux organo-métalliques, comme le **zinc-éthyle** :

$$\left.\begin{array}{c} C^2H^5 \\ C^2H^5 \end{array}\right\} Zn,$$

liquide curieux, avec lequel on a pu isoler l'*hydrure d'éthyle* C^2H^5H, d'une part, et, d'autre part, le *diéthyle* $(C^2H^5)^2$, qui contient le radical de l'alcool ordinaire.

421. Éthers composés. — Les éthers composés qui sont produits par les oxacides, minéraux ou organiques, sont en très grand nombre, puisque chaque alcool peut en engendrer avec tous les acides. On en fait dans les cours élémentaires deux groupes principaux :

Ceux qui dérivent d'acides monobasiques, où l'on étudie comme types l'*azotate* et l'*acétate d'éthyle* ;

Ceux qui proviennent des acides bibasiques, où l'on cite particulièrement l'acide *éthylsulfurique* et l'*éther oxalique*.

422. Azotate d'éthyle ou éther azotique, $C^2H^5AzO^3$. — L'éther azotique s'obtient par la distillation d'un mélange de 2 parties d'alcool avec 1 d'acide azotique concentré, auquel on ajoute un peu d'azotate d'urée dans le but d'empêcher la production des vapeurs nitreuses. Le produit obtenu, lavé à une eau alcaline, digéré sur du chlorure de calcium, est ensuite redistillé.

L'éther azotique est un liquide d'une odeur suave, qui bout à 85° et dont la vapeur brûle avec une flamme blanche. Il faut, pour le décomposer, une dissolution alcoolique de potasse ; il régénère l'alcool et donne de l'azotate de potassium :

$$C^2H^5AzO^3 + KHO = C^2H^5HO + KAzO^3.$$

Sa réaction la plus curieuse est celle qu'il subit

quand on le mélange d'alcool ammoniacal et qu'on le fait traverser par un courant d'hydrogène sulfuré ; il donne alors le **mercaptan** ou alcool du soufre, C^2H^6S :

$$C^2H^5AzO^3 + 5H^2S = 3H^2O + AzH^3 + C^2H^6S + 4S.$$

423. Acétate d'éthyle ou éther acétique $C^2H^5C^2H^3O^2$. — On prépare l'éther acétique en distil-

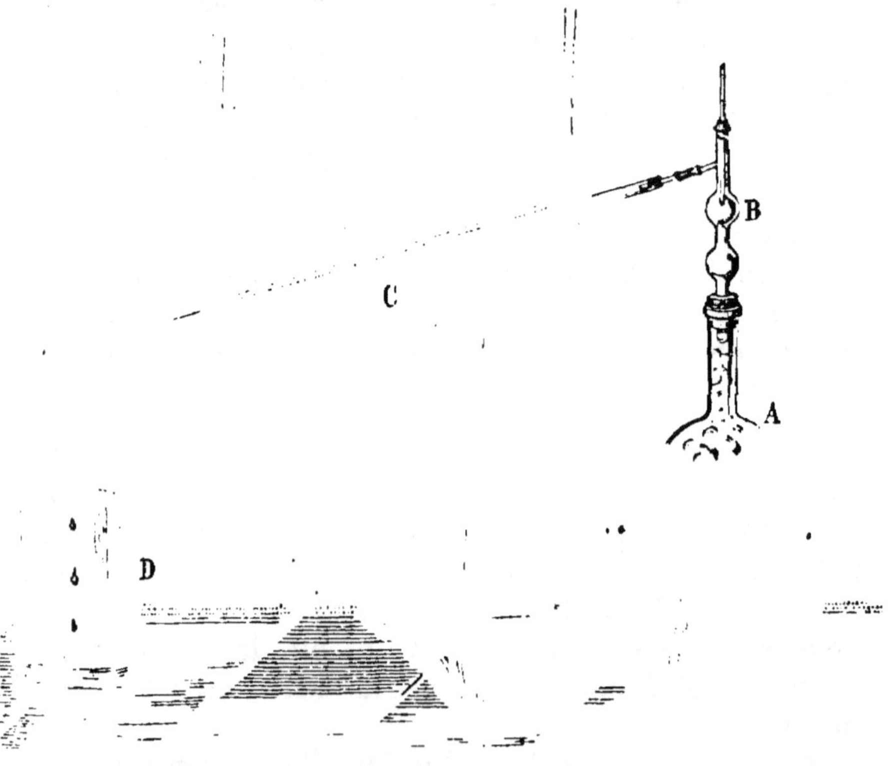

Fig. 205. — Appareil pour la préparation des éthers et pour les distillations fractionnées. — A, ballon contenant le produit à distiller ; — B, tube à boules ; — C, réfrigérant de Liebig ; — D, vase à recueillir le produit distillé.

lant un mélange d'alcool, d'acide acétique cristallisable et d'un peu d'acide sulfurique, ou plus simplement un mélange de 100 parties d'acétate de soude, 15 d'acide sulfurique et 6 d'alcool à 90° (*fig.* 205). Voici la réaction :

$$(Na,C^2H^3O^2)^2 + H^2SO^4 + (C^2H^5HO)^2 = H^2O + Na^2SO^4 + (C^2H^5,C^2H^3O^2)^2.$$

Le produit recueilli est mêlé avec de la chaux, qui sature l'acide libre, puis rectifié au bain-marie sur du chlorure de calcium.

L'éther acétique est un liquide incolore, d'une odeur éthérée agréable ; il bout à 74° et brûle avec une flamme blanc jaunâtre.

Les dissolutions alcalines le décomposent avec rapidité.

424. Éther oxalique ou oxalate d'éthyle $(C^2H^5)^2C^2O^4$. — L'acide oxalique, échangeant ses deux atomes d'hydrogène contre deux fois le radical alcoolique, donne l'éther neutre.

On l'obtient en distillant un mélange d'oxalate de potasse, d'acide sulfurique et d'alcool. Le produit recueilli est mélangé d'eau, d'alcool et d'éther ordinaire. On l'étend d'eau ; on en sépare ainsi un liquide huileux d'où l'on chasse par la chaleur l'éther sulfurique ; il ne reste plus qu'à le redistiller sur du chlorure de calcium pour avoir l'éther oxalique.

L'éther oxalique est plus lourd que l'eau.

425. Action de l'ammoniaque sur les éthers. — L'eau et les alcalis, comme la potasse et la soude décomposent les éthers en régénérant l'alcool, d'une part, et l'acide, d'autre part.

Le gaz ammoniac agit différemment. Sur les éthers à hydracides, l'ammoniaque se soude à l'éther et donne un composé azoté comparable aux composés halogènes ammoniques :

$$C^2H^5Cl + AzH^3 = \left.\begin{matrix} C^2H^5 \\ H^3 \end{matrix}\right\} AzCl$$

Avec les éthers composés, le gaz ammoniac régénère l'alcool et donne des corps azotés connus sous le nom d'*amides* :

$$C^2H^3C^2H^3O^2 + AzH^3 = C^2H^5HO + C^2H^3O,AzH^2.$$
Acétate d'éthyle   Acétamide

Cette réaction est très facile à réaliser avec l'éther oxalique : en versant dans cet éther de l'ammoniaque, il se produit un précipité blanc d'oxamide insoluble.

426. Acides gras. — On retire des corps gras naturels trois acides homologues de l'acide acétique :

L'acide *palmitique*........ $C^{16}H^{32}O^2$ fondant à 62°
— *margarique*........ $C^{17}H^{34}O^2$ —   à 60°
— *stéarique* ...., $C^{18}H^{36}O^2$ —   à 70°

Pour beaucoup de chimistes, l'acide margarique ne serait qu'un mélange des deux autres.

L'*acide palmitique* $C^{16}H^{32}O^2$ existe à l'état libre dans l'huile de palme. On le trouve aussi dans le blanc de baleine et dans la cire d'abeilles. On l'obtient en distillant l'huile de palme avec de la vapeur d'eau ou en décomposant par l'acide chlorhydrique le savon formé de l'huile de palme et de la potasse. La masse solide après refroidissement est comprimée pour en chasser les acides liquides ; elle laisse l'acide palmitique en gâteau blanc.

C'est un solide en paillettes brillantes d'aspect nacré que l'on utilise en Angleterre pour faire des bougies.

L'*acide stéarique* $C^{18}H^{36}O^2$ est un corps solide blanc, fusible à 70°, soluble dans l'alcool et dans l'éther. On l'obtient dans la saponification du suif de mouton avec la soude.

Le savon produit, séparé de la glycérine, est dissous dans 7 ou 8 parties d'eau bouillante ; la dissolution est étendue d'une grande quantité d'eau froide et abandonnée à une température de 10° à 12°. Par refroidissement, il se sépare du stéarate et du margarate ou palmitate de soude, qu'on lave et qu'on dissout dans l'alcool bouillant. Le stéarate se dépose par refroidissement ; on le décompose par l'acide chlorhydrique.

L'acide stéarique forme la plus grande partie des bougies.

Résumé. — On appelle *éthers* une classe de corps formés par l'action d'un acide sur un alcool. Ils se divisent en deux groupes :

1° Ceux qui ressemblent aux sels métalliques dans leur formation et leurs réactions et qu'on appelle *éthers salins;*

2° Ceux qui ont reçu le nom d'*éthers-oxydes*, parce qu'ils sont comparables aux oxydes métalliques alcalins et anhydres, comme K^2O, Na^2O, dans lesquels on a le groupement alcoolique C^2H^4 pour l'alcool ordinaire, au lieu du métal. L'éther ordinaire est le type de ce dernier groupe.

Les éthers salins sont comparables aux sels métalliques avec cette seule différence que leur base est un alcool.

On les dénomme comme les sels en substituant au nom du métal celui du groupement alcoolique qui remplace le métal ; c'est ainsi que l'on dit *chlorure, azotate, acétate d'éthyle.* Mais on peut aussi faire suivre le mot éther du nom de l'acide et de celui de l'alcool et dire *éther chlorhydrique ou azotique de l'alcool ordinaire.*

On partage les éthers salins en deux groupes : celui des acides halogènes et celui des acides oxygénés.

Leurs propriétés sont les mêmes, et la plus saillante, c'est la *saponification* que l'on réalise en faisant agir sur l'éther une base forte, potasse ou soude, ou même l'eau en vapeur sous pression : alors l'alcool est régénéré et l'acide aussi dans le cas de l'eau ; et, dans le cas d'une base métallique, l'acide donne un sel de cette base. Ainsi, fait-on agir sur l'éther acétique ou acétate d'éthyle soit de l'eau, soit de la potasse : l'alcool sera régénéré et l'on aura, en outre, soit de l'acide acétique, soit de l'acétate de potasse.

Le nom de cette réaction vient sans doute de ce qu'elle est identique à celle qui donne naissance à un *savon.*

Le mode général de préparation des éthers salins, c'est de faire agir sur l'alcool soit l'acide, soit les corps capables d'engendrer cet acide. Ainsi l'on peut faire l'éther chlorhydrique de l'alcool ordinaire en faisant agir sur l'alcool directement l'acide chlorhydrique ou bien encore un mélange de sel marin et d'acide sulfurique capable de donner le gaz chlorhydrique.

Les éthers salins sont nombreux, puisque chaque acide peut en produire avec chaque alcool. Tous sont volatils et quelques-uns ont une odeur recherchée.

***

CHAPITRE XLV

GLYCÉRINE. — CORPS GRAS. — BOUGIES SAVONS

427. Caractères généraux des corps gras. — On donne le nom de **corps gras** à des principes naturels liquides ou fusibles à une température peu élevée, incolores, sans odeur ni saveur, plus légers que l'eau, insolubles dans ce liquide, onctueux au toucher, faisant sur le papier une tache translucide que la chaleur ne dissipe pas.

Les corps gras sont répandus dans le règne animal et dans le règne végétal. Chez les végétaux, on les trouve dans les graines, comme l'huile d'œillette retirée du pavot et l'huile de colza ; dans les parties charnues des fruits, comme l'huile d'olive. Chez les animaux, la matière grasse se trouve dans les alvéoles du tissu cellulaire.

On donne habituellement le nom d'**huiles** aux corps gras liquides à la température ordinaire ; on nomme **beurres** ceux qui sont mous, et **graisses** ceux qui sont solides.

Les corps gras sont solubles dans l'alcool, surtout dans l'éther et les essences. Ils s'altèrent peu à peu au contact de l'air ; on dit qu'ils rancissent. Aucun d'eux n'est volatil. Une température de 300° les décompose ; ils brûlent à l'air avec une flamme éclairante.

428. Caractères chimiques. — Les beaux travaux de M. Chevreul ont montré que les corps gras naturels sont des mélanges de plusieurs principes immédiats, l'*oléine* qui existe surtout dans les huiles, la *margarine* et la *stéarine* que l'on trouve dans le suif. Si l'on refroidit de l'huile d'olive à 0°, elle se solidifie, et, si on comprime la matière pâteuse entre des feuilles de papier buvard, on la sépare en deux parties, l'une liquide, l'*oléine*, l'autre en lamelles nacrées et blanches, la *margarine*. Que l'on comprime une graisse et qu'on traite la matière solide par l'éther, on sépare la *margarine* soluble de la *stéarine* qui est peu soluble.

Ces principes immédiats sont des éthers de la glycérine. Sous l'influence des bases fortes ou même de l'eau, ils régénèrent la glycérine et donnent des acides gras, comme un éther simple sous l'action de l'eau régénère l'alcool et l'acide dont il est formé. M. Berthelot a réalisé la synthèse des principes immédiats de tous les corps gras naturels en faisant agir les acides sur la glycérine; il a ainsi fixé leur composition et leurs formules et mis en relief la fonction de la glycérine comme alcool triatomique.

429. Glycérine $C^3H^8O^3$ ou $C^3H^5(HO)^3$. — La glycérine, nommée *principe doux des huiles* par Scheele, qui l'a découverte, étudiée par M. Chevreul et par M. Berthelot, qui en a fixé la composition, se produit dans la saponification des corps gras, c'est-à-dire dans leur décomposition sous l'influence de l'eau et des alcalis.

On peut la préparer dans les laboratoires en saponifiant l'huile d'olive en présence de l'eau par de l'oxyde de plomb finement pulvérisé. La partie liquide, étendue d'eau, est soumise à un courant d'hydrogène sulfuré qui précipite le plomb, et la glycérine est obtenue par l'évaporation du liquide. En Angleterre, on prépare de grandes quantités de glycérine pure et incolore en concentrant la partie aqueuse du produit qui distille lorsqu'on soumet dans des alambics les corps gras, huiles ou suifs, à l'action de la vapeur d'eau surchauffée. On peut la retirer aussi des eaux qui ont servi à la saponification du suif. Il faut évaporer ces eaux à consistance de sirop, dissoudre le résidu dans de l'alcool, laisser éclaircir, filtrer la partie liquide, en chasser l'alcool, redissoudre le nouveau résidu dans l'eau, y faire digérer de l'oxyde de plomb, laisser reposer et filtrer, puis faire passer dans la liqueur un courant d'hydrogène sulfuré qui précipite du sulfure de plomb. Il reste un liquide qu'il suffit d'évaporer dans le vide après l'avoir décoloré au noir animal pour avoir enfin la glycérine.

La glycérine est un liquide sirupeux, incolore, incristallisable, d'une saveur sucrée, soluble dans l'eau et l'alcool, insoluble dans l'éther.

Elle est employée en médecine pour les maladies de la peau et le pansement des plaies; elle entre dans la fabrication des cosmétiques et des cérats; elle remplace avec avantage l'eau dans les compteurs à gaz, parce qu'elle ne se congèle pas; elle sert à maintenir humides les cuirs non tannés exportés, et elle les préserve de l'altération.

430. Propriétés chimiques de la glycérine. —

La glycérine, soumise à une température croissante, se décompose, et parmi les produits qu'elle forme se trouve l'*acroléine* ou aldéhyde allylique, d'une odeur irritante et d'une saveur qui prend à la gorge.

La glycérine est un alcool triatomique pouvant se combiner avec 1 ou 2 ou 3 molécules des acides monobasiques pour donner avec chacun d'eux trois éthers.

Avec l'acide chlorhydrique, elle donne trois éthers, tandis que l'alcool ordinaire n'en donne qu'un :

$$C^3H^5(HO)^3 + HCl = H^2O + C^3H^5(HO)^2Cl. \quad \text{\textit{monochlorhydrine}},$$
$$C^3H^5(HO)^3 + 2(HCl) = 2(H^2O) + C^3H^5(HO)Cl^2. \quad \text{\textit{dichlorhydrine}},$$
$$C^3H^5(HO)^3 + 3(HCl) = 3(H^2O) + C^3H^5Cl^3\ldots\ldots \quad \text{\textit{trichlorhydrine}}.$$

Avec l'acide acétique, les réactions sont parallèles ; il y a également trois éthers formés :

$$C^3H^5(HO)^3 + HC^2H^3O^2 = H^2O + C^3H^5(HO)^2 C^2H^3O^2 ..\quad \textit{monoacétine,}$$
$$C^3H^5(HO)^3 + 2(H,C^2H^3O^2) = 2(H^2O) + C^3H^5(HO)(C^2H^3O^2)^2 .\quad \textit{diacétine,}$$
$$C^3H^5(HO)^3 + 3(H,C^2H^3O^2) = 3(H^2O) + C^3H^5(C^2H^3O^2)^3 ......\quad \textit{triacétine.}$$

Il en est de même avec l'acide stéarique $C^{18}H^{36}O^2$:

$$C^3H^5(HO)^3 + (H,C^{18}H^{35}O^2) = H^2O + C^3H^5(HO)^2 C^{18}H^{35}O^2.\quad \textit{monostéarine,}$$
$$C^3H^5(HO)^3 + 2(H,C^{18}H^{35}O^2) = 2(H^2O) + C^3H^5(HO)(C^{18}H^{35}O^2)^2\quad \textit{distéarine,}$$
$$C^3H^5(HO)^3 + 3(H,C^{18}H^{35}O^2) = 3(H^2O) + C^3H^5(C^{18}H^{35}O^2)^3 .....\quad \textit{tristéarine.}$$

Cette tristéarine est analogue à la stéarine naturelle.

Dans les trois séries de composés qui précèdent, les premiers, résultant de l'action d'une molécule d'acide sur la glycérine, sont des éthers ; mais, en même temps, ils peuvent être considérés comme des alcools diatomiques, puisqu'ils gardent 2 (HO) à remplacer. Les seconds sont à la fois éthers et alcools monoatomiques. Les derniers seuls ressemblent aux produits naturels.

431. Nitroglycérine et dynamite $C^3H^5(AzO^3)^3$. — La nitroglycérine, éther trinitrique de cet alcool, a été découverte par Sobrero. On l'a d'abord préparée en versant un mince filet de glycérine dans un mélange d'acide sulfurique et d'acide azotique à volumes égaux. Mais aujourd'hui, pour éviter les dangers d'inflammation et d'explosion, on fait, d'une part, un mélange de glycérine avec trois fois son poids d'acide sulfurique concentré ; d'autre part, un mélange à poids égaux d'acide nitrique et d'acide sulfurique, et l'on mêle peu à peu les deux liquides refroidis. Après quelques heures, la nitroglycérine formée s'est déposée au fond du vase ; il ne reste plus qu'à la séparer et la laver.

La nitroglycérine est un corps huileux peu soluble dans l'eau ; elle cristallise lentement au voisinage de 0°.

Sous l'influence d'un choc ou d'une brusque élévation de température, elle détone avec une extrême violence. De tous les corps explosifs, c'est celui qui fournit le plus grand volume gazeux par son explosion. Pour faire détoner la glycérine, on peut en frapper une goutte avec un marteau sur une enclume; il est plus commode de laisser tomber le liquide en gouttes sur une plaque métallique chauffée. Si la plaque est trop chaude, la nitroglycérine prend l'état sphéroïdal; mais, si la plaque est à point, le liquide détone fortement.

On l'utilise pour les travaux des mines; elle est très précieuse, parce qu'elle peut faire explosion sous l'eau.

Pour la rendre plus maniable, on la mélange avec des matières poreuses inertes, comme des sables alumineux; elle constitue alors la *dynamite*. La dynamite détone par l'explosion brusque d'une amorce de fulminate de mercure.

432. Margarine $C^3H^5,3(C^{17}H^{33}O^2)$. — La margarine est une substance solide blanche, d'un aspect nacré (son nom, qui signifie perle, fait allusion à cette apparence); elle est fusible à 47°.

On l'extrait facilement de l'huile d'olive. Si, en effet, on expose cette huile à une basse température, elle se prend en une masse qui se remplit de lamelles nacrées; on les sépare par filtration au travers d'une toile, puis on les presse entre des feuilles de papier buvard.

La margarine existe dans la plupart des corps gras, les huiles végétales aussi bien que les graisses, le beurre comme le suif.

C'est un éther de la glycérine qui se *saponifie*, c'est-à-dire se dédouble sous l'influence de l'eau chauffée en régénérant la glycérine et en produisant l'**acide margarique:**

$$C^3H^5(C^{17}H^{33}O^2)^3 + 3H^2O = C^3H^5(HO)^3 + 3(C^{17}H^{31}O^2).$$

Margarine   *Glycérine*   *Acide*
margarique

Avec les alcalis au lieu de l'eau, on obtient de même la glycérine, mais l'acide se combine avec l'alcali et donne un **margarate,** c'est-à-dire un véritable **savon.**

433. Oléine. — L'oléine est la partie de l'huile d'olive qui reste liquide à 0°; elle n'est pas pure; elle contient encore un peu de margarine dont il est difficile de la débarrasser. On suppose que c'est le trioléate de glycérine, sa formule est $C^3H^5,3(C^{18}H^{33}O^2)$. Elle se dédouble par la saponification en glycérine et en *acide oléique.*

Elle forme la plus grande partie des huiles, mais elle entre également dans la composition de tous les autres corps gras.

I. — Huiles

434. Extraction des huiles. — Les huiles sont les corps gras que l'on extrait des végétaux (presque toujours des semences et quelquefois du fruit) et aussi des animaux (baleines, cachalots, marsouins, abatis de bœufs et de moutons).

L'extraction des huiles végétales se fait en soumettant les matières oléagineuses à l'action de presses puissantes. La pression a lieu à froid dans quelques cas; mais elle se fait le plus souvent à chaud. Après une première pression, le tourteau est soumis à une seconde qui donne une huile moins pure. Le dernier tourteau retient encore un peu d'huile mélangée aux matières albuminoïdes de la graine; on le donne comme nourriture au bétail ou on l'emploie comme engrais.

Épuration des huiles. — Les huiles, au sortir des presses, sont troubles; elles renferment une matière colorante, des principes résineux, des matières albumincuses : elles brûleraient mal en produisant beaucoup de fumée. Il faut les épurer. Souvent, pour l'huile de première pression, on se contente de l'abandonner au repos. Mais les huiles à brûler doivent avoir été traitées par 2 ou 3 0/0 de leur poids d'acide sulfurique ; on les mélange d'eau quand elles sont devenues noires, et on les agite fortement jusqu'à ce que le mélange ait une apparence laiteuse. Le repos fait surnager l'huile qu'on enlève.

435. Propriétés chimiques des huiles. — Les huiles exposées à l'air s'altèrent plus ou moins rapidement ; elles prennent une saveur âcre, deviennent acides ; on dit qu'elles **rancissent.** L'huile d'olive et celle d'amandes douces résistent longtemps à cette altération ; l'huile de noix devient rance en quelques jours.

Certaines huiles perdent rapidement leur liquidité, s'épaississent et se transforment en matières résineuses ; on les appelle **huiles siccatives :** telles sont les huiles de lin, de chènevis, d'œillette, de noix et de ricin.

Ce changement de propriété est dû à l'action de l'oxygène ; l'oxydation, d'abord lente, se fait ensuite avec rapidité. Elle est accélérée quand on ajoute aux huiles de la litharge ou du borate de manganèse et qu'on les fait bouillir.

Les huiles siccatives servent utilement dans la peinture comme véhicule des couleurs.

Les huiles non siccatives servent à l'éclairage, à l'alimentation, à la médecine. Toutes entrent dans la fabrication des savons.

436. Suif. — Sous le nom de **suif,** on désigne particulièrement la graisse des herbivores. Nous l'étudierons comme le type des corps gras solides.

Le suif est renfermé dans des cellules minces dont

il faut le séparer le plus tôt possible. Le moyen le plus ancien, c'est l'emploi de la chaleur qui fond la graisse, la dilate, fait déchirer les enveloppes qui la contenaient et sépare le liquide du tissu où il était solidifié. On soutire le suif fondu ; on le fait passer au travers d'un tamis et on y ajoute avant qu'il ne se fige quatre à cinq millièmes d'alun destiné à faire déposer les débris membraneux restés en suspension. C'est la méthode dite au creton, parce que les débris sont rassemblés en *pains* ou *cretons* pour la nourriture des porcs.

L'industrie emploie deux autres méthodes : l'ébullition du suif brut avec de l'eau acidulée par l'acide sulfurique, ou l'ébullition avec une eau alcaline ; la dernière est préférée, parce qu'elle ne présente pas l'insalubrité des deux précédentes.

Le suif est coulé en pains pour les besoins de l'industrie des bougies.

Les **chandelles** étaient obtenues en coulant ce suif fondu contre des mèches de coton tendues dans des cylindres ; leur principal inconvénient résultait de leur facile fusibilité ; le suif fond en effet à 38°.

Soumis à la saponification, le suif donne de la **glycérine** et trois éthers : l'oléine et la margarine, déjà étudiées, et la **stéarine**.

437. Stéarine $C^3H^5,3(C^{18}H^{35}O^2)$. — La *stéarine* est une matière blanche sous forme de petites lamelles d'un éclat nacré, fusible vers 60°.

On l'extrait du suif en chauffant celui-ci avec l'essence de térébenthine. La dissolution décantée abandonne en refroidissant une matière solide sur laquelle on répète plusieurs fois le traitement ; on la dissout enfin à chaud dans l'éther qui laisse déposer la stéarine en se refroidissant.

C'est un éther de la glycérine contenant 3 molécules d'acide **stéarique**. Soumise à l'action de l'eau, elle se dédouble en acide et en glycérine ; avec les bases, elle produit de même de la glycérine et donne des stéarates :

$$C^3H^5,3(C^{18}H^{35}O^2) + 3H^2O = C^3H^5,3(HO) + 3(H,C^{18}H^{35}O^2).$$
$$\text{Stéarine} \qquad\qquad \text{Glycérine} \qquad \text{Acide stéarique}$$

$$C^3H^5,3(C^{18}H^{35}O^2) + 3(KHO) = C^3H^5,3(HO) + 3(K,C^{18}H^{35}O^2).$$
$$\text{Stéarate de potasse}$$

438. Saponification des graisses. — Les graisses animales peuvent être considérées comme formées en différentes proportions des trois principes immédiats : oléine, margarine, stéarine, dont chacun est un éther de la glycérine.

Lors donc qu'on les traite par l'eau ou les alcalis, leur dédoublement s'opère et la glycérine se sépare des acides gras : *oléique, margarique, stéarique.* Ceux-ci peuvent être ainsi obtenus mélangés, ou bien combinés à l'alcali que l'on a fait agir sur le corps gras.

De sorte que la *saponification* peut se représenter par la réaction suivante :

SUIF

$$
\left.
\begin{aligned}
&C^3H^5,3(C^{18}H^{33}O^2) \qquad\qquad\qquad\ \\
&\qquad \text{\textit{Oléine}} \\
&C^3H^5,3(C^{17}H^{33}O^2) + 9(H^2O) = 3(C^3H^5,3HO) + \\
&\qquad \text{\textit{Margarine}} \qquad\qquad\ \text{\textit{Glycérine}} \\
&C^3H^5,3(C^{18}H^{35}O^2) \\
&\qquad \text{\textit{Stéarine}}
\end{aligned}
\right\}
\begin{aligned}
&3(H,C^{18}H^{33}O^2)\ \text{acide oléique,} \\[4pt]
&3(H,C^{17}H^{33}O^2)\ -\ \text{margarique,} \\[4pt]
&3(H,C^{18}H^{35}O^2)\ -\ \text{stéarique.}
\end{aligned}
$$

Voici d'ailleurs la composition immédiate de quelques graisses animales :

	Stéarine et margarine.	Oléine.
Suif ou graisse de mouton.	80	20
— de bœuf...	70	30
Moelle de bœuf............	76	24
— de mouton	26	74
Graisse de porc............	38	62
— de dindon.........	26	74
— d'oie.............	32	68

II. — Industrie des bougies stéariques

439. Qualités et composition des bougies. — Les bougies sont formées d'un mélange d'acide stéarique et d'acide margarique, obtenu par la saponification du suif et des autres graisses. Elles contiennent une mèche tressée et fine qui brûle complètement sans qu'on ait besoin, comme pour la chandelle, d'enlever de temps à autre le résidu de la combustion. Le mélange des deux acides gras ayant un point de fusion plus élevé de beaucoup que celui du suif, la bougie de bonne qualité fond régulièrement près de la mèche sans couler. Aussi la bougie réalise-t-elle un éclairage qu'on n'obtenait avant elle qu'avec la cire, beaucoup plus chère et d'une production très limitée.

L'industrie de la bougie est née en France en 1831. La première fabrique, établie à la barrière de l'Etoile, produisait par an quelques milliers de paquets seulement.

La production s'est considérablement accrue depuis : c'est par 30 millions de kilogrammes qu'elle se chiffre aujourd'hui.

La fabrication des bougies présente deux phases distinctes : la première a pour but de transformer en acides plus ou moins colorés les matières grasses neutres à l'aide des procédés chimiques ; la seconde extrait, par des moyens mécaniques, les acides gras solides et les coule en bougies.

440. Saponification des corps gras. — Séparer les acides gras dont le point de fusion est plus élevé que celui de la matière neutre qui les contient, tel est le but. Il fut d'abord atteint à l'aide de la chaux, mais la **saponification calcaire** n'est plus employée : elle transformait les acides gras, séparés de la glycérine, en oléate, margarate et stéarate de chaux, c'est-à-dire en savons calcaires qu'il fallait ensuite décomposer par l'acide sulfurique pour obtenir le mélange des trois acides.

On emploie aujourd'hui le procédé de M. *de Milly :* on saponifie les suifs dans un autoclave cylindrique où l'on a mis 2 à 3 0/0 de chaux et où l'on fait venir de la vapeur à 8 atmosphères, dont on continue l'action plusieurs heures. Après ce temps, on extrait de l'appareil d'abord la glycérine, puis un mélange des acides gras que l'eau a mis en liberté avec le *savon calcaire* que la chaux a formé.

Ce savon est conduit dans une cuve contenant de l'eau acidulée par l'acide sulfurique ; il est décomposé. La proportion de ce dernier acide est bien plus faible que celle qu'il fallait dans l'ancienne saponification calcaire et, de plus, le plâtre formé ne retient pas autant les acides gras.

Les acides gras surnagent à la surface du liquide ; on les enlève, on les lave, et ils sont prêts à subir les opérations mécaniques qui les transformeront en bougies.

441. Saponification sulfurique. — La seconde méthode actuellement employée est la saponification sulfurique, ainsi appelée parce que c'est cet acide qui sépare la glycérine des acides gras. Elle consiste à faire chauffer dans une chaudière vers 120°, à l'aide de la vapeur, les graisses avec 4 à 5 0/0 d'acide sulfurique. On pense qu'il se forme d'abord des *acides sulfoglycérique, sulfo-oléique, sulfomargarique, sulfostéarique,* que l'eau bouillante dédouble, de sorte qu'en définitive on obtient les trois acides gras qui surnagent sur une dissolution aqueuse de glycérine et d'acide sulfurique.

Mais les corps gras subissent un commencement de décomposition, et les acides obtenus sont salis d'une matière noire, sorte de goudron dont il faut les débarrasser.

On y arrive en les distillant, après les avoir bien lavés et séchés, dans des alambics presque sphériques, où l'on fait arriver de la vapeur d'eau surchauffée (*fig.* 206).

Les acides gras arrivent par les tubes *a* dans

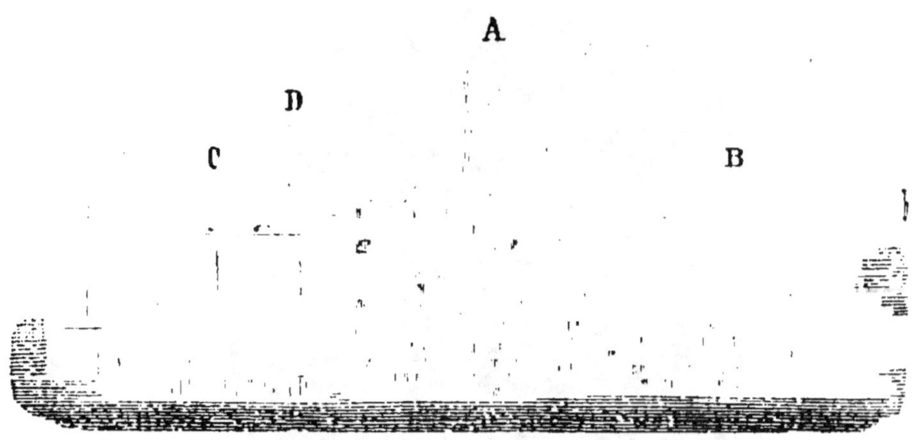

FIG. 206. — Distillation des acides gras. — *a*, tube d'arrivée des acides gras ; — A, chaudière-alambic ; — B, fourneau pour surchauffer la vapeur arrivant par *b* ; — C. serpentin entouré d'eau à 50° où se condensent les acides gras distillés.

l'alambic A maintenu à 200°. Leur distillation est provoquée par un courant de vapeur surchauffée à 350° arrivant par le tube *b* et le serpentin du fourneau B. Les produits de la distillation vont se condenser dans les serpentins disposés pour condenser les acides gras à l'état liquide.

Cette méthode permet de transformer en bougies toutes les graisses ou les résidus graisseux de peu de valeur; les bougies obtenues, bien que de qualité inférieure, sont encore de beaucoup supérieures aux chandelles.

442. Moulage des acides gras. — Le mélange des acides gras ne peut être employé tel; son point de fusion ne dépasse pas 44°. On les fond et on les coule dans une série de petits moules étagés où ils cristallisent.

Pour les débarrasser de l'acide oléique, liquide à la température ordinaire, on les presse à froid au moyen d'une presse hydraulique verticale (*fig*. 207). Les pains sont posés sur des tissus ou treillis de chanvre, ou des

Fig. 207. — Presse à froid des acides gras. — A, bâtis en fonte très solides ; — B, piston compresseur ; — C, pains d'acides gras ; — D, cuvette en fer-blanc à rebord pour recueillir l'acide oléique.

étoffes de laine. L'acide oléique s'écoule à mesure que la pression s'effectue ; on en extrait ainsi les $\frac{4}{5}$ de ce qui est contenu.

Pour extraire le reste, on soumet les pains d'acides sortant de la première presse à l'action d'une seconde presse dite *à chaud*. L'appareil est horizontal; les pains y sont disposés entre des plaques de fonte, dans lesquelles on fait circuler de la vapeur à 50°.

L'action combinée de la pression et de la température détermine l'expulsion de l'acide oléique, qui entraîne avec lui une petite quantité des acides solides.

Le mélange des deux autres acides reste sous forme de galettes. On les refond pour les débarrasser des impuretés qui peuvent les salir, par des lavages à l'eau acidulée, et finalement on les coule en pains ou bien on les transforme de suite en bougies.

Les *mèches* de bougies sont en fils de coton tressés; elles sont trempées dans de l'acide borique, dont elles s'imprègnent, et séchées avant d'être tendues dans l'axe des moules. Cette préparation a pour objet d'empêcher que les cendres de la mèche ne salissent la bougie, en retombant après la combustion. Le tressage fait sans cesse un peu incurver l'extrémité de la mèche qui, amenée dans la portion la plus chaude de la flamme, brûle complètement. L'acide borique dissout les cendres et forme avec elles un petit globule de verre fusible que l'on voit briller à l'extrémité de la mèche.

Le coulage dans les moules demande quelques précautions. Il faut que les acides amenés à l'état liquide par fusion soient près de leur point de solidification avant d'être versés dans les moules cylindriques destinés à les recevoir. C'est le moyen d'obtenir qu'ils se refroidissent assez vite pour ne pas cristalliser, mais pour prendre une texture confuse à grain très fin.

Les bougies, démoulées, sont blanchies par l'exposition à la lumière, polies par le frottement sur du drap, coupées d'égale longueur et finalement empaquetées.

443. Bougies diverses. — Sous le nom de bougies robées, on trouve dans le commerce des bougies de qualité inférieure, formées d'un cylindre creux d'a t le stéarique dans lequel on a coulé de l'acide moins pur provenant de l'huile de palme. Elles répandent une mauvaise odeur lorsqu'on les souffle.

Il en est de même des bougies inférieures qu'on obtient avec les acides gras provenant de la saponification sulfurique suivie de la distillation.

Les bougies de paraffine à laquelle on a associé 10, 15 ou 20 0/0 d'acides gras n'ont pas ce défaut; elles sont très éclairantes.

Les bougies colorées ne présentent aucune garantie de pureté, et souvent la matière colorante peut être nuisible par les vapeurs qu'elle répand.

III. — Savons

444. Composition et propriétés. — On donne le nom général de **savons** aux sels que les acides gras forment en se combinant avec les oxydes métalliques. Il y a donc autant d'espèces de savons que de bases; mais ceux des bases alcalines sont seuls solubles, par cela même les seuls aptes aux usages de la vie, les seuls que l'industrie produise.

Les savons sont si bien des sels qu'ils font double échange avec les sels métalliques. Ainsi, qu'on verse dans du sulfate de cuivre ou dans du chlorure de calcium une dissolution de savon ordinaire, il se formera un précipité onctueux, gluant, en grumeaux, vert dans le premier cas, blanc dans le second; c'est le savon de cuivre et le savon de chaux. C'est ce dernier qui se forme dans les eaux trop calcaires. Cette réaction est générale; elle permet la préparation de tous les savons insolubles.

Les matières grasses, traitées par les alcalis, mettent en liberté de la glycérine et combinent les acides gras avec l'alcali. Les savons solubles sont donc des mélanges d'oléate, de margarate et de stéarate de soude ou de potasse. Ils doivent leur emploi dans le dégraissage en général à ce qu'ils présentent une source d'alcali qui abandonne facilement l'acide avec lequel elle est combinée.

Les savons à base de soude sont *durs;* ceux à base de potasse sont *mous.*

445. Matières premières. — Les matières brutes destinées à la fabrication des savons sont des *lessives alcalines* et des *matières grasses.*

Les lessives alcalines sont les soudes et les potasses naturelles ou artificielles, mais rendues caustiques par l'action de la chaux.

L'huile d'olive a été longtemps la seule matière grasse employée à Marseille ; on y joint aujourd'hui les huiles d'œillette, de sésame et d'arachide. On emploie également le suif, l'huile de palme, l'acide oléique, la résine. Chacune de ces matières donne au savon des qualités spéciales. On les mélange dans diverses proportions pour obtenir des produits divers.

446. Principes de la fabrication des savons durs. — On se procure d'abord une lessive de soude caustique, en décarbonatant par la chaux les soudes du commerce. On la prend à 10° Baumé. On la porte à l'ébullition et on introduit des huiles en brassant le mélange. Il se forme une émulsion blanche, une sorte de savon disséminé qui, par l'ébullition, prend un aspect homogène ; c'est l'*empâtage*, ou l'état de mélange intime qui précède la saponification complète.

Si l'on voulait terminer la saponification avec de la lessive plus forte, on n'y parviendrait pas ; la quantité d'eau existant dans la masse est trop grande. De là résulte la nécessité de séparer le savon des lessives faibles et usées où il a pris naissance. On y arrive à l'aide du sel marin, qui jouit de la propriété de séparer le savon de toutes ses dissolutions aqueuses; c'est le *relargage* ou *salage*. On ajoute donc des lessives concentrées et salées, et, après brassage et ébullition, la pâte savonneuse se forme en grumeaux et nage sur le liquide dont elle se sépare par le repos.

Cette pâte doit subir ensuite la *coction* ou la *cuite* qui lui donnera la consistance convenable. Pour cela, elle est mise en ébullition dans des lessives fortes marquant 25° et fortement salées que l'on remplace plusieurs fois. Grâce à la température de plus de 100°, la pâte achève de se saponifier, pendant que le sel l'empêche de se délayer dans l'eau. La cuite est terminée quand les grains de savon pressés entre les doigts forment des écailles sèches, dures et friables.

Le savon achevé est coulé dans des caisses peu profondes, où il se solidifie et prend forme; puis, après une dizaine de jours, il est taillé en pains.

447. Savon blanc et savon marbré. — Le savon ainsi obtenu est sali par un savon d'alumine et de fer provenant des impuretés de la soude. Pour en faire du **savon blanc,** on le délaye à une douce chaleur dans des lessives faibles et on le laisse reposer pour que la matière colorante se dépose. Le savon blanc est mis en formes; il est toujours un peu mou quand il vient d'être fabriqué. Il renferme environ 50 0/0 de son poids d'eau.

Pour obtenir le **savon marbré,** quand on a dissous le savon brut dans des lessives faibles, que le savon de fer noirâtre s'est déposé, au lieu de laisser le tout au repos pour le refroidissement, on brasse au moment convenable; les particules de savon coloré se disséminent dans la masse et forment des veines bleuâtres. Ce savon est plus dur que le précédent; il ne renferme que 30 0/0 d'eau. Quand on le produit en grand, on ajoute pendant l'empâtage une dissolution de sulfate de fer, pour produire des veines noires en plus grande quantité.

448. Savons mous. — Les savons mous sont à base de potasse, on se sert pour les fabriquer de potasses perlasses du commerce et d'huiles de graines communes. L'empâtage est le même que pour les savons durs ; il n'y a pas de salage ; on les cuit par évaporation et on les coule dans des tonneaux. Ils sont habituellement noirs ou verts.

449. Savons divers. — Parmi les autres savons, nous citerons le **savon d'acide oléique**, fait avec cet acide que l'industrie de la bougie produit en grandes quantités. Il est aussi estimé que le savon de Marseille. On masque l'odeur de l'acide oléique, soit par l'addition d'huile de palme, soit par un millième d'essence de mirbane (nitrobenzine).

Citons aussi le **savon jaune de suif et de résine,** d'un prix inférieur aux autres, moussant abondamment et permettant d'effectuer le savonnage même dans les eaux séléniteuses et l'eau de mer. La résine ne se saponifie pas, mais elle se dissout dans les alcalis ; on l'ajoute par petites portions au savon de suif pendant la coction.

Quant aux différents savons de toilette, ils sont obtenus en refondant des savons bruts et en les parfumant avec diverses essences.

450. Essai des savons. — Un bon savon doit se dissoudre dans l'alcool bouillant sans laisser plus de 1 0/0 de résidu. Si le résidu est notable, c'est que le savon est fraudé soit par de la craie ou du sable, soit par du talc, du blanc de baryte ou de la fécule.

On dose dans un savon l'eau, l'alcali, les acides gras.

Pour doser l'eau, on place 10 grammes de savon, découpé en minces copeaux, à l'étuve, dans une capsule tarée ; on chauffe graduellement jusqu'à 110° ; la perte de poids donne le poids de l'eau.

Pour connaître le poids des acides gras, on met

40 grammes de savon avec de l'eau distillée dans une capsule. On chauffe et on sature les alcalis, peu à peu, par de l'acide sulfurique étendu jusqu'à ce que la liqueur soit acide. Les acides gras surnagent sur le liquide. On ajoute alors 10 grammes d'acide stéarique sec, on fait bouillir quelques minutes et on laisse refroidir. On décante les acides gras solides ; on les sèche à 110° et on les pèse après refroidissement.

Les alcalis se cherchent dans 10 grammes de savon à l'aide d'acide sulfurique titré comme dans un essai alcalimétrique.

Le savon blanc de Marseille renferme 45,5 d'eau, 4,5 d'alcali et 50 d'acides gras.

Résumé. — Les **corps gras** sont des produits naturels, liquides ou fusibles à une température peu élevée, onctueux au toucher, laissant sur le papier une tache translucide que la chaleur ne fait pas disparaître.

Ils sont extraits des produits animaux et des produits végétaux. On donne habituellement le nom d'*huiles* aux liquides, de *beurres* à ceux qui sont mous et de *graisses* à ceux qui sont solides.

Depuis les travaux de Chevreul, on sait que tout corps gras est un mélange de plusieurs espèces chimiques, dont l'*oléine*, la *margarine* et la *stéarine* sont les plus importantes.

Chacune de ces espèces chimiques est un éther d'un alcool triatomique, la *glycérine*, autrement dit un sel de glycérine ayant pour acide un acide gras, et dont on peut tirer la glycérine par une saponification.

La glycérine est un liquide sirupeux, incolore, d'une saveur sucrée. On peut la préparer dans les laboratoires en saponifiant l'huile d'olive en présence de l'eau par de l'oxyde de plomb finement pulvérisé ; il se forme un savon de plomb insoluble, et le liquide contient la glycérine impure que l'on décolore sur du noir animal et qu'on évapore.

On peut aussi la retirer de la saponification des corps gras par la vapeur d'eau surchauffée.

Sa nature d'alcool triatomique est mise en évidence par ce fait qu'elle donne avec chaque acide trois éthers, suivant qu'il y a 1, 2 ou 3 molécules d'acide. Ainsi le triacétate de glycérine est formé par l'action de 3 molécules d'acide acétique sur 1 molécule de glycérine, avec élimination de 3 molécules d'eau. Et il en est de même du tristéarate qui constitue la stéarine.

L'éther azotique de la glycérine est particulièrement curieux; c'est la *nitroglycérine*, liquide huileux qui détone puissamment par le choc et par une étincelle ou un fulminate. On l'obtient par l'action sur la glycérine soit de l'acide azotique fumant, soit d'un mélange d'acide azotique et d'acide sulfurique, celui-ci paraissant destiné à retenir l'eau qui se produit dans la réaction.

Mélangée à des matières poreuses inertes ou à du sable, la nitroglycérine constitue la *dynamite*, l'explosif le plus puissant et le plus employé.

Les **huiles** sont des corps gras liquides extraits le plus souvent des graines ou des fruits de végétaux (huiles de colza, d'œillette ou d'olive), ou parfois aussi de certaines parties d'animaux (huile de baleine, de phoque, de foie de morue, de pied de bœuf).

L'extraction des huiles végétales s'était faite à peu près exclusivement jusqu'ici en soumettant les matières oléagineuses à l'action de fortes presses. On commence à la faire par des dissolvants et on emploie pour cet usage l'éther de pétrole.

L'huile brute doit être au moins décantée après repos ou épurée par l'action de l'acide sulfurique.

Certaines huiles rancissent à l'air et se durcissent en s'y oxydant; on les appelle *huiles siccatives*. Si elles ne le sont pas, on les y rend, comme l'huile de lin, en les faisant bouillir avec de la litharge.

Quelques huiles servent dans l'alimentation, d'autres pour l'éclairage, d'autres pour le graissage des organes de machines, quelques-unes en médecine. Toutes peuvent entrer dans la fabrication des savons.

Le suif est la matière grasse qui enveloppe l'intestin des herbivores. Refroidi, il est solide; il fond à 38°. Coulé contre des mèches de coton tendues, il forme les chandelles, luminaire peu brillant, parfois coulant près de la mèche allumée, fumeux si l'on n'a pas soin d'enlever la partie intérieure de la mèche qui s'est carbonisée sans brûler entièrement.

Le suif contient trois éthers de la glycérine : l'*oléine*, la *margarine* et la *stéarine*. Saponifié par l'eau surchauffée, il donne les trois acides gras libres, *oléique*, *margarique* et *stéarique*, en laissant la glycérine ; c'est cette saponification qui est réalisée en vue de la préparation des bougies.

Les *bougies* sont formées d'un mélange d'acide stéarique et d'acide margarique, dont le point de fusion est plus élevé que celui du suif. Elles contiennent une mèche tressée et fine qui brûle complétement sans laisser de résidu visible.

Pour obtenir les acides gras qui les forment, on *saponifie* le suif et en général tous les corps gras employés. On se servait d'abord de la chaux pour réaliser cette saponification ; on la fait plus économiquement avec la vapeur d'eau sous une pression de 8 atmosphères.

Un autre procédé consiste à traiter les corps gras par l'acide sulfurique et à distiller pour obtenir les acides gras à l'aide d'un courant de vapeur.

Les trois acides gras sont mêlés. On les coule en pains et on les comprime pour expulser l'acide oléique, qui est liquide. Le reste est fondu et coulé autour d'une mèche tressée et trempée au préalable dans l'acide borique.

Pendant la combustion, la matière grasse ne coule pas comme avec la chandelle, et le bout de la mèche s'incurve vers la partie la plus chaude de la flamme, où elle brûle entièrement.

On donne le nom de **savons** aux sels que les acides gras donnent en se combinant aux bases métalliques. Il n'y a que les savons à base alcaline qui soient solubles, tous les autres sont insolubles ; les grumeaux que l'eau de chaux donne dans une dissolution de savon ne sont pas autre chose qu'un savon de chaux insoluble.

Les savons de potasse sont mous, ceux de soude sont durs.

Pour fabriquer les savons durs, on prend comme matières premières de l'huile et de la soude caustique ou du carbonate de soude que l'on caustifie avant de s'en servir. On chauffe les deux corps. Le savon se forme, mais ne se dépose pas. Pour le rendre insoluble, on sale la masse. Le savon fini est coulé dans des caisses peu profondes où il se solidifie. On le débite en pains pour l'usage.

L'emploi du savon au nettoyage est général ; c'est que le savon représente, sous une forme soluble et commode, une source de soude qui peut facilement abandonner son acide et désorganiser les corps gras mis à son contact.

On dose dans les savons l'eau, l'alcali et les acides gras. L'eau y est parfois en notable quantité. Le savon marbré à veine bleuâtre, dit de Marseille, est celui qui en contient le moins.

CHAPITRE XLVI

SUBSTANCES SUCRÉES

451. Caractères généraux. — Les substances sucrées sont très solubles dans l'eau et donnent avec ce liquide des liqueurs sirupeuses dont la saveur est douce. Elles se combinent avec les bases ; soumises à l'action des alcalis au-dessus de 100°, elles brunissent, puis se décomposent en donnant de l'acide oxalique. Elles brunissent également par l'action des acides forts.

Mélangées de levure de bière, elles *fermentent*, c'est-à-dire qu'elles se dédoublent en plusieurs produits dont l'alcool et l'anhydride carbonique sont les principaux.

M. Berthelot en fait trois groupes :

1° Les matières sucrées dans lesquelles la proportion d'hydrogène surpasse celle de l'oxygène, comme la *mannite* et la *dulcite* $C^6H^{14}O^6$: leurs réactions les font considérer comme des alcools hexatomiques $C^6H^8(HO)^6$;

2° Les *glucoses*, où l'hydrogène et l'oxygène sont dans les proportions voulues pour former de l'eau et qui fermentent directement au contact de la levure de bière ;

3° Les *saccharoses* ou sucres proprement dits, comme le sucre ordinaire $C^{12}H^{22}O^{11}$, qui ne fermentent pas de suite au contact de la levure de bière, mais qui, en s'hydratant, se dédoublent en glucoses capables de fermenter.

452. La mannite $C^6H^{14}O^6$ ou $C^6H^8(HO)^6$. — La mannite constitue la plus grande partie de la manne exsudée par les frênes. Pour l'obtenir pure, on dissout la manne de frêne dans la moitié de son poids d'eau, on y ajoute du blanc d'œuf; on fait bouillir, puis on filtre au travers d'un linge de laine. La liqueur refroidie se prend en cristaux. On les exprime, puis on les délaye dans un peu d'eau froide et on exprime de nouveau. On dissout enfin dans l'eau bouillante; on ajoute du noir animal et on filtre. La mannite cristallise par refroidissement.

C'est un corps blanc, d'un éclat soyeux, d'un goût fortement sucré, soluble dans l'alcool, insoluble dans l'éther.

La mannite est considérée comme un alcool hexatomique. Une molécule de ce corps peut en effet agir sur 6 molécules d'un acide monobasique avec élimination de 6 molécules d'eau pour donner des éthers qui présentent la plus grande ressemblance avec les corps gras et qui, chauffés en présence de l'eau, régénèrent l'acide et la mannite.

C'est dans ces éthers que se range la mannite hexanitrique $C^6H^8(AzO^3)^6$, résultant de l'action de l'acide nitrique sur cet alcool hexatomique. Pour l'obtenir, on incorpore peu à peu 10 grammes de mannite à un mélange préparé à l'avance avec 45 grammes d'acide nitrique et 100 grammes d'acide sulfurique. On laisse au repos pendant un quart d'heure, puis on verse le mélange dans une grande quantité d'eau; la nitromannite, insoluble dans l'eau, se précipite. On la purifie en la faisant cristalliser dans l'alcool.

La nitromannite détone vivement par le choc ou encore lorsqu'elle est soumise à l'action de la chaleur.

La mannite, comme les alcools, engendre par oxydation des aldéhydes et des acides. Le premier aldéhyde, $C^6H^{12}O^6$ ou $C^6H^7O(HO)^5$, offre les propriétés d'un glucose fermentescible. Le premier acide, $C^6H^{12}O^7$, est l'acide mannitique; le second, $C^6H^{10}O^8$, est l'acide saccharique.

La *dulcite*, qui s'extrait d'une manne provenant de Madagascar ou encore du *melampyrum nemorosum*, est isomère avec la mannite et donne des composés analogues. Sous l'influence des oxydants, elle engendre l'*acide mucique*, qui se trouve dans les produits d'oxydation des gommes et qui est isomère avec l'acide saccharique.

Les glucoses

453. Le glucose ordinaire $C^6H^{12}O^6,H^2O$. — Le glucose, qu'on nommait autrefois **sucre de raisin,** se rencontre dans un grand nombre de fruits ; il constitue les efflorescences d'aspect farineux qui recouvrent les pruneaux secs. Il fait partie du miel ; on le trouve dans l'urine diabétique et même en très petite quantité dans l'urine normale. Il prend en outre naissance par la transformation de la matière amylacée et aussi par l'ébullition du sucre ordinaire avec les acides dilués.

454. Propriétés. — Le glucose est un solide blanc en cristaux opaques, soluble dans l'eau et dans l'alcool, d'une saveur deux fois moins sucrée que celle du sucre ordinaire. Sa formule le représente comme un corps hydraté ; il perd en effet 2 molécules d'eau à 100° ; mais il les reprend au contact de l'air humide.

L'acide azotique ordinaire le transforme en acide oxalique. L'acide monohydraté en fait un corps nitré, explosif comme le coton-poudre.

Les alcalis forment avec le glucose des combinaisons que la chaleur altère et brunit très facilement.

Le glucose se combine avec les bases alcalino-terreuses ; ainsi, avec la baryte, on obtient du *glucosate de baryte ;* on dissout séparément le glucose et l'hydrate de baryte dans l'alcool ; en mêlant les deux dissolutions, le composé formé se précipite en une poudre cristalline blanche.

Le caractère saillant du glucose, c'est d'être un

réducteur des solutions métalliques. Mélangé à du nitrate d'argent ammoniacal, le glucose fait déposer de l'argent métallique brillant (c'est un des moyens de produire l'argenture du verre). Cette propriété a fait considérer le glucose comme une aldéhyde. Ajouté avec une solution de potasse et une solution de sulfate de cuivre, il fait déposer par la chaleur un précipité d'oxyde de cuivre rouge. Cette réaction a été mise à profit pour doser le glucose.

455. Dosage du glucose. — On prépare une liqueur d'épreuve, dite de *Fehling*, en dissolvant séparément 130 grammes de soude, 105 grammes d'acide tartrique, 80 grammes de potasse, 40 grammes de sulfate de cuivre, puis en mélangeant et étendant la liqueur de manière à faire 1 litre. On *titre* cette liqueur en cherchant quelle quantité est décolorée par 1 gramme de glucose pur. Alors, pour faire l'essai d'un liquide glucosique, on prend cette quantité qu'on étend au volume de 100 centimètres cubes et qu'on chauffe dans une capsule, et on y verse peu à peu avec une burette le liquide sucré ; le volume versé pour obtenir la décoloration contenait 1 gramme de glucose.

456. Préparation et usages. — On peut obtenir le glucose pur en délayant du miel de Narbonne dans de l'alcool, exprimant fortement le résidu et le faisant cristalliser dans l'alcool bouillant.

Le glucose du commerce est livré sous trois formes, en *sirop*, en masse solide ou en grains. Il est obtenu dans les trois cas par l'ébullition de la fécule avec l'acide sulfurique étendu, continuée jusqu'à ce que l'iode prenne dans un essai du liquide la teinte du rhum. On sature l'acide par la craie. On évapore le liquide clair après l'avoir filtré, soit jusqu'à ce qu'il marque 30° Baumé si l'on veut du *sirop*, soit plus loin si l'on veut le glucose solide.

Le glucose en sirop sert dans la fabrication de la bière et dans celle de l'alcool; le glucose peut, en effet, subir sans changement préalable la fermentation alcoolique. On emploie de grandes quantités de glucose sous le nom de *sucre de fécule* dans la confiserie, la préparation des liqueurs et la pâtisserie.

457. Lévulose ou sucre des fruits, $C^6H^{12}O^6$. — Le lévulose existe dans les fruits où la graine est mêlée à la pulpe, comme la mûre, la groseille, la fraise; il s'y trouve en général associé avec le glucose ordinaire.

Bien qu'ayant la même composition centésimale que le glucose, le lévulose est essentiellement différent par ses propriétés optiques. Tandis que le glucose est *dextrogyre*, c'est-à-dire dévie à droite le plan de polarisation de la lumière, le lévulose est *lævogyre*, il dévie à gauche le plan de polarisation ([1]).

Le lévulose existe aussi mélangé au glucose dans le *sucre interverti*, c'est-à-dire dans les dissolutions de sucre ordinaire, de canne ou de betterave, qui ont subi une ébullition avec un acide étendu ou l'action des ferments.

([1]) *Pouvoir rotatoire.* — Lorsqu'un rayon de lumière tombe sur une glace en verre noir en faisant avec elle 35°23', le rayon réfléchi prend des propriétés nouvelles. Ainsi, lorsqu'il vient frapper sous le même angle une seconde glace de verre noir, il ne se réfléchit pas si le second plan de réflexion est perpendiculaire au premier; il se réfléchit partiellement lorsque les deux plans font un angle plus petit que 90°. On exprime ce fait en disant que le rayon réfléchi par la première surface est *polarisé*, et son plan de réflexion est aussi son *plan de polarisation*.

Sur le trajet du rayon polarisé, entre les deux glaces noires, la seconde étant placée de manière à éteindre le rayon, si l'on place dans une cuve en verre à faces parallèles une dissolution de dextrine ou de glucose, on voit apparaître le rayon réfléchi par le second miroir; et, pour l'éteindre de nouveau, il faut tourner le second miroir d'un certain angle vers la droite; on dit alors que le plan de polarisation a été dévié à droite, que la

Le lévulose a été appelé longtemps *sucre incristallisable*. Mais on peut l'obtenir cristallisé quand on le déshydrate par des lavages à l'alcool absolu et qu'on l'abandonne en vase clos.

Pour le préparer, on dissout 10 grammes de sucre interverti et 6 grammes de chaux éteinte dans 100 grammes d'eau ; il se forme par l'agitation une masse pâteuse de glucosate et de lévulosate de chaux. On comprime cette masse pour en chasser le glucosate soluble et en traite le résidu par une solution d'acide oxalique ; le lévulose est obtenu en liquide sirupeux qui cristallise lentement.

Saccharose ou sucre de canne $C^{12}H^{22}O^{11}$

458. État naturel et propriétés. — Le sucre est très répandu dans le règne végétal ; on le trouve dans les racines de betteraves, carottes, patates, angélique, grand-soleil ; dans la tige de beaucoup de graminées, la canne à sucre, le sorgho, le maïs, dans la sève de certains palmiers ; dans les melons, les bananes, les oranges, etc.

Le sucre pur est en grands cristaux transparents et incolores ou en petits cristaux, comme dans les *pains* du commerce. Broyé dans l'obscurité, il répand une lueur phosphorescente. Il est très soluble dans l'eau, insoluble dans l'alcool absolu froid, un peu soluble dans l'alcool étendu.

substance interposée a un *pouvoir rotatoire à droite*, qu'elle est *dextrogyre*.

Si, au lieu de dextrine ou de glucose, on interpose de la térébenthine ou du lévulose pur, pour faire disparaître le rayon qui aura réapparu, il faudra tourner le second miroir vers la gauche ; la substance a un *pouvoir rotatoire à gauche ;* elle est *lævogyre*.

Le sens de la déviation, la grandeur de l'angle de déviation, fournissent des indications utiles pour distinguer les substances qui jouissent d'un pouvoir rotatoire.

Chauffé, il fond à 160° en un liquide visqueux; à 215°, il perd de l'eau et se transforme en caramel. A l'air, à une plus haute température, il dégage des gaz et laisse un résidu de charbon.

L'ébullition d'une solution de sucre, additionnée d'une petite quantité d'un acide minéral, transforme le sucre en *glucose* et *lévulose* (ce dernier produit étant un isomère du glucose, avec une différence dans l'action sur la lumière). On pense que, dans cette action, le sucre s'est assimilé 1 molécule d'eau :

$$C^{12}H^{22}O^{11} + H^2O = C^6H^{12}O^6 + C^6H^{12}O^6.$$

$$\text{Sucre} \qquad\qquad \text{Glucose} \qquad \text{Lévulose}$$

On dit alors que le sucre est *interverti*, parce qu'il agit différemment sur les rayons lumineux. Cette interversion a un grand intérêt : il faut que le sucre l'ait subie pour pouvoir fermenter, c'est-à-dire se transformer en alcool; et, quand il l'a subie, il est dosable comme le glucose par le réactif cuprotartrique.

Le sucre interverti jouit de la propriété réductrice du glucose; comme ce dernier, il fait déposer, avec l'aspect métallique, l'argent d'une solution de nitrate ammoniacal et peut, dès lors, servir à l'argenture du verre.

Les alcalis et les oxydes terreux, comme la baryte et la chaux, se combinent au sucre et donnent des sels, **les sucrates,** dont les deux plus importants sont ceux de baryte et de chaux, le premier insoluble et le second soluble dans l'eau. Le dernier se fait facilement en faisant digérer de la chaux éteinte dans de l'eau sucrée.

459. Extraction du sucre. — Le sucre est extrait de la *canne à sucre* en Amérique et de la *betterave* en Europe. La production du sucre de betterave atteint pour la France seule plus de quatre millions de quintaux.

La betterave cultivée de préférence est la variété blanche, dite de *Silésie*, à collet rose, dont la racine sort peu de terre et présente une chair blanche et ferme qui se conserve bien. Les betteraves récoltées bien mûres, c'est-à-dire quand les feuilles commencent à se faner, employées fraîches ou après conservation en silos, sont, à l'arrivée en fabrique, lavées et nettoyées, puis étêtées, c'est-à-dire débarrassées de la partie qui a poussé hors

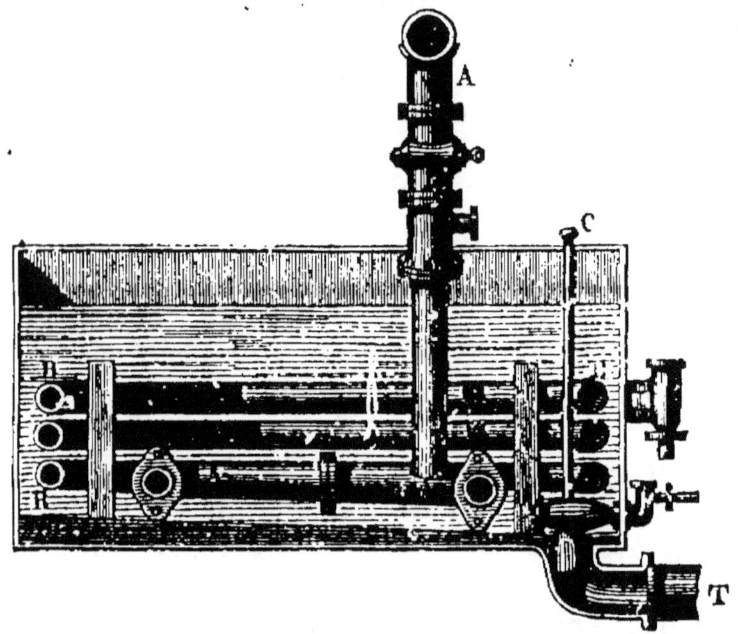

Fig. 208. — Chaudière à carbonatation. — A, tuyau amenant l'acide carbonique dans la cuve, où il est disposé en carré; — B, tube en serpentin amenant la vapeur; — C, tige de la bonde de fond; — T, tuyau de vidange.

de la terre et qui contient peu de sucre. On en extrait le jus soit en les râpant et en exprimant la pulpe dans des presses, soit en laissant macérer dans l'eau froide ou chaude la pulpe fournie par les râpes, soit enfin en découpant les racines en lanières ou tranches très minces et en extrayant le jus par l'eau, grâce à l'application convenable des phénomènes d'osmose. Les résidus constituent un bon aliment pour le bétail.

Le jus obtenu est un liquide trouble, d'abord peu coloré, mais qui ne tarde pas à prendre à l'air une teinte jaune brun. Il faut se hâter de le traiter le plus promptement possible pour éliminer les composés azotés qui l'altèrent et empêcher qu'une portion de sucre ne devienne incristallisable. C'est le but de la *défécation*.

Défécation des jus sucrés. — La défécation consiste à mélanger au jus sucré de l'eau de chaux qui forme des composés insolubles dans les acides organiques libres, les matières azotées et les matières colorantes, et qui donne avec le sucre un *sucrate de chaux soluble*, et bien moins altérable que le jus primitif. Le sucrate de chaux formé sera ensuite décomposé par un courant de gaz carborique.

Le jus est chauffé par la vapeur dans des chaudières (*fig*. 208), où l'on amène de l'eau de chaux pendant qu'on porte la température à 60°. On y fait alors dégager du gaz carbonique qui se combine à la chaux en produisant beaucoup de mousse. Tout le liquide est ensuite écoulé dans des bacs de même capacité que les chaudières où il se dépose. Le jus clair est envoyé dans une deuxième chaudière où il subit à nouveau l'action de la chaux et de l'acide carbonique, puis, quand toute la chaux est précipitée, une ébullition qui chasse l'excès d'acide. Une seconde décantation donne un jus limpide, qu'on envoie aux filtres de noir animal. Les écumes et dépôts des deux opérations sont passés dans des filtres-presses particuliers qui en extraient ce qu'il y a encore de jus sucré.

Filtration. — Le passage du jus sur le noir animal en grains a pour but de lui enlever des matières colorantes altérables et des bases alcalines, potasse et soude, qui s'y trouvent par suite de la décomposition de leurs sels par la chaux et qui géneraient l'évaporation et la concentration. Le noir animal, qui jouit, lorsqu'il est frais, de la double propriété d'absorber et de décolorer, la perd rapidement par l'usage ; mais on la lui rend par la *revivification*, qui consiste à le calciner après l'avoir lavé.

Concentration du jus. — Le jus filtré doit être fortement concentré pour que le sucre puisse cristalliser. La première phase est une évaporation qui le réduit à moitié de son volume et le transforme en *sirop*. Elle a lieu dans des chaudières chauffées par un serpentin de vapeur et non plus comme autrefois à l'air libre, c'est-à-dire sous la pression atmosphérique, mais dans le vide, ce qui permet d'accélérer de beaucoup l'opération, d'élever bien moins la température et, par suite, d'éviter des causes d'altération du sirop.

On fait usage d'un appareil évaporateur dit *appareil à triple effet* (*fig*. 209), dont nous ne pouvons ici qu'indiquer le principe. Le jus sucré passe dans trois chaudières A, B, C, disposées pour que la seconde soit chauffée par les vapeurs venues de la première, la troisième par les vapeurs de la seconde; la première seule est chauffée par de la vapeur d'eau. On raréfie l'air dans ces chaudières jusqu'à 650 millimètres dans la chaudière A, à 380 millimètres dans la chaudière B et à 110 millimètres dans la chaudière C. Chacune d'elles est formée de trois compartiments séparés par des plans horizontaux, et les deux extrêmes communiquent l'un à l'autre par une série de tubes. C'est autour de ces tubes qu'a lieu le chauffage, qui s'effectue suivant une grande surface.

Le jus sucré arrive par le tube H et remplit aux deux tiers la chaudière A. La vapeur d'eau vient par le tube E dans l'espace central, chauffe le liquide sucré et s'échappe par f vers un condenseur. Les vapeurs produites en A par l'évaporation vont, par

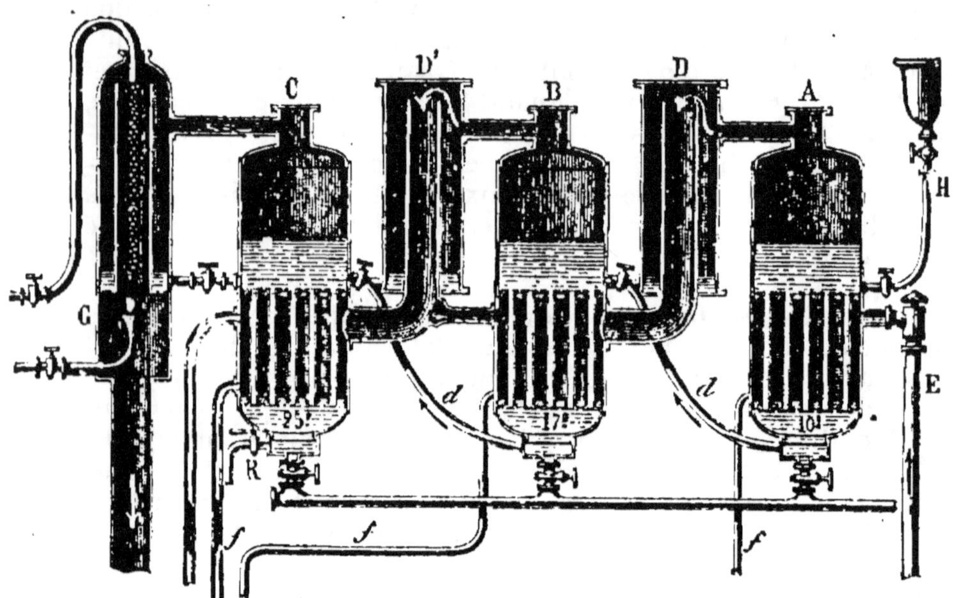

Fig. 209. — Concentration du sirop dans l'appareil à triple effet. — A, B, C, chaudières d'évaporation contenant le jus sucré; — D, D', tuyaux et vases faisant communiquer les vapeurs de la chaudière A avec la chaudière B, et de celle-ci avec C; — d, d, tubes établissant la communication des chaudières entre elles; — R, robinet de sortie du jus sucré évaporé; — G, réfrigérant des vapeurs produites dans la chaudière C; — E, tube amenant la vapeur d'eau pour le chauffage de la première chaudière; — f, tubes conduisant la vapeur d'eau au condenseur; — H, tube amenant le liquide sucré dans les chaudières.

le vase D, remplir l'espace annulaire de la chaudière B et chauffer le liquide de cette dernière; et ainsi pour la chaudière C, dont les vapeurs vont dans un réfrigérant G, où elles se condensent sous l'action d'une pluie d'eau, ce qui contribue à maintenir le vide.

Le jus sucré, qui marquait 8° Baumé à l'entrée dans l'appareil, en sort marquant 25 à 26° et prend le nom de sirop.

Le sirop marquant 25 à 26° Baumé est encore filtré sur du noir animal avant d'être cuit.

Cuite. — La cuite du sirop a lieu dans des chaudières où le vide est fait et qui sont chauffées par des serpentins de vapeur (*fig.* 210). Elle peut être poussée plus ou moins loin, suivant la pureté du sirop. Quand elle est terminée, on amène la masse dans des cristallisoirs où le sucre solide se dépose au sein des sirops qui constituent les mélasses.

Pour séparer le sucre des sirops qui le salissent, on employait autrefois les formes à égoutter et le procédé du *clairçage;* on emploie aujourd'hui partout les turbines essoreuses, fondées sur la force centrifuge, qui donnent plus facilement un sucre plus blanc.

Le sucre ainsi obtenu est en petits cristaux souvent un peu colorés ; il a besoin de subir le raffinage.

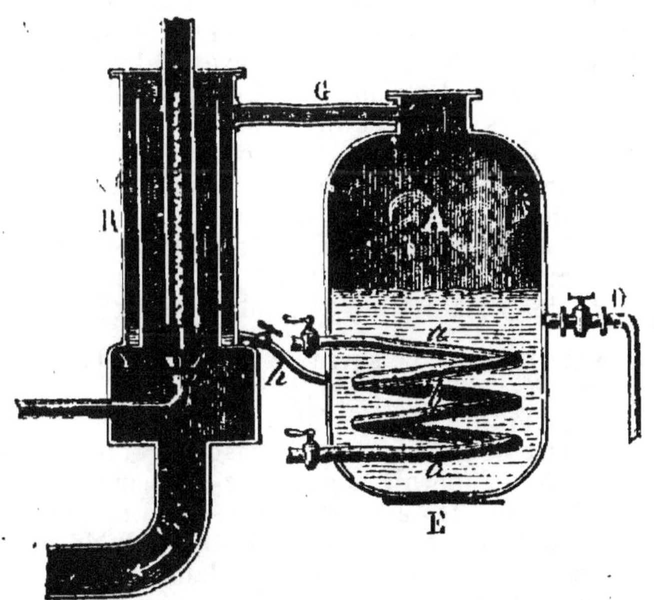

Fig. 210. — Chaudière à cuire le sirop en grains. — A, chaudière où le jus sucré arrive par le tube D; — *a, b, c,* serpentins pour chauffer par la vapeur; — E, soupape pour la sortie du sucre cuit; — G, tube conduisant à un réfrigérant R où l'on fait le vide et où l'on envoie de l'eau froide.

460. Raffinage du sucre. — La première opération consiste à redissoudre les sucres bruts mélangés et à les clarifier en les chauffant avec un mélange de noir et de sang de bœuf. Elle est suivie d'une filtration, d'abord à travers des toiles pelucheuses, les filtres Taylor, où le liquide passe du dehors en dedans, ensuite sur du noir en grains qui décolore complétement le jus sucré.

Le jus est cuit à cristallisation, réchauffé, puis mis dans les formes coniques, où il cristallise.

Après un égouttage qui enlève une partie du sirop non cristallisé, on *clairce* les pains, c'est-à-dire qu'on dépose à leur partie supérieure un sirop de sucre qui pénètre dans le pain et chasse devant lui le sirop coloré qui peut s'y trouver. Pour cette opération, les formes coniques qui contiennent le sucre ont leur extrémité inférieure posée sur un tube où l'on peut faire le vide; lorsque l'air est raréfié dans le tube, la pression atmosphérique force la clairce à traverser les formes. Il ne reste plus qu'à extraire les pains des formes et à leur donner de la consistance en les chauffant à 50° dans des étuves à air.

461. Sucre candi et sucre d'orge. — Le *sucre candi* est du sucre ordinaire en gros cristaux à facettes et à angles bien nets. On le prépare en évaporant lentement une dissolution de sucre filtré, après avoir tendu dans le vase évaporatoire des fils sur lesquels les cristaux se déposent. Il est employé dans la fabrication des liqueurs fines et du champagne.

Le **sucre d'orge** ne renferme que du sucre blanc ou légèrement jaunâtre. C'est un sirop de sucre clarifié, cuit jusqu'à ce qu'une goutte se solidifie dans l'eau froide; on le verse sur un marbre huilé où il se prend en masse consistante qu'on découpe et qu'on roule en bâtons. Frais, il est transparent; mais, plus tard, une sorte de cristallisation le rend opaque et fragile.

462. Sucre de lait. — Le sucre de lait existe dans le lait de tous les mammifères. Pour le préparer, on fait cailler le lait bouillant par quelques gouttes d'acide chlorhydrique ou de vinaigre; il se sépare de gros flocons de caséine; et le liquide incolore, appelé *petit-lait*, fournit le sucre de lait par évaporation.

Le sucre de lait, appelé aussi *lactose*, est une matière blanche translucide, cristallisée en prismes, moins soluble dans l'eau froide que le sucre ordinaire et insoluble dans l'alcool.

La lactose établit le passage entre les glucoses et les saccharoses; elle réduit le réactif de Barreswil comme le glucose. Bouillie longtemps avec l'acide sulfurique étendu, elle fixe H^2O et se transforme en deux glucoses isomériques appelés galactoses.

Résumé. — Les substances sucrées ont pour caractères généraux d'être très solubles dans l'eau, d'une saveur douce, de se combiner avec les bases, de brunir par les alcalis ou par les acides forts, et de fermenter par l'action de la levure de bière. M. Berthelot en a fait trois groupes : la *mannite* et ses analogues, qui sont des alcools hexatomiques ; les *glucoses*, qui sont des aldéhydes et qui fermentent directement ; les *saccharoses*, qui ne fermentent qu'après s'être hydratés.

La mannite, extraite de la manne exsudée par les frênes, a tous les caractères d'un alcool ; elle peut engendrer un dérivé hexanitrique qu'on appelle la *nitromannite* et qui est analogue à la nitroglycérine.

Le glucose, qu'on nommait autrefois sucre de raisin, se rencontre dans un grand nombre de fruits et dans le miel des abeilles. C'est du miel qu'on extrait le glucose pur en le traitant par l'alcool. Le glucose industriel porte le nom de *sucre de fécule ;* il est en effet produit par la saccharification de la fécule ou de la matière amylacée en général, et il est livré en sirop ou en grains.

Les glucoses ont trois propriétés saillantes : ils fermentent aussitôt qu'on leur mêle de la levure de bière ; ils réduisent les solutions des derniers métaux, et ils transforment la lumière qui les a traversés.

La réduction du nitrate d'argent ammoniacal par le glucose a été mise à profit pour l'argenture. Et la réduction du tartrate de cuivre qu'on appelle la *liqueur de Fehling* est utilisée pour doser les glucoses et les sucres.

Le type des **saccharoses** est le sucre de betterave ou le sucre de canne. Il ne fermente pas aussitôt qu'on lui sème de la levure de bière ; il ne réduit pas la liqueur cupro-potassique. Il faut, pour que ces deux réactions se produisent, qu'il ait été *interverti,* c'est-à-dire qu'il ait pu prendre les éléments d'une molécule d'eau, à l'aide de laquelle il apparaît comme un mélange de deux glucoses.

Pour extraire le sucre de betteraves, on n'agit plus par compression, mais par *diffusion.* Les cossettes de la racine, en très fines lanières, sont épuisées par l'eau méthodiquement, et cette eau leur enlève toutes les parties solubles.

Le jus sucré est soumis à la *défécation ;* il est mélangé de chaux qui sature les acides libres et qui se combine au sucre pour donner un *sucrate de chaux* beaucoup moins altérable que le jus sucré lui-même.

On décompose le sucrate par un courant de gaz carbonique qui précipite la chaux.

Le jus est ensuite filtré, soit sur du noir animal, soit au travers de toiles d'amiante très serrées. Et, quand il est décoloré, on le concentre dans l'appareil *à triple effet* où il est chauffé sous une faible pression. On le cuit ensuite, dans des chaudières chauffées à la vapeur, jusqu'à consistance de sirop.

On *raffine* les sucres bruts après en avoir mélangé plusieurs sortes. La masse est décolorée, cuite à point, versée dans des moules où elle se solidifie ; elle est ensuite purifiée par un turbinage qui en chasse le sirop, et elle est livrée au commerce en masses cristallines très blanches.

Parmi les autres saccharoses, le *sucre de lait* ou *lactose* mérite une mention ; il est retiré du *petit-lait ;* il est moins soluble dans l'eau que le sucre ordinaire.

On peut doser les sucres à l'aide de la liqueur de Fehling, ou bien encore à l'aide du *saccharimètre*, instrument basé sur l'action que les substances sucrées exercent sur les rayons lumineux qui les ont traversées.

CHAPITRE XLVII

AMIDON. —. CELLULOSE

463. État naturel de la matière amylacée. — La matière **amylacée** est une matière blanche, granuleuse, insoluble dans l'eau, qui forme fréquemment le contenu des cellules végétales. On la trouve dans les racines de beaucoup de plantes, les tubercules de pommes de terre, les bulbes, les fruits, les graines. On lui donne le nom **d'amidon** quand elle provient des céréales, le nom de **fécule** quand elle est extraite des tubercules de pommes de terre.

Pour extraire l'amidon, on fait avec de la farine une pâte que l'on malaxe sous un filet d'eau au-dessus d'un tamis placé dans une terrine ; l'amidon se dépose dans le fond de la terrine. La matière qui reste après le lavage est une substance molle, plastique ; c'est un composé azoté, le **gluten**.

Pour obtenir la fécule, on réduit les pommes de terre, au moyen d'une râpe, en pulpe que l'on agite sur un tamis fin, placé dans un vase d'eau ; la matière cellulaire reste sur le tamis ; la fécule se rassemble au fond du vase.

Fig. 211. — Grain de fécule exfolié par l'action de l'eau.

L'amidon a la forme de grains arrondis ou ovoïdes composés de couches concentriques se terminant par un canal appelé *hile;* toutes les couches ont la même composition; mais elles diffèrent de condensation; la couche extérieure est la plus dure.

464. Propriétés chimiques. — L'amidon soumis à l'analyse élémentaire accuse la formule $n(C^6H^{10}O^5)$; il peut retenir une ou plusieurs molécules d'eau, suivant la manière dont il a été desséché. L'amidon broyé avec un peu d'eau froide forme une pâte résistante qui durcit par la dessiccation. Trituré dans un mortier à parois rugueuses avec une plus grande quantité d'eau, il y est en partie soluble; l'enveloppe extérieure reste indissoute, mais le noyau du grain entre en dissolution.

Chauffé avec de l'eau à 75°, l'amidon se gonfle en formant une masse gélatineuse qu'on appelle **empois**; l'eau, en pénétrant à travers le hile du grain, en distend considérablement les diverses couches. Cet empois est insoluble dans l'eau : les fibrilles d'un bulbe de jacinthe n'en absorbent que l'eau et pas la moindre trace de matière amylacée.

L'amidon est *bleui par l'iode;* suivant les uns, c'est une pénétration physique de l'iode dans les couches du grain; suivant les autres, c'est une formation d'iodure d'amidon bleu. La coloration est bien plus vive avec l'empois, c'est-à-dire avec l'amidon désagrégé, qu'avec les grains entiers : un liquide contenant de l'empois et seulement $\dfrac{1}{400000}$ d'iodure de potassium bleuit encore par l'addition d'acide sulfurique chargé de vapeurs nitreuses.

L'iodure d'amidon chauffé se décolore; le refroidissement lui rend sa coloration, l'acide azotique aussi.

Cette coloration par l'iode est la réaction caractéristique qui sert à constater la présence de la matière amylacée.

Chauffée au-dessus de 140°, la matière amylacée subit non seulement une désagrégation, mais une métamorphose complète ; elle prend l'aspect d'une masse transparente et gélatineuse. Sans rien perdre ni gagner, rien que par un arrangement moléculaire différent, elle s'est transformée en un nouveau corps qui ne bleuit plus l'iode, mais le colore faiblement en rouge vineux. Ce nouveau corps, de même composition élémentaire que l'amidon, c'est la **dextrine.**

Les acides minéraux étendus provoquent cette transformation par l'ébullition. Il est alors très facile d'en suivre les diverses phases. On fait bouillir un peu de fécule avec de l'eau acidulée, et on fait, à différents intervalles, une prise d'essai du liquide. La première prise bleuit franchement l'iode ; les autres bleuissent de moins en moins, et on arrive à la couleur rouge vineux, qui caractérise la dextrine.

La transformation peut aller plus loin, si l'ébullition continue ; le liquide ne change plus du tout l'iode ; il s'est formé une sorte de sucre, le **glucose,** appelé encore sucre de fécule, qui répond à la formule $C^6H^{12}O^6II^2O$; c'est de l'amidon qui a pris II^2O de composition et II^2O d'hydratation.

Le gluten transforme l'empois en glucose ; c'est la raison de la liquéfaction de la colle de pâte, qui s'acétifie ensuite par une fermentation prolongée ; la levure de bière, la gélatine, la salive, le sucre pancréatique transforment également la matière amylacée en glucose. Mais la matière azotée qui agit avec le plus de promptitude, c'est la **diastase,** matière organique qui se développe dans les graines au moment de la germination, pour rendre solubles, c'est-à-dire assimilables, les matériaux féculents que contient la graine et qui seront les premiers aliments de la jeune plante.

Ainsi la chaleur seule, l'eau chauffée, les acides minéraux étendus, certaines matières azotées, notamment la diastase, transforment la matière amylacée insoluble en dextrine et glucose solubles.

L'acide azotique concentré oxyde l'amidon et produit

un groupement moins complexe, l'acide oxalique ; c'est
un des modes de préparation de ce dernier acide.

465. Usages des matières amylacées. — L'amidon
sert à faire l'empois pour donner l'apprêt au linge. La
fécule entre dans le collage du papier et dans l'apprêt
des tissus.

La fécule est fréquemment convertie en glucose.

Cellulose

466. État naturel de la cellulose. — Les cellules,
les fibres et les vaisseaux que l'anatomie constate comme formant la trame de tout végétal ont
leurs parois composées de substances diverses que les
dissolvants peuvent séparer ; la principale porte le
nom de **cellulose.** La forme, la consistance, l'état
d'agrégation de la cellulose varient avec l'organe qui
la fournit : telle est la cellulose dure et compacte des
noyaux de cerises, la cellulose en voie de formation
des jeunes pousses, et, entre ces deux exemples, une
série très nombreuse d'autres intermédiaires. La cellulose presque pure nous est offerte par le coton, par la
moelle de sureau et la trame de certains joncs, par les
vieux chiffons de toiles longtemps lavés.

467. Propriétés. — La cellulose pure est blanche,
sans odeur, ni saveur, insoluble dans les dissolvants
ordinaires. Jusqu'ici on ne connaît qu'un seul réactif
capable de la gonfler et de la dissoudre, c'est le **réactif
de Schweizer.** On le prépare en faisant passer de
l'ammoniaque à travers de la tournure de cuivre contenue dans une allonge, jusqu'à ce que le liquide soit
devenu d'un bleu foncé et représente un oxyde de
cuivre ammoniacal. Ce liquide dissout le coton en
bourre, la charpie de vieille toile. La dissolution

étendue de beaucoup d'eau, laisse précipiter la cellulose; la précipitation est plus complète par l'acide chlorhydrique ou l'alcool. La cellulose lavée est une masse gélatineuse qui n'a plus la forme organisée qu'elle présente dans les plantes.

Elle répond à la formule $(C^6H^{10}O^5)^2$. La teinture d'iode la colore en violet, et en bleu si on ajoute une goutte d'acide sulfurique.

Action des acides. — Soumise à l'action de l'acide sulfurique concentré, la cellulose organisée éprouve des modifications diverses.

L'acide concentré et froid agissant pendant quelques secondes seulement sur la cellulose la transforme en partie en amidon qui peut se colorer en bleu par l'iode. Pour constater cette réaction, on humecte d'une dissolution d'iodure de potassium une feuille de papier Berzelius. Lorsqu'elle est sèche, on la passe rapidement dans l'acide sulfurique concentré et on la lave immédiatement. On voit alors apparaître la coloration bleu indigo que l'iode donne à l'amidon.

Les micrographes se servent de cette réaction pour reconnaître la cellulose dans les préparations végétales qu'ils examinent au microscope.

Le papier-filtre blanc, plongé une demi-minute dans de l'acide sulfurique étendu d'un demi-volume d'eau, puis lavé convenablement, prend l'aspect et la consistance du parchemin; c'est le *parchemin végétal*, utilisé dans les dialyses.

Le papier subit une désagrégation plus profonde par une immersion plus longue. Enfin, un contact très prolongé de l'acide transforme la cellulose en une masse gommeuse, analogue à l'empois et en partie soluble dans l'eau. L'ébullition de cette dissolution acide donne naissance au glucose, c'est-à-dire à une substance sucrée que l'on appelle sucre de chiffons.

Les acides minéraux moyennement étendus font subir aux tissus végétaux une désagrégation plus ou moins avancée. On se sert de cette propriété pour retirer la laine des vieux tissus dans lesquels la chaîne était du coton, celui-ci se désagrégeant dans une solution acide.

468. Coton-poudre.

— La cellulose trempée quelques minutes dans l'acide azotique concentré, puis lavée à grande eau, devient, sans changer d'aspect, une matière inflammable, explosive, que l'on appelle **coton-poudre, fulmicoton** ou **pyroxyle**.

Cette nouvelle substance est de la cellulose où 1, 2, 3, 4, 5 atomes d'hydrogène ont été remplacés par 1, 2, 3, 4, 5 fois AzO^2.

De ces diverses celluloses nitrées, celle qui renferme $10(AzO^2)$ est la plus explosive :

$$4(C^6H^{10}O^5) + 10(AzO^3H) = C^{21}H^{30}(AzO^2)^{10}O^{20} + 10(H^2O).$$
$$\text{\textit{Cellulose}} \qquad\qquad\qquad \text{\textit{Coton-poudre}}$$

Le coton-poudre doit sa propriété explosive à ce qu'il peut se transformer très rapidement et intégralement en gaz par sa combustion :

$$C^{21}H^{30}(AzO^2)^{10}O^{20} = 23CO + CO^2 + 15(H^2O) + 10Az.$$

Il suffit de le porter en un point de sa masse à la température de 180°, ou d'approcher d'un de ses filaments une allumette enflammée ; il brûle entièrement et très promptement, sans laisser de résidu.

Le coton-poudre possède donc toutes les propriétés de la poudre, avec plus de violence. On ne l'emploie guère que comme poudre de mine après l'avoir comprimé en cartouche.

469. Collodion.

— En immergeant pendant cinq minutes du beau coton cardé dans un mélange de 3 parties d'acide sulfurique et de 2 d'azotate de potasse, ou dans 2 parties d'acide sulfurique et 1 d'acide azotique maintenus à 60° de température, on obtient un **coton-poudre** qui, bien lavé et séché, n'est que médiocrement explosif, mais se dissout intégralement dans un mélange d'éther et d'alcool en prenant l'aspect d'un sirop. Ce sirop, c'est le **collodion**, employé en photographie. Etendu sur une plaque de verre, le collodion laisse une pellicule très adhérente, insoluble dans l'eau et dans l'alcool, au sein de laquelle on peut facilement incorporer les sels d'argent sensibles à la lumière. Le verre est le support plan et transparent de cette mince couche où s'impriment, sous l'action de la lumière, les images des objets éclairés.

470. Usages de la cellulose. — La cellulose constitue les fibres textiles avec lesquelles se fabriquent les cordes, les fils et les tissus; les débris de ces derniers servent à faire le papier.

Les végétaux principaux qui produisent les fibres textiles sont le chanvre, le lin et le cotonnier. C'est l'écorce du chanvre et du lin que l'on emploie. Pour séparer de la tige les longues fibres souples et tenaces dont on formera les fils, on soumet la plante au rouissage dans le but d'enlever la matière gommeuse qui fixait l'écorce à la tige. Le broyage sépare la filasse, qui est peignée, lissée, puis enfin filée à la main ou à la machine. Le chanvre sert à faire les toiles fortes et grossières; le lin est réservé aux tissus fins et légers.

Le coton est la bourre qui enveloppe les graines du cotonnier. Il est cardé et filé pour être ensuite transformé en tissus divers.

Résumé. — La *matière amylacée* que l'on trouve dans les racines de beaucoup de plantes, dans les tubercules, les graines, les fruits, porte le nom d'*amidon* quand elle est extraite des graines, et de *fécule* quand elle provient des tubercules de pommes de terre.

Elle a la forme de grains arrondis ou ovoïdes toujours très fins; et l'analyse des différents échantillons donne la même composition centésimale répondant à la formule $C^6H^{10}O^5$ ou à l'un de ses multiples.

L'amidon est insoluble dans l'eau. Agité dans de l'eau à 75°, il se gonfle en formant une masse gélatineuse collante qu'on appelle l'*empois*. Mais, même en cet état, les grains ne sont pas dissous, car les racines d'un bulbe de jacinthe n'en absorbent pas.

L'amidon est *bleui par l'iode*, surtout à l'état d'empois ; et la coloration bleue disparaît par la chaleur pour réapparaître par refroidissement. C'est le moyen le plus rapide et le plus sûr de révéler l'existence de la matière amylacée.

La chaleur sèche transforme peu à peu l'amidon en une matière gommeuse que les indienneurs et les apprêteurs appellent *amidon grillé* et que les chimistes nomment *dextrine;* la composition est restée la même ; mais les propriétés ont changé ; la substance ne bleuit plus l'iode.

On transforme encore l'amidon en dextrine par deux autres moyens plus rapides que le précédent : en faisant bouillir l'amidon dans une eau légèrement acidulée, ou bien en y faisant agir une *diastase* empruntée à l'orge germée.

Et dans ce dernier cas, la transformation ne s'arrête pas à la dextrine, elle va jusqu'à la production de glucose ou de matière sucrée fermentescible ; alors l'amidon ainsi changé est devenu entièrement soluble.

Cette double transformation est extrêmement importante. Elle se produit sur la matière féculente des graines qui germent par la diastase que fabrique l'embryon, et la farine ou la fécule insoluble devient soluble et peut servir à la petite plante. Elle se produit aussi dans la digestion par l'action de la salive et celle du suc pancréatique. Dans l'industrie, elle n'a pas moins d'intérêt : on la réalise pour préparer le sucre de fécule et l'alcool industriel ; on traite les féculents soit par le *malt* ou orge germée, soit par les acides minéraux étendus.

L'extraction industrielle de l'amidon se fait par deux méthodes. Dans la première, la matière amylacée est entraînée par l'eau qui la dépose par repos ; le gluten reste sur le malaxeur et peut ensuite entrer dans la fabrication des pâtes alimentaires. Dans la seconde, que l'on applique surtout aux farines avariées dont le gluten ne peut pas être utilisé, on abandonne à fermentation sous l'eau ces farines ; le gluten se détruit peu à peu et l'amidon insoluble reste au fond du vase.

On n'est pas encore bien fixé sur la véritable constitution chimique de l'amidon et de la dextrine. On les a considérés comme formés de carbone uni à de l'oxygène et à de l'hydrogène dans les proportions de l'eau, et on leur a donné le nom d'*hydrates de carbone*. On les a aussi considérés comme des *glucosides* formés de deux ou plusieurs glucoses avec élimination d'eau. Mais la synthèse n'en a pas encore été réalisée.

La **cellulose** est la matière qui forme les cellules, les fibres et les parois des vaisseaux dans les végétaux. Pure, elle est blanche, insoluble dans les dissolvants ordinaires; elle ne se dissout que dans l'oxyde de cuivre ammoniacal.

Le vieux linge longtemps lessivé, le coton bien cardé et le papier de chiffons représentent de la cellulose à peu près pure.

Soumis à l'action de l'acide sulfurique, puis lavé, le papier se transforme en *parchemin*.

Le coton, traité par l'acide azotique fumant ou par un mélange d'acide azotique et d'acide sulfurique, se transforme en *nitrocellulose* ou *coton-poudre* ou *fulmicoton*, matière inflammable et explosive employée comme poudre de mines.

Le *celluloïd* est du coton-poudre imprégné de camphre, comprimé et moulé; on lui fait imiter l'écaille et nombre d'autres produits.

CHAPITRE XLVIII

PHÉNOLS

471. Phénol. — Le *phénol ordinaire* retiré du goudron de houille, appelé aussi *acide phénique*, est le type d'une classe de composés que l'on a d'abord confondus avec les alcools, puis avec les acides, et dont M. Berthelot a fait une classe spéciale sous le nom général de *phénols*.

Les phénols sont susceptibles, comme les alcools, de se combiner avec les acides en donnant naissance à des éthers, avec élimination d'eau ; et ces éthers peuvent, en fixant de l'eau, régénérer le phénol et l'acide qui les ont formés ; à ce titre, les phénols sont des alcools. Mais ils se distinguent des alcools par leur tendance acide, c'est-à-dire par la faculté de donner des sels en se combinant avec les alcalis.

Les phénols ne donnent pas, comme les alcools, des

aldéhydes et des acides par oxydation; mais, avec le chlore, le brome et l'acide nitrique, au lieu de donner seulement des éthers, ils forment des produits de substitution directe, des dérivés nitrés, chloro et bromo-nitrés, qui sont ordinairement acides.

Les phénols sont donc considérés comme des alcools spéciaux dérivés des carbures polyacétyléniques et en particulier des carbures benzéniques. Le premier, C^6H^5HO, se rapporte à la benzine C^6H^6, comme l'alcool méthylique CH^3HO se rapporte au formène CH^4; il y a dans les deux cas substitution apparente d'un hydroxyle (HO) à 1 atome de H du carbure.

Mais cette substitution peut se faire sur 2 et même 3 atomes d'hydrogène; on a alors des phénols diatomiques et triatomiques. Voici les principaux phénols :

PHÉNOLS MONOATOMIQUES

Phénol ordinaire.....	$C^6H^5(HO)$	*de la benzine*...	C^6H^6
Crésol ou crésylol.....	$C^7H^7(HO)$	*du toluène*.....	C^7H^8
Xylénol.............	$C^8H^9(HO)$	*du xylène*.....	C^8H^{10}
Naphtol ou naphtylol .	$C^{10}H^7(HO)$	*de la naphtaline*.	$C^{10}H^8$
Anthrol.............	$C^{11}H^9(HO)$	*de l'anthracène*.	$C^{11}H^{10}$.

PHÉNOLS DIATOMIQUES

Oxyphénol ou pyrocaté-			
chine.............			
Résorcine	$C^6H^4(HO)^2$	*de la benzine*...	$C^6H^4H^2$.
Hydroquinone			
Orcine.............	$C^7H^6(HO)^2$	*du toluène*.....	$C^7H^6H^2$.
Oxynaphtol			
Hydronaphtoquinone ..	$C^{10}H^6(HO)^2$	*de la naphtaline*.	$C^{10}H^6H^2$.

PHÉNOLS TRIATOMIQUES

Pyrogallol (acide pyrogallique).	$C^6H^3(HO)^3$	*de*....	$C^6H^3H^3$.
Phloroglucine.............	$C^6H^3(HO)^3$	*de*....	$C^6H^3H^3$.

472. Phénol ordinaire. — Propriétés. — Le phénol découvert dans le goudron de houille, en 1834, par

Runge, est solide, incolore, cristallisé en longues aiguilles ; il fond à 25° et bout à 187°. Il se dissout dans l'eau, mais mieux dans l'alcool et l'éther. La moindre trace d'humidité le liquéfie ; aussi devient-il entièrement liquide lorsqu'il est conservé dans des flacons imparfaitement bouchés. Son odeur est forte. Il est neutre au papier de tournesol et n'a pas d'action sur les carbonates alcalins.

Il brûle avec une flamme fuligineuse.

Son caractère d'alcool est mis en évidence par son action sur le potassium et le sodium qui produit les composés C^6H^5KO et C^6H^5NaO, et par la formation de sels organiques avec les principaux acides, c'est ainsi que l'on obtient le phénol acétique $C^6H^5,C^2H^3O^2$ et le phénol benzoïque $C^6H^5,C^7H^5O^2$.

Sa formule, rapprochée de celle des alcools de la première série, est :

$$C^6H^5(HO),$$

et le groupement C^6H^5 porte le nom de *phényle*. La benzine C^6H^6 en est l'hydrure. Le phénol correspond à la benzine C^6H^6 augmentée de O, comme l'alcool dérive de C^2H^6, par addition de O.

Le nom d'*alcool phénique* donné au phénol est donc plus rationnel que celui d'*acide phénique* qu'on lui donne souvent.

On peut obtenir des *phénates* en faisant agir le phénol sur les bases alcalines. Mais, si l'on chauffe ces sels à l'ébullition, ils redonnent le phénol et la base.

Le chlore donne des produits de substitution.

L'acide azotique convertit le phénol en *phénols nitrés*, dont le plus important est le *trinitrophénol* $[C^6H^3(AzO^2)^3O]$ ou *acide picrique* ou encore *carbazotique*, dans lequel 3 atomes d'hydrogène sont remplacés par trois fois le radical AzO^2 de l'acide azotique.

473. Acide picrique ou carbazotique, $C^6H^2(AzO^2)^3HO$. — L'acide picrique, obtenu autrefois par l'action de l'acide azotique sur différents produits organiques comme l'indigo, est préparé industriellement aujourd'hui par l'action de l'acide azotique sur le phénol ou sur les huiles de houille contenant cet alcool.

C'est un beau produit jaune en cristaux brillants, d'une saveur amère. Il est très soluble dans l'eau, dans l'alcool et l'éther. Sa solution est jaune et colore fortement la peau et les tissus animaux. Son pouvoir colorant est si grand qu'un milligramme d'acide communique une teinte sensible à 1 litre d'eau.

Chauffé légèrement, il fond et se sublime; mais, quand on le chauffe brusquement, il détone avec violence.

Il donne avec les métaux des sels appelés *picrates*, tous amers, se décomposant tous avec une forte explosion par la chaleur et employés dans les poudres brisantes à cause de cette propriété.

L'acide picrique sert à teindre directement la soie et la laine dans toutes les nuances du jaune; il ne teint pas les fibres végétales; on peut dès lors s'en servir pour reconnaître si du coton a été introduit dans un tissu de laine ou de soie; en teignant l'étoffe dans une dissolution chaude d'acide picrique, ce qui est soie ou laine se colore, ce qui est coton reste blanc après lavage.

474. Usages du phénol. — Le phénol attaque fortement la peau, détruit rapidement les muqueuses et coagule l'albumine. C'est un antiseptique puissant; aussi est-il employé avec succès dans le pansement des plaies et des ulcères; il arrête la putréfaction des tissus et enlève l'odeur fétide des chairs en décomposition.

L'industrie l'utilise dans la conservation des peaux, dans la désinfection de beaucoup de produits; il rend à l'hygiène publique de grands services.

On en tire plusieurs matières colorantes très employées, comme l'*acide picrique*, la *coralline* jaune et rouge. Pour obtenir la coralline, on chauffe du phénol avec de l'acide sulfurique et de l'acide oxalique entre 100 et 120° pendant vingt-quatre heures. On obtient une masse sirupeuse qu'on traite par l'eau bouillante ; le liquide laisse déposer la coralline jaune ou acide rosolique.

Ce produit, chauffé en vase clos avec de l'ammoniaque, donne la coralline rouge.

Le phénol est coloré en bleu par le chlorure de chaux en présence de l'ammoniaque ; c'est une réaction que l'on peut employer pour le caractériser.

475. Préparation du phénol. — On retire le phénol des huiles de goudron de houille qui passent à la distillation entre 160 et 190°, en les traitant par la potasse qui dissout le phénol. Le produit, repris par l'eau, se sépare en deux couches : l'une huileuse qu'on enlève, l'autre que l'on sature par un acide pour la distiller et la rectifier plusieurs fois. On en obtient l'alcool phénique en cristaux par un refroidissement lent.

On obtient le phénol pur en décomposant l'acide salicylique ($C^7H^6O^3$) en excès par la chaux :

$$2(C^7H^6O^3) + CaO = CO^3Ca + 2(C^6H^5HO).$$

Ac. salicylique   *Phénol*

Aniline

476. Phénylamine ou aniline $C^6H^5AzH^2$. — L'*aniline* est un alcaloïde artificiel, une ammoniaque où 1 atome d'hydrogène est remplacé par le radical phényle C^6H^5 dont la benzine C^6H^6 est l'hydrure ; sa formule brute C^6H^7Az peut s'écrire :

$$\left.\begin{array}{c}C^6H^5\\H\\H\end{array}\right\} Az, \text{comparée à l'ammoniaque} \left.\begin{array}{c}H\\H\\H\end{array}\right\} Az.$$

Aussi peut-on l'appeler *phénylamine*. C'est habituellement le nom d'aniline qu'on lui donne.

477. État naturel et préparation de l'aniline. —

L'aniline existe en petite quantité toute formée dans le goudron de houille; mais l'extraction en serait pénible et très coûteuse; aussi préfère-t-on, pour l'obtenir en assez grande quantité, traiter la *nitrobenzine* par des réducteurs et en particulier par l'hydrogène naissant :

$$C^6H^5AzO^2 + 6H = 2H^2O + C^6H^7Az.$$

Nitrobenzine   *Aniline*

L'hydrogène naissant est emprunté à un mélange de fer et d'acide acétique.

Pour une expérience de laboratoire, on introduit dans une cornue d'un demi-litre 50 grammes de nitrobenzine, autant d'acide acétique concentré et de limaille de fer. Une vive effervescence se produit, et il se condense des vapeurs dans le récipient où l'on a engagé le col de la cornue et que l'on refroidit. Quand elle est calmée, on remet dans la cornue le contenu du récipient, et l'on chauffe. L'aniline distille avec l'eau. Pour la séparer, on ajoute au liquide un peu d'éther qui dissout l'aniline et l'amène à la surface; on décante le liquide surnageant et on le redistille.

L'industrie opère de même dans de grands appareils.

478. Propriétés de l'aniline. — Pure et fraîche,

l'aniline est incolore; à l'air, elle se teint en brun. Elle est soluble dans l'eau; elle se dissout en toute proportion dans l'alcool et l'éther. Elle donne des sels comme les autres amines; son chlorhydrate :

$$\left. \begin{array}{c} C^6H^5 \\ H^2 \end{array} \right\} AzHCl,$$

est l'un des plus intéressants.

L'aniline prend une coloration bleue caractéristique dans les dissolutions des chlorures décolorants ou mieux des hypochlorites alcalins.

L'aniline a été la base des premières couleurs artificielles dites *couleurs de houille*, comme la mauvéine et la fuchsine. Directement, ou déjà transformée en produits de substitution, elle sert à la préparation de nombreux corps et à la synthèse de plusieurs matières colorantes.

Résumé. — On donne le nom de **phénols** à une classe de corps qui, tout en ayant la propriété des alcools d'engendrer des éthers, ont en outre une réaction acide et peuvent se combiner aux bases fortes.

Le *phénol ordinaire* retiré des huiles de goudron est le type de ces sortes d'alcools mixtes de la série aromatique.

Il est à la benzine ce que l'alcool de bois est au formène. C'est un solide cristallisé en longues aiguilles qui fond à 35° et bout à 187°. Son odeur est forte. C'est un antiseptique puissant que l'on emploie avec succès dans le pansement des plaies et que l'industrie et l'hygiène utilisent.

L'action de l'acide azotique le transforme en dérivés nitrés dont le plus important, le *trinitro-phénol*, appelé encore *acide picrique*, peut servir à la teinture en jaune et donner avec les bases des picrates qui sont détonants.

Chaque carbure aromatique donne un ou plusieurs phénols. Ceux de la naphtaline s'appellent *naphtols* et ceux de l'anthracène *anthrols*. Et, de même qu'il y a des alcools monoatomiques, diatomiques, triatomiques, etc., il y a aussi des phénols monoatomiques, diatomiques, triatomiques.

Les phénols diatomiques sont des dérivés di substitués ; ils doivent donc présenter trois isomères pour la série de la benzine. A la benzine C^6H^5H correspond le phénol ordinaire monoatomique C^6H^5OH ; mais il y correspond aussi un *diphénol* $C^6H^4(OH)^2$ dont les trois isomères s'appellent *résorcine*, *pyrocatéchine* et *hydroquinone*.

L'acide *pyrogallique* ou *pyrogallol* est un tri phénol de la forme $C^6H^3(OH)^3$; il a des propriétés réductrices très nettes sur les solutions métalliques, et il est avide d'oxygène en présence des bases.

CHAPITRE XLIX

ALDÉHYDES. — ACÉTONES. — QUINONES

479. Aldéhydes. — Les aldéhydes sont les produits qui prennent naissance dans la première phase de l'oxydation des alcools, alors que l'alcool perd H^2 sous l'influence des agents oxydants.

Ces corps sont intermédiaires entre les alcools et les acides que ces alcools peuvent produire. Ainsi l'aldéhyde éthylique se place entre l'alcool ordinaire et l'acide acétique :

$$C^2H^6O \qquad C^2H^4O \qquad C^2H^4O^2.$$
Alcool   *Aldéhyde*   *Acide acétique*

Le caractère général de toute aldéhyde, c'est de régénérer l'alcool en fixant l'hydrogène naissant et de produire l'acide en s'oxydant.

A chaque alcool correspond une aldéhyde. L'aldéhyde de l'alcool ordinaire est le type de cette classe de composés dont quelques-uns seulement présentent de l'intérêt. On en a rapproché quelques produits naturels tels que l'essence d'amandes amères (aldéhyde benzilyque), l'essence de cumin (aldéhyde cuminique), l'essence de cannelle (aldéhyde cinnamique) et le camphre (aldéhyde du bornéol).

On obtient les produits artificiels par deux modes de préparation :

1° L'oxydation de l'alcool, soit par l'air en présence du noir de platine, soit par l'oxygène naissant que donnent le bioxyde de manganèse ou le bichromate de potasse avec l'acide sulfurique ;

2° La réduction de l'acide formé par l'alcool ; dans ce dernier cas, on chauffe du formiate de chaux avec le sel de chaux formé par l'acide dont on veut l'aldéhyde.

480. Aldéhyde éthylique C^2H^4O. — On obtient l'aldéhyde éthylique par l'un des deux modes précédents. On fait habituellement distiller de l'alcool (4 p.) avec de l'eau (4 p.), de l'acide sulfurique (4 p.) et du bioxyde de manganèse (6 p.).

Le produit rectifié est un liquide incolore, très mobile, d'une odeur forte et suffocante, soluble dans l'eau, l'alcool et l'éther.

L'aldéhyde forme avec le bisulfite de soude un composé cristallin insoluble dans un excès de bisulfite, mais soluble dans l'eau ; c'est une réaction générale à toute cette classe de corps.

L'aldéhyde brûle au contact de l'oxygène et d'un corps enflammé en produisant de l'eau et de l'anhydride carbonique avec beaucoup de chaleur :

$$C^2H^4O + O^5 = 2(H^2O) + 2(CO^2).$$

Si l'action de l'oxygène ou des oxydants est ménagée, il y a formation d'acide acétique ; c'est ce dernier produit qui se forme par une solution de permanganate de potasse et d'acide sulfurique ; il y a encore, dans ce cas, dégagement de chaleur.

Cette facile oxydation fait de l'aldéhyde un corps réducteur ; si l'on chauffe dans un tube d'essai (*fig.* 212) ou dans un petit ballon une solution de nitrate d'argent ammoniacal avec de l'aldéhyde, il se dépose sur les parois du verre de l'argent métallique qui forme un miroir brillant.

Le chlore donne avec l'aldéhyde des produits de substitution, les aldéhydes chlorées, dont le premier terme est le chlorure d'acétyle C^2H^3ClO, et dont le plus important est le *chloral :*

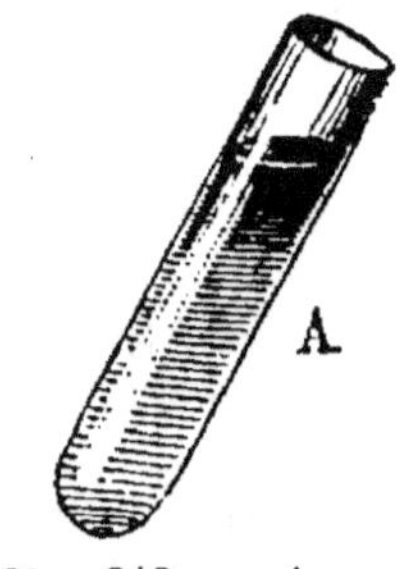

Fig. 212. — Argenture d'un tube. — A, solution de nitrate d'argent ammoniacal et d'aldéhyde.

$$C^2H^4O + Cl^6 = 3HCl + C^2HCl^3O.$$
Chloral

Le chloral se prépare en faisant arriver un courant prolongé de chlore dans de l'alcool d'abord refroidi et en distillant sur de l'acide sulfurique l'alcool saturé de chlore ; on rectifie le premier liquide obtenu sur de la chaux vive.

Le chloral est un liquide incolore, d'une odeur pénétrante, qui forme avec l'eau un corps cristallisé, *l'hydrate de chloral.*

Traité par la potasse, il donne du formiate de potasse et du chloroforme, en dégageant de la chaleur :

$$C^2HCl^3O + KHO = CHKO^2 + CHCl^3.$$
Formiate   Chloroforme

Cette formation de chloroforme au contact des corps alcalins explique les propriétés anesthésiques du chloral ; le chloral est, en effet, employé en médecine comme le chloroforme.

481. Aldéhyde benzylique ou essence d'amandes amères (C^7H^6O). — L'essence d'amandes amères obtenue en distillant avec de l'eau, soit les tourteaux des amandes amères, soit les feuilles de laurier-cerise, est un liquide incolore, d'une forte saveur et d'une odeur caractéristique ; c'est un mélange de l'aldéhyde benzylique et d'acide cyanhydrique ; aussi est-ce un produit vénéneux à cause de la présence de ce dernier acide.

L'aldéhyde benzylique pure est intermédiaire entre l'alcool benzylique et l'acide benzoïque :

Elle régénère l'un avec l'hydrogène et elle engendre l'autre par une oxydation, par exemple à l'air humide :

$$C^7H^8O \qquad C^7H^6O \qquad C^7H^6O^2$$

Alcool benzylique *Aldéhyde* *Acide benzoïque*

Elle ne préexiste pas dans les amandes amères ; elle s'y forme par la décomposition d'un principe immédiat, l'*amygdaline*, qui, sous l'influence de l'eau et de l'*émulsine* ou *synaptase* existant dans les amandes, se dédouble en glucose, en essence et en acide cyanhydrique.

L'essence d'amandes amères est souvent remplacée dans la parfumerie par la nitro-benzine.

482. Camphre ($C^{10}H^{16}O$). — Le camphre a été considéré comme l'aldéhyde du bornéol ou camphre de Bornéo, c'est-à-dire d'un alcool de la formule $C^{10}H^{18}O$. M. Berthelot l'a classé dans un groupe auquel il a donné le nom de *carbonyle*, parce que l'acide qu'il engendre par oxydation est bibasique et non monobasique comme les acides qui dérivent des aldéhydes.

Le camphre est extrait du *Laurus camphora* du Japon. L'arbre déchiqueté en fragments est mis avec de l'eau dans un alambic dont le chapiteau est garni de branchages et de paille. Par la distillation, le camphre entraîné par la vapeur d'eau se condense sur la paille en petits cristaux grisâtres ; c'est le camphre brut.

On le raffine en le mélangeant d'un peu de chaux vive et en le sublimant dans des fioles à fond plat.

C'est une matière blanche, semi-transparente, d'une odeur forte et aromatique. Le camphre est volatil ; conservé dans un flacon fermé, il se sublime lentement et forme des cristaux qui se déposent contre les parois supérieures.

On ne le pulvérise facilement qu'après l'avoir humecté d'un peu d'alcool. Il flotte sur l'eau et y tournoie lorsqu'il est en petits fragments. Il peut brûler sur l'eau quand on l'enflamme et il se déplace d'un mouvement giratoire.

Il est employé comme sédatif ; dissous dans l'alcool étendu, on l'utilise, sous le nom d'eau-de-vie camphrée, en frictions contre les rhumatismes.

433. Acétones. — On nomme *acétones* des composés qui se rapportent aux alcools secondaires par perte de H^2 comme les aldéhydes dérivent des alcools primaires.

Par hydrogénation, sous l'influence de l'amalgame de sodium, les acétones régénèrent les alcools secondaires; ainsi, l'acétone propylique donne l'alcool isopropylique.

Par oxydation, une acétone ne donne pas un acide ayant le même nombre d'équivalents de carbone, mais les deux acides qui correspondent aux carbures générateurs de l'alcool considéré. Ainsi, tandis que l'aldéhyde propylique engendre par oxydation l'acide propionique :

$$C^3H^6O \; + \; O \; = \; C^3H^6O^2,$$
Aldéhyde   Acide
propylique   propionique

l'acétone C^3H^6O donne naissance à l'acide acétique et à l'acide formique :

$$C^3H^6O \; + \; O^3 \; = \; C^2H^4O^3 \; + \; CH^2O^2.$$
Acétone   Acide   Acide
acétique   formique

On obtient les acétones en décomposant par la chaleur les sels de chaux formés par les acides correspondants; ainsi l'acétone ordinaire provient de la distillation de l'acétate de chaux :

$$Ca''(C^2H^3O^2)^2 = C^3H^6O + CaCO^3.$$

L'acétone ordinaire jouit de la propriété importante de dissoudre le gaz acétylène.

484. Quinones. — Les quinones sont considérées comme les aldéhydes des phénols dont elles dérivent par perte d'hydrogène. La *quinone* proprement dite ($C^6H^4O^2$), ainsi nommée parce qu'elle a été retirée de l'acide quinique, est l'aldéhyde d'un des phénols diatomiques, l'hydroquinone ($C^6H^6O^2$); elle reproduit, en effet, l'hydroquinone en prenant H^2. Elle a pu être préparée par l'oxydation de la benzine à l'aide de l'acide chlorochromique :

$$C^6H^4 + O^3 = C^6H^4O^2 + H^2O.$$

Tous les carbures polyacétyléniques donnent des quinones par oxydation.

La *naphtoquinone* $C^{10}H^6O^2$, dérivée de l'oxydation de la naphtaline $C^{10}H^8$, s'obtient en traitant une solution acétique de ce carbure par une solution acétique d'acide chromique. C'est un solide jaune cristallisé, fusible à 125° et dont la dissolution dans l'éther donne une liqueur fluorescente.

L'*anthraquinone* $C^{14}H^8O^2$, dérivée de l'anthracène $C^{14}H^{10}$, est l'une des plus intéressantes du groupe, parce qu'elle a permis de réaliser la synthèse de l'*alizarine*, le principe colorant de la garance.

On obtient l'anthraquinone en oxydant l'anthracène en solution acétique par une solution acétique d'acide chromique, ou bien encore par un mélange de bichromate de potasse et d'acide sulfurique. Le produit obtenu cristallise en belles aiguilles jaunes, fusibles à 273°.

L'anthraquinone donne des produits de substitution avec le chlore, le brome, l'acide azotique. Le composé dibromé $C^{14}H^6Br^2O^4$, traité par la potasse, donne du bromure de potassium et un composé d'alizarine et de potasse :

$$C^{14}H^8O^2 \ + \ Br^4 \ = \ 2HBr \ + \ C^{14}H^6Br^2O^2 ;$$

Anthraquinone　　　　　　　　Anthraquinone
dibromée

$$C^{14}H^6Br^2O^2 \ + \ 4\,(KHO) = 2KBr \ + \ C^{14}H^8O^4K^2O \ + \ H^2O.$$

Anthraquinone
dibromée　　　　　　　　Alizarate
de potasse

Cet alizarate de potasse, traité par l'acide chlorhydrique, donne l'*alizarine* $C^{14}H^8O^4$.

Dans l'industrie, au lieu d'employer le brome, on traite l'anthraquinone par l'acide sulfurique concentré et on obtient l'acide anthraquino-disulfureux :

$$C^{14}H^8O^2 \ + \ 2\,(SO^4H^2) \ = \ 2\,(H^2O) \ + \ \begin{array}{c}C^{14}H^6O^2\\H^2\end{array}\Big\}\,S^2O^6.$$

Anthraquinone　　　Acide
sulfurique　　　　　Acide anthraquinone-
disulfureux

Ce dernier corps neutralisé avec la potasse est transformé en *anthraquino-disulfite de potasse;* puis, chauffé avec la potasse, il donne du sulfite de potassium et de l'alizarine :

$$\begin{array}{c}C^{14}H^6O^2\\K^2\end{array}S^2O^6 \ + \ 2KHO \ = \ \begin{array}{c}K^2\\K^2\end{array}S^2O^6 \ + \ C^{14}H^8O^4.$$

Anthraquino-disulfite
de potasse　　　　　Disulfite
de potasse　　　Alizarine

485. Alizarine artificielle. — L'alizarine artificielle est un solide cristallisant en aiguilles d'un jaune rougeâtre, peu soluble dans l'eau. Elle se dissout dans l'acide sulfurique en le colorant en rouge. La solution alcoolique est colorée en violet par les alcalis, en bleu par la chaux. L'alizarine est soluble à chaud dans une solution d'alun, et elle s'en précipite par refroidissement.

Elle teint en rouge les étoffes mordancées avec l'alumine, en violet celles qui sont mordancées avec l'oxyde de fer.

Elle est semblable au produit colorant de la garance qu'elle a presque complètement remplacé.

Elle donne un composé nitré par substitution, la *nitralizarine*, $C^{14}H^7 (AzO^2) O^4$, employée aussi comme matière colorante.

On la considère comme une *dioxyanthraquinone* $C^{14}H^8O^2 \left\{ \begin{matrix} O, \\ O \end{matrix} \right.$

et, en l'oxydant, on obtient la *trioxyanthraquinone* $C^{14}H^8O^2 \left\{ \begin{matrix} O \\ O \\ O \end{matrix} \right.$

appelée aussi *purpurine*, qui se colore en rouge par l'ammoniaque.

Traitée par la limaille de zinc en présence de l'eau, l'alizarine régénère l'anthracène :

$$C^{14}H^8O^4 + 5H^2 = 4 (H^2O) + C^{14}H^{10}.$$

C'est probablement cette réaction, opérée d'abord sur l'alizarine tirée de la garance, qui a mis sur la voie de la préparation de l'alizarine artificielle par synthèse.

Résumé. — On donne le nom d'aldéhydes aux produits qui résultent du premier degré d'oxydation des alcools. Une aldéhyde est un alcool privé de 2 atomes d'hydrogène.

L'aldéhyde éthylique se forme quand on fait tomber goutte à goutte de l'alcool sur du noir de platine, qui devient un corps oxydant. On l'obtient en quantité plus notable par une oxydation ménagée de l'alcool.

La propriété caractéristique de ce groupe de corps, qui sont intermédiaires entre les alcools et leurs acides, c'est de réduire les solutions métalliques des métaux lourds. C'est pour cela que l'aldéhyde ou le glucose, que l'on considère comme une aldéhyde, peuvent servir à l'argenture en déposant l'argent métallique d'une solution de nitrate ammoniacal.

L'aldéhyde benzylique constitue l'essence d'amandes amères; elle est intermédiaire entre l'alcool benzylique et l'acide benzoïque.

Le *camphre* est considéré comme l'aldéhyde du bornéol, il est volatil quoique solide. Il tournoie sur l'eau et brûle avec une petite flamme blanche quand on l'allume. Il est employé en médecine, seul ou associé à l'alcool.

Les *acétones* sont des corps qui dépendent des alcools secondaires, comme les aldéhydes dépendent des alcools primaires. La première dépend de l'alcool isopropylique et s'obtient par la distillation sèche de l'acétate de chaux.

On nomme **quinones** des composés que l'on considère comme les aldéhydes des phénols. *L'anthraquinone* ou quinone de l'anthrol ou de l'anthracène est la plus intéressante, parce qu'elle permet d'obtenir l'*alizarine artificielle*, qui n'est qu'une *anthraquinone dioxydée*. Cette alizarine a remplacé la garance dans la teinture de toutes les nuances du rouge.

CHAPITRE L

ALCALIS ORGANIQUES

Amines

486. Généralités. — Les composés organiques qui renferment de l'azote, qu'ils soient ternaires si l'oxygène leur manque, ou quaternaires quand ils ont les quatre éléments principaux de la nature vivante, peuvent être partagés en deux groupes :

1° Ceux que l'on appelle alcaloïdes, parce que l'ensemble de leurs propriétés les rapproche de l'ammoniaque, qu'ils sont comme l'ammoniaque susceptibles de se combiner aux acides pour donner des sels et d'être déplacés de leurs combinaisons par les bases puissantes ;

2° Les *composés quaternaires* servant comme aliments, empruntés au règne végétal et au règne animal et que l'on appelle les *substances albuminoïdes*.

Les alcaloïdes se subdivisent eux-mêmes en deux classes : dans l'une rentrent ceux qui constituent le principe toxique ou l'élément médical de diverses plantes : ce sont les **alcaloïdes naturels**. Dans l'autre rentrent tous les corps que le chimiste peut créer par des réactions de laboratoire et qui ont avec les premiers des analogies frappantes : ce sont les **alcaloïdes artificiels**.

487. Alcaloïdes artificiels. — Les alcaloïdes artificiels, qui rappellent les propriétés fondamentales de l'ammoniaque, peuvent être considérés comme de l'ammoniaque dans laquelle un radical alcoolique a été substitué à l'hydrogène ; c'est pourquoi on les appelle **ammoniaques composées** ou plus simplement **amines.**

L'ammoniaque, en gaz sec, peut se figurer :

$$Az \begin{cases} H \\ H \\ H \end{cases}$$

Si l'on substitue à 1 atome d'hydrogène un radical alcoolique monoatomique, le méthyle, l'éthyle, le propyle, etc., on obtient :

$$Az \begin{cases} CH^3 \\ H \\ H \end{cases} \qquad Az \begin{cases} C^2H^5 \\ H \\ H \end{cases} \qquad Az \begin{cases} C^3H^7 \\ H \\ H \end{cases}$$

Méthylamine   *Éthylamine*   *Propylamine*

Si la substitution porte sur 2, 3 atomes d'hydrogène, auxquels on substitue le même radical alcoolique ou des radicaux différents, on obtient les composés divers :

$$Az \begin{cases} C^2H^5 \\ C^2H^5 \\ H \end{cases} \quad Az \begin{cases} C^2H^5 \\ C^2H^5 \\ C^2H^5 \end{cases} \quad Az \begin{cases} CH^3 \\ C^2H^5 \\ H \end{cases} \quad Az \begin{cases} CH^3 \\ C^2H^5 \\ C^3H^7 \end{cases}$$

Diéthylamine   *Triéthylamine*   *Méthyle-éthylamine*   *Méthyle-éthyle-propylamine*

Le nombre des composés possibles est très grand. Les dérivés monosubstitués, où un radical monoatomique R, comme CH^3, C^2H^5, etc., remplace H, ont reçu le nom d'*amines primaires*. Les dérivés bisubstitués, où deux radicaux monoatomiques R, R ou R, R'ont pris la place de 2H, sont les *amines secondaires;* les dérivés trisusbstitués, où trois radicaux monoatomiques R, R, R ou R, R, R' ou R, R', R" ont pris la place de 3H, sont les *amines tertiaires.*

Tous ces corps portent le nom de *monoamines*, parce que la substitution a eu lieu dans 1 molécule d'ammoniaque AzH^3, qu'ils dérivent des alcools monoatomiques et qu'ils saturent 1 molécule d'un acide monobasique.

Les alcools diatomiques peuvent aussi engendrer des bases ammoniacales comme les alcools monoatomiques. Ces bases peuvent être rapportées, non plus à 1 seule molécule, mais à 2 molécules d'ammoniaque où H^2 sont remplacés par un radical de glycol.

Ainsi l'amine du glycol ordinaire et celle du propylglycol se figurent :

$$Az^2 \begin{cases} C^2H^4 \\ H^2 \\ H^2 \end{cases} \qquad\qquad Az^2 \begin{cases} C^3H^6 \\ H^2 \\ H^2 \end{cases}$$

Amine du glycol   *Amine du propylglycol*

Ces composés et les analogues ont reçu le nom de *diamines*. Ils peuvent être, comme les monoamines, primaires, secondaires et tertiaires, suivant que le remplacement par un radical a lieu sur H^2, sur $2H^2$ ou sur $3H^2$.

Les alcools triatomiques ont également leurs bases ammoniacales que l'on rapporte à 3 molécules d'ammoniaque où HH^3, $2H^3$, $3H^3$ sont remplacés par 1, 2 ou 3 radicaux triatomiques. C'est ainsi que la glycérine, alcool triatomique, peut engendrer les trois amines suivantes que la théorie prévoit :

$$C^3H^53\,(HO) \qquad Az^3 \begin{cases} C^3H^5 \\ H^3 \\ H^3 \end{cases} \qquad Az^3 \begin{cases} C^3H^5 \\ C^3H^5 \\ H^3 \end{cases} \qquad Az^3 \begin{cases} C^3H^5 \\ C^3H^5 \\ C^3H^5 \end{cases}$$

Glycérine   *Amine glycérique*   *Amine diglycérique*   *Amine triglycérique*

Ces composés et leurs analogues sont appelés *triamines*, primaires, secondaires ou tertiaires.

On voit par ce simple exposé que les ammoniaques composées sont très nombreuses. Nous nous bornerons ici à l'étude de quelques monoamines, les unes, comme la méthylamine et l'éthylamine, parce qu'elles nous permettront d'énoncer quelques propriétés générales de ce groupe de corps, d'autres, comme la *phénylamine* ou amine du phénol, à cause de son importance industrielle.

488. Monoamines. — Les monoamines primaires peuvent s'obtenir par l'action de l'ammoniaque sur les éthers nitriques des alcools :

$$CH^x,AzO^3 + AzH^3 = HAzO^3 + Az \begin{cases} CH^3 \\ H \\ H \end{cases} \text{(Méthylamine)}.$$

Éther méthyl-nitrique   *Acide nitrique*

On les obtient aussi par l'action de la potasse sur les éthers cyaniques :

$$C^2H^5CAzO + 2\,(KHO) = K^2CO^3 + Az \begin{cases} C^2H^5 \\ H \\ H \end{cases} \text{(Éthylamine)}.$$

Cyanate d'éthyle   *Carbonate*

Cette réaction est parallèle à celle de la potasse sur l'acide cyanique :

$$HCAzO + 2(KHO) = K^2CO^3 + Az \begin{cases} H \\ H \\ H \end{cases}$$

Acide cyanique.

Un procédé général indiqué par Hoffman consiste à faire réagir en tubes scellés à 100° une solution alcoolique d'ammoniaque sur l'éther iodhydrique :

$$C^2H^5I \;+\; AzH^3 \;=\; Az \left\{ \begin{array}{l} C^2H^5 \\ H,HI. \\ H \end{array} \right.$$

Éther iodhydrique   *Iodhydrate d'éthylamine*

En traitant ce dernier corps, par la chaux l'amine devient libre.

Enfin, en traitant les composés nitrés des carbures aromatiques par l'hydrogène naissant, on engendre les amines correspondantes :

$$C^6H^5(AzO^2) \;+\; 3H^2 \;=\; 2(H^2O) \;+\; Az \left\{ \begin{array}{l} C^6H^5 \\ H, \\ H \end{array} \right.$$

Nitro-benzine   *Phénylamine*
                    ou aniline

489. Éthylamine et méthylamine. — On obtient ces deux alcaloïdes en faisant réagir l'ammoniaque sur le bromure d'éthyle ou de méthyle ; la réaction donne un sel qui, traité par la potasse, laisse libre l'alcaloïde :

				Bromhydrate
Bromure d'éthyle				*d'éthylamine*
C^2H^5Br	$+$	AzH^3	$=$	C^2H^7AzHBr
CH^3Br	$+$	AzH^3	$=$	CH^5AzHBr
Bromure				*Bromhydrate*
de méthyle				*de méthylamine*

$$C^2H^7Az,HBr + KOH = KBr + H^2O + \left. \begin{array}{l} C^2H^5 \\ H \\ H \end{array} \right\} (Az \; \textit{Éthylamine}).$$

L'éthylamine est un liquide incolore, très volatil, d'une odeur vive et pénétrante identique à celle de l'ammoniaque. Sa dissolution est basique et caustique.

Elle donne toutes les réactions de l'ammoniaque, des vapeurs blanches avec l'acide chlorhydrique des sels, avec les acides minéraux :

L'azotate d'éthylamine

$$C^2H^4AzH^3,AzO^3$$

est comparable à l'azotate d'ammoniaque

$$HAzH^3AzO^3.$$

Elle précipite même les sels de cuivre en bleu, redissout le précipité et donne un liquide d'un blanc bleu comme l'ammoniaque.

La **méthylamine** est gazeuse à la température ordinaire et ne peut être différenciée de l'ammoniaque, dont elle a toutes les propriétés, la solubilité, l'odeur, les affinités chimiques, que par sa combustion : elle s'enflamme au contact d'une bougie allumée et brûle avec une flamme jaunâtre, tandis que le gaz ammoniac ne s'enflamme pas.

490. Diéthylamine et triéthylamine. — Lorsqu'on fait agir l'éther iodhydrique sur l'éthylamine, on obtient de remplacer un nouvel atome d'hydrogène par C^2H^5 ; le produit est la diéthylamine $(C^2H^5)^2 HAz$:

$$\left.\begin{array}{l} C^2H^5 \\ H \\ H \end{array}\right\} Az \;+\; \begin{array}{c} C^2H^5 \\ I \end{array} \;=\; Az\left\{\begin{array}{l} C^2H^5 \\ C^2H^5HI. \\ H \end{array}\right.$$

$$\textit{Éthylamine} \qquad \textit{Iodure} \qquad \textit{Iodhydrate}$$
$$\textit{d'éthyle} \qquad \textit{de diéthylamine}$$

En faisant agir à nouveau l'iodure d'éthyle C^2H^5 sur la diéthylamine, on obtient la triéthylamine $Az(C^2H^5)^3$.

491. Oxyde de tétréthylammonium. — M. Hoffman, en faisant réagir l'éther iodhydrique C^2H^5I sur la triéthylamine $Az(C^2H^5)^3$, a obtenu de souder une nouvelle molécule du radical alcoolique et de former le corps

$$Az\left\{\begin{array}{l} C^2H^5 \\ C^2H^5,I \\ C^2H^5 \\ C^2H^5 \end{array}\right.$$

qu'il a considéré comme l'iodure d'un radical analogue à l'ammonium, radical qu'il a appelé téthrétylammonium.

Le corps précédent, traité par l'oxyde d'argent, a donné la réaction suivante :

$$Az(C^2H^5,4,I \;+\; AgHO \;=\; AgI \;+\; Az(C^4H^5)^4 HO.$$

$$\textit{Iodure de} \qquad \textit{Oxyde hydraté} \qquad \textit{Oxyde hydraté}$$
$$\textit{tétréthylammonium} \qquad \textit{d'argent} \qquad \textit{de tétréthylammonium}$$

492. Amines aromatiques. — **Corps amidés.** — **Corps azoïques.** — Les amines aromatiques sont nombreuses, non seulement parce qu'il y en a au moins une correspondant à chaque carbure, comme la *phénylamine* ou aniline à la benzine, la *naphtylamine* à la naphtaline ; mais encore parce que des radicaux peuvent y être substitués à l'hydrogène et donner les amines substituées. Dans ces corps, le radical *amidogène* AzH² peut lui-même, comme d'ailleurs dans les alcools, être substitué à l'hydrogène du noyau primitif et donner les corps *amidés* tels que l'*amido-naphtol* C¹⁰H⁶AzH²OH ou l'amido-phénol C⁶H⁴AzH²OH et un grand nombre d'autres.

Les **corps azoïques** proviennent théoriquement de la réduction des corps nitrés, moins complète que celle qui donne les amines aromatiques. Ainsi la nitro-benzine C⁴H⁵AzO² réduite complétement donne l'aniline C⁶H⁵AzH² ; par une réduction qui se borne à enlever l'oxygène du corps nitré sans y incorporer à sa place de l'hydrogène, on obtient le corps C⁶H⁵Az que la théorie fait représenter par une formule double :

$$\begin{matrix} C^6H^5Az \\ C^5H^5Az \end{matrix} \text{ et qu'on appelle } azobenzol,$$

et, si l'un des radicaux phénoliques C⁶H⁵ du corps précédent est remplacé par un radical d'acide (Cl de HCl ou AzO³ de AzO⁴H), on obtient la série des corps diazoïques, comme le *chlorure de diazobenzol* C⁶H⁵Az, AzCl, ou comme le *nitrate de diazobenzol* C⁶H⁵Az, AzO³.

Les corps **diazoïques** que l'on obtient par l'action de l'acide nitreux AzO²H sur toutes les amines aromatiques simples ou substitués sont très nombreux et très intéressants. On en a tiré une mine de produits colorants de teintes diverses, rouges, jaunes, orangés, qui ont peu à peu remplacé les couleurs d'aniline à cause de leur bas prix et de la facilité avec laquelle on les obtient.

D'une manière générale, ces colorants nouveaux, dits *colorants azoïques*, sont obtenus en formant d'abord le *dérivé sulfoconjugué* d'un phénol ou d'une amine, en le diazotant par le nitrite de soude et en le transformant finalement en un sel de soude. C'est ainsi que sont obtenues la *chrysoïdine*, qui est le chlorhydrate de diamidoazobenzol, et les *tropéolines*, qui sont des sels de soude de composés diazoïques divers.

Résumé. — Les composés organiques renfermant de l'azote peuvent être réunis en deux grands groupes : les *substances albuminoïdes*, analogues dans leurs propriétés à l'albumine de l'œuf, et les *alcaloïdes*, qui se rapprochent de l'ammoniaque dans leurs réactions.

Les **alcaloïdes** se subdivisent eux-mêmes en deux classes : dans l'une rentrent les produits *naturels*, dont la *quinine* et la *morphine* sont les deux exemples les mieux connus et les plus employés, et les *alcaloïdes artificiels*, que l'on peut comparer à l'ammoniaque dont l'hydrogène a été partiellement ou totalement remplacé par des groupements organiques.

On peut concevoir trois groupes d'alcaloïdes artificiels ou

d'ammoniaques composées, suivant le genre de substitution à l'hydrogène qui a été réalisé :

Les *amines*, qui représentent de l'ammoniaque dont l'hydrogène a été remplacé par un groupement basique comme CH^3, C^2H^5, C^6H^5, etc. ;

Les *amides*, où la substitution s'est faite par un groupement acide (un acide moins OH) ;

Les *alcalamides*, où les deux substitutions précédentes ont eu lieu.

Les **amines** sont différentes suivant l'atomicité du groupement qui est substitué. Quand ce groupement remplace $1H$, oh a les *monoamines* primaires, secondaires et tertiaires, suivant qu'il y a eu une, deux ou trois substitutions.

Lorsque le groupement ne peut remplacer que $2H$ (comme C^2H^4 de l'éthylène ou du glycol), on a les *diamines* procédant de 2 molécules d'ammoniaque.

Dans les *monoamines*, on étudie la *méthylamine*, CH^3H^2Az et l'*éthylamine* $C^2H^5H^2Az$. qui se rapportent à la série grasse, et la *phénylamine* $C^6H^5H^2Az$, qui est l'un des types des amines de la série aromatique.

Les deux premières peuvent prendre naissance par l'action de l'ammoniaque sur un éther halogène d'un alcool, par exemple par l'action de AzH^3 sur l'iodure de méthyle ou sur l'iodure d'éthyle.

La dernière, c'est-à-dire l'amine aromatique, prend naissance par l'action de l'hydrogène sur le composé nitré du carbure : ainsi la phénylamine est produite par la réduction de la nitro-benzine.

Les *amines aromatiques* peuvent être modifiées par substitution ; ainsi la phénylamine $C^6H^5H^2Az$ peut devenir l'éthyle-phénylamine C^6H^5,C^2H^3HAz et ainsi de suite. Le nombre des amines possibles est donc très grand.

Les corps *azoïques* sont intermédiaires entre les composés nitrés des carbures et les amines correspondantes ; ainsi l'*azobenzol* $(C^6H^5Az)^2$ est intermédiaire entre la nitro-benzine $C^6H^5AzO^2$ et l'aniline $C^6H^5AzH^2$.

On a aussi des corps *diazoïques* que l'on peut concevoir comme 1 molécule double d'un corps azoïque où l'un des deux groupements phénoliques a été remplacé par un corps minéral, comme le chlore ou un reste d'acide. Ainsi à l'azobenzol $C^6H^5Az —$ AzC^6H^5 correspond le *chlorure de diazobenzol* C^6H^5Az, $AzCl$.

L'**aniline** ou phénylamine, la première des amines aromatiques préparée industriellement pour ses dérivés colorants, existe dans les huiles légères du goudron de houille, dont on peut l'extraire par distillation. En grand, on la prépare en réduisant la nitro-benzine par l'hydrogène que donne un mélange de fer et d'acide acétique.

CHAPITRE LI

ALCALOIDES NATURELS

493. Propriétés générales. — Les alcaloïdes naturels forment une classe de composés extraits des végétaux. Ils se trouvent combinés aux acides organiques dans diverses plantes dont ils constituent le principe actif. Ils exercent sur l'économie animale une action énergique ; la plupart sont des poisons redoutables. Et cependant, à cause de leur composition toujours constante, de la facilité de les obtenir purs et de la sûreté de leur action, la médecine les emploie à faible dose ; ils deviennent ainsi de précieux auxiliaires dans l'art de guérir.

Les uns sont liquides et, quand ils sont volatils, ils ne contiennent pas d'oxygène ; telle est la **nicotine.** Les autres sont solides et fixes et renferment les quatre éléments du règne organique.

Les alcaloïdes naturels possèdent la propriété de bleuir le tournesol comme les bases minérales. Ils se comportent comme l'ammoniaque ; ils se combinent avec les oxacides de la même manière que l'ammoniaque. Mais leur propriété saillante est celle de se combiner aux hydracides sans élimination d'eau, comme le fait l'ammoniaque, pour donner des sels cristallisés, comparables aux sels ammoniacaux :

$$AzH^3 \qquad + HCl = AzH^4Cl. \qquad \text{chlorhydrate d'ammoniaque.}$$
$$\text{Morphine : } AzC^{17}H^{19}O^3 + HCl = AzC^{17}H^{20}O^3Cl, \qquad - \qquad \text{de morphine :}$$

Les chlorures d'alcaloïdes forment avec le bichlorure de platine des chlorures doubles cristallisés. Les azotates, sulfates, chlorhydrates et acétates de ces alcalis sont solubles ; mais les oxalates, tannates et gallates sont insolubles ; c'est ce qui explique l'emploi du tanin comme contrepoison de ces corps.

Les alcaloïdes sont peu solubles dans l'eau ; leur principal dissolvant est l'alcool ; ils se dissolvent aussi dans le chloroforme.

Les alcalis minéraux les précipitent de leurs dissolutions en s'emparant de l'acide ; on se fonde sur cette réaction pour les extraire.

Les alcaloïdes volatils seuls sont comparables pour la composition aux amines ou ammoniaques composées, étudiées dans le chapitre précédent.

Ainsi la nicotine $C^{10}H^{14}Az^3$ peut s'écrire $Az^2 \begin{cases} C^{10}H^{10} \\ H^3 \\ H^2 \end{cases}$

Les autres ont une constitution encore inconnue; mais on est en droit de supposer qu'ils se rapportent au type des bases ammoniacales. Ils sont nombreux et on ne les classe encore que d'après les végétaux dont on les tire. Voici les principaux, avec leur composition et le nom du végétal dont ils sont extraits:

De l'écorce du quinquina.	*Quinine*	$Az^2C^{20}H^{24}O^2$
	Cinchonine..	$Az^2C^{20}H^{24}O$
Du suc de pavot.........	*Codéine*.....	$AzC^{18}H^{21}O^3$
	Morphine....	$AzC^{17}H^{19}O^3$
	Narcotine...	$AzC^{24}H^{23}O^7$
De la noix vomique......	*Strychnine*..	$Az^2C^{21}H^{22}O^2$
	Brucine.....	$Az^2C^{23}H^{26}O^2$
Du tabac................	*Nicotine*.....	$Az^2C^{10}H^{14}$
De la ciguë.............	*Conicine*	AzC^8H^{15}
De la belladone.........	*Atropine*	$AzC^{17}H^{23}O^3$

Quinquinas — quinine et cinchonine

494. Quinquinas. — Les quinquinas sont des arbres apparte-nant à la famille des rubiacées qui croissent, en Bolivie, sur la Cordillère des Andes. C'est leur écorce que l'on utilise et qui constitue le quinquina du commerce. Il y en a trois variétés dis-tinguées par la couleur et présentant des qualités différentes : le *jaune*, riche en quinine; le *gris*, plus riche en cinchonine; le *rouge*, qui contient les deux alcaloïdes en proportions égales.

L'écorce de quinquina jaune abandonne à l'alcool un principe amer, la *quinine*, qui donne au *vin de quinquina* ses propriétés médicales.

495. Quinine. — La quinine s'extrait du quinquina jaune par un procédé qui peut être appliqué à l'extraction de la plupart des alcaloïdes. On fait bouillir la poudre de quinquina avec de l'eau acidulée par l'acide chlorhydrique. Le liquide provenant de l'épuisement complet de la poudre et qui contient l'alcaloïde est saturé par un lait de chaux; il s'y forme un dépôt de quinine impure. On exprime ce dépôt, et on le traite par l'alcool bouillant. On distille aux 3/4 le liquide obtenu et on ajoute de l'acide sulfurique au résidu jusqu'à réaction légèrement acide; cet acide combine la quinine sous forme de sulfate. On décolore la liqueur par le noir animal ; on la fait cristalliser si l'on veut le sulfate ; et on décompose ce dernier par l'ammoniaque pour avoir la quinine pure qui se dépose sous forme d'une poudre amorphe. On la redissout dans l'alcool et on la fait déposer de ce liquide par addition d'eau.

496. Propriétés de la quinine. — La quinine est une poudre blanche amorphe, peu soluble dans l'eau même bouillante, soluble dans l'alcool et l'éther. Sa dissolution aqueuse verdit le sirop de violettes. Elle se combine facilement aux acides pour donner des sels qui sont tous cristallisables et amers comme la base. Ces sels sont décomposés par les alcalis, et précipités en jaune comme les sels ammoniacaux par le chlorure de platine.

Les solutions de ces sels de quinine sont fluorescentes : par la réfraction, elles prennent une teinte bleu violacé sensible. Le plus important de ces sels, c'est le sulfate de quinine employé en médecine comme fébrifuge.

497. Sulfate de quinine. — Le sulfate de quinine est un sel blanc en fines aiguilles soyeuses, peu soluble dans l'eau froide, un peu dans l'eau bouillante.

La dissolution est troublée par l'acide oxalique et par le tanin. Lorsqu'on ajoute à la dissolution de sulfate de quinine de l'eau de chlore, puis de l'ammoniaque, elle prend une teinte verte caractéristique.

Le sulfate de quinine est très employé en médecine pour combattre les fièvres et les maladies intermittentes ; il est bien plus actif que le quinquina brut. On en emploie de grandes quantités pour cet objet.

498. Cinchonine. — Le quinquina gris, traité comme nous l'avons indiqué pour la quinine, donne un mélange de sulfate de quinine et de sulfate de cinchonine où le dernier domine. Comme la cinchonine n'est pas soluble dans l'éther, on se sert de ce réactif pour la séparer de la quinine qui s'y dissout.

La cinchonine peut cristalliser facilement dans l'alcool, ce qui la distingue de la quinine ; elle ne jouit pas d'ailleurs de la réputation médicale de cette dernière.

Alcaloïdes de l'opium

499. Opium. — L'opium est une matière brune d'une saveur âcre et amère, d'une odeur forte, produite par le pavot somnifère cultivé surtout en Égypte et en Turquie. Pour l'obtenir, on fait des incisions aux capsules des fruits et on recueille le suc laiteux qui s'en échappe et qui se concrète en une masse molle constituant l'opium.

On peut en extraire six alcaloïde s, dont le plus important est la **morphine**.

500. Morphine. — Pour obtenir la morphine, on épuise l'opium avec de l'eau tiède et l'on ajoute à la liqueur une dissolution concentrée de chlorure de calcium. La morphine était combinée à un acide organique, l'acide *méconique*, qui forme avec le calcium un composé insoluble qui se précipite, tandis que la morphine combinée à l'acide chlorhydrique reste dans le liquide. Celui-ci, décanté et concentré, laisse déposer des cristaux de chlorhydrate de morphine que l'on décompose par l'ammoniaque pour avoir l'alcaloïde.

La morphine cristallise en prismes. L'eau froide n'en dissout que $\frac{1}{1000}$; l'eau bouillante, $\frac{1}{100}$; l'alcool chaud, seulement $\frac{1}{20}$. Ses dissolutions sont amères. Elles donnent des sels avec les acides minéraux, et ces sels sont très solubles dans l'alcool et dans l'eau. Le chlorhydrate et l'acétate sont les plus employés.

Les dissolutions de morphine se colorent en rouge orangé par l'acide azotique, en bleu par le perchlorure de fer.

A petite dose, les sels de morphine exercent des effets narcotiques sur l'économie animale; à haute dose, ce sont des poisons violents.

Alcalis naturels volatils

501. Nicotine. — La nicotine est l'alcaloïde que l'on extrait du tabac.

Pour la préparer, on épuise le tabac par l'eau bouillante. On évapore l'extrait jusqu'à consistance sirupeuse; on y ajoute le double de son poids d'alcool qui dissout la nicotine. On évapore le liquide et on reprend le résidu par l'alcool à nouveau. Dans le liquide, on ajoute de la potasse et de l'éther; la potasse met la nicotine en liberté et l'éther la dissout.

On ajoute de l'acide oxalique à la liqueur éthérée et l'on a de l'oxalate de nicotine. Ce sel décomposé par la potasse donne la nicotine impure que l'on reprend par l'éther. On évapore pour chasser l'éther et on distille dans un courant d'hydrogène, en recueillant ce qui passe au-dessus de 180°.

La nicotine est un liquide oléagineux, incolore, d'une odeur âcre, pénétrante, et d'une saveur très brûlante. Elle est volatile sans décomposition; sa vapeur est extrêmement irritable.

La nicotine est un des poisons les plus violents.

Elle se combine aux acides, notamment à l'acide chlorhydrique, absolument de la même manière que l'ammoniaque. Elle ne contient pas d'oxygène et elle est comparable aux alcaloïdes artificiels.

502. Amygdaline. — L'amygdaline $C^{20}H^{27}AzO^{11}$, découverte en 1830 par Robiquet dans les amandes amères existe aussi dans les feuilles de laurier-cerise et dans les jeunes pousses de certains sorbiers.

On l'obtient en traitant par l'alcool bouillant le son d'amandes amères, privé de son huile grasse par compression.

Sa réaction caractéristique est celle qui se produit sous l'influence de l'émulsine ou synaptase, sorte de ferment contenu dans les amandes; il se forme de l'hydrure de benzoïle, de l'acide cyanhydrique et du glucose :

$$C^{20}H^{27}AzO' + 2H^2O = C^7H^6O + CAzH + 2C^6H^{12}O^6.$$

L'hydrure de benzoïle ou essence d'amandes amères ne préexiste pas dans les fruits; c'est à la présence de l'amygdaline et à l'action de l'eau qu'elle doit de se former.

503. Coniciue. — La conicine est le principe toxique de la grande ciguë. Elle est, comme la nicotine, privée d'oxygène, elle paraît être une monoamine secondaire ; sa formule peut s'écrire

$$Az \begin{cases} C^4H^7 \\ C^4H^7 \\ H \end{cases};$$

elle peut en effet échanger H contre un radical monoalcoolique comme CH^3.

C'est un poison violent.

Alcalis animaux

504. Ptomaïnes. — On a découvert dans la putréfaction lente des cadavres des composés organiques présentant les propriétés générales des alcalis végétaux; on les désigne par le nom générique d'alcalis animaux et par le nom spécifique de *ptomaïnes*. Ils paraissent provenir de la décomposition spontanée de la matière animale, et, même en très petites quantités, ce sont des poisons violents.

Résumé. — Les alcaloïdes naturels existent dans certaines parties des végétaux à l'état de sels qui ont des propriétés analogues aux sels ammoniacaux. Pour les obtenir, on épuise par un dissolvant, le plus souvent par l'eau, la portion du végétal qui les contient; on décompose le sel isolé par une base pour mettre l'alcaloïde en liberté. L'alcaloïde isolé a presque toutes les propriétés de l'ammoniaque.

La quinine est extraite de l'écorce des quinquinas. L'épuisement de la poudre par l'eau donne un sulfate impur. On y précipite la quinine par la chaux. On la redissout dans l'alcool pour la purifier.

La quinine est une poudre blanche amorphe, peu soluble dans l'eau. Le sulfate est en fines aiguilles blanches et soyeuses. Il est très employé en médecine pour combattre les fièvres.

La morphine est l'un des six alcaloïdes contenus dans l'*opium*, c'est-à-dire dans le suc qui s'est écoulé des capsules de pavot incisées. On l'obtient à l'état de chlorhydrate en traitant par le chlorure de calcium le produit provenant de l'épuisement de l'opium par l'eau.

Les sels de morphine sont employés comme calmants et comme narcotiques, soit en sirop, soit en injections hypodermiques. A haute dose, ce sont des poisons violents.

La nicotine est l'alcaloïde du tabac; c'est un liquide volatil d'une odeur âcre et pénétrante; c'est un poison violent.

Parmi les autres alcaloïdes, on peut citer la *strychnine* et la *brucine*, extraites de la noix vomique ; la *conicine* de la ciguë; l'*atropine* de la belladone ; la *cocaïne* du coca.

Les *alcaloïdes animaux* qui se développent dans les fermentations portent le nom de *ptomaïnes;* ils ont les mêmes propriétés vénéneuses que les alcaloïdes végétaux.

CHAPITRE LII

AMIDES

505. Généralités. — On donne le nom d'*amides* à des composés azotés qui proviennent de la déshydratation des sels ammoniacaux. Le premier connu de ces corps a été l'*oxamide*, obtenu par M. Dumas en distillant l'oxalate neutre d'ammoniaque.

Les amides se forment aussi dans l'action de l'ammoniaque sur les éthers; et, tandis qu'un alcali fixe comme la potasse, la soude ou la chaux, en agissant sur un éther, régénère l'alcool et l'acide à l'état de sel, les alcalis volatils, en agissant sur les éthers, régénèrent bien l'alcool, mais, au lieu d'un sel de l'acide, ils donnent une *amide*. C'est ainsi que l'ammoniaque, en agissant sur l'éther acétique, donne l'*acétamide* :

$$C^2H^5,C^2H^3O^3 + AzH^3 = C^2H^5HO + C^2H^3O,H^2Az.$$
Acétate d'éthyle   *Alcool*   *Acétamide*

Le caractère principal des amides, c'est de pouvoir reprendre de l'eau et régénérer le sel ammoniacal correspondant :

$$C^2H^3O,H^2Az + H^2O = AzH^4,C^2H^3O^2.$$
Acétamide   *Acétate d'ammoniaque*

Les amides peuvent être considérées comme dérivant de l'ammoniaque où un ou plusieurs atomes d'hydrogène ont été remplacés par un radical acide [1].

Ainsi l'on peut avoir :

Monoamides

Ammoniaque	*Primaire*	*Secondaire*	*Tertiaire*
$Az \left\{ \begin{array}{l} H \\ H \\ H \end{array} \right.$	$Az \left\{ \begin{array}{l} R \\ H \\ H \end{array} \right.$	$Az \left\{ \begin{array}{l} R \\ R' \\ H \end{array} \right.$	$Az \left\{ \begin{array}{l} R \\ R' \\ R'' \end{array} \right.$

R, R', R'' représentent des radicaux d'acides monobasiques ; ainsi sont l'acétamide, la benzamide, etc :

$Az \left\{ \begin{array}{l} C^2H^3O \\ H \\ H \end{array} \right.$	$Az \left\{ \begin{array}{l} C^7H^7O \\ H \\ H \end{array} \right.$
Acétamide	*Benzamide*

Le sels ammoniacaux d'acides dibasiques, comme l'oxalate d'ammoniaque, peuvent également engendrer des amides. Celles-ci doivent être rapportées à 2 molécules d'ammoniaque.

[1] Le radical d'un acide, c'est cet acide moins 1 (HO) s'il est monobasique, 2 (HO) s'il est dibasique ; ainsi le radical de l'acide acétique $C^2H^4O^2$ est C^2H^3O, celui de l'acide carbonique hydraté CO^3H^2 est CO, celui de l'acide oxalique $C^2H^2O^4$ est C^2O^2.

Ainsi l'on peut avoir:

Diamides

Ammoniaque	*Primaire*	*Secondaire*	*Tertiaire*
$Az^3 \begin{cases} H^2 \\ H^2 \\ H^3 \end{cases}$	$Az^2 \begin{cases} R'' \\ H^2 \\ H^2 \end{cases}$	$Az^2 \begin{cases} R' \\ R'' \\ H^2 \end{cases}$	$Az^2 \begin{cases} R' \\ R' \\ R' \end{cases}$

R', R'', R'' représentant des radicaux d'acides dibasiques.

On peut citer dans ce groupe les amides de l'acide oxalique (oxamide) et de l'acide carbonique (carbamide):

$Az^2 \begin{cases} (CO) \\ H^2 \\ H^2 \end{cases}$	$Az^3 \begin{cases} C^2O^2 \\ H^2 \\ H^3 \end{cases}$
Carbamide	*Oxamide*

On comprend qu'aux acides tribasiques correspondent des *triamides* se rapportent à 3 molécules d'ammoniaque, comme on a des triamines.

503. Monoamides. — Acétamide ($C^2H^3OH^2Az$). — On prépare l'acétamide en saturant par du gaz ammoniac sec de l'acide acétique cristallisable contenu dans une cornue tubulée; on distille et on recueille le produit qui passe quand la température est de plus de 200°.

On peut aussi préparer ce corps en chauffant à 100° en tube scellé un mélange d'éther acétique et d'ammoniaque.

On peut encore faire réagir l'ammoniaque sur le chlorure d'acétyle:

$$C^2H^3ClO \; + \; 2(AzH^3) \; = \; AzH^4Cl \; + \; C^2H^3OH^2Az.$$

Chlorure d'acétyle   *Acétamide*

Cette dernière réaction est intéressante, parce qu'en renouvelant l'action du chlorure d'acétyle sur l'acétamide, on obtient l'amide secondaire de l'acide acétique et qu'en traitant de même cette dernière on prépare l'amide tertiaire, la triacétamide:

$$C^2H^3OH^2Az \; + \; C^2H^3ClO \; = \; (C^2H^3O)^2 HAz \; + \; HCl.$$

Acétamide   *Diacétamide*

L'acétamide est un corps cristallisé, incolore. Au contact de l'eau, il y a formation d'acétate d'ammoniaque.

Les monoamides sont donc des sels ammoniacaux monobasiques auxquels on a enlevé 1 (H^2O).

Si on enlève aux monoamides 1 (H^2O) ou aux sels ammoniacaux monobasiques 2(H²O), par exemple en faisant agir sur ces derniers de l'acide phosphorique, on forme les *nitriles*. Ainsi l'acéto-nitrile procède de l'acétate d'ammoniaque où l'on a enlevé 2(H²O) ou de l'acétamide moins H²O :

$$AzH^4C^2H^3O^2 \quad - \quad H^2O \quad = \quad C^2H^3OH^2Az \;;$$
Acétate   *Acétamide*
d'ammoniaque

$$C^2H^3OH^2Az \quad - \quad H^2O \quad = \quad C^2H^3Az$$
Acétamide   *Acéto-nitrile*

Cet acéto-nitrile a la même formule que le cyanure de méthyle (CH³CAz). On comprend dès lors que la réaction inverse soit possible et qu'on puisse préparer l'acétate d'ammoniaque et par suite l'acide acétique en partant du cyanure de méthyle; d'une manière générale, on peut obtenir un acide organique de la première série en partant du cyanure de l'alcool précédent.

507. Diamides. — **Oxamide** (C²O²H⁴Az²). — L'oxamide est la première amide que ait été connue; M. Dumas la préparait en chauffant l'oxalate neutre d'ammoniaque; ce sel perd 2(H²O) :

$$\left.\begin{array}{l}AzH^4\\AzH^4\end{array}\right\}C^2O^4 \quad - \quad 2(H^2O) \quad = \quad Az^2\left\{\begin{array}{l}C^2O^2\\H^2\\H^2\end{array}\right.$$
Oxalate   *Oxamide*
d'ammoniaque

On l'obtient plus facilement en faisant agir l'ammoniaque en dissolution sur l'éther oxalique; l'oxamide se précipite :

$$\left.\begin{array}{l}C^2H^5\\C^2H^5\end{array}\right\}C^2O^4 \quad + \quad 2(AzH^3) \quad = \quad \begin{array}{l}C^2H^5HO\\C^2H^5HO\end{array} \quad + \quad Az^2\left\{\begin{array}{l}C^2O^2\\H^2\\H^2\end{array}\right.$$
Éther   *Alcool*
oxalique

L'oxamide est une poudre blanche, cristalline, un peu soluble dans l'eau. Au contact prolongé de l'eau, ou bien sous l'action de la potasse à l'ébullition, elle s'hydrate et régénère dans le premier cas de l'oxalate d'ammoniaque, dans le second de l'ammoniaque et de l'oxalate de potasse.

Déshydratée par l'acide phosphorique, l'oxamide perd 2(H²O) et donne le *nitrile* correspondant, qui est le cyanogène :

$$\left.\begin{array}{l}C^2O^2\\H^2\\H^2\end{array}\right\}Az^2 \quad - \quad 2(H^2O) \quad = \quad C^2Az^2 \quad ou \quad 2(CAz)$$
Oxamide   *Cyanogène*

508. Carbamide (COH⁴Az²). — Le carbonate d'ammoniaque

$(AzH^4)^2 CO^3$ en perdant $2(H^2O)$ engendre, une diamide, la *carbamide*, amide de l'acide carbonique, ce dernier étant un acide dibasique comme l'acide oxalique :

$$\left. \begin{array}{l} AzH^4 \\ AzH^4 \end{array} \right\} CO^3 \ - \ 2(H^2O) \ = \ \left. \begin{array}{l} CO \\ H^2 \\ H^2 \end{array} \right\} Az^2.$$

Carbonate
d'ammoniaque   *Carbamide*

Cette amide peut également prendre naissance par l'action de l'ammoniaque sur l'éther carbonique ou carbonate d'éthyle.

Elle est intéressante, parce qu'elle existe dans les produits d'excrétion de l'homme et des animaux, sous le nom d'*urée*.

Urée

509. Extraction et synthèse de l'urée. — Pour extraire l'urée de l'urine de l'homme où elle existe à la dose de 12 à 15 grammes par litre, on évapore l'urine fraîche de manière à la réduire au dixième, puis on y ajoute de l'acide azotique; il se forme un précipité cristallin d'azotate d'urée; on l'exprime, on le dissout dans l'eau et on décolore le liquide avec du noir animal préalablement traité par l'acide chlorhydrique; on le fait ensuite cristalliser. Pour isoler l'urée pure, on traite la dissolution de son azotate par le carbonate de baryte, l'urée devient libre, on évapore, on reprend par l'alcool et on fait cristalliser.

On a pu réaliser la *synthèse* de l'urée. Elle ressemble, en effet, au cyanate d'ammoniaque (AzH^4CAzO) et on prépare celui-ci par l'action du sulfate d'ammoniaque sur le cyanate de potasse.

$$2(KCAzO) \ + \ (AzH^4)^2 SO^4 \ = \ K^2SO^4 \ + \ 2(COH^4Az^2).$$

Cyanate   *Sulfate*   *Sulfate*   *Urée ou*
de potasse   *d'ammoniaque*   *de potasse*   *cyanate*
                                             d'ammoniaque

Pour obtenir le cyanate de potasse, on chauffe au rouge sombre 2 p. de ferrocyanure de potassium sec bien mélangé avec 1 p. de bioxyde de manganèse. Quand la masse remuée est devenue pâteuse, on la laisse refroidir et on l'épuise par l'eau froide qui dissout le cyanate de potasse soluble. On ajoute 2 p. de sulfate d'ammoniaque à la liqueur filtrée; on évapore à sec; on reprend le résidu par l'alcool qui dissout l'urée seule, et qui la laisse déposer par évaporation.

C'est une synthèse remarquable, puisqu'elle permet d'obtenir artificiellement un corps organique qui est l'un des produits du travail de la vie animale.

510. Propriétés de l'urée. — L'urée est une substance solide blanche, incolore ; elle cristallise en longs prismes aplatis doués d'une saveur fraîche et amère. Elle est soluble dans l'eau et dans l'alcool.

Chauffée avec de la potasse ou avec de l'eau, à 140°, dans un tube scellé, l'urée s'incorpore 1 (H^2O) et se scinde en anhydride carbonique et en ammoniaque :

$$COH^4Az^2 + H^2O = CO^2 + 2(AzH^3).$$

Abandonnée à elle-même, l'urée peut prendre 2 (H^2O) et donner du carbonate d'ammoniaque.

$$\underset{\textit{Urée}}{COH^4Az^2} + 2(H^2O) = \underset{\substack{\textit{Carbonate} \\ \textit{d'ammoniaque}}}{(AzH^4)^2CO^3.}$$

Ces deux réactions ont lieu quand l'urine est exposée à l'air ; ce liquide se putréfie sous l'action d'un ferment ; on s'explique ainsi que l'urine en décomposition dégage des exhalaisons ammoniacales et puisse être la source de sels ammoniacaux.

L'urée est une base faible qui peut se combiner aux acides minéraux ou organiques en donnant des sels, le chlorhydrate, l'azotate, l'oxalate notamment. C'est toute la base qui se fixe à tout l'acide.

$$\underset{\textit{Chlorhydrate d'urée}}{COH^4Az^2HCl} \qquad\qquad \underset{\textit{Azotate d'urée}}{COH^4Az^2HAzO^3.}$$

L'acide nitreux ou le nitrite de mercure, en agissant sur l'urée, en fait dégager de l'azote et du gaz carbonique avec effervescence :

$$HAzO^2 + COH^4Az^2 = CO^2 + H^2O + AzH^3 + Az^2.$$

Cette réaction est utilisée pour doser l'urée par l'azote gazeux qu'elle dégage.

511. Urées composées. — Si l'on considère la formule rationnelle de l'urée

$$\left.\begin{array}{l}CO \\ H^2 \\ H^2\end{array}\right\} Az^2$$

on comprend qu'il puisse être possible d'y substituer à l'hydrogène, soit un ou plusieurs radicaux alcooliques, soit un ou plusieurs radicaux acides. Dans le premier cas, on forme des urées composées qui prennent naissance comme l'urée, si l'on substitue une amine à l'ammoniaque. Dans le second cas, on forme des corps que l'on appelle les uréides et dont quelques-uns sont acides.

Voici quelques urées composées :

$$\left.\begin{array}{l} CO \\ H^2 \\ H^2 \end{array}\right\} Az^2 \qquad \left.\begin{array}{l} CO \\ (CH^3)^2 \\ H^2 \end{array}\right\} Az^2 \qquad \left.\begin{array}{l} CO \\ (C^2H^5)^2 \\ H^2 \end{array}\right\} Az^2 \qquad \left.\begin{array}{l} CO \\ C^2H^5,C^6H^5 \\ H^2 \end{array}\right\} Az^2$$

   Urée   *Diméthylurée*   *Diéthylurée*   *Phényléthylurée*

Les uréides sont très nombreux et un certain nombre de produits naturels peuvent y être rapportés. Citons seulement l'acétylurée,

$$\left.\begin{array}{l} CO \\ H^2 \\ C^2H^3O,H \end{array}\right\} Az^2$$

le premier de ces composés, que Zinin a découvert en faisant agir le chlorure d'acétyle sur l'urée comme on fait agir le même chlorure sur l'ammoniaque pour obtenir les amides.

512. Acide urique. — L'acide urique qui existe dans les excréments d'oiseaux et de serpents, dans l'urine des carnivores, à l'état d'urate d'ammoniaque dans le guano, peut être retiré des excréments du boa. Ces excréments pulvérisés sont chauffés avec une dissolution de potasse. L'urate de potasse qui se forme est traité ensuite par de l'acide chlorhydrique qui forme du chlorure de potassium soluble ; l'acide urique se précipite.

C'est un corps blanc, cristallisé, peu soluble. Additionnée d'acide azotique, sa dissolution évaporée laisse un résidu rougeâtre qui, traité par l'eau et l'ammoniaque, prend une belle coloration pourpre ; c'est la *murexide* employée autrefois en teinture.

Résumé. — On donne le nom d'**amides** aux ammoniaques composées dans lesquelles entrent des radicaux acides. On les considère comme provenant de la déshydratation des sels ammoniacaux ; c'est, en effet, par la distillation sèche des sels ammoniacaux à acides organiques qu'ils ont été d'abord obtenus : le premier en date est l'*oxamide* ou amide de l'acide oxalique, préparé par Dumas en distillant l'oxalate neutre d'ammoniaque.

On peut considérer ces corps comme prenant naissance dans l'action de l'ammoniaque sur un éther à oxacide. Ainsi l'action du gaz ammoniac sur l'acétate d'éthyle régénère l'alcool et engendre l'*acétamide* C^2H^3O,H^2Az.

En ajoutant de l'eau à ce corps, on obtiendrait l'acétate d'ammoniaque $C^2H^3O^2AzH^4$.

En lui enlevant 1 molécule d'eau H^2O, on aurait le *nitrile acétique* C^4H^3Az qui est isomère avec le cyanure de méthyle CH^3CAz.

Parmi les diamides figurent l'*oxamide* $C^2O^2H^4Az^2$ et la *carbamide* COH^4Az^3. Cette dernière est l'*urée*, corps cristallisé que l'on peut obtenir de l'urine, qui y représente la forme sous laquelle l'azote est excrété de l'organisme animal.

Wœhler avait fait la synthèse de l'urée dès 1825 en produisant le cyanate d'ammoniaque qui a la même composition.

L'urée peut être considérée comme du carbonate d'ammoniaque $CO^3(AzH^4)^2$ ayant perdu 2 molécules d'eau. De fait, l'urée ou l'urine abandonnée à l'air se change sous l'action d'un ferment en carbonate d'ammoniaque.

CHAPITRE LIII

SUBSTANCES ALBUMINOÏDES

513. Propriétés des matières albuminoïdes. — On donne le nom de *matières albuminoïdes* à des substances azotées analogues dans leur composition et leurs propriétés à l'albumine contenue dans le blanc de l'œuf.

Ces composés azotées, que l'on désigne aussi sous le nom d'aliments *plastiques*, parce qu'ils sont les matériaux de reconstitution du corps, ou **quaternaires**, parce qu'ils renferment le carbone, l'hydrogène, l'oxygène et l'azote, sont empruntés aux deux règnes.

Ce sont l'*albumine*, la *fibrine*, la *caséine*, la *gélatine*, fournies surtout par le règne animal, et le *gluten*, tiré du règne végétal. Ce dernier cède à l'alcool bouillant de la *caséine* et laisse comme résidu une *fibrine* analogue à celle du sang.

Ces matières sont amorphes et se présentent sous deux états : d'abord à l'état soluble dans les liquides organisés qui les contiennent, comme le sang, le lait, les sucs végétaux ; puis à l'état insoluble quand elles ont été coagulées par la chaleur ou par les acides.

Elles se dissolvent dans les solutions alcalines étendues et elles en sont précipitées par l'acide acétique.

L'acide chlorhydrique chaud les dissout et leur donne au contact de l'air une coloration bleue ou violette.

Le nitrate acide de mercure les colore en rouge intense.

A l'air, elles subissent rapidement la fermentation putride. La chaleur les boursoufle et les décompose avec dégagement de gaz d'une odeur désagréable.

On les supposait dérivées d'un principe unique et inconnu, la protéine, et on les appelait matières *protéiques*. On les rapporte aujourd'hui aux corps amidés, parce que, sous l'action des différents réactifs, elles peuvent engendrer des amides comme l'urée et plusieurs acides amidés.

514. Albumine.— L'albumine est la substance soluble et coagulable par la chaleur contenue dans le blanc d'œuf. On la trouve aussi dans le sang, la lymphe, le chyle, les liquides séreux, le lait et parfois l'urine.

Elle se présente sous deux modifications, l'une soluble, l'autre insoluble, mais avec la même composition et les mêmes propriétés chimiques. Sa formule est très complexe si l'on veut y faire figurer le soufre qui entre dans l'albumine pour moins de 2 0/0; abstraction faite du soufre, les rapports des quatre autres éléments qu'elle contient s'expriment par $C^{30}H^{56}O^{11}Az^9$ et la formule complète est $C^{72}H^{112}O^{22}Az^{18}S$.

Pour l'obtenir pure, on ajoute un peu d'acide acétique cristallisable à des blancs d'œuf que l'on bat en neige ; on laisse reposer; on filtre le liquide, et, au besoin, on le concentre à une douce chaleur.

L'albumine à l'état sec forme une masse transparente et jaunâtre. Elle est soluble dans l'eau, et ses solutions concentrées sont visqueuses. Elle est insoluble dans l'alcool et l'éther.

Chauffée, elle se *coagule*, c'est-à-dire se prend en une masse solide, d'un blanc mat, comme le blanc d'œuf cuit. Beaucoup de substances peuvent produire la coagulation à froid ; telles sont le phénol, l'alcool, les divers acides, à part l'acide acétique et l'acide phosphorique. On utilise cette propriété quand on clarifie les vins avec du blanc d'œuf; l'albumine, au contact de l'alcool, se solidifie en une trame qui rassemble et entraîne les matières qui rendaient le vin trouble.

Les bases s'unissent à l'albumine comme à un corps faiblement acide pour donner des sels peu définis. Les composés alcalins de l'albumine sont solubles : c'est sous cette forme qu'elle se rencontre dans les liquides de l'économie animale.

Les bases terreuses comme la chaux donnent des composés insolubles qui se solidifient fortement; le mastic d'albumine et de chaux, obtenu par mélange direct, sert à raccommoder la porcelaine cassée.

Certains sels métalliques donnent aussi avec l'albumine des composés insolubles ; tel est le bichlorure de mercure. C'est la raison de l'emploi de ce dernier sel pour conserver les pièces anatomiques ; c'est aussi la raison de l'emploi de l'albumine comme contrepoison des sels de mercure.

L'industrie utilise l'albumine pour fixer par la vapeur les couleurs insolubles sur les étoffes; on imprime les tissus avec un mélange de la couleur et d'albumine; on vaporise; la coagulation de l'albumine fixe solidement la matière colorante.

Abandonnée à l'air, l'albumine se putréfie et dégage de l'acide sulfhydrique produit par le soufre qu'elle contient.

TABLE DES MATIÈRES

CHIMIE ORGANIQUE

Documents manquants (pages, cahiers...)

NF Z 43-120-13

9 782013 563239